专利申请文件撰写指导丛书

通信领域专利
申请文件撰写案例剖析

国家知识产权局专利局通信发明审查部／组织编写

李 超／主 编

王智勇／副主编

知识产权出版社

全国百佳图书出版单位

图书在版编目（CIP）数据

通信领域专利申请文件撰写案例剖析/李超主编. —北京：知识产权出版社，2017.4
（2020.6 重印）

ISBN 978 - 7 -5130 -4819 -4

Ⅰ.①通… Ⅱ.①李… Ⅲ.①通信系统—专利申请—文件—写作 Ⅳ.①G306.3

中国版本图书馆 CIP 数据核字（2017）第 057908 号

内容提要

通信技术作为全球经济增长、社会进步的重要推动力量，已成为我国国民经济中战略性、基础性、先导性的支柱产业。近年来，通信领域技术创新活跃，专利申请量增长迅速。而专利申请文件的撰写质量直接影响着专利申请能否授权以及最终授权的专利质量。因此，本书精心挑选了 7 个通信领域有代表性的案例，详细说明撰写的过程和细节，以供申请人和专利代理从业人员在日常撰写和代理实践中参考和学习。

读者对象：专利申请人、专利代理人以及相关领域的工作人员。

责任编辑：胡文彬　龚　卫　　　　　　责任校对：潘凤越

执行编辑：王瑞璞　　　　　　　　　　责任出版：刘译文

封面设计：棋　锋

专利申请文件撰写指导丛书

通信领域专利申请文件撰写案例剖析

国家知识产权局专利局
　　　　　　　　　　　　　组织编写
通 信 发 明 审 查 部

李　超　主编　王智勇　副主编

出版发行：**知识产权出版社**有限责任公司　　网　　址：http：//www.ipph.cn

社　　址：北京市海淀区气象路 50 号院　　　　邮　　编：100081

责编电话：010 - 82000860 转 8116　　　　　责编邮箱：wangruipu@ cnipr.com

发行电话：010 - 82000860 转 8101/8102　　发行传真：010 - 82000893/82005070/82000270

印　　刷：三河市国英印务有限公司　　　　经　　销：各大网上书店、新华书店及相关专业书店

开　　本：720mm×1000mm　1/16　　　　　印　　张：25

版　　次：2017 年 4 月第 1 版　　　　　　　印　　次：2020 年 6 月第 2 次印刷

字　　数：460 千字　　　　　　　　　　　定　　价：88.00 元

ISBN 978-7-5130-4819-4

编 委 会

主　编：李　超

副主编：王智勇

编　委（按姓氏笔画排列）：

马桂丽　王国梅　丛　珊　宁华玲

冯于迎　冯晓明　朱　琦　齐　霁

杨勤之　张雪凌　金　源　赵　亮

赵博华　耿晓芳　曹文才　喻文芳

魏　玮

前　　言

自国家知识产权战略实施以来，我国知识产权创造、运用水平大幅提高，全社会知识产权意识普遍增强，发明专利申请量多年居世界首位，我国已成为知识产权大国。但是，我国的知识产权事业发展大而不强、多而不优的局面还急需改变。

通信技术作为全球经济增长、社会进步的重要推动力量，已成为我国国民经济中战略性、基础性、先导性的支柱产业。近年来，通信领域技术创新活跃，专利申请量增长迅速。然而，通信领域的专利质量同样存在多而不优的问题，需要从多方面着手加以解决。

专利申请文件的撰写质量直接影响申请能否授权以及最终授权的专利质量，目前国内还没有一本专门的通信领域专利申请文件撰写教材。为填补该项空白，国家知识产权局专利局通信发明审查部组织本书作者精心挑选了7个通信领域有代表性的案例，详细说明撰写的具体要求及步骤，以供专利申请人和代理从业人员在日常撰写和代理实践中参考和学习。

本书共有7个案例。案例Ⅰ涉及手持式设备硬件结构改进的装置；案例Ⅱ涉及通信领域典型的包括信息发送和接收的方法和系统；案例Ⅲ涉及数字扫描领域的硬件结构装置，其中技术特征较多且具体；案例Ⅳ涉及在面对多个实施例时，如何概括和归纳、撰写专利申请文件；案例Ⅴ属于网络领域方法流程类专利申请文件撰写示例，涉及计算机程序的方法和产品权利要求的撰写；案例Ⅵ涉及硬件电路结构，包括电路元件和其连接关系；案例Ⅶ属于通信领域特有的标准提案类专利申请文件的撰写示例。这些案例的素材来自真实的专利申请文件公开文本，为了便于读者更好地理解技术方案和撰写要点，对具体内容作了适当加工。

本书编写的具体分工如下：案例Ⅰ和案例Ⅱ由张畅同志编写，案例Ⅲ和案例Ⅳ由雷云珊同志编写，案例Ⅴ由唐文森编写，案例Ⅶ由程小亮和郑文潇同志编写，案例Ⅷ由唐文森和张畅同志编写。郑文潇同志将上述各案例的编写稿按照出版要求进行了汇总和整理。

本书编委的分工如下：案例Ⅰ和案例Ⅱ的编委是冯于迎、杨勤之、喻文芳和耿晓芳同志；案例Ⅲ和案例Ⅳ的编委是魏玮、赵博华、金源和宁华玲同志；案例Ⅴ和案例Ⅶ的编委是赵亮、张雪凌、齐霁和朱琦同志；案例Ⅵ的编委是冯晓明、马桂丽、王国梅、曹文才和丛珊同志。

李超和王智勇同志对本书进行了统编、指导、总审和修改。张畅、雷云珊和郑文潇同志负责统稿工作，从整体上对案例进行了梳理和修改。王智勇和张畅同志作为协调人，在编写过程中承担了沟通和协调工作。

由于作者水平和实践经验有限，本书内容一定存在不少偏颇之处，敬请读者批评指正！

目　　录

第一章

案例 I：手持式电子装置

本案例将以一种"手持式电子装置"的发明专利申请文件撰写为例，重点介绍根据客户提供的技术交底书撰写专利申请文件的一般思路。在本案例中，专利代理人通过对技术交底书给出的技术方案进行功能性技术特征的挖掘与扩展，获得多个实施例，使得最终形成的权利要求书能够合理、有效地覆盖较大的保护范围。

第一节　技术交底书的分析和挖掘

一、客户提供的技术交底书

为了保护移动电话的键盘面板或屏幕，可以采用传统的皮套包覆在移动电话外面，还可以设置具有翻盖结构的外壳，现在进一步发展出具有滑盖结构的外壳。移动电话可通过翻盖或滑盖的保护，避免使用者误触键盘拨打号码或防止外力撞击。

图 1-1 所示为已知的一种移动电话。移动电话 100 包括本体 110 与滑盖 120。本体 110 具有屏幕 112、键盘 114 与滑轨 116。滑盖 120 沿着滑轨 116 滑动地设置于本体 110 上。当使用者要开启或关闭滑盖 120 时，需要施力来移动滑

盖120。但是，单靠使用者施力在滑盖120上，常会有滑盖120开合不完全的情形发生。

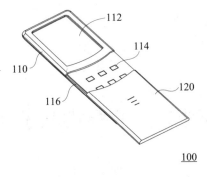

图 1-1

为了改正上述缺陷，现有技术提出增加一弹性机构以带动滑盖移动的概念。然而，弹性机构在使用过久后会有弹性疲劳，进而导致滑盖滑动不良。

该申请所提出的移动电话结构如图 1-2 至图 1-5 所示。

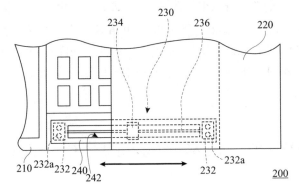

图 1-2

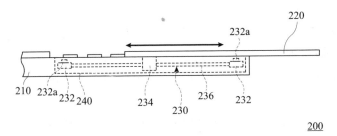

图 1-3

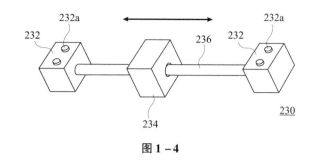

图 1-4

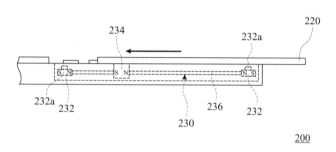

图 1-5

图 1-2 为该申请的移动电话 200 的俯视示意图，图 1-3 为移动电话 200 的侧视示意图，图 1-4 为图 1-2 及图 1-3 中所示的移动电话 200 中滑动机构 230 的立体示意图。如图 1-2 所示，移动电话 200 包括本体 210、滑盖 220 与至少一组滑动机构 230。为简化图示，图 1-2 中仅示出一组滑动机构 230 以作说明。滑盖 220 设置为在本体 210 上滑动，滑动机构 230 配置于本体 210 内；滑动机构 230 包括两个固定件 232、滑动块 234 与滑轨 236；滑动块 234 与滑盖 220 相连接，且滑轨 236 用以连接两个固定件 232；滑轨 236 穿设于滑动块 234，且滑动块 234 可相对于滑轨 236 移动。

滑动块 234 具有永久磁性，可为永久磁铁，两个固定件 232 的至少其中之一具有可变磁性（以两个固定件 232 都具有可变磁性为例作说明），其可为电磁铁。因此，滑动块 234 借由与两个固定件 232 之间的磁力变化而于滑轨 236 上滑动，带动滑盖 220 相对于本体 210 滑动。

移动电话 200 还可包括壳体 240，配置于本体 210 内。其中壳体 240 具有开口 242，且滑动机构 230 配置于壳体 240 内，而开口 242 暴露出滑动块 234 与部分滑轨 236。滑动机构 230 可预先配置于壳体 240 内，然后再将两者配置于本体 210 内；或者可先将壳体 240 配置于本体 210 内，之后再将滑动机构 230 配置于壳体 240 内。至于采用上述何种配置方式，应视开口的尺寸与壳体的外型而定。

壳体 240 的作用在于当滑盖 220 移动至开启位置时，避免外界异物侵入滑动块 234 的滑动范围内而造成滑动机构 230 的损害。

图 1－5 所示为图 1－3 移动电话滑盖在闭合过程的示意图。两个固定件 232 均具有位于其内部的感应线圈，各感应线圈可具有两个暴露于外的传输端子 232a。当两个固定件 232 的感应线圈由这些传输端子 232a 的其中之一输入电流而使得两个固定件 232 面对滑动块 234 的一端产生相同磁极性时，即带有磁性的两个固定件 232 的内部磁场方向相反时，滑动块 234 会滑向两个固定件 232 的其中之一且远离两个固定件 232 的另外一个。因此，借由改变两个固定件 232 的磁性以吸引或排斥滑动块 234 而达成滑盖 220 的开合。就图 1－5 所示的情形而言，当检测到滑盖向左滑动从而合上滑盖时，滑动块 234 与两个固定件 232 的磁场方向如图 1－5 所示。具有永久磁性的滑动块 234 左侧为 S 极，右侧为 N 极。当滑盖 220 向左滑动时，在两个固定件 232 的传输端子 232a 中输入电流，使得两个固定件 232 均具有磁性且其内部磁场方向相反，其中左边固定件 232 的左侧为 S 极，右侧为 N 极，右边固定件 232 的左侧为 N 极，右侧为 S 极。这时滑动块 234 左侧的 S 极受到左边固定件 232 的 N 极吸引，而滑动块 234 右侧的 N 极受到右边固定件 232 的 N 极排斥，两个固定件 232 均与滑动块 234 之间形成向左的磁合力，在磁合力作用下，滑动块 234 仅需很小的外力便可带动滑盖向左边固定件 232 移动，最终由于左边固定件 232 与滑动块 234 间异极性磁力相吸，使得滑盖 220 停留在关闭状态。若两个固定件 232 只有其中之一具有可变磁性，也可实现滑动块 234 带动滑盖 220 开合的功能。其中滑盖滑动方向的检测可通过现有技术实现，例如，可在移动电话中的电路板上设置加速度传感器，为打开滑盖和合上滑盖动作分别设置相应的加速度门限值，实时监测是否有动作超过设定的加速度门限值来判别动作类型，即判断是开盖还是合盖。除此之外，还可以通过在移动电话上设置光传感器或开关的方式来检测滑盖是要打开还是合上。

上述实施方式中以两个固定件为例作说明，但是可依照设计需求而将滑动机构设计为由一个固定件、一个滑动块与一个滑轨所构成（未以图示出）。如同上述，滑动块与滑盖相连接，滑动块移动时可带动滑盖相对于本体滑动。滑轨连接固定件，固定件及滑轨配置于本体，且滑动块被滑轨所穿设并可相对于滑轨移动。其中滑动块与固定件之间具有可变磁力，以减小滑动块相对于固定件移动所需的外力，使滑动块带动滑盖相对于本体顺畅地滑动。该申请移动电话滑盖的开合是借助滑动块与固定件之间磁力变化而达成，因此，相比于已知的弹性机构而言，该申请的移动电话不会有弹性疲劳造成的滑动不良的问题。

二、对技术交底书的理解和挖掘

1. 对技术交底书的思考

理解技术交底书的实质内容对于撰写专利申请文件至关重要，也是着手开始撰写专利申请文件的重要基础性工作。在开始撰写权利要求书、说明书及其摘要之前，要全面、准确地理解客户提供的技术交底书的实质内容，并针对技术交底书存在的问题及时与客户进行沟通。

对于该案例，专利代理人在阅读完技术交底书之后，可以思考以下几个问题。

（1）该申请保护的是什么方案？这个方案是方法还是产品，或者两者均可？可以采用哪一种专利类型给予保护？

（2）通过对申请主题进行检索和分析，确定该申请的改进之处体现在哪里？是否具备新颖性和创造性？

（3）哪些方面需要委托人作出进一步的说明？还需要委托人补充哪些内容？

2. 对技术交底书的理解

在阅读和研究技术交底书之后，可以得到如下几点意见。

（1）对该申请的理解如下：移动电话的滑盖滑动单靠使用者施力在滑盖上，容易开合不完全，已有的解决方案是增加弹性机构来带动滑盖移动。现有技术存在的问题是弹性机构长久使用后会产生弹性疲劳，造成滑盖滑动不良。为解决现有技术中存在的问题，该申请技术交底书中记载了在移动电话的滑动机构中设置一个滑轨，滑轨两端分别连接一个固定件，并设置一个滑动块，其连接滑盖并穿设在滑轨上，用于带动滑盖滑动，其中滑动块具有永久磁性，其N极和S极分别面对滑轨两端的两个固定件，两个固定件均具有位于其内部的感应线圈，各感应线圈具有两个传输端子，当滑盖滑动时由传输端子输入电流，感应线圈所在的固定件会具有磁性，通过控制输入感应线圈的电流使得两个固定件内部磁场方向相反，它们面对滑动块的一端具有相同的磁极性（比如图1-5中显示的都是N极面对滑动块），由于磁力同极性相斥、异极性相吸的特点，固定件与滑动块之间产生与滑动方向一致的磁力，滑动块会滑向与其磁极性相异的固定件，而远离与其磁极性相同的固定件。相比于现有技术中的弹性机构，该申请的滑动机构借助磁力开合滑盖，不存在由于弹性疲劳而造成滑盖滑动不良的问题。

（2）关于该申请可保护的主题，技术交底书中提供的技术方案仅涉及一个主题——具有滑动结构的移动电话，属于典型的产品，其改进在于滑动机构的结构，不涉及时间过程，因此可以确定该申请可保护的主题只有一项，类型为产品权利要求。对于专利申请类型，由于该申请的主题为产品，既可以申请实用新型专利，也可以申请发明专利。

（3）关于该申请的新颖性和创造性，专利代理人对于该申请作了进一步检索，得到了两份较为相关的对比文件。

对比文件 1 公开了一种以磁性元件自动定位的手持式装置。图 1-6 所示的手持式装置 1 包含有第一机体 10 以及第二机体 20，第一机体 10 为手持式装置 1 的本体部分，第二机体 20 为手持式装置 1 的滑盖。第二机体 20 两侧分别具有一个沿着图上 N_1-N_2 走向（或者说是手持式装置 1 的滑盖操作方向）的滑轨 22，第一机体 10 两侧相对应滑轨 22 的位置则分别具有一个滑块 12，滑块 12 与滑轨 22 互相配合，当滑块 12 于滑轨 22 上移动时，使手持式装置 1 在开启状态与关闭状态之间移动。

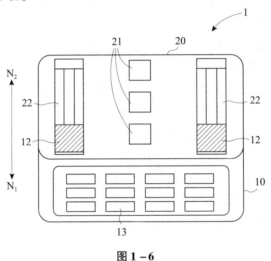

图 1-6

图 1-7（a）为手持式装置 1 处于开启状态时磁性元件的侧视示意图，图 1-7（b）为手持式装置 1 处于开启状态时滑轨的相对位置的侧视示意图。图 1-8（a）为手持式装置 1 处于关闭状态时磁性元件的侧视示意图，图 1-8（b）为手持式装置 1 处于关闭状态时滑轨的相对位置的侧视示意图。在图 1-7（a）以及图 1-8（a）中可看到，在第一机体 10 的一侧具有第一磁性元件 11，其磁性方向如图所示，在第二机体 20 的中央纵向部分具有三个第二磁性元件 21，其沿着滑盖滑动的方向 N_1-N_2 排列且磁性方向如图所示，第一磁性元件 11 在第二机体 20 滑动时，会依据滑动的位置面对不同的第二磁性元件 21 而产生吸力或斥力。

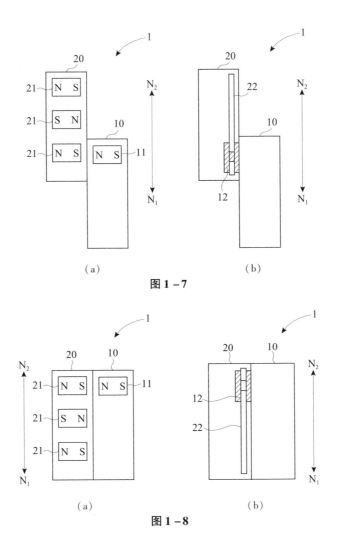

（a）　　　　　　　　　　　　（b）

图 1 - 7

（a）　　　　　　　　　　　　（b）

图 1 - 8

图 1 - 9（a）、图 1 - 9（b）分别代表手持式装置 1 的第二机体 20 受外力推动至不同位置时，两机体 10、20 之间的磁性元件 11、21 彼此的吸斥力状态。由于第一磁性元件 11 在第二机体 20 上滑动时，会靠近、远离或面对相同或相异极性的第二磁性元件 21，因此产生斥力以及吸力的效应使得第二机体 20 以及第一机体 10 在图 1 - 9（a）或是图 1 - 9（b）的位置都无法维持平衡，而会向图 1 - 7 或图 1 - 8 的位置移动。如图 1 - 9（a）所示，当使用者施加外力 F 推动第二机体 20 相对第一机体 10 向 N_2 方向滑动时，第一磁性元件 11 离开面对最上端的第二磁性元件 21 的稳定位置，彼此间产生的吸力沿 P_1 方向推动，同时第一磁性元件 11 与中间的第二磁性元件 21 具有相斥的力量沿 P_2 方向推动，

若此时外力 F 消失，则 P_1 与 P_2 方向的吸斥力的综合影响，会带动第二机体 20 沿 N_1 方向相对第一机体 10 滑动以回复到如图 1-8（a）或图 1-8（b）示出的关闭的使用位置。若外力 F 持续推动第二机体 20 相对第一机体 10 向 N_2 方向滑动直到如图 1-9（b）的位置，此时第一磁性元件 11 靠近面对最下端的第二磁性元件 21 的稳定位置，彼此间产生的吸力沿 P_3 方向推动，同时第一磁性元件 11 与中间的第二磁性元件 21 具有相斥的力量沿 P_4 方向推动，若此时外力 F 消失，则 P_1 与 P_2 方向的吸斥力的综合影响，会带动第二机体 20 沿 N_2 方向相对第一机体 10 滑动以继续打开到如图 1-9（b）开启的使用位置。且第一磁性元件 11 越靠近中间的第二磁性元件 21（具有同极性，因此彼此相斥），两机体 10、20 之间的不稳定性越大。因此，通过第一磁性元件 11 以及第二磁性元件 21 同极性以及异极性的作用可自动带动第一机体 10 以及第二机体 20 移动至其中一个稳定的使用位置。

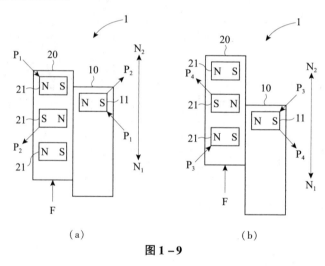

（a）   （b）

图 1-9

图 1-10

可见，对比文件 1 公开了一种以磁性元件自动定位的手持式装置，利用磁性元件同极性相斥、异极性相吸的特点，将具有永久磁性的磁性元件设置在手持式装置的滑盖和主体部分上，从而实现半自动带动滑盖移动到稳定的位置，解决了弹性机构使用过久产生弹性疲劳的问题。

对比文件 2 公开了一种便携式电子设备的滑盖定位装置。图 1-10 为设备主体结构的示意图，图 1-11 为滑盖结构的背面示意图。设备主体 102 的两侧各形成一滑槽 112，在此滑槽 112 的两端，即顺着第一方向 332 延伸的一端以及顺着第二方向 334 延伸的一端，分别具有第一磁件 322a 和第二磁件 322b，且第一磁件 322a 和第二磁件 322b 的磁力大小相等。滑盖装置 104 的两侧各形成一与上述滑槽 112 相对应的导片 114，其中在此导片 114 顺着第一方向 332 延伸的两个侧边具有第三磁件 324。第一磁件 322a 和第二磁件 322b 具有相同的磁场方向，第三磁件 324 则具有另一种磁场方向，如图 1 – 12 所示。

　　当图 1 – 10 的设备主体 102 与图 1 – 11 的滑盖结构 104 组合之后，可产生一种滑盖结构的滑动机制。当滑盖结构 104 处于关闭状态时，如图 1 – 12 所示，此时第一磁件 322a 与第三磁件 324 的位置相接近，由于两者的磁场方向不同，因此其产生的磁吸力很大，可将滑盖结构固定于关闭位置，覆盖住输入装置 106。

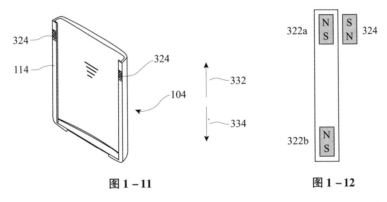

图 1 –11　　　　　　　　　　　　图 1 –12

　　若使用者想要打开此滑盖结构 104 时，必须施力推动滑盖结构 104，使其向第二方向 334 移动，第三磁件 324 的位置在此时也跟着向第二方向 334 移动。当第三磁件 324 的位置超过第一磁件 322a 和第二磁件 322b 的中间位置，而较靠近第二磁件 322b 时，第二磁件 322b 对第三磁件 324 的磁吸力会大于第一磁件 322a 对第三磁件 324 的磁吸力，使得第三磁件 324 会加速朝第二磁件 322b 接近，因此带动整个滑盖结构 104 往开启位置移动，最后固定于开启位置，使输入装置 106 暴露出来。

　　同样地，若使用者想要关闭处于开启状态的滑盖结构 104 时，则必须施力推动滑盖结构 104，使其向第一方向 332 移动，第三磁件 324 在此时也跟着向第一方向 332 移动。当第三磁件 324 的位置超过第一磁件 322a 和第二磁件 322b 的中间位置，而较靠近于第一磁件 322a 时，第一磁件 322a 对第三磁件 324 的磁吸力会大于第一磁件 322a 对第三磁件 324 的磁吸力，使得第三磁件 324 会加速接近第一磁件 322a，因此带动整个滑盖结构 104 往关闭位置移动，最后固定于关闭位置，覆盖住输入装置 106。

由上述内容可以看出，对比文件 2 公开了一种便携式电子设备上的滑盖定位装置。在滑盖结构的导片和设备主体上的滑槽内设置磁场方向相反的磁铁，利用磁力来辅助滑盖的滑动，该滑动机构结构简单，可以改善现有的滑盖结构在使用时容易开合不全或是被所施加的外力破坏的问题，也可以避免使用弹性机构而存在弹性疲劳的问题。

从对比文件 1 和对比文件 2 的技术方案来看，两份对比文件都公开了具有滑动机构的移动电话，在滑动机构中设置具有永久磁性的磁性元件，利用磁性元件间磁力具有同极性相斥、异极性相吸的特点辅助移动电话滑盖的开合，但是，这两份对比文件公开的滑动机构在滑盖滑动的过程中需要使用者施加足够大的力，克服磁性元件间异极性间的吸力，才能从一端滑动到另一端，它们都没有公开利用感应线圈实现的电磁铁。而该申请的滑动结构通过设置感应线圈、调整感应线圈的输入电流而改变滑动块和固定件之间的磁力方向，产生与滑动方向一致的磁力，从而减小滑动所需要施加的外力，使得滑盖很容易地朝向一方滑动，且滑动过程中不需要克服异极性相吸的磁力。因此，初步判断该申请相对于目前掌握的现有技术具备新颖性和创造性。

（4）有以下内容需要客户确认：

①客户在技术交底书中记载的是具有滑盖结构的手机，专利代理人认为具有滑盖的其他手持设备，比如 PDA、电子词典等，也存在同样的问题，是否可以将该滑盖结构应用于其他手持式设备。

②客户在技术交底书中提到："若这些固定件 232 只有其中之一具有可变磁性，也可实现滑动块 234 带动滑盖 220 开合的功能"，以及"上述实施方式中以两个固定件为例作说明，但是可依照其设计需求而将滑动机构设计为由一个固定件、一个滑动块与一个滑轨所构成"，对于只有一个固定件具有可变磁性的情形，以及只有一个固定件的情形，都没有给出具体的工作方式。然而由于这些内容属于与该申请的发明点密切相关的内容，建议客户对其进行适当补充，以充分阐明该申请的技术方案，便于撰写出保护范围较大且能得到说明书支持的权利要求。

③技术交底书只提供了一个具体实施方式，其中固定件具有可变磁性，滑动块具有永久磁性，通过两者之间的磁力带动滑盖轻松开合。如果固定件具有永久磁性、滑动块具有可变磁性是否也能解决该申请的技术问题？请客户考虑，如果可行，建议客户提供相应的实施方式，从而便于撰写出能够得到说明书支

持的上位概括或功能限定的权利要求。

3. 与客户的沟通和确认

将上述对于技术交底书的理解以及思考的问题与客户进行了充分沟通，客户给出的反馈意见如下：

（1）同意专利代理人对申请文件的理解。

（2）客户拟仅申请发明专利。

（3）客户认为：该申请相对于对比文件1和对比文件2具备新颖性和创造性。对比文件1和对比文件2虽然公开了利用磁性元件间的磁力实现移动电话滑盖的开合，但是都没有公开滑动块和固定件之间的磁力可以根据输入线圈的电流而改变，该发明通过在固定件中设置线圈，在滑盖滑动时调整输入线圈的电流来改变固定件的磁力方向，使得滑动块与一个固定件之间具有相吸的磁力，与另一个固定件之间具有相斥的磁力，滑动块快速地朝磁力相吸的固定件滑动，使得滑盖开合更容易、更顺畅，感应线圈的使用属于该发明的创新点。因此，该发明具备新颖性和创造性。

（4）在技术交底书中补充以下内容：

①该发明的滑动结构确实能够应用于其他具有滑盖的手持式装置，因此，客户将移动电话修改为手持式电子装置。

②对于只有一个固定件具有可变磁性的情形以及只有一个固定件的情形，也可以实现滑盖的顺利开合，只是磁力大小有所不同。补充说明如下：

"若这些固定件232只有其中之一具有可变磁性，也可实现滑动块234带动滑盖220开合的功能。例如，如果图1－5中左边固定件232内部具有感应线圈，右边固定件232内部不具有感应线圈，则通过在左边固定件232中的感应线圈输入电流，使它具有如图1－5所示的磁极性，滑动块234与左边固定件232之间具有异极性相吸、方向向左的磁力，吸引滑动块234向左滑动，带动滑盖220向左滑动。如果图1－5中右边固定件232内部具有感应线圈，左边固定件232内部不具有感应线圈时，通过在右边固定件232中的感应线圈输入电流，使它具有如图1－5所示的磁极性，滑动块234与右边固定件232之间形成同极性相斥、方向向左的磁力，助力滑动块234向左滑动，实现滑盖220向左滑动。

若滑动机构被设计为由一个固定件、一个滑动块与一个滑轨所构成，其工作方式与只有一个固定件具有可变磁性时类似。例如，图1－5所示的滑动机构中仅包括左边固定件232，不包括右边固定件232时，左边固定件232内部具有感应线圈，通过其输入端子232a输入电流使得左边的固定件232产生如图1－5

所示的磁极性，由于与滑动块 234 之间具有异极性相吸的磁力，左边固定件 232 将吸引滑动块 234 向左边滑动，带动滑盖 220 向左滑动。仅包括右边固定件 232、不包括左边固定件 232 时的工作方式与只有右边固定件具有可变磁性、左边固定件 232 不具有可变磁性的情形相同，不再赘述。"

③对该申请滑动机构的具体实施方式作出补充，增加第二实施方式。所增加的具体内容如下：

"图 1−13 为第二实施方式的一种手持式电子装置的俯视示意图，图 1−14 为图 1−13 的手持式电子装置的侧视示意图。第二实施方式的手持式电子装置 300 与原始技术交底书中提交的第一实施方式的手持式电子装置 200 的主要不同之处在于，滑动机构 330 的滑动块 334 具有可变磁性，且这些固定件 332 的至少其中之一具有永久磁性（在此以两个固定件 332 都有永久磁性为例）。

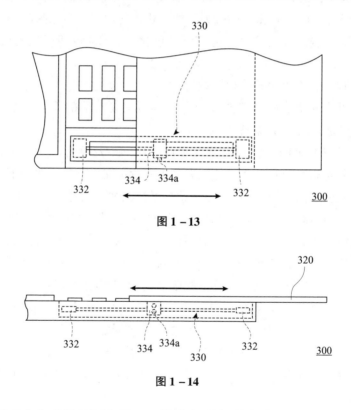

图 1−13

图 1−14

这些具有永久磁性的固定件 332 的内部磁场的方向相异。因此，当滑动块 334 内部的感应线圈由这些输入端子 334a 的其中之一输入电流而产生磁性时，滑动块 334 会滑动朝向这些固定件 332 的其中之一且远离这些固定件 332 的其中之一。因此，借由改变滑动块 334 的磁性以被两个固定件 332 吸引或排斥而达成滑盖 320 的开合。

　　同时，第二实施方式下的手持式电子装置也可以具有原始技术交底书中提交的第一实施方式中的壳体 240，具体结构不再赘述。"

　　4. **对技术交底书的进一步理解**

　　根据以上客户反馈的内容可以进一步完善技术交底书。由于客户又补充了一种实施方式，此时应考虑是否可对说明书给出的两种实施方式进行上位概括或功能限定，以获取更大的保护范围。

　　该申请两种手持式电子装置结构不同的技术特征在于滑动机构中滑动块和固定件的磁性设置。在第一种实施方式中，滑动块具有永久磁性，仅有一个固定件且具有可变磁性，或有两个固定件且至少其中之一具有可变磁性，可变磁性通过在固定件内部设置感应线圈来实现；当仅有一个固定件内部具有感应线圈时，通过在感应线圈中输入电流，使得该具有感应线圈的固定件与滑动块之间产生与滑动方向一致的吸力或斥力；当具有两个固定件且其内部均有感应线圈时，内部磁场方向相反，滑动块与一个固定件之间具有相吸的磁力，与另一个固定件具有相斥的磁力，促使滑动块朝相吸的固定件的方向滑动。在第二种实施方式中，滑动块内部具有感应线圈，仅有一个固定件且具有永久磁性，或者具有两个固定件且至少其中之一具有永久磁性；当只有一个固定件具有永久磁性时，它与滑动块之间具有与滑动方向一致的吸力或斥力；当两个固定件都具有永久磁性时，两者的内部磁场方向相反，当滑动块带动滑盖滑动时，对滑动块内部的感应线圈输入电流，使得滑动块一端为 N 极，另一端为 S 极，滑动块与一个固定件之间具有朝向滑动方向相吸的磁力，与另一个固定件具有与滑动方向一致而相斥的磁力，在磁合力作用下助力滑盖朝滑动方向滑动。在这两种具体实施方式中，固定件或滑动块其中一方具有可变磁性，另一方具有永久磁性，滑动时控制可变磁性的磁力方向，在滑动块与固定件之间产生与滑动方向一致的磁力，从而减小滑动滑盖所需要的外力。因此，在撰写权利要求时可进行功能性概括，将其概括为"滑动块与具有磁性的固定件中其中一方具有可变磁性，另一方具有永久磁性，滑盖滑动时，在滑动块与具有磁性的固定件之间产生与滑动方向一致的磁力"。

　　5. **与客户的再次沟通与确认**

　　对于以上功能性限定"滑动块与具有磁性的固定件中其中一方具有可变磁性，另一方具有永久磁性，滑盖滑动时，在滑动块与具有磁性的固定件之间产生与滑动方向一致的磁力"与客户进行了再次沟通和确认，客户认可专利代理人所提出的概括方式，认为这样可获得更大的保护范围。

通过以上工作，对技术交底书的内容进行了挖掘和完善，专利代理人可以着手专利申请文件的撰写。

第二节　权利要求书撰写的主要思路

一般来说，在撰写发明和实用新型专利申请的权利要求书时，针对其中一项要求保护的技术主题，可以按照如下思路进行撰写：

（1）理解该项要求保护的技术主题的实质性内容，列出全部技术特征；

（2）分析研究该项要求保护的技术主题的现有技术，确定最接近的现有技术；

（3）针对该项要求保护的技术主题，确定其要解决的技术问题以及为解决该技术问题所必须包括的全部必要技术特征；

（4）撰写独立权利要求；

（5）撰写从属权利要求。

接下来以本案例的手持式电子装置为例，具体说明撰写权利要求书的主要思路。

一、理解该项要求保护的技术主题的实质性内容，列出全部技术特征

现针对本案例具体说明如何理解技术交底书中所要求保护技术主题的实质性内容。

技术交底书中给出了两种具体实施方式，根据客户补充修改后的技术交底书的内容，对该发明手持式电子装置的技术特征作出如下分析。

1. **该发明手持式电子装置的两种结构中共有的特征**

该发明手持式电子装置的两种结构中共有的技术特征为：

① 本体。

② 滑盖，可在上述本体上滑动。

③ 至少一组滑动机构，配置于本体上，其包括：

④ 滑轨；

⑤ 滑动块，具有磁性，与滑盖连接，穿设于滑轨上，移动时带动滑盖相对于本体滑动；

⑥ 一个位于滑轨端部且具有磁性的固定件，或者两个位于滑轨两端且至少

其中之一具有磁性的固定件。

⑦ 可变磁性是通过设置于内部的感应线圈实现的。

⑧ 感应线圈具有两个暴露在外面的传输端子。

⑨ 壳体，配置于本体内，该壳体具有一开口，且滑动机构配置于该壳体内，上述的开口暴露出滑动块与部分滑轨。

2. 该发明手持式电子装置的两种结构中非共有的特征

该发明两种手持式电子装置结构不同的技术特征在于滑动块和固定件的磁性设置：在第一种结构中，滑动块具有永久磁性，至少一个固定件具有可变磁性，当有两个固定件均具有可变磁性时，两者内部磁场方向相反；在第二种结构中，滑动块具有可变磁性，至少一个固定件具有永久磁性，当两个固定件都具有永久磁性时，两者的内部磁场方向相反。这是两种具体的实施方式，在将这些技术特征写入权利要求中时，应尝试对两种实施方式进行合理概括，尽量为委托人争取更大的保护范围。就本案而言，这两种具体实施方式都是为了实现在滑动块与固定件之间有可变磁力，从而减小开合滑盖时所需要的外力。因此，在撰写权利要求时可进行功能性概括。根据与客户沟通确认的结果，将上述两种手持式电子装置结构不同的技术特征概括为技术特征：

⑩ 滑动块与具有磁性的固定件其中一方具有可变磁性，另一方具有永久磁性，滑盖滑动时，在滑动块与具有磁性的固定件之间产生与滑动方向一致的磁力。

（1）第一种结构涉及的技术特征具体包括：

⑪ 滑动块具有永久磁性，具有磁性的固定件具有可变磁性。

⑫ 当两个固定件均具有可变磁性时，两者内部磁场方向相反。

（2）第二种结构涉及的技术特征具体包括：

⑬ 具有磁性的固定件具有永久磁性，滑动块具有可变磁性。

⑭ 当两个固定件都具有永久磁性时，两者的内部磁场方向相反。

二、分析、研究该项要求保护的技术主题的现有技术，确定最接近的现有技术

在理解了要求保护的技术主题的实质内容之后，应当着手分析研究现有技术，从中确定该技术主题的最接近的现有技术。

1. 分析研究现有技术，理解现有技术的实质性内容

通常来说，现有技术包括客户在技术交底书中提供的现有技术，以及专利代理人检索到的现有技术。就本案而言，客户在技术交底书中提供了背景技术。

经过检索，专利代理人找到两份更相关的现有技术文件，即对比文件 1 和对比文件 2。

本案例技术交底书中披露的背景技术是：具有滑盖的手持式装置在开合时，如果单靠使用者的施力，容易出现开合不完全的情况，现有技术中通过增加一弹性机构带动滑盖移动来解决该问题。然而，弹性机构在使用过久后会有弹性疲劳，进而导致滑盖滑动不良的问题。

对比文件 1 公开了一种以磁性元件自动定位的手持式装置，包含本体 10 和滑盖 20，在滑盖 20 上设有滑轨 22，在本体 10 上对应滑轨 22 的位置设置有滑块 12，滑块 12 与滑轨 22 互相配合，滑块 12 在滑轨 22 上滑动会带动手持式装置的滑盖 20 在开启状态和关闭状态之间移动。在本体 10 上对应滑块 12 的位置处设置有第一磁性元件 11，在滑盖 20 上沿着滑轨的方向设置有三个第二磁性元件 21，在滑盖 20 受到外力推动时，第一磁性元件 11 会靠近、远离或面对相同或相异极性的第二磁性元件 21，因此产生吸斥力使得滑盖 20 无法稳定于除关闭和开启位置外的其他位置，从而促进了滑盖朝向开启和关闭位置滑动。可见在对比文件 1 中，利用磁性元件同极性相斥、异极性相吸的特点，将具有永久磁性的磁性元件分别设置在滑盖和主体上，助力滑盖沿着滑轨移动，从而实现滑盖的完全开合，可以避免使用弹性机构而存在弹性疲劳的问题。

对比文件 2 公开了一种便携式电子设备的滑盖定位装置。在便携式电子设备主体的两侧各设置一个滑槽 112，在滑槽 112 的两端分别设置第一磁件 322a 和第二磁件 322b，第一磁件 322a 和第二磁件 322b 的磁力大小相等且磁场方向一致，在滑盖 104 的两侧各形成一个与滑槽 112 对应的导片 114，在导片 114 的一端设置有第三磁件 324，当滑盖 104 处于关闭状态时，该第三磁件 324 与第一磁件 322a 位置相接近，该第三磁件 324 的磁场方向与第一磁件 322a 和第二磁件 322b 的磁场方向相反。导片 114 在滑槽内滑动时带动滑盖 104 在本体上移动。当滑盖 104 从关闭状态打开时，需要施力推动滑盖 104，克服第三磁件 324 与第一磁件 322a 之间的吸力，使滑盖朝第二方向 334 移动，第三磁件 324 也跟着向第二方向 334 移动，当第三磁件 324 超过第一磁件 322a 和第二磁件 322b 的中间位置，而较靠近第二磁件 322b 时，第二磁件 322b 对第三磁件 324 的磁吸力会大于第一磁件 322a 对第三磁件 324 的磁吸力，使得第三磁件 324 会加速朝第二磁件 322b 接近，因此带动整个滑盖结构 104 往开启位置移动，最后固定于开启位置。对比文件 2 公开的滑盖定位装置也是利用磁件同极性相斥、异极性相吸的特点，在滑槽和导片上设置具有永久磁性的磁件，在滑盖滑动的时候利用磁吸力辅助滑盖加速滑动，稳定于开启或关闭位置，同样可以避免使用弹性机构而存在弹性疲劳的问题。

2. 确定最接近的现有技术

在对现有技术进行分析研究、理解现有技术的实质性内容之后，就要确定与该发明最接近的现有技术，以便为撰写独立权利要求做好准备。

最接近的现有技术，是指现有技术中与要求保护的发明最密切相关的一个技术方案。按照《专利审查指南2010》第二部分第四章的规定：最接近的现有技术可以是与要求保护的发明的技术领域相同，所要解决的技术问题、技术效果或者用途最接近和/或公开了发明的技术特征最多的现有技术；或者虽然与要求保护的发明技术领域不同，但能够实现发明的功能，并且公开发明的技术特征最多的现有技术。在确定最接近的现有技术时，应当首先考虑技术领域相同或者相近的现有技术。但是，就撰写专利申请文件而言，在撰写独立权利要求时，可以只考虑技术领域相同的现有技术。

在本案例中，对比文件1和对比文件2都针对现有的手持式装置中开合弹性机构使用过久会有弹性疲劳，造成滑盖滑动不良的技术问题，设置磁极性不同的磁件，利用磁件之间同极性相斥、异极性相吸的特点来辅助滑盖的滑动。可见，对比文件1和对比文件2均与该申请的技术领域相同，都属于具有滑动机构的手持式装置，与客户提供的背景技术相比较，两者所解决的技术问题与该申请的技术问题相近，均为克服弹性机构构成的滑动机构存在弹性疲劳的问题，所达到的技术效果也接近，即不会产生弹性疲劳，滑盖能顺利滑动。

就公开的技术特征数量而言，首先分析对比文件1和对比文件2具体公开的技术特征。对比文件1公开了一种以磁性元件自动定位的手持式装置，具体公开了手持式装置包括：本体；滑盖，可以在主体部分上滑动；以及两组滑动机构。其中每组滑动机构包括：滑轨，设置在滑盖上；滑块，设置在本体上，滑块与滑轨配合带动滑盖在本体上滑动；在本体上设置有一个磁性元件，在滑盖上设置有三个磁性元件，这些磁性元件都是具有永久磁性的，且磁极性方向需要提前设置，第一磁性元件会靠近、远离或面对相同或相异极性的第二磁性元件，因此产生吸力以及斥力使得滑盖无法稳定于除关闭和开启位置外的其他位置。对比文件2公开了一种具有滑盖定位装置的便携式电子设备，具体包括：便携式电子设备主体；滑盖结构，可以在设备主体上滑动；以及配置在主体上的两组滑动机构。其中每组滑动机构包括设置在主体两侧的滑槽；设置在滑盖结构两侧上的导片，与滑槽配合带动滑盖在主体上滑动；在每侧的滑槽上设置有两个磁件，在导片上设置一个磁件，这些磁件都具有永久磁性，通过设置它们的磁极性在滑盖滑动的时候利用磁吸力辅助滑盖加速滑动，使滑盖稳定于开启或关闭位置。

由此可见，对比文件 1 和对比文件 2 都公开了该发明中的本体、滑盖，以及包括滑轨的滑动机构，其中对比文件 1 公开的滑动机构和该发明的滑动结构较为接近，对比文件 1 还公开了滑动机构包括穿设在滑轨上的滑动块，滑动块移动时带动滑盖相对于本体滑动。可见，对比文件 1 公开该发明的技术特征最多，因此可以认为对比文件 1 是最接近的现有技术。

根据上述对现有技术的分析研究，确定了该发明最接近的现有技术为对比文件 1 中公开的以磁性元件自动定位的手持式装置。下面针对该最接近的现有技术确定该发明所解决的技术问题及解决该技术问题的全部必要技术特征。

三、针对该项要求保护的技术主题，确定其要解决的技术问题以及为解决该技术问题所必须包括的全部必要技术特征

在确定了最接近的现有技术之后，就需要针对该最接近的现有技术确定该发明要解决的技术问题，在此基础上，确定该发明中哪些技术特征是解决这一技术问题的必要技术特征。

1. 确定该发明所解决的技术问题

在专利代理实践中，为委托人检索到的最接近的现有技术可能不同于委托人在技术交底书中所描述的现有技术，因此专利代理人通常需要客观地重新确定发明所解决的技术问题，该重新确定的发明所解决的技术问题可能不同于技术交底书中所描述的技术问题。作为一个原则，技术交底书中的任何技术效果都可以作为确定技术问题的基础，只要本领域的技术人员从技术交底书所记载的内容能够得知该技术效果即可。

在相对于最接近的现有技术确定该发明所解决的技术问题时，需要进行客观的分析。具体说来，首先应当分析要求保护的发明与最接近的现有技术相比作出了哪些改进，其次根据这些改进所能达到的技术效果确定该发明所解决的技术问题。

通过比较该发明与最接近的现有技术，该发明相对于最接近的现有技术主要进行了三个方面的改进。

第一方面的改进是滑动机构中磁件的磁性设置不同。在该发明中，滑动块和固定件一方具有永久磁性，另一方具有通过感应线圈实现的可变磁性，通过输入电流改变感应线圈产生的磁力方向，可改变滑动块和固定件之间的磁力，产生与滑动方向一致的磁力，从而减小滑盖滑动时所需的外力，使得整个开合过程都很省力。而在对比文件 1 中，在本体上与滑块连接的部位设置有一个具

有永久磁性的第一磁性元件，在滑盖上设置有三个具有永久磁性的第二磁性元件，滑盖打开和关闭过程中则需要施力克服第一磁性元件和第二磁性元件之间的磁吸力。因此，需要施加更大的力使滑盖从一端滑动到另一端。

第二方面的改进是滑动机构的结构有所不同，在该发明中，滑轨设置在本体上，滑轨的两端用于连接固定件，固定件配置于本体上，滑动块与滑盖连接。而对比文件1中滑轨设置在滑盖上，滑轨的两端没有固定件，滑动块是与本体连接的。

第三方面的改进在于设置了壳体，配置于本体内，该壳体具有一开口，将滑动机构配置于该壳体内，上述的开口暴露出滑动块与部分滑轨。而对比文件1没有公开壳体。

由前面的分析可知，第一方面的改进相对于现有技术而言使得该发明的手持式电子装置具备新颖性和创造性。该发明的滑动结构通过设置感应线圈、调整感应线圈的输入电流而改变滑动块和固定件之间的磁力方向，产生与滑动方向一致的磁力，从而减小滑动所需要施加的外力，使得滑盖很容易地朝向一方滑动，且滑动过程中不需要克服异极性相吸的磁力。

第二方面的改进在于滑动结构的具体结构。对比文件1公开了将滑块设置在本体上、将滑轨设置在滑盖上的技术特征，采用该发明中的将滑块设置在滑盖上、滑轨设置在本体上的技术特征仅仅是滑块和滑轨另外一种常用的配合方式，所达到的滑动效果是相同的，都能够实现滑盖在本体上的滑动；该发明中设置了具有磁性的固定件和滑动块，而对比文件1中没有公开固定件，是将磁性元件设置在滑轨沿线上和与滑块连接的本体上，但是同样在滑盖开合时提供了磁力，该改进属于对滑动机构作出的结构上的具体限定。

第三方面的改进所起的作用在于保护整个滑动机构，避免异物侵入造成损害。所采用的是现有技术中常用的方式，本领域技术人员公知的是，设置一个壳体可保护置于内部的部件。

结合前面的分析可知，第一方面的改进更重要，是该发明的发明点所在；第二方面的改进设置磁性元件位置时的常用技术手段；第三方面的改进属于本领域中保护滑动机构的常规选择，属于优选的方式。因此，应当基于第一方面改进所能达到的技术效果确定要解决的技术问题。如前所述，第一方面的改进使得滑盖开合更加省力、顺畅，因此，该发明要解决的技术问题为：如何更加省力、顺畅地开合手持式电子装置的滑盖。

2. 为解决技术问题所必须包括的全部必要技术特征

现确定解决"如何更加省力、顺畅地开合手持式电子装置的滑盖"这一技术问题的必要技术特征。

在前面分析中列举的该申请全部技术特征中，哪一些应当作为解决上述技术问题的必要技术特征写入独立权利要求中呢？下面逐一进行详细分析。

该发明两种手持式电子装置结构的共有特征：本体、滑盖和滑动机构是要求保护的技术主题的主要组成部分，其中滑动机构包括具有磁性的滑动块、滑轨，和一个具有磁性的固定件或者两个至少其一具有磁性的固定件，这些特征均与上述要解决的技术问题有关，因而是解决上述技术问题的必要技术特征。另外，上述主要组成部分之间的相关连接或者位置关系特征（滑动块，与滑盖相连接，穿设在滑轨上，移动时可带动上述的滑盖相对于本体滑动；一个位于滑轨端部的固定件，或者两个位于滑轨两端的固定件）均是解决上述技术问题的必要技术特征。这是因为根据技术交底书的内容，只有按照上述连接或者位置关系构成的手持式电子装置才能清楚地限定该独立权利要求的保护范围，因此这些技术特征也是解决所述技术问题的必要技术特征。也就是说，前面所列出的技术特征①~⑥是该发明解决上述技术问题的必要技术特征。正如前面所指出，技术特征⑩"滑动块与具有磁性的固定件其中一方具有可变磁性，另一方具有永久磁性，滑盖滑动时，在滑动块与具有磁性的固定件之间产生与滑动方向一致的磁力"是该发明的滑动结构相对于最接近的现有技术的发明点所在，通过设置滑动块和具有磁性的固定件的磁性，滑动块和固定件之间具有可变磁力，能在滑盖滑动的时候产生与滑动方向一致的磁力，减小滑动所需的外力，进而带来省力、顺畅地滑动滑盖的技术效果，因此技术特征⑩是解决上述技术问题的必要技术特征。同时技术特征⑩涵盖的具体实施方式中的技术特征⑪~⑭，属于对技术特征⑩的进一步限定，不属于解决该发明技术问题的必要技术特征。

有关可变磁性的技术特征⑦"可变磁性是通过设置于内部的感应线圈实现的"和与感应线圈相关的技术特征⑧"感应线圈具有两个暴露在外面的传输端子"是用来进一步限定可变磁性实现方式的，因而从权利要求范围应当尽量大的角度出发，可以不写入独立权利要求中。

另外，技术特征⑨"壳体，配置于本体内，该壳体具有一开口，且滑动机构配置于该壳体内，上述的开口暴露出滑动块与部分滑轨"，虽然在滑盖移动至开启位置时，能够避免外界异物侵入滑动块的滑动范围而造成对滑动机构的损害，但考虑到没有该技术特征已能解决如何省力、顺畅地开合手持式电子装置的滑盖的技术问题，因此该技术特征不是解决上述技术问题的必要技术特征。

综上所述，该申请独立权利要求保护的主题"手持式电子装置"的必要技术特征应当包括：本体；滑盖，可在本体上滑动；至少一组滑动机构，配置于本体上，其包括滑轨；滑动块，与上述的滑盖连接，穿设于滑轨上，移动时带动滑盖相对于本体滑动；一个位于滑轨端部且具有磁性的固定件或者两个位于滑轨两端且至少其一具有磁性的固定件；滑动块与具有磁性的固定件其中一方具有可变磁性，另一方具有永久磁性，滑盖滑动时，在滑动块与具有磁性的固定件之间产生与滑动方向一致的磁力。

四、撰写独立权利要求

在确定该发明最接近的现有技术、针对该最接近的现有技术所要解决的技术问题以及为解决该技术问题所必需包含的必要技术特征之后，就可以开始着手撰写独立权利要求，将确定的必要技术特征与最接近的现有技术进行对比分析，把其中与最接近的现有技术共有的技术特征写入独立权利要求的前序部分，而将其他必要技术特征作为与最接近的现有技术的区别特征写入独立权利要求的特征部分。

前文所确定的必要技术特征中有关本体、滑盖、滑轨和滑动块是与该申请的最接近的现有技术（对比文件1）共有的技术特征，因此，可以将这些技术特征写入独立权利要求的前序部分；固定件的设置、滑动块的位置，以及滑动块和固定件具有永久磁性或者可变磁性相关的技术特征作为该发明与最接近的现有技术对比文件1的区别特征，写入独立权利要求的特征部分。按照此方式撰写独立权利要求，必定满足了《专利法实施细则》第21条第1款有关独立权利要求撰写的格式规定。

最后，完成的独立权利要求1如下：

1. 一种手持式电子装置，其包括：一本体（210）；一滑盖（220），能够在本体（210）上滑动；至少一组滑动机构（230），配置于本体（210）上，其包括：一滑轨（236）以及一滑动块（234），其中滑动块（234）穿设在滑轨（236）上；其特征在于：上述的滑动块（234）具有磁性，且与上述的滑盖（220）相连接，上述的滑动块（234）移动时带动上述滑盖（220）相对于上述本体（210）滑动；所述滑动机构（230）还包括一个位于滑轨端部且具有磁性的固定件（232），或者两个位于滑轨两端且至少其中之一具有磁性的固定件（232）；其中上述滑动块（234）与上述具有磁性的固定件（232）中其中一方具有可变磁性，另一方具有永久磁性，滑盖（220）滑动时，在上述滑动块（234）与上述具有磁性的固定件（232）之间产生与滑动方向一致的磁力。

所撰写的上述独立权利要求满足如下四个方面的实质性要求。

（1）所撰写的独立权利要求应当包含解决技术问题的全部必要技术特征。

就这一实质性要求而言，前面分析确定该发明的必要技术特征时，已作出了具体说明，在此不再作重复描述。

（2）所撰写的独立权利要求不应当写入非必要技术特征，以使该发明得到充分的保护。

在前面分析该发明必要技术特征时，已将实现可变磁力的具体实施方式、壳体、感应线圈相关技术特征确定为附加技术特征，因此在独立权利要求中未写入这些技术特征，使该独立权利要求限定的技术方案具有较宽的保护范围。

（3）应当以说明书为依据，清楚、简要地限定要求专利保护的范围。

对于独立权利要求以说明书为依据这一实质性要求，就本案例而言，该发明的技术交底书所提供的两种不同结构的手持式电子装置的滑动机构将被写入到说明书中。这两种结构不同之处在于滑动块和固定件的磁性设置：在第一种结构中，滑动块具有永久磁性，具有磁性的固定件具有可变磁性，当两个固定件均具有可变磁性时，两者内部磁场方向相反；在第二种结构中，滑动块具有可变磁性，具有磁性的固定件具有永久磁性，当两个固定件都具有永久磁性时，两者的内部磁场方向相反。这两种具体实施方式都是为了实现在滑动块与固定件之间有可变磁力，在滑盖滑动时形成与滑动方向一致的磁力，从而减小开合滑盖时所需要的外力。因此，技术特征⑩ "滑动块与具有磁性的固定件其中一方具有可变磁性，另一方具有永久磁性，滑盖滑动时，在滑动块与具有磁性的固定件之间产生与滑动方向一致的磁力" 是能够从说明书中记载的两种滑动机构概括得出的。至于权利要求1中的其他技术特征，在技术交底书中都有明确记载，因而，所撰写的独立权利要求1的技术方案是所属技术领域的技术人员能够从说明书充分公开的内容中得到或概括得出的技术方案。

对于权利要求书清楚、简要地限定权利要求的保护范围这一要求，权利要求1要求保护一种手持式电子装置，表明了权利要求的类型是产品权利要求，其类型是清楚的；权利要求1的技术内容都是有关手持式电子装置的结构特征，因此主题名称与权利要求的内容是相适应的；权利要求1的用词都是本领域通用的表达方式，未使用含义不确定的用语以及类似 "例如" "最好是" "约" "接近" 等容易导致权利要求的范围不清楚的用语，除了附图标记使用的括号，也没有使用其他括号；因此，整体而言，权利要求1是清楚的。权利要求1的表述简要，除记载技术特征，没有对原因或理由作不必要的描述，也未使用商业性宣传用语；因此，权利要求1也满足简要的要求。

（4）所撰写的独立权利要求应当满足新颖性和创造性的要求。

关于新颖性，在本案例中，对比文件1公开的内容是利用设置在滑轨和滑盖上的永久磁铁同极性相斥、异极性相吸的特点实现滑盖的半自动滑动，没有公开权利要求1中的技术特征"上述的滑动块具有磁性，且与上述的滑盖相连接，上述的滑动块移动时带动上述滑盖相对于上述本体滑动；所述滑动机构还包括一个位于滑轨端部且具有磁性的固定件，或者两个位于滑轨两端且至少其中之一具有磁性的固定件；其中上述滑动块与上述具有磁性的固定件中其中一方具有可变磁性，另一方具有永久磁性，滑盖滑动时，在上述滑动块与上述具有磁性的固定件之间产生与滑动方向一致的磁力"。因此所撰写的独立权利要求1相对于对比文件1具备《专利法》第22条第2款规定的新颖性。

对比文件2公开的内容是在滑槽的两端和滑盖上分别设置具有永久磁性的磁件，利用磁件同极性相斥、异极性相吸的特点，实现滑盖的滑动，其滑动机构与该发明的滑动机构结构不同，没有公开权利要求1中的技术特征"一滑动块，其中滑动块穿设在滑轨上，上述的滑动块具有磁性，且与上述的滑盖相连接，上述的滑动块移动时带动上述滑盖相对于上述本体滑动；所述滑动机构还包括一个位于滑轨端部且具有磁性的固定件，或者两个位于滑轨两端且至少其中之一具有磁性的固定件；其中上述滑动块与上述具有磁性的固定件中其中一方具有可变磁性，另一方具有永久磁性，滑盖滑动时，在上述滑动块与上述具有磁性的固定件之间产生与滑动方向一致的磁力"。因此所撰写的独立权利要求1相对于对比文件2也具备《专利法》第22条第2款规定的新颖性。

关于创造性，独立权利要求1相对于最接近的现有技术对比文件1的区别特征为：①上述的滑动块具有磁性，且与上述的滑盖相连接，上述的滑动块移动时带动上述滑盖相对于上述本体滑动；所述滑动机构还包括一个位于滑轨端部且具有磁性的固定件，或者两个位于滑轨两端且至少其中之一具有磁性的固定件；②上述滑动块与上述具有磁性的固定件其中一方具有可变磁性、另一方具有永久磁性，滑盖滑动时，在上述滑动块与上述具有磁性的固定件之间产生与滑动方向一致的磁力。因而其相对于对比文件1的以磁性元件自动定位的手持式装置来说，实际解决的技术问题是如何省力、顺畅地开合手持式电子装置的滑盖。至于区别特征①，对比文件1公开了将滑块设置在本体上、将滑轨设置在滑盖上的技术特征，采用该发明中的将滑块设置在滑盖上、滑轨设置在本体上的技术特征仅仅是所属技术领域中滑块和滑轨另外一种常用的配合方式，所达到的滑动效果是相同的，都能够实现滑盖在本体上的滑动；对比文件1虽然没有公开固定件，但是公开了将磁性元件设置在滑盖的滑轨沿线上以及与滑块连接处的本体上，对比文件 1 这样的结构同样在滑盖和本体之间提供了磁力，该区别仅仅是设置磁性元件位置的常规选择。区别特征②中，通过改变感应线圈产生的磁力方向，可改变滑动块和固定件之间的磁力，产生与滑动方向一致的磁力，滑动过程中无须克服任何异极性相吸的磁力，从而使得滑盖能够省力、顺畅地完全开合。该区别特征也未被对比文件 2 披露，基于目前掌握的现有技术，它也不属于本领域技术人员解决上述技术问题的公知常识，因此对比文件 2 和本领域的公知常识中未给出将上述区别特征②应用到对比文件 1 的手持式装置中来解决滑动机构带动滑盖开合时省力、顺畅这一技术问题的技术启示，即独立权利要求 1 的技术方案相对于对比文件 1、对比文件 2 以及本领域的公知常识是非显而易见的，因而具有突出的实质性特点。此外，由于"上述滑动块与上述具有磁性的固定件其中一方具有可变磁性，另一方具有永久磁性，滑盖滑动时，在上述滑动块与上述具有磁性的固定件之间产生与滑动方向一致的磁力"，能够减小上述的滑动块相对于上述的固定件移动所需的外力，可使手持式电子装置开合更加轻松、省力的效果，即该独立权利要求 1 的技术方案相对于现有技术具有有益的效果，因而具有显著的进步。由此可知，所撰写的独立权利要求具备《专利法》第 22 条第 3 款规定的创造性。

五、撰写从属权利要求

为了增加专利申请取得专利权的可能性和批准专利后更有利于维护专利权，应当撰写合理数量的从属权利要求，尤其要将技术交底书中对创造性起作用的那些技术特征写成相应的从属权利要求。

下面结合"手持式电子装置"案例，具体说明如何撰写合理数量的从属权利要求，以帮助读者更好地理解和把握撰写从属权利要求的总体思路以及如何满足从属权利要求撰写的实质和形式方面的要求。

首先，撰写的从属权利要求的主题名称仍应当为手持式电子装置，与独立权利要求的主题名称一致。在这些从属权利要求的引用部分先写明其引用的权利要求的编号，在此后写明主题名称"手持式电子装置"，其次在该从属权利要求的限定部分写明对该发明作出进一步限定的附加技术特征，这样撰写的从属权利要求符合《专利法实施细则》第 22 条第 1 款有关从属权利要求撰写的格式规定。

在前面理解该发明要求保护主题的实质内容时所列出的技术特征中，技术特征⑦~⑨、⑪~⑭未写入独立权利要求中，现对这些技术特征进行分析，确定是否将其作为从属权利要求的附加技术特征，以完成从属权利要求的撰写。

有关滑动块和固定件之间永久磁性和固定磁性设置的技术特征（前面列出

的技术特征⑪~⑭），涉及实现独立权利要求 1 中的"上述滑动块与上述具有磁性的固定件中其中一方具有可变磁性，另一方具有永久磁性，滑盖滑动时，在上述滑动块与上述具有磁性的固定件之间产生与滑动方向一致的磁力"的两种具体实施方式，给该发明带来了新颖性和创造性，对于该发明而言属于非常重要的特征，应当将它们写在紧跟在权利要求 1 的从属权利要求中。其中技术特征⑪~⑫与技术特征⑬~⑭分别对应不同的实施方式，可以写成两组并列的从属权利要求。技术特征⑦~⑨对于两种实施方式下的手持式电子装置均适用，因此，可限定上述两组并列的从属权利要求。

首先撰写技术特征⑪~⑫所对应的实施方式的从属权利要求。

技术特征⑪"滑动块具有永久磁性，具有磁性的固定件具有可变磁性"是对权利要求 1 中"上述滑动块与上述具有磁性的固定件中其中一方具有可变磁性，另一方具有永久磁性"的进一步限定，可写成引用独立权利要求 1 的从属权利要求 2。

技术特征⑫"当两个固定件均具有可变磁性时，两者内部磁场方向相反"是对技术特征⑪中固定件的进一步限定，因此写成从属权利要求 3，引用权利要求 2。

技术特征⑬~⑭撰写思路与从属权利要求 2~3 相同。其中，技术特征⑬"具有磁性的固定件具有永久磁性，滑动块具有可变磁性"是对权利要求 1 中"上述的滑动块与上述固定件其中一方具有可变磁性，另一方具有永久磁性"的进一步限定，可写成独立权利要求 1 的从属权利要求，作为权利要求 4。

技术特征⑭"当两个固定件都具有永久磁性时，两者的内部磁场方向相反"是对技术特征⑬中固定件的进一步限定，因此写成从属权利要求 5，引用权利要求 4。

技术特征⑦"可变磁性是通过设置于内部的感应线圈实现的"是对可变磁性的限定，适用于前述的任一权利要求，因此，技术特征⑦可作为权利要求 1~5 的从属权利要求，写成多项从属权利要求 6。鉴于《专利法实施细则》第 22 条第 2 款规定多项从属权利要求的引用部分应当采用择一引用的方式，因而在引用在前的三项权利要求时采用"或"结构的表述方式，可将引用部分写成"根据权利要求 1~5 任一所述的手持式电子装置"。

技术特征⑧"感应线圈具有两个暴露在外面的传输端子"是对技术特征⑦中的感应线圈的进一步限定，因此，技术特征⑧可写成从属权利要求 7，引用权利要求 6。

技术特征⑨"壳体，配置于本体内，该壳体具有一开口，且滑动机构配置于该壳体内，上述的开口暴露出滑动块与部分滑轨"涉及对壳体的描述，是对权利要求 1 中滑动机构的进一步限定，适用于前述的任一权利要求，可写成多项从属权利要求 8，该多项从属权利要求的引用部分也应当采用择一引用的方式，同时考虑到《专利法实施细则》第 22 条第 2 款规定多项从属权利要求不得作为另一项多项从属权利要求的基础，因此该从属权利要求只作为权利要求 1 ~ 5、7 的从属权利要求，而不引用另一项多项从属权利要求 6。因而其引用部分应写成"根据权利要求 1 ~ 5、7 任一所述的手持式电子装置"。

最后完成的从属权利要求如下：

2. 根据权利要求 1 所述的手持式电子装置，其特征在于：滑动块（234）具有永久磁性；具有磁性的固定件（232）具有可变磁性。

3. 根据权利要求 2 所述的手持式电子装置，其特征在于：当两个固定件（232）均具有可变磁性时，两者内部磁场方向相反。

4. 根据权利要求 1 所述的手持式电子装置，其特征在于：固定件（232）具有永久磁性，滑动块（234）具有可变磁性。

5. 根据权利要求 4 所述的手持式电子装置，其特征在于：当两个固定件（232）都具有永久磁性时，两者的内部磁场方向相反。

6. 根据权利要求 1 ~ 5 任一所述的手持式电子装置，其特征在于：可变磁性是通过设置于内部的感应线圈实现的。

7. 根据权利要求 6 所述的手持式电子装置，其特征在于：感应线圈具有两个暴露在外面的传输端子（232a）。

8. 根据权利要求 1 ~ 5、7 任一所述的手持式电子装置，其特征在于：该手持式电子装置还包括一壳体（240），配置于本体（210）内，该壳体具有一开口（242），且滑动机构配置于该壳体（240）内，上述的开口（242）暴露出滑动块（234）与部分滑轨（236）。

所撰写的上述从属权利要求满足如下两方面的实质性要求。

（1）应当以说明书为依据，清楚、简要地限定要求专利保护的范围。

就本案例而言，从属权利要求 2 ~ 8 的技术方案都在技术交底书中都有明确记载，因而，所撰写的独立权利要求 2 ~ 8 是所属技术领域的技术人员能够从说明书充分公开的内容中得到或概括得出的技术方案。

对于权利要求书清楚、简要地限定权利要求的保护范围这一要求，权利要求 2 ~ 8 要求保护一种手持式电子装置，表明了权利要求的类型是产品权利要求，其类型是清楚的；权利要求 2 ~ 8 的技术内容都是有关手持式电子装置的结构特征，因此主题名称与权利要求的内容是相适应的；权利要求 2 ~ 8 中用词都是本领域通用的表达方式，未使用含义不确定的用语，以及类似"例如""最好是""约""接近"等容易导致权利要求的范围不清楚的用语，除了附图标记使用的括号，也没有使用其他括号；因此，权利要求 2~8 是清楚的。权利要求 2~8 的表述简要，除记载技术特征，没有对原因或理由作不必要的描述，也未使用商业性宣传用语；采用了引用在前权利要求的方式撰写；从权利要求书整体上看，没有包括两项或两项以上保护范围实质相同的同类权利要求，权利要求的数目合理，因此，权利要求 2~8 也满足简要的要求。

（2）所撰写的权利要求 2~8 应当满足新颖性和创造性的要求。

由于独立权利要求 1 满足新颖性和创造性的要求，相应地，从属权利要求 2~8 也具备新颖性和创造性。

第三节　说明书及其摘要的撰写

本节结合上述手持式电子装置的案例对说明书各个组成部分的撰写要求以及如何撰写说明书的各个组成部分进行具体说明。

按照《专利法实施细则》第 17 条第 1 款的规定，发明或者实用新型专利申请的说明书应当写明发明或者实用新型的名称，该名称应当与请求书中的名称一致。说明书通常应当包括技术领域、背景技术、发明或者实用新型内容、附图说明和具体实施方式五个组成部分。下面首先对说明书的各组成部分的撰写要求及如何撰写这些部分作进一步的说明。

现针对说明书的各个组成部分具体说明其撰写要求和撰写思路。

1. 发明的名称

发明或者实用新型的名称应当清楚、简要、全面地反映发明或者实用新型要求保护的技术方案的主题名称以及发明的类型，使发明或者实用新型名称所描述的技术主题与技术方案相对应。

由于本案例仅涉及一项独立权利要求，因而将该独立权利要求技术方案所涉及的主题名称作为发明名称，即"手持式电子装置"。

2. 发明的技术领域

发明或者实用新型的技术领域是指要求保护的技术方案所属或者直接应用的具体技术领域，既不是发明或实用新型所属或者应用的广义或上位技术领域，也不是其相邻技术领域，更不是发明或者实用新型本身，该技术领域往往与发明或实用新型在《国际专利分类表》中可能分入的最低位置有关。

对于本案例来说，由于该发明直接应用的具体技术领域是手持式电子装置，其改进之处在于将现有技术手持式电子装置中利用永久性磁铁开合滑盖的滑动机构改为利用电磁铁开合滑盖的滑动机构，因此，该发明的技术领域部分可以撰写为：该发明涉及一种手持式电子装置，特别是涉及一种具有滑盖结构的手持式电子装置。

3. 发明的背景技术

对于本案例来说，通过对现有技术的检索和分析，一共找到了两份相关的现有技术。其中对比文件1是该申请最接近的现有技术，因此在背景技术部分应当对该对比文件1的有关内容加以说明。由于该现有技术比较简单，因此，可以只对该份最接近的现有技术作简要说明，给出其出处，并对其主要结构以及客观存在的主要问题进行描述。

4. 发明的内容

说明书这一部分应当写明发明或者实用新型所要解决的技术问题、解决其技术问题采用的技术方案，以及发明或者实用新型相对于现有技术所带来的有益效果，这一部分的描述应当与权利要求要求保护的技术方案相适应。

（1）要解决的技术问题

对于本案例来说，按照撰写权利要求时的分析，其相对于最接近的现有技术来说，具有更省力、顺畅滑动的效果。因此，撰写时应当直接、清楚地写明"本发明要解决的技术问题是如何更加省力、顺畅地开合手持式电子装置的滑盖"。

（2）技术方案

对于本案的手持式电子装置来说，由于只有一项独立权利要求，因此，应当先用一个自然段描述该独立权利要求的技术方案。然后，另起段对重要的从属权利要求的附加技术特征（如滑动块和固定件磁性的设置、可变磁性的实现方式以及壳体的设置）加以说明。

（3）有益效果

有益效果是确定发明是否具有"显著的进步"的重要依据。技术效果与发明要解决的技术问题及所采用的技术方案之间具有逻辑对应关系，通过全面、详细、客观地论述该发明技术方案的技术特征所带来的有益效果，有助于人们对发明的理解，并对要求保护的发明起到进一步解释的作用。

对于本案例来说，通过分析独立权利要求与现有技术的区别特征得出其有益效果是：减小了滑盖在本体上移动所需的外力，仅需要较小的外力即可实现滑盖的顺畅开合，提升了用户体验。

5. 附图说明

对本案例来说，该发明的第一种结构已经反映独立权利要求的区别特征，结合图 1～图 4 来描述该发明的第一种实施方式，而对第二种结构作为该发明的第二种实施方式，结合图 5～图 6 进行说明。由此可知，该专利申请的说明书附图说明应当对这六幅附图作出说明。

6. 具体实施方式

实现发明或者实用新型的优选具体实施方式是说明书的重要组成部分，它对于充分公开、理解和实现发明或者实用新型，支持和解释权利要求都极为重要。因此，说明书应当详细描述实现发明或者实用新型的优选具体实施方式，必要时应当举例加以说明，有附图的，应当对照附图进行说明。

对于本案例来说，其发明点在于滑动机构的改进，因此，为了充分公开体现该发明点的技术方案，应当对滑动机构的具体结构和工作原理进行详细的说明，至于与手持式电子装置连接的手持式电子装置本体部分，其并不是发明的改进点，不需要对其结构作详细说明。鉴于本案例中各个实施方式的结构比较简单，只需要用文字准确地描述各个实施方式具体结构，不会造成说明书未充分公开发明构思以致本领域技术人员无法实现的情况。

正如前面在附图说明部分所指出的，技术交底书中给出了两种实施方式，由于结构都比较简单、明确，且反映这两种实施方式结构的附图有相同之处，因此，可以首先结合附图针对第一种实施方式作出详细描述。其次，结合附图对第二种实施方式进行说明，对于与第一种实施方式的不同之处作出详细的说明，相同之处不必赘述。此外，对于某个实施方式的某些相关特征也适用于其他实施方式的，最好也在说明书中给予明确的表示。同时，在具体实施方式中，最好针对独立权利要求的区别特征和从属权利要求中的附加技术特征所带来的有益效果进行具体说明。

7. 说明书附图

附图的作用在于用图形补充说明书文字部分的描述，使人能够直观、形象化地理解发明或者实用新型的每个技术特征和整体技术方案。对于通信领域中的专利申请，附图对于了解说明书所描述的发明或者实用新型创造的内容来说是不可缺少的，因此说明书附图应当清楚地反映发明或者实用新型的内容。

在本案例中，需要结合技术交底书中的图 1～图 6 来描述该发明的两种实施方式，因此该发明说明书中共有六幅附图。

8. 说明书摘要

摘要是说明书记载内容的概述，其作用在于使公众通过阅读摘要中简单的文字概括即可快捷地了解发明所涉及的内容。一份好的说明书摘要将有利于专利信息的检索，提供强有力的情报信息，从而促进专利信息的流通。

对于本案例而言，摘要应当重点写明发明名称"手持式电子装置"和独立权利要求技术方案的要点"上述滑动块与上述具有磁性的固定件其中一方具有可变磁性，另一方具有永久磁性，滑盖滑动时，在上述滑动块与上述具有磁性的固定件之间产生与滑动方向一致的磁力"。此外，摘要中还应反映其要解决的技术问题和主要用途。最后，从附图中选择一幅最能反映该发明内容的说明书附图1作为摘要附图。

上面对说明书的各个组成部分的撰写要求以及如何撰写进行了具体说明，需要强调的是，在整个说明书的撰写过程中，要注意说明书的各组成部分内容之间、说明书和权利要求书之间的逻辑对应关系，确保说明书的条理清晰、结构合理，并且与权利要求书相适应。

第四节　发明专利申请文件的参考文本

现给出本案例的发明专利申请文件的推荐的文本。

权利要求书

1. 一种手持式电子装置，其包括：一本体（210）；一滑盖（220），能够在本体（210）上滑动；至少一组滑动机构（230），配置于本体（210）上，其包括：一滑轨（236）以及一滑动块（234），其中滑动块（234）穿设在滑轨（236）上；其特征在于：上述的滑动块（234）具有磁性，且与上述的滑盖（220）相连接，上述的滑动块（234）移动时带动上述滑盖（220）相对于上述本体（210）滑动；所述滑动机构（230）还包括一个位于滑轨端部且具有磁性的固定件（232），或者两个位于滑轨两端且至少其中之一具有磁性的固定件（232）；其中上述滑动块（234）与上述具有磁性的固定件（232）中其中一方具有可变磁性，另一方具有永久磁性，滑盖（220）滑动时，在上述滑动块（234）与上述具有磁性的固定件（232）之间产生与滑动方向一致的磁力。

2. 根据权利要求 1 所述的手持式电子装置，其特征在于：滑动块（234）具有永久磁性；具有磁性的固定件（232）具有可变磁性。

3. 根据权利要求 2 所述的手持式电子装置，其特征在于：当两个固定件（232）均具有可变磁性时，两者内部磁场方向相反。

4. 根据权利要求 1 所述的手持式电子装置，其特征在于：固定件（232）具有永久磁性，滑动块（234）具有可变磁性。

5. 根据权利要求 4 所述的手持式电子装置，其特征在于：当两个固定件（232）都具有永久磁性时，两者的内部磁场方向相反。

6. 根据权利要求 1~5 任一所述的手持式电子装置，其特征在于：可变磁性是通过设置于内部的感应线圈实现的。

7. 根据权利要求 6 所述的手持式电子装置，其特征在于：感应线圈具有两个暴露在外面的传输端子（232a）。

8. 根据权利要求 1~5、7 任一所述的手持式电子装置，其特征在于：该手持式电子装置还包括一壳体（240），配置于本体（210）内，该壳体具有一开口（242），且滑动机构配置于该壳体（240）内，上述的开口（242）暴露出滑动块（234）与部分滑轨（236）。

说　明　书

手持式电子装置

技术领域

本发明涉及一种手持式电子装置，特别是涉及一种具有滑盖结构的手持式电子装置。

背景技术

手持式电子装置，例如移动电话与个人数字化助理（PDA），因其方便性与可携性，已逐渐成为日常生活中不可或缺的工具。就手持式电子装置而言，为了保护其键盘面板或屏幕，除了传统的皮套包覆在外面外，也发展了具有翻盖结构的外壳，甚至进一步发展出具有滑盖结构的外壳。因此，手持式电子装置可通过上述翻盖结构或滑盖结构的保护，避免使用者误触键盘拨打号码或防止外力撞击而造成的损坏。当使用者要开启或关闭滑盖时，使用者需施力来移动滑盖。然而，单靠使用者施力于滑盖上，常会有滑盖开合不完全的情形发生。为了改正上述缺点，增加一弹性机构以带动滑盖的移动的概念被提出。但是，弹性机构在使用过久后会有弹性疲劳，进而导致滑盖滑动不良的问题。

在中国专利申请公开说明书 CN××××××××A 中针对已有的弹簧机械原理的滑动机构存在弹性疲劳的问题，公开了一种以磁性元件自动定位的手持式装置，将具有永久磁性的磁性元件分别设置在滑盖和装置主体上，在滑盖受到外力推动时，磁性元件之间会产生吸力以及斥力使得滑盖无法稳定于除关闭和开启位置外的其他位置，从而促进了滑盖朝向开启和关闭位置滑动，不存在弹性疲劳的问题，然而，在滑盖开合时，需要施加较大的力量克服磁铁块相异极性间的吸力，因此，开合较为费力，用户体验差。

发明内容

本发明要解决的技术问题在于如何省力、顺畅地开合手持式电子装置的滑盖。

为解决上述问题，本发明提供了一种手持式电子装置，其包括：一本体；一滑盖，可在本体上滑动；至少一组滑动机构，配置于本体上，其包括：一滑轨以及一滑动块，其中滑动块穿设在滑轨上，其特征在于：上述的滑动块具有磁性，且与上述的滑盖相连接；上述的滑动块移动时可带动上述滑盖相对于上述本体滑动；所述滑动机构还包括一个位于滑轨端部且具有磁性的固定件，或者两个位于滑轨两端且至少其中之一具有磁性的固定件；其中上述滑动块与上述具有磁性的固定件其中一方具有可变磁性，另一方具有永久磁性，滑盖滑动时，在上述滑动块与上述具有磁性的固定件之间产生与滑动方向一致的磁力。

作为本发明的进一步限定，滑动块具有永久磁性，具有磁性的固定件具有可变磁性，当两个固定件均具有可变磁性时，两者内部磁场方向相反。

作为本发明的进一步限定，滑动块具有可变磁性，具有磁性的固定件具有永久磁性，当两个固定件都具有永久磁性时，两者的内部磁场方向相反。

作为本发明的进一步限定，可变磁性是通过设置于内部的感应线圈实现的，且感应线圈具有两个暴露在外面的传输端子。

作为本发明的进一步限定，手持式电子装置更包括一壳体，配置于本体内，该壳体具有一开口，且滑动机构配置于该壳体内，上述的开口暴露出滑动块与部分滑轨。

基于上述内容，由于本发明的手持式电子装置开合通过在滑动块或固定件中设置感应线圈实现可变磁力，极大减小了开启或关闭滑盖时所需的外力，因此，相较于已知的单纯利用永久磁性的滑动机构而言，无须克服开启或关闭滑盖过程中时磁件异极性之间的吸力，本发明的手持式电子装置开合起来更加顺畅、省力，能够轻松地实现完全开合。

附图说明

下面结合附图对本发明的具体实施方式作进一步详细的说明，其中：

图1所示为本发明第一实施方式的手持式电子装置的俯视示意图。

图2所示为图1的手持式电子装置的侧视示意图。

图3所示为图1及图2中所示的手持式电子装置中的滑动机构的立体示意图。

图4所示为图2的手持式电子装置的滑盖在闭合过程的示意图。

图5所示为本发明第二实施方式的手持式电子装置的俯视示意图。

图6所示为图5的手持式电子装置的侧视示意图。

具体实施方式

图1~图4示意了本发明手持式电子装置的第一实施方式。请同时参考图1、图2以及图3，本实施方式的手持式电子装置200包括一本体210、一滑盖220与至少一组滑动机构230。然而，为简化图示，图1及图2中仅示出一组滑动机构230以作说明。滑盖220滑动地设置于本体210上，且滑动机构230配置于本体210内。滑动机构230包括两个固定件232、一滑动块234与一滑轨236。滑动块234与滑盖220相连接，且滑轨236用以连接两个固定件232。此外，滑轨236穿设滑动块234，且滑动块234可相对于滑轨236移动。

　　滑动块 234 具有永久磁性，其可为永久磁铁，且两个固定件 232 的至少其中之一具有可变磁性（在此以两个固定件 232 都具有可变磁性为例作说明），其可为电磁铁。因此，滑动块 234 适于借助两个固定件 232 之间的磁力变化而于滑轨 236 上滑动，进而带动滑盖 220 相对于本体 210 滑动。滑盖 220 的开合是通过具有永久磁性的滑动块 234 与具有可变磁性的两个固定件 232 之间磁力变化而实现的，且开合过程中无须克服异极性磁力之间的吸力，因此，开合非常省力。

　　在此，对于两个固定件 232 的构造与滑动机构 230 的工作方式作出说明。图 4 为图 2 的手持式电子装置的滑盖在闭合过程的示意图。请同时参考图 1 ~ 图 4，在本实施方式中，两个固定件 232 可具有位于其内部的感应线圈（图中未示），各感应线圈可具有两个暴露于外的传输端子 232a。当两个固定件 232 的感应线圈由这些传输端子 232a 的其中之一输入电流而使得两个固定件 232 面对滑动块 234 的一端产生相同磁极性时，即带有磁性的两个固定件 232 的内部磁场方向相反时，滑动块 234 会滑动朝向两个固定件 232 的其中之一且远离两个固定件 232 的另外一个。因此，通过改变两个固定件 232 的磁性以吸引或排斥滑动块 234 而实现滑盖 220 的开合。在此，就图 4 所示的情形而言，当检测到滑盖向左滑动从而合上滑盖时，带有磁性的滑动块 234 与带有磁性的两个固定件 232 的磁场如图 4 所示。具有永久磁性的滑动块 234 左侧为 S 极，右侧为 N 极。当滑盖 220 向左滑动时，在两个固定件 232 的传输端子 232a 中输入电流，使得两个固定件 232 具有磁性且其内部磁场方向相反，其中左边固定件 232 左侧为 S 极，右侧为 N 极，右边固定件 232 的左侧为 N 极，右侧为 S 极。这时滑动块 234 左侧的 S 极受到左边固定件 232 的 N 极吸引，而滑动块 234 右侧的 N 极受到右边固定件 232 的 N 极排斥，两个固定件 232 均与滑动块 234 之间形成向左的磁力，在磁合力作用下，滑动块 234 仅需很小的外力便可带动滑盖向左边固定件 232 移动，最终由于左边固定件 232 与滑动块 234 间异极性磁力相吸，使得滑盖 220 停留在左侧的关闭状态。其中滑盖滑动方向的检测可通过现有技术实现，例如可在移动电话中的电路板上设置加速度传感器，为打开滑盖和合上滑盖动作分别设置相应的加速度门限值，实时监测是否有动作超过设定的加速度门限值来判别动作类型，即判断是开盖还是合盖。除此之外，还可以通过在移动电话上设置光传感器或开关的方式来检测滑盖是要打开还是合上。

　　必须说明的是，若两个固定件 232 只有其中之一具有可变磁性，也可实现滑动块 234 带动滑盖 220 开合的功能，视设计者的设计需求而定。例如，图 4 中左边固定件 232 内部具有感应线圈，右边固定件 232 内部不具备感应线圈时，通过在左边固定件 232 中的感应线圈输入电流，使它具有如图 4 所示的磁极性，滑动块 234 与左边固定件 232 之间具有异极性相吸的磁力，吸引滑动块 234 向左边滑动，带动滑盖 220 向左滑动。如果图 4 中右边固定件 232 内部具有感应线圈，左边固定件 232 内部不具有感应线圈时，通过在右边固定件 232 中的感应线圈输入电流，使它具有如图 4 所示的磁极性，滑动块 234 与右边固定件 232 之间形成同极性相斥、方向向左的磁力，助力滑动块 234 向左边滑动，实现滑盖 220 向左滑动。

手持式电子装置 200 还可包括一壳体 240，其配置于本体 210 内。其中壳体 240 具有一开口 242，且滑动机构 230 配置于壳体 240 内，而开口 242 暴露出滑动块 234 与部分滑轨 236。进一步而言，滑动机构 230 可预先配置于壳体 240 内，然后再将两者配置于本体 210 内；或者可先将壳体 240 配置于本体 210 内，之后再将滑动机构 230 配置于壳体 240 内。至于采用上述何种配置方式，应视开口的尺寸与壳体的外型而定，本发明在此不作限定。此外，壳体 240 的作用在于当滑盖 220 移动至开启位置时，避免外界异物侵入滑动块 234 的滑动范围内而造成滑动机构 230 的损害。

图 5～图 6 示意了本发明手持式电子装置的第二实施方式。请参考图 5 与图 6，第二实施方式的手持式电子装置 300 与第一实施方式的手持式电子装置 200 的主要不同之处在于，滑动机构 330 的滑动块 334 具有可变磁性，且两个固定件 332 的至少其中之一具有永久磁性（在此以两个固定件 332 都有永久磁性为例作说明）。

值得注意的是，具有永久磁性的两个固定件 332 的内部磁场方向相反。因此，当滑动块 334 内部的感应线圈（图中未示）由这些输入端子 334a 的其中之一输入电流而产生磁性时，滑动块 334 会滑动朝向两个固定件 332 的其中之一且远离两个固定件 332 的另外一个。因此，借由改变滑动块 334 的磁性以被两个固定件 332 吸引或排斥而达成滑盖 320 的开合。必须说明的是，若两个固定件 332 只有其中之一具有永久磁性，也可达成滑动块 334 带动滑盖 320 开合的功能，工作原理类似，不再赘述，应视设计者的设计需求而定。

该实施方式中的手持式电子装置 300 也可包括一壳体（图中未示），其配置于本体内，其中壳体具有一开口，将滑动机构配置于壳体内。

上述两个实施方式均以两个固定件为例作说明，但是设计者可依照其设计需求而将滑动机构设计为由一个固定件、一个滑动块与一个滑轨所构成（未以图绘示），其工作方式与只有一个固定件具有磁性时类似。例如，在图 4 所示的滑动机构中仅包括左边的固定件 232，不包括右边固定件 232 时，左边固定件

232 内部具有感应线圈，通过其输入端子 232a 输入电流使得左边固定件 232 产生如图 4 所示的磁极性，由于与滑动块 234 之间具有异极性相吸的磁力，左边固定件 232 将吸引滑动块 234 向左边滑动，带动滑盖 220 向左滑动。

上面结合附图对本发明的实施方式作了详细说明，但是本发明并不限于上述实施方式，在本领域普通技术人员所具备的知识范围内，还可以对其作出种种变化。

说明书附图

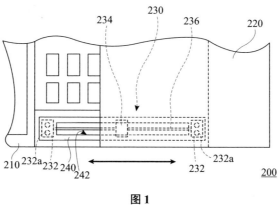

图1

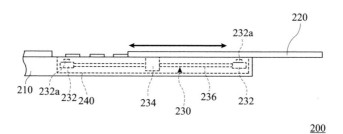

图2

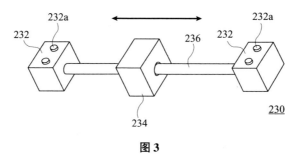

图3

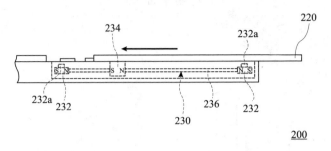

图 4

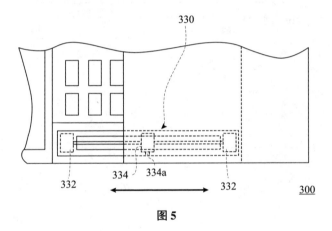

图 5

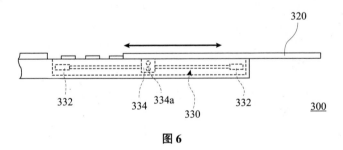

图 6

说明书摘要

　　本发明公开一种手持式电子装置，其包括：一本体；一滑盖，能够在本体上滑动；至少一组滑动机构，配置于本体上，其包括：一滑轨以及一滑动块，其中滑动块穿设在滑轨上；上述滑动块具有磁性，且与上述滑盖相连接，上述滑动块移动时带动上述滑盖相对于上述本体滑动；所述滑动机构还包括一个位于滑轨端部且具有磁性的固定件，或者两个位于滑轨两端且至少其中之一具有磁性的固定件；其中上述滑动块与上述具有磁性的固定件中其中一方具有可变磁性，另一方具有永久磁性，滑盖滑动时，在上述滑动块与上述具有磁性的固定件之间产生与滑动方向一致的磁力，从而带动滑盖相对于本体省力顺畅地滑动，轻松地实现完全开合。

摘 要 附 图

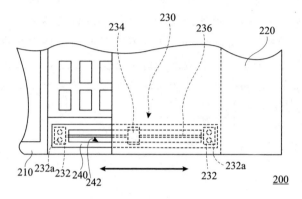

第二章

案例II：兴趣点对应信息发送方法、接收方法及相应的设备和系统

本案例将以一种"兴趣点对应信息发送方法、接收方法及相应的设备和系统"的发明专利申请撰写为例，重点介绍根据客户提供的技术交底书撰写专利申请文件的一般思路。在本案例中，申请人仅在技术交底书中提供了兴趣点信息发送方法的技术方案，专利代理人从给出的服务器侧的兴趣点信息发送方法的角度出发，将该发送方法所能应用的设备由服务器扩展至兴趣点对应信息发送设备，并且帮助客户实现了对兴趣点对应信息接收方法、发送设备、接收设备、收发系统的保护，实现了对该发明的全方位保护。

第一节　技术交底书的分析和挖掘

在本案例中，客户提出要申请发明专利，不考虑申请实用新型专利。

一、客户提供的技术交底书

随着移动通信领域的不断发展，移动终端的功能也越来越全面，人们可以通过移动终端随时随地获取兴趣点（POI）对应的信息，兴趣点对应信息可以包括该兴趣点的介绍信息和评论信息等。

现有的通过移动终端获取兴趣点对应信息的方法主要包括：使用手机拨打电话，听取电话中介绍信息来获取兴趣点对应信息，比如，可以从电话中获得验证码，通过电话获取的验证码参与对应兴趣点的交互；使用移动终端登录网络获取网上发布的兴趣点对应信息，比如，使用平板、智能手机等移动终端浏览网页，经过网络验证并下载兴趣点对应的信息，并通过出示打印出的纸质兴趣点对应信息参与对应兴趣点的交互，或者根据通过网络验证的兴趣点编号和密码参与交互。

发明人发现现有技术至少存在以下问题：现有的通过移动终端获取兴趣点对应信息的方法，往往依赖人机会话，到达兴趣点对应地点时需要纸质文档或电子验证码才可以参与交互，信息获取方式被动并且操作过程复杂。

为了解决该问题，本发明提供了一种兴趣点对应信息发送方法。如图2-1所示，该方法可以用于根据 Location Based Service（LBS）服务器向用户发送兴趣点对应的信息，其中兴趣点可以是各商家或景点等，兴趣点对应的信息可以是各商家或景点发布或加载的介绍信息、活动信息、优惠信息和评论信息等。兴趣点对应信息的发送方法包括如下步骤：

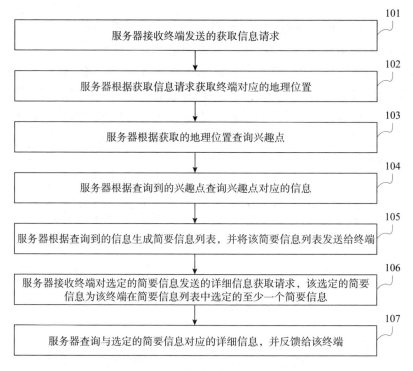

101 服务器接收终端发送的获取信息请求

102 服务器根据获取信息请求获取终端对应的地理位置

103 服务器根据获取的地理位置查询兴趣点

104 服务器根据查询到的兴趣点查询兴趣点对应的信息

105 服务器根据查询到的信息生成简要信息列表，并将该简要信息列表发送给终端

106 服务器接收终端对选定的简要信息发送的详细信息获取请求，该选定的简要信息为该终端在简要信息列表中选定的至少一个简要信息

107 服务器查询与选定的简要信息对应的详细信息，并反馈给该终端

图2-1

步骤 101，服务器接收终端发送、携带有该终端在移动网络中的标识信息的获取信息请求。

用户在终端中选择获取信息时，终端会向服务器发送获取信息请求，获取信息请求携带有该终端在移动网络中的标识信息。

用户在终端中选择获取信息的方式有很多，比如，在终端界面中通过触屏、手势、按键或者摇晃终端触发选择获取信息，在终端界面中通过触屏、手势、按键或者摇晃终端触发与第三方设备的连接，在终端界面中通过触屏、手势、按键或者摇晃终端触发与服务器的连接，在终端与第三方设备建立连接后在终端或第三方设备界面中通过触屏、手势、按键或者对着第三方设备摇晃终端触发选择获取信息，或者直接在第三方设备中选择获取信息等。第三方设备可以是商家设置的终端或设备。

步骤 102，服务器根据获取信息请求中携带的终端在移动网络中的标识信息获取终端对应的地理位置。

服务器获取的地理位置可以是经纬度信息。根据获取信息请求携带的终端在移动网络中的标识信息获取终端对应的地理位置。终端在移动网络中的标识信息可以是该终端接入移动网络的 IP、移动终端所在小区或基站的标识等，服务器将终端在移动网络中的标识信息发送给 LBS 服务器，LBS 服务器根据终端在移动网络中的标识信息，利用基站定位法对终端进行定位并将定位结果返回给服务器，服务器将 LBS 服务器返回的定位结果作为获取的地理位置。

步骤 103，服务器根据获取的地理位置查询兴趣点。

服务器查询所获取的地理位置周围预设范围内所有的兴趣点，比如，获取该地理位置周围 3km 内的所有兴趣点。

终端发送的获取信息请求还可以携带有用户设定的关键字、用户设定的类别信息或用户历史习惯信息中的一种或多种，服务器还可以查询该地理位置周围预设范围内所有的兴趣点中符合用户设定的关键字、用户设定的类别信息或用户历史习惯信息的兴趣点，具体而言：

若该获取信息请求还携带有用户设定的关键字，则服务器可以查询该地理位置周围预定范围内、名称符合该用户设定的关键字的至少一个兴趣点。其中，用户设定的关键字可以是某一具体地点的名称，比如××商场、××超市等，也可以是某一具体品牌的名称，比如肯德基、麦当劳等。具体地，如果用户设定关键字为大洋百货，则服务器可以查询该地理位置周围预设范围内的大洋百货商场；如果用户设定关键字为肯德基，则服务器可以查询该地理位置周围预设范围内所有的肯德基门店；另外，用户设定的关键字可以只有一个，也可以有多个。

若该获取信息请求还携带有用户设定的类别信息，则服务器可以查询该地理位置周围预定范围内、类别符合该用户设定的类别信息的兴趣点。比如，用户设定的类别信息为服装类信息，则服务器可以查询该地理位置周围预设范围内所有的服装店。

若该获取信息请求还携带有用户历史习惯信息，则服务器可以分析该用户历史习惯信息，以获得关键字或者类别信息，并查询该地理位置周围预定范围内、符合该关键字或者类别信息的至少一个兴趣点。具体地，终端可以记录用户以往的搜索、浏览、消费等行为信息，并将其作为用户历史习惯信息，服务器可以分析该用户历史习惯信息以获得关键字或类别信息，比如，在用户以往的搜索、浏览或消费的记录中，化妆品出现的概率最高，则服务器可以将化妆品作为关键字，并查询该地理位置周围预设范围内所有的化妆品店。

步骤104，服务器根据查询到的兴趣点查询兴趣点对应的信息。

服务器中预先存储有各兴趣点对应的信息，比如，当兴趣点对应一个商家时，兴趣点对应的信息可以是该商家的介绍信息、活动信息、优惠信息、评论信息等。服务器查询到一至多个兴趣点之后，进一步查询该一至多个兴趣点对应的信息。

更具体地，与兴趣点相对应的信息可以分为简要信息和详细信息。其中，简要信息可以是该兴趣点的简单介绍信息，比如，当该兴趣点对应为一个商家时，该兴趣点的简要信息可以是该商家的名称、地址和优惠类型等；而详细信息则是对应于该简要信息的详细介绍信息，比如该兴趣点的具体地址、联系方式、特色介绍（文字、图片等）、优惠信息的详细介绍、其他用户对该商家的评价信息等。

步骤105，服务器根据查询到的信息生成简要信息列表，并将该简要信息列表发送给终端。

考虑到查询到的详细信息可能数据量较大，或者发送某些详细信息时需要得到授权，因此，服务器可以向终端发送简要信息列表，由用户在终端中根据简要信息列表选择获取至少一种详细信息。

步骤106，服务器接收终端对选定的简要信息发送的详细信息获取请求，该选定的简要信息为该终端在简要信息列表中选定的至少一个简要信息。

步骤107，服务器查询与选定的简要信息对应的详细信息，并反馈给该终端。

若兴趣点对应商家，则服务器还可以将用户自动注册为兴趣点对应商家的会员。具体而言，终端发送的获取信息请求中还可以携带用户识别信息；服务器在向终端发送简要信息列表之后，可以向终端发送是否同意在还未注册的兴趣点上进行注册的提示信息，如果该终端对应用户在终端中选择同意注册，则终端向服务器发送同意在该未注册兴趣点进行注册的反馈信息，服务器接收到该反馈信息后，根据用户识别信息在该未注册兴趣点进行注册；具体地，当用户识别信息为该用户的账号和密码（比如 QQ 号和 QQ 密码）时，服务器根据该用户的账号和密码，在本地服务器或者商家设置的服务器上为用户注册会员（比如，将用户 QQ 账号和密码注册为该商家的账号和密码）。

若终端发送的获取信息请求中携带有用户识别信息，则相应地，当步骤103 中服务器根据地理位置查询兴趣点时，还可以查询该地理位置周围预设范围内、已经利用该用户识别信息进行注册的兴趣点。

另外，服务器在接收终端发送的获取信息请求或者详细信息获取请求时，可以接收终端通过无线消息通道发送的请求，也可以接收终端通过数据消息通道发送的请求；相应地，服务器当向终端发送简要信息列表或详细信息时，也可以通过无线消息通道或数据消息通道发送。

本发明提供的兴趣点对应信息发送方法，可以根据终端发送的获取信息请求获取终端的地理位置，以及该地理位置周围的兴趣点，进一步获取兴趣点对应的信息，最后将获取的信息发送给终端，达到自动向用户提供兴趣点相关的信息，简化用户操作步骤的有益效果。

二、对技术交底书的理解和挖掘

1. 对技术交底书的思考

在阅读理解技术交底书时通常思考以下几个问题。

（1）该发明涉及哪些主题，其中客户要保护哪几项主题？

（2）对发明主题进行检索和分析，判断其相对于现有技术作出的改进有哪些，初步确定其是否具备新颖性和创造性。

（3）通过阅读技术交底书后确定哪些内容需要与客户作进一步沟通。例如，哪些方面需要客户作出进一步的说明？还需要客户补充哪些内容？

2. 理解技术交底书

通过阅读本案例的技术交底书，可以得到如下几点意见。

（1）对该发明的理解如下：在现有的通过移动终端获取兴趣点对应信息的方式中，用户需要拨打电话或者登录特定网站，获取纸质文档或电子验证码，然后才能与兴趣点进行交互。现有技术存在的问题是用户获取信息的方式是被动的，且操作复杂。通过分析技术交底书描述的技术内容，可以初步确定该发明相对于现有技术的改进在于：终端发送获取兴趣点信息的请求，服务器根据请求中携带的信息获取终端当前的地理位置，查询该地理位置周围预定范围内的兴趣点以及兴趣点对应的信息，将兴趣点对应的信息发送给终端。终端只需发出一个请求，便可收到兴趣点对应的信息，达到自动向用户对应的终端发送信息、简化用户操作步骤的效果；此外，通过根据获取信息请求中携带的用户识别信息将用户自动注册为兴趣点对应的会员，达到了简化用户注册会员的步骤、提高用户体验的效果。

（2）关于保护主题和类型，客户在技术交底书中给出了一种兴趣点对应信息发送的方法，这是从作为信息发送方的服务器侧进行描述的，在通信领域，发送与接收是相互配合的，因此该发明的技术方案也可以从作为兴趣点对应信息接收方的终端侧进行描述，从而可以在权利要求书中同时要求保护两组方法权利要求，分别从服务器和终端侧来描述发明，这将有利于在侵权诉讼时维权；同时，在技术交底书提供的技术方案中还涉及作为信息发送方的服务器和作为信息接收方的终端，因此，该发明还可以考虑要求保护相应的产品，如服务器、终端和包含两者的系统。如果客户希望保护信息接收方法以及相关产品权利要求来对该发明作出全方位的保护，还需要补充具体的实施方式。

（3）关于该发明是否具备新颖性和创造性，专利代理人基于对技术交底书的理解作了检索，得到了两份更为相关的对比文件。

对比文件1（US××××××A1）公开了一种通过移动终端获取兴趣点信息的方法，该方法包括：移动终端登录网站，输入兴趣点对应的关键词，向服务器发送搜索请求，服务器根据输入的关键词进行查询，将符合查询条件的兴趣点信息发送至用户。

对比文件2（CN×××××××A）公开了一种提供兴趣点信息的方法，所述方法包括：从用户指定路径提取由第一终端从特定网站提取并存储在所述用户指定路径中的兴趣点的名称和识别信息；从数据库提取与从所述用户指定路径提取的兴趣点的名称和识别信息对应的兴趣点信息；以及将兴趣点信息传送到所述第一终端。

从对比文件1和对比文件2的技术方案来看，两份对比文件都公开了利用移动终端获取兴趣点信息，但是它们所公开的技术方案均没有考虑用户的当前位置；同时对比文件1和对比文件2也没有公开简化用户注册会员的技术方案。因此，初步判断该发明相对于现有技术的改进包括两点：第一，为用户提供其周围预定范围内的兴趣点对应的信息，使得用户可以获得自己附近的兴趣点对应的信息；第二，可将用户自动注册为会员，简化注册步骤。因此，初步判断该发明具备新颖性和创造性，具备授权前景。

（4）关于实施例的撰写，目前技术交底书中给出的技术方案较为具体，专利代理人基于对该发明技术方案的理解和对现有技术的把握，认为可以对技术方案进行梳理，采取更加简单、清晰的方式来描述该发明的兴趣点对应信息发送方法。

① 步骤101至步骤107都限定了动作执行主体为服务器，在方法的描述中可以省去动作执行主体，从而获得更大的可解释的保护范围。比如，网络侧的其他设备执行这些动作的技术方案也将落入该发明的保护范围之内。

② 步骤101涉及接收终端发送、携带有移动网络的标识信息的获取信息请求，步骤102涉及根据获取信息请求携带的移动网络的标识信息来获取终端对应的地理位置。技术交底书仅仅给出了根据移动网络中的标识信息来获取终端对应的地理位置的方式，请客户核实是否还存在其他获取地理位置的方式，比如，目前的移动电话都带有GPS功能，是否可以利用GPS来获取终端的地理位置？如果存在多种根据获取信息请求获取终端对应的地理位置的方式，建议客户将其补充进来，以便于在得到说明书支持的情况下，将步骤101和步骤102分别概括为：

"步骤101，接收终端发送的获取信息请求。

步骤102，根据该获取信息请求携带的信息获取终端对应的地理位置。"

如果存在多种根据获取信息请求中携带的信息获取地理位置的方式，则不必将获取信息请求限定为携带有移动网络的标识信息的获取信息请求，而是可以采取上面的描述方式进行合理的上位概括。

③ 步骤105至步骤107包括技术特征"服务器根据查询到的信息生成简要信息列表，并将该简要信息列表发送给终端；服务器接收终端对选定的简要信息发送的详细信息获取请求，该选定的简要信息为该终端在简要信息列表中选定的至少一个简要信息；服务器查询与选定的简要信息对应的详细信息，并反馈给该终端"，这些技术特征通过使用简要信息列表减少向终端发送的数据量，可更快地将查询结果呈现给终端，给终端用户更好的体验，但上述这些特征属于向终端提供兴趣点相关信息的优选方式，作为对步骤"查询与兴趣点对应的信息并发送给该终端"的进一步限定即可。

基于以上分析，该发明的兴趣点对应信息发送方法可以描述成图2－2，来替代图2－1，具体包括以下步骤：

步骤101，接收终端发送的获取信息请求。

步骤 102，根据该获取信息请求携带的信息获取终端对应的地理位置。

步骤 103，查询该地理位置周围预定范围内的至少一个兴趣点。

步骤 104，查询与兴趣点对应的信息并发送给该终端。

而技术交底书中记载的其他内容仍然保留，作为对以上四个步骤的进一步限定即可。

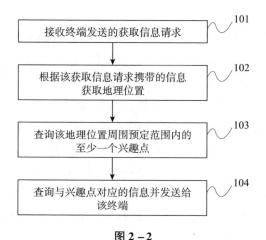

图 2 - 2

（5）从保护范围角度来考虑，技术交底书在描述发送兴趣点对应信息的装置时将装置描述为服务器，而该发明的技术方案涉及网络侧与终端侧的交互，网络侧包含各种设备，不局限于服务器，如果该发明还可以由服务器以外的其他设备完成兴趣点对应信息的发送，则可以将保护的装置主题名称从服务器扩大到兴趣点对应信息发送设备，从而获得更大的保护范围。因此，需要客户考虑是否有可能以及是否有必要将保护主题扩展到兴趣点对应信息发送设备。

3. 给客户的信函

针对本案例，专利代理人向客户发出信函进行沟通，信函的示例如下：

尊敬的××先生/女士：

您好！很高兴贵方委托我所代为办理有关兴趣点对应信息发送方法的专利申请案，我所对该案件的编号为×××××××××××。

我所专利代理人认真地研读了贵方的技术交底文件，对本发明创造有了初步了解，但仍存在需要与贵方作进一步沟通的内容，具体内容如下。

1. 对技术内容的理解

本发明创造的核心内容是：一种兴趣点对应信息的发送方法，包括：服务器接收终端发送的获取信息请求，获取信息请求中携带有所述终端在移动网络中的标识信息；根据所述获取信息请求携带的信息获取地理位置；查询所述地理位置周围预定范围内的至少一个兴趣点；查询与所述兴趣点对应的信息，所述兴趣点对应的信息种类包括所述兴趣点的介绍信息、活动信息、优惠信息和评论信息中的至少一种；根据查询到的信息生成简要信息列表，并将该简要信息列表发送给终端；接收终端对选定的简要信息发送的详细信息获取请求，该选定的简要信息为该终端在简要信息列表中选定的至少一个简要信息；查询与选定的简要信息对应的详细信息，并反馈给该终端。终端只需发出一个请求，便可收到兴趣点对应的信息，达到自动向用户对应的终端发送信息、简化用户操作步骤的效果；此外，通过根据获取信息请求中携带的用户识别信息为用户自动注册兴趣点对应的会员，达到了简化用户注册会员的步骤、提高用户体验的效果。

以上分析内容是否正确，请予以确认。如有理解不当的地方，请给予指正。

2. 技术交底书中需要贵方确认和补充的内容

（1）关于专利申请主题的规划

贵方在技术交底书中给出了一种兴趣点对应信息的发送方法，这是从作为信息发送方的服务器侧进行描述的，信息接收与信息发送相对应，因此也可以从作为信息接收方的终端侧描述兴趣点对应信息接收方法，从而可以在权利要求书中同时要求保护两组方法权利要求，分别从服务器和终端侧来描述发明将有利于日后侵权诉讼阶段的维权。

同时，在技术交底书提供的技术方案中还涉及作为信息发送方的服务器和作为信息接收方的终端，因此，本发明还可以考虑要求保护相应的产品，如服务器、终端和包含两者的系统。产品权利要求相对方法权利要求更容易搜集侵权行为的直接证据，对产品的侵权行为既可以选择直接生产侵权产品的厂家作为被告，也可以选择使用、销售、许诺销售、进口该侵权产品的单位作为被告；对于像本发明这样的方法发明，不属于产品制造方法，仅涉及执行处理的步骤，取证过程相对困难，侵权方也很容易作到规避；因此，如果本发明既可以要求保护方法权利要求，又可保护产品权利要求，且两者实质上限定了不同的保护范围，最好同时要求保护方法发明和产品发明。另外，本发明的产品包括了多个被侵权对象：服务器和终端，在撰写产品权利要求时，除了要求保护包括两者的系统，还应该从单侧描述，即以一个核心部件为中心（比如服务器），其他部件（比如终端）以信号的走向方式来描述。这样撰写在侵权诉讼阶段更利于找到侵权方，举证也相对容易。

如果客户希望保护信息接收方法以及相关产品权利要求，还需要补充具体的实施例。

(2) 对本发明新颖性和创造性的初判

我方专利代理人经过检索，获得两份技术内容相关的现有技术文件。

对比文件 1（US××××××A1）公开了一种通过移动终端获取兴趣点信息的方法。对比文件 2（CN×××××××A）公开了一种提供兴趣点信息的方法。具体公开内容请参见附件的公开文本。

专利代理人经过分析发现，所检索到的两份对比文件都没有公开获取移动终端的当前地理位置，根据获取的地理位置信息查询得到移动终端周围的兴趣点，再查询所述兴趣点对应的信息；也没有公开在向终端发送兴趣点对应的信息之后将用户注册为会员，且目前的证据不足以证明这些技术特征属于本领域的公知常识。本发明的技术方案使得用户可以获得自己附近的兴趣点对应的信息；可将用户自动注册为会员，简化注册步骤。因此，本发明相对于对比文件 1、对比文件 2 和本领域公知常识的结合具备新颖性和创造性，具备授权前景。

(3) 关于实施例的撰写

目前技术交底书给出的技术方案较为具体，所记载的兴趣点对应信息发送方法包括了七个步骤，专利代理人基于对本发明技术方案的理解和对现有技术的把握，认为可以对技术方案进行梳理，采取更加简单、清晰的方式来描述本发明的兴趣点对应信息发送方法。

① 步骤 101 至步骤 107 都限定了动作执行主体为服务器，在方法的描述中可以省去动作执行主体，从而获得更大的可解释的保护范围。比如，网络侧其他设备执行这些动作的技术方案也将落入本发明的保护范围之内。

② 步骤 101 涉及接收终端发送、携带有移动网络的标识信息的获取信息请求，步骤 102 涉及根据获取信息求携带的移动网络的标识信息来获取终端对应的地理位置。技术交底书中仅仅给出了根据移动网络中的标识信息来获取终端对应的地理位置的方式，请贵方核实是否还存在其他获取地理位置的方式，比如，目前的移动电话都带有 GPS 功能，是否可以利用 GPS 来获取终端的地理位置？如果存在多种根据获取信息请求获取终端对应的地理位置的方式，建议贵方将其补充进来，以便于在得到说明书支持的情况下，将步骤 101 和步骤 102 分别概括为：

"步骤 101，接收终端发送的获取信息请求。

步骤 102，根据该获取信息请求携带的信息获取终端对应的地理位置。"

如果存在多种根据获取信息请求中携带的信息获取地理位置的方式，则不必将获取信息请求限定为携带有移动网络的标识信息的获取信息请求，而是可以采取上面的描述方式进行合理的上位概括。当将这些特征写进权利要求中时，可以获得较大的保护范围。

③步骤 105 至步骤 107 包括技术特征"服务器根据查询到的信息生成简要信息列表，并将该简要信息列表发送给终端；服务器接收终端对选定的简要信息发送的详细信息获取请求，该选定的简要信息为该终端在简要信息列表中选定的至少一个简要信息；服务器查询与选定的简要信息对应的详细信息，并反馈给该终端"，这些技术特征通过使用简要信息列表减少向终端发送的数据量，可更快地将查询结果呈现给终端，给终端用户更好的体验，但上述这些特征属于向终端提供兴趣点相关信息的优选方式，作为对步骤"查询与兴趣点对应的信息并发送给该终端"的进一步限定即可。

基于以上分析，本发明的兴趣点对应信息的发送方法可以结合图 2-2 描述如下：

"步骤 101，接收终端发送的获取信息请求。

用户在终端中选择获取信息时，终端会向服务器发送获取信息请求，其中，该获取信息请求携带有该终端在移动网络中的标识信息。

用户在终端中选择获取信息的方式有很多，比如，在终端界面中通过触屏、手势、按键或者摇晃终端触发选择获取信息，在终端界面中通过触屏、手势、按键或者摇晃终端触发与第三方设备的连接，在终端界面中通过触屏、手势、按键或者摇晃终端触发与服务器的连接，在终端与第三方设备建立连接后在终端或第三方设备界面中通过触屏、手势、按键或者对着第三方设备摇晃终端触发选择获取信息，或者直接在第三方设备中选择获取信息等。其中，第三方设备可以是商家设置的终端或设备。

步骤 102，根据该获取信息请求携带的信息获取终端对应的地理位置。

服务器获取的地理位置可以是经纬度信息。根据获取信息请求携带的终端在移动网络中的标识信息获取终端对应的地理位置。终端在移动网络中的标识信息可以是该终端接入移动网络的 IP、移动终端所在小区或基站的标识等，服务器将终端在移动网络中的标识信息发送给 LBS 服务器，LBS 服务器根据终端在移动网络中的标识信息，利用基站定位法对终端进行定位并将定位结果返回给服务器，服务器将 LBS 服务器返回的定位结果作为获取的地理位置。

步骤 103，查询该地理位置周围预定范围内的至少一个兴趣点。

服务器查询获取的该地理位置周围预设范围内所有的兴趣点，比如，获取该地理位置周围 3km 内的所有兴趣点。

进一步地，终端发送的获取信息请求还携带有用户设定的关键字、用户设定的类别信息或用户历史习惯信息中的一种或多种，服务器还可以查询该地理位置周围预设范围内所有的兴趣点中符合用户设定的关键字、用户设定的类别信息或用户历史习惯信息的兴趣点，具体而言：

若该获取信息请求还携带有用户设定的关键字，则服务器可以查询该地理位置周围预定范围内、名称符合该用户设定的关键字的至少一个兴趣点。其中，用户设定的关键字可以是某一具体地点的名称，比如××商场、××超市等，也可以是某一具体品牌的名称，比如肯德基、麦当劳等；具体地：如果用户设定关键字为大洋百货，则服务器可以查询该地理位置周围预设范围内的大洋百货商场；如果用户设定关键字为肯德基，则服务器可以查询该地理位置周围预设范围内所有的肯德基门店；另外，用户设定的关键字可以只有一个，也可以有多个。

若该获取信息请求还携带有用户设定的类别信息，则服务器可以查询该地理位置周围预定范围内、类别符合该用户设定的类别信息的至少一个兴趣点。比如，用户设定的类别信息为服装类信息，则服务器可以查询该地理位置周围预设范围内所有的服装店。

若该获取信息请求还携带有用户历史习惯信息，则服务器可以分析该用户历史习惯信息，以获得关键字或者类别信息，并查询该地理位置周围预定范围内、符合该关键字或者类别信息的至少一个兴趣点。具体地，终端可以记录用户以往的搜索、浏览、消费等行为信息，并将其作为用户历史习惯信息，服务器可以分析该用户历史习惯信息以获得关键字或类别信息，比如，在用户以往的搜索、浏览或消费的记录中，化妆品出现的概率最高，则服务器可以将化妆品作为关键字，并查询该地理位置周围预设范围内所有的化妆品店。

步骤104，查询与兴趣点对应的信息并发送给该终端。

在服务器中预先存储有各兴趣点对应的信息，比如，当兴趣点对应一个商家时，兴趣点对应的信息可以是该商家的介绍信息、活动信息、优惠信息、评论信息等。服务器查询到一至多个兴趣点之后，进一步查询该一至多个兴趣点对应的信息。

与兴趣点相对应的信息可以分为简要信息和详细信息。简要信息可以是该兴趣点的简单介绍信息，比如，当该兴趣点对应为一个商家时，该兴趣点的简要信息可以是该商家的名称、地址和优惠类型等；而详细信息则是对应于该简要信息的详细介绍信息，比如该兴趣点的具体地址、联系方式、特色介绍（文字、图片等）、优惠信息的详细介绍、其他用户对该商家的评价信息等。考虑到查询到的详细信息可能数据量较大，或者在发送某些详细信息时需要得到授权，因此，服务器可以向终端发送简要信息列表，终端接收到服务器发送的简要信息列表并显示给用户，用户根据该列表选择获取其中的至少一个简要信息所对应的详细信息，终端对选定的简要信息向服务器发送获取详细信息的请求。服务器查询与选定的简要信息对应的详细信息，并反馈给该终端。

　　若兴趣点对应商家，则服务器还可以将用户自动注册为兴趣点对应商家的会员。具体地，终端发送的获取信息请求还可以携带用户识别信息；服务器在向终端发送简要信息列表之后，可以向终端发送是否同意在还未注册的兴趣点上进行注册的提示信息，如果该终端对应用户在终端中选择同意注册，则终端向服务器发送同意在该未注册兴趣点进行注册的反馈信息，服务器接收到该反馈信息后，根据用户识别信息在该未注册兴趣点进行注册。具体地，当用户识别信息为该用户的账号和密码（比如QQ号和QQ密码）时，服务器根据该用户的账号和密码，在本地服务器或者商家设置的服务器上为用户注册会员（比如，将用户QQ账号和密码注册为该商家的账号和密码）。进一步地，若终端发送的获取信息请求中携带有用户识别信息，则相应地，步骤203中服务器当根据地理位置查询兴趣点时，还可以查询该地理位置周围预设范围内、已经利用该用户识别信息进行注册的兴趣点。"

　　以这种方式撰写实施例，兴趣点对应信息发送方法仅包括了四个步骤，原始技术交底书中的其他内容并未删除，而是作为对这四个步骤的进一步限定。这样将利于概括出保护范围较大、且能得到说明书支持的权利要求，此种撰写方式是否合适，请贵方予以确认。

　　（4）从保护范围角度来考虑，技术交底书在描述发送兴趣点对应信息的装置时将装置描述为服务器，而本发明的技术方案涉及网络侧与终端侧的交互，网络侧包含各种设备，不局限于服务器，如果本发明还可以由服务器以外的其他设备完成兴趣点对应信息的发送，则可以将保护的装置主题名称从服务器扩大到兴趣点对应信息发送设备，从而获得更大的保护范围。因此，需要客户考虑是否有可能以及是否有必要保护设备，并将保护主题扩展到兴趣点对应信息发送设备。

　　请贵方就上述几方面的问题给出答复，在补充具体技术内容的同时，明确告知贵方的具体决策意见。

××专利事务所×××

××××年××月××日

4. 客户的回复

客户针对上述信函作出答复，其主要意见如下。

1. 来函中对发明改进点的理解正确。

2. 关于专利申请主题和类型，我方拟同时申请兴趣点对应信息发送方法、接收方法、发送设备、接收终端和传送系统五个主题。因此，补充兴趣点对应信息接收的方法实施例，以及有关信息发送服务器、接收终端和系统的实施例，分别作为实施例二至五。

实施例二：

"请参见图 2－3，其示出了兴趣点对应信息的接收方法的流程图，信息接收终端可以向服务器查询该终端对应地理位置周围预定范围内的兴趣点所对应的信息，其中，兴趣点可以是各商家或景点等，兴趣点对应的信息可以是各商家或景点发布或加载的介绍信息、活动信息、优惠信息和评论信息等。该兴趣点对应信息接收方法可以按照以下步骤进行。

步骤 201，向服务器发送获取信息请求，以便服务器根据获取信息请求携带的信息获取地理位置，并查询地理位置周围预定范围内的至少一个兴趣点及其所对应的信息。

步骤 202，接收服务器发送的至少一个兴趣点所对应的信息。

其中，获取信息请求携带有终端在移动网络中的标识信息、终端接入网关的标识信息、终端的全球定位信息、用户识别信息和地理关键字中的任意一种；信息的种类包括兴趣点的介绍信息、活动信息、优惠信息和评论信息中的至少一种。

若兴趣点对应商家，且获取信息请求中携带有用户识别信息，则服务器还可以根据该用户识别信息将对应的用户自动注册为兴趣点对应商家的会员；其中，用户识别信息包括：用户账号、指纹信息、瞳孔信息或个人名片中的一种或多种。"

实施例三：

"请参见图 2－4，其示出了一种信息发送服务器的装置结构图，该服务器可以根据 LBS 服务器向用户发送兴趣点对应的信息。其中，兴趣点可以是各商家或景点等，兴趣点对应的信息可以是各商家或景点发布或加载的介绍信息、活动信息、优惠信息和评论信息等。该信息发送服务器可以包括：

请求接收模块 301，用于接收终端发送的获取信息请求，该获取信息请求携带有终端在移动网络中的标识信息、终端接入网关的标识信息、终端的全球定位信息、用户识别信息和地理关键字中的任意一种；

地理位置获取模块302，用于根据请求接收模块301接收到的获取信息请求携带的信息获取地理位置；

兴趣点查询模块303，用于查询地理位置获取模块302获取的地理位置周围预定范围内的至少一个兴趣点；

信息查询模块304，用于查询与兴趣点查询模块303查询到的兴趣点对应的信息；

信息发送模块305，用于将信息查询模块304查询到的信息发送给终端，信息的种类包括兴趣点的介绍信息、活动信息、优惠信息和评论信息中的至少一种。

请参见图2-5，地理位置获取模块302包括：第一获取单元302a、第二获取单元302b和第三获取单元302c。

若获取信息请求携带有终端在移动网络中的标识信息、终端接入网关的标识信息或终端的全球定位信息，则第一获取单元302a，用于向基于位置的服务LBS服务器发送定位请求，并接收LBS服务器反馈的地理位置；定位请求携带有终端在移动网络中的标识信息、终端接入网关的标识信息或终端的全球定位信息，地理位置包括经纬度信息。

若获取信息请求携带有用户识别信息，则第二获取单元302b，用于查询与用户识别信息所对应的地理名称，并根据地理名称查询地理位置；地理名称为终端预先上传并与用户识别信息进行关联存储的地理名称，地理位置包括经纬度信息。

若获取信息请求携带有地理关键字，则第三获取单元302c，用于根据地理关键字查询地理位置，地理位置包括经纬度信息。

请求接收模块301接收到的获取信息请求还携带有用户设定的关键字、用户设定的类别信息和/或用户历史习惯信息。

请参见图2-6，兴趣点查询模块303包括：第一查询单元303a、第二查询单元303b和第三查询单元303c。

若获取信息请求还携带有用户设定的关键字，则第一查询单元303a，用于查询地理位置周围预定范围内、名称符合用户设定的关键字的至少一个兴趣点。

若获取信息请求还携带有用户设定的类别信息，则第二查询单元303b，用于查询地理位置周围预定范围内、类别符合用户设定的类别信息的至少一个兴趣点。

若获取信息请求还携带有用户历史习惯信息，则第三查询单元303c，用于分析用户历史习惯信息，以获得关键字或者类别信息，并查询地理位置周围预定范围内、符合关键字或者类别信息的至少一个兴趣点。

兴趣点查询模块303还包括：第四查询单元303d。

若请求接收模块301接收到的获取信息请求携带有用户识别信息，第四查询单元303d，用于查询用户地理位置周围预设范围内、已经利用用户识别信息进行注册的兴趣点。

请参见图2-7，服务器还包括：注册模块306；注册模块306包括注册提示单元306a和注册单元306b。

若获取信息请求携带有用户识别信息，注册提示单元306a，用于向终端发送是否同意在还未注册的兴趣点上进行注册的提示信息。

若接收到终端发送的同意在兴趣点进行注册的反馈信息，则注册单元306b，用于根据用户识别信息在兴趣点进行注册。

用户识别信息包括用户账号、指纹信息、瞳孔信息或个人名片中的一种或多种。

信息包括简要信息和与简要信息对应的详细信息。

信息发送模块305，具体包括：

列表生成单元305a，用于查询与兴趣点查询模块303查询到的兴趣点对应的简要信息，并生成简要信息列表；

列表发送单元305b，用于发送简要信息列表给终端；

请求接收单元305c，用于接收终端对选定的简要信息发送的详细信息获取请求，选定的简要信息为终端在简要信息列表中选定的至少一个简要信息；

信息发送单元305d，用于查询与选定的简要信息对应的详细信息，并反馈给终端。

请求接收模块301，用于通过无线消息通道或数据消息通道接收终端发送的获取信息请求；

信息发送模块305，用于通过无线消息通道或数据消息通道将与兴趣点对应的信息发送给终端。

在实际应用中，可以将本实施例所提供的服务器按照功能划分成多个子服务器以完成相同的功能。"

实施例四：

"请参见图 2-8，其示出了一种兴趣点对应信息接收终端的装置结构图，该兴趣点对应信息接收终端可以应用于向服务器查询该终端对应地理位置周围预定范围内的兴趣点所对应的信息，其中，兴趣点可以是各商家或景点等，兴趣点对应的信息可以是各商家或景点发布或加载的介绍信息、活动信息、优惠信息和评论信息等。该信息接收终端可以包括：

请求发送模块 401，用于向服务器发送获取信息请求，以便服务器根据获取信息请求携带的信息获取地理位置，并查询地理位置周围预定范围内的至少一个兴趣点所对应的信息；

信息接收模块 402，用于接收服务器发送的至少一个兴趣点所对应的信息。

其中，获取信息请求携带有终端在移动网络中的标识信息、终端接入网关的标识信息、终端的全球定位信息、用户识别信息和地理关键字中的任意一种；信息的种类包括兴趣点的介绍信息、活动信息、优惠信息和评论信息中的至少一种。

进一步地，若兴趣点对应商家，且获取信息请求中携带有用户识别信息，则服务器还可以根据该用户识别信息将对应的用户自动注册为兴趣点对应商家的会员；其中，用户识别信息包括：用户账号、指纹信息、瞳孔信息或个人名片中的一种或多种。"

实施例五：

"图 2-9 示出了一种兴趣点对应信息传送系统的系统构成图。该兴趣点对应信息传送系统可以用于根据 LBS 服务向用户发送兴趣点对应的信息。其中，兴趣点可以是各商家或景点等，兴趣点对应的信息可以是各商家或景点发布或加载的介绍信息、活动信息、优惠信息和评论信息等。该兴趣点对应信息传送系统可以包括：

实施例三所示的信息发送服务器 30 和实施例四所示的信息接收终端 40。"

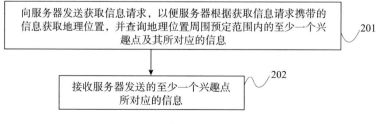

图 2-3

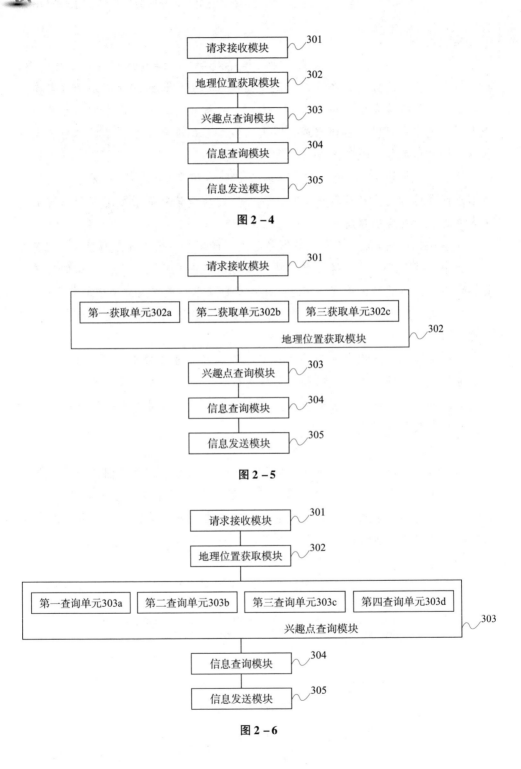

图 2 - 4

图 2 - 5

图 2 - 6

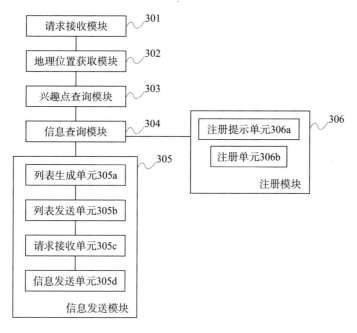

图 2－7

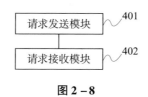

图 2－8

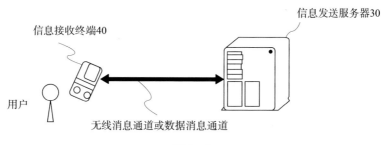

图 2－9

3. 关于实施例的撰写，我方同意专利代理人对兴趣点对应信息发送方法的理解和梳理。

（1）同意专利代理人提出的在方法的描述中省去动作执行主体。

（2）关于服务器获取地理位置的方式，除了技术交底书中列出了根据移动网络中的标识信息获取，本发明还可以通过获取信息请求携带的终端接入网关的标识信息、终端的全球定位信息、用户识别信息以及地理关键字来获取，也就是说本发明不仅仅可以获取终端的地理位置，还可以获取用户识别信息对应的地理位置，以及地理关键字对应的地理位置。我方已将这部分内容补充到实施例三中。基于此，我方认为实施例一中的步骤102应当概括为："根据该获取信息请求携带的信息获取地理位置"，而不仅仅限于专利代理人所述的"获取终端对应的地理位置"。获取地理位置具体方式如下，请专利代理人将其补充到技术交底书提供的实施例一中，并对步骤102进行修改。

"根据获取信息请求中的携带的信息不同，服务器获取地理位置的方式可以有下述五种：

第一，根据获取信息请求携带的终端在移动网络中的标识信息获取地理位置。

终端在移动网络中的标识信息可以是该终端接入移动网络的 IP、移动终端所在小区或基站的标识等，服务器将终端在移动网络中的标识信息发送给 LBS 服务器，LBS 服务器根据终端在移动网络中的标识信息，利用基站定位法对终端进行定位并将定位结果返回给服务器，服务器将 LBS 服务器返回的定位结果作为获取的地理位置。

第二，根据获取信息请求携带的该终端接入网关的标识信息获取地理位置。

终端接入网关的标识信息可以是终端利用 WiFi 接入时对应的 WiFi 路由器的标识，服务器将终端接入网关的标识信息发送给 LBS 服务器，LBS 根据利用 WiFi 定位法对终端进行定位并将定位结果返回给服务器，服务器将 LBS 服务器返回的定位结果作为获取的地理位置。

第三，根据获取信息请求携带的该终端的全球定位信息获取地理位置。

获取信息请求可以携带有卫星定位信息，比如 GPS 定位信息等；服务器将该卫星定位信息发送给 LBS 服务器，LBS 服务器根据该卫星定位信息利用卫星定位法对终端进行定位并将定位结果返回给服务器，服务器将 LBS 服务器返回的定位结果作为获取的地理位置。

在实际应用中，LBS 服务器还可以结合上述三种定位方法中的两种或三种进行对终端进行定位，以提供更精确的定位服务。

第四，根据获取信息请求携带的用户识别信息获取地理位置。

终端对应用户可以预先设置一个特定的地理名称，比如，用户想要获取××火车站周围的信息，则用户可以预先将××火车站设置为该特定的地理名称并上传给服务器，服务器将该地理名称和用户识别信息进行关联并存储。当获取信息请求携带有用户识别信息时，服务器可以根据该用户识别信息查询对应的地理名称，并根据该地理名称查询地理位置。

第五，根据获取信息请求携带的地理关键字获取地理位置。

终端对应用户可以在终端中输入一个特定的地理关键字，比如，用户想要获取××大桥周围的信息，则用户可以输入地理关键字'××大桥'，获取信息请求可以携带该地理关键字，服务器根据该地理关键字查询对应的'××大桥'的地理位置。"

（3）简要信息和详细信息的设置，属于为用户发送兴趣点相关信息时的优选实施方式，因此认同专利代理人的撰写方式。

4. 专利代理人对本发明新颖性和创造性的判断正确。对比文件1和对比文件2不仅未公开获取移动终端的当前地理位置，也没有公开获取用户识别信息或地理关键字对应的地理位置，进而根据获取地理位置周围预定范围内的兴趣点；同时对比文件1和对比文件2也没有公开在向终端发送兴趣点对应的信息之后将用户注册为会员，这些特征不属于本领域的公知常识。对比文件1和对比文件2都需要用户指定想查询的具体的某一个兴趣点，从而获得该兴趣点相关的信息，而本发明只需要用户发出获取信息请求，或者给出用户识别信息或想查询的地理位置，便可以为用户提供其周围的所有兴趣点对应的信息，或者是用户识别信息或地理位置对应的位置附近所有兴趣点对应的信息，用户可根据其爱好选择感兴趣的兴趣点，并且本发明还能够简化用户注册为会员的步骤，因此，本发明具备新颖性和创造性。

5. 我方认为，服务器在本发明的技术方案中所起作用是给终端提供兴趣点对应的信息，能够完成该功能的设备均可充当执行主体。因此保护的主题可以为兴趣点对应信息发送设备，而不必局限于服务器。因此，我方决定将以下内容补入技术交底书：

"虽然在描述方法实施例时方法步骤由服务器执行，但本领域技术人员可以理解，实现本发明方法的步骤可以由能够发送兴趣点对应信息的其他设备执行。"

5. 对技术交底书的进一步整理

通过以上工作，客户对技术交底书的内容进行了补充和完善，专利代理人对于该发明有了更加深入的理解，得到了一份技术方案较为完整的技术交底书。该发明的主要内容包括：实施例一：一种兴趣点对应信息发送方法；在与客户的沟通中已经就兴趣点对应信息发送方法的内容和撰写方式达成了一致，客户补充了获取地理位置的方式，在步骤102中将加入客户所补充的五种获取地理位置的方式，并将步骤102概括为"根据该获取信息请求携带的信息获取地理位置"。实施例二：一种兴趣点对应信息接收方法，从信息接收方的角度来描述发明。实施例三：一种兴趣点对应信息发送设备，与兴趣点对应信息发送方法对应的装置，其中的兴趣点对应信息发送设备由服务器概括而来。实施例四：一种兴趣点对应信息接收终端，对应于信息接收方法。实施例五：一种兴趣点对应信息传送系统，包括兴趣点对应信息发送设备和兴趣点对应信息接收终端。同时，该发明的图2-1相应修改为图2-2。

另外，在客户提供的实施例三中，结合图2-5和图2-6分别对信息发送服务器中的地理位置获取模块302和兴趣点查询模块303作了进一步限定。以地理位置获取模块302为例，限定了它包含了三个子单元302a、302b和302c，根据获取信息请求中包含的信息不同，由不同的子单元去获取地理位置，由于这三个子单元之间仅仅是并列的关系，都是用于完成获取地理位置的，且它们之间没有任何关联，因此没必要将地理位置获取模块302限定为必须包括三个子单元这种具体的结构，地理位置获取模块302包括其中两个子单元或一个子单元或不包含任何子单元，实现地理位置的获取即可。建议客户删除三个子单元的描述及图2-5，仅仅由地理位置获取模块302本身完成获取地理位置，这将利于写出保护范围尽可能大的权利要求。同理，四个查询单元303a~303d以及图2-6也可以删去。建议将相关特征修改为：

"若获取信息请求携带有终端在移动网络中的标识信息、终端接入网关的标识信息或终端的全球定位信息，则地理位置获取模块302用于向基于位置的服务LBS服务器发送定位请求，并接收LBS服务器反馈的地理位置；定位请求携带有终端在移动网络中的标识信息、终端接入网关的标识信息或终端的全球定位信息，地理位置包括经纬度信息。

若获取信息请求携带有用户识别信息，则地理位置获取模块302用于查询与用户识别信息所对应的地理名称，并根据地理名称查询地理位置；地理名称为终端预先上传并与用户识别信息进行关联存储的地理名称，地理位置包括经纬度信息。

若获取信息请求携带有地理关键字，则地理位置获取模块302用于根据地理关键字查询地理位置，地理位置包括经纬度信息。

请求接收模块301接收到的获取信息请求还携带有用户设定的关键字、用户设定的类别信息和/或用户历史习惯信息。

若获取信息请求还携带有用户设定的关键字，则兴趣点查询模块303用于查询地理位置周围预定范围内、名称符合用户设定的关键字的至少一个兴趣点。

　　若获取信息请求还携带有用户设定的类别信息，则兴趣点查询模块 303 用于查询地理位置周围预定范围内、类别符合用户设定的类别信息的至少一个兴趣点。

　　若获取信息请求还携带有用户历史习惯信息，则兴趣点查询模块 303 用于分析用户历史习惯信息，以获得关键字或者类别信息，并查询地理位置周围预定范围内、符合关键字或者类别信息的至少一个兴趣点。

　　若请求接收模块 301 接收到的获取信息请求携带有用户识别信息，兴趣点查询模块 303 用于查询用户地理位置周围预设范围内、已经利用用户识别信息进行注册的兴趣点。"

6. 与客户的再次沟通与确认

　　专利代理人将实施例三中有关地理位置获取模块 302 和兴趣点查询模块 303 的描述方式与客户进行了沟通，客户认可专利代理人所提出的撰写方式。

　　此时，专利代理人得到了一份清楚完整的技术交底书，可以着手申请文件的撰写。

第二节　权利要求书撰写的主要思路

　　一般来说，在撰写发明和实用新型专利申请的权利要求书时，应首先确定要保护的技术主题，因为申请主题是独立权利要求前序部分的组成部分，并且申请主题的类型还与权利要求中的技术特征的表述形式存在联系。例如，方法权利要求一般包括步骤，而产品权利要求一般包括部件及部件之间的连接关系。

　　针对其中一项要求保护的技术主题，可以按照如下思路进行撰写：

　　（1）理解该项要求保护的技术主题的实质性内容，列出全部技术特征；

　　（2）分析研究该项要求保护的技术主题的现有技术，确定最接近的现有技术；

　　（3）针对该项要求保护的技术主题，确定其要解决的技术问题以及为解决该技术问题所必须包括的全部必要技术特征；

　　（4）撰写独立权利要求；

　　（5）撰写从属权利要求。

　　下面就本案例具体说明撰写权利要求书的主要思路。

一、可申请的主题

技术交底书中给出了五个具体实施例:

实施例一为一种兴趣点对应信息发送方法。

实施例二为一种兴趣点对应信息接收方法。

实施例三为兴趣点对应信息发送设备。

实施例四为兴趣点对应信息接收终端。

实施例五为兴趣点对应信息传送系统,包括了实施例三的兴趣点对应信息发送设备和实施例四的兴趣点对应信息接收终端。

五个实施例可分为五个主题,分别是:

(1)兴趣点对应信息发送方法。

(2)兴趣点对应信息接收方法。

(3)兴趣点对应信息发送设备。

(4)兴趣点对应信息接收终端。

(5)兴趣点对应信息传送系统。

接下来,逐一分析五个主题的撰写。

二、撰写关于兴趣点对应信息发送方法的权利要求

1. 理解该项要求保护的技术主题的实质性内容,列出全部技术特征

按照撰写专利申请文件的一般思路,在着手撰写权利要求之前,首先需要理解技术交底书所要求保护技术主题的实质内容,列出全部技术特征,以及确定这些技术特征在该发明创造中所起的作用。

根据客户补充修改后的技术交底书的内容,对该发明实施例一中兴趣点对应信息发送方法的技术特征作出如下分析。

该发明实施例一的兴趣点对应信息发送方法所包含的所有技术特征为:

① 接收终端发送的获取信息请求。

② 根据所述获取信息请求携带的信息获取地理位置。

③ 查询所述地理位置周围预定范围内的至少一个兴趣点。

④ 查询与所述兴趣点对应的信息并发送给所述终端。

⑤ 所述获取信息请求携带有所述终端在移动网络中的标识信息、所述终端接入网关的标识信息、所述终端的全球定位信息、用户识别信息和地理关键字中的任意一种。

⑥ 所述兴趣点对应的信息的种类包括所述兴趣点的介绍信息、活动信息、

优惠信息和评论信息中的至少一种。

⑦ 若所述获取信息请求携带有所述终端在移动网络中的标识信息、所述终端接入网关的标识信息或所述终端的全球定位信息，则所述根据所述获取信息请求携带的信息获取地理位置，具体包括：

向基于位置的服务 LBS 服务器发送定位请求，所述定位请求携带有所述终端在移动网络中的标识信息、所述终端接入网关的标识信息或所述终端的全球定位信息；

接收所述 LBS 服务器反馈的地理位置，所述地理位置包括经纬度信息。

⑧ 若所述获取信息请求携带有用户识别信息，则所述根据所述获取信息请求携带的信息获取地理位置，具体包括：

查询与所述用户识别信息所对应的地理名称，所述地理名称为所述终端预先上传并与所述用户识别信息进行关联存储的地理名称；

根据所述地理名称查询地理位置，所述地理位置包括经纬度信息。

⑨ 若所述获取信息请求携带有地理关键字，则所述根据所述获取信息请求携带的信息获取地理位置，具体包括：

根据所述地理关键字查询地理位置，所述地理位置包括经纬度信息。

⑩ 所述获取信息请求还携带有用户设定的关键字、用户设定的类别信息和/或用户历史习惯信息。

若所述获取信息请求还携带有用户设定的关键字，则所述查询所述地理位置周围预定范围内的至少一个兴趣点，具体包括：

查询所述地理位置周围预定范围内、名称符合所述用户设定的关键字的至少一个兴趣点。

⑪ 若所述获取信息请求还携带有用户设定的类别信息，则所述查询所述地理位置周围预定范围内的至少一个兴趣点，具体包括：

查询所述地理位置周围预定范围内、类别符合所述用户设定的类别信息的至少一个兴趣点。

⑫ 若所述获取信息请求还携带有用户历史习惯信息，则所述查询所述地理位置周围预定范围内的至少一个兴趣点，具体包括：

分析所述用户历史习惯信息，以获得关键字或者类别信息；

查询所述地理位置周围预定范围内、符合所述关键字或者类别信息的至少一个兴趣点。

⑬ 所述查询所述地理位置周围预定范围内的至少一个兴趣点，具体包括：

查询所述地理位置周围预设范围内、已经利用所述用户识别信息进行注册的兴趣点。

⑭ 若所述获取信息请求携带有用户识别信息，所述查询与所述兴趣点对应的信息并发送给所述终端之后，向所述终端发送是否同意在还未注册的兴趣点上进行注册的提示信息。

若接收到所述终端发送的同意在所述兴趣点进行注册的反馈信息，则根据所述用户标识信息在所述兴趣点进行注册。

⑮ 所述用户识别信息包括：所述用户账号、指纹信息、瞳孔信息或个人名片中的一种或多种。

⑯ 所述信息包括简要信息和与所述简要信息对应的详细信息。

所述查询与所述兴趣点对应的信息并发送给所述终端，具体包括：

查询与所述兴趣点对应的简要信息，并生成简要信息列表；

发送所述简要信息列表给所述终端；

接收所述终端对选定的简要信息发送的详细信息获取请求，所述选定的简要信息为所述终端在所述简要信息列表中选定的至少一个简要信息；

查询与所述选定的简要信息对应的详细信息，并反馈给所述终端。

⑰ 通过无线消息通道或数据消息通道接收所述终端发送的获取信息请求；

通过无线消息通道或数据消息通道将所述与所述兴趣点对应的信息发送给所述终端。

2. 分析研究该项要求保护的技术主题的现有技术，确定最接近的现有技术

在理解了要求保护的技术主题的实质内容之后，应当着手分析研究现有技术，从中确定该技术主题的最接近的现有技术。

（1）分析研究现有技术，理解现有技术的实质性内容

通常来说，现有技术包括客户在技术交底书中提供的现有技术，以及专利代理人为客户检索到的现有技术。就本案而言，客户在技术交底书中提供了背景技术。经过检索，专利代理人找到两份更相关的现有技术，即对比文件 1 和对比文件 2。

本案例技术交底书中披露的背景技术是：用户使用手机拨打电话，听取电话中介绍信息来获取兴趣点对应信息；或者是用户使用移动终端登录网络获取网上发布的兴趣点对应信息。现有的通过移动终端获取兴趣点对应信息的方法，往往依赖于人机会话，到达兴趣点对应地点时需要纸质文档或电子验证码才可以参与交互，信息获取方式被动并且操作过程复杂。

对比文件 1（US×××××A1）公开了一种通过移动终端获取兴趣点信息的方法。该方法包括：移动终端登录网站，输入兴趣点对应的关键词，向服

务器发送查询请求，服务器根据输入的关键词进行查询，将符合查询条件的兴趣点信息发送至用户。对比文件2（CN××××××A）公开了一种提供兴趣点信息的方法。所述方法包括：从用户指定路径提取由第一终端从特定网站提取并存储在所述用户指定路径中的兴趣点的名称和识别信息；从数据库提取与从所述用户指定路径提取的兴趣点的名称和识别信息对应的兴趣点信息；以及将兴趣点信息传送到所述第一终端。对比文件1和对比文件2所解决的技术问题是移动终端如何便捷快速地获取兴趣点信息。

（2）确定最接近的现有技术

在对现有技术进行分析研究、理解现有技术的实质性内容之后，就要确定与该发明最接近的现有技术，以便为撰写独立权利要求做好准备。

在本案例中，对比文件1和对比文件2都针对现有的获取兴趣点信息方式操作复杂、不方便的问题，根据终端指定的信息获取终端需要的兴趣点的对应信息，并提供给终端。对比文件1和对比文件2均与该发明的技术领域相同，与客户提供的背景技术相比较，其所解决的技术问题与该发明的技术问题相近。就公开的技术特征数量而言，对比文件1和对比文件2都公开了查询用户所指定的兴趣点的信息，并将符合查询条件的兴趣点信息发送至移动终端，除此之外对比文件1还公开了接收终端发送的获取信息请求。可见，对比文件1公开该发明的技术特征最多，因此可以认为对比文件1是最接近的现有技术。

根据上述对现有技术的分析研究，确定了该发明最接近的现有技术为对比文件1。下面针对该最接近的现有技术确定该发明所解决的技术问题及解决该技术问题的全部必要技术特征。

3. 针对该项要求保护的技术主题，确定其要解决的技术问题以及为解决该技术问题所必须包括的全部必要技术特征

在确定了最接近的现有技术之后，就需要针对该最接近的现有技术确定该发明要解决的技术问题，在此基础上，确定该发明中哪些技术特征是解决这一技术问题的必要技术特征。

（1）确定该发明所解决的技术问题

在本案例中，技术交底书所要解决的技术问题是现有的通过移动终端获取兴趣点对应信息的方法，依赖人机会话，到达兴趣点对应地点时需要纸件文档或者电子验证码才可以参与交互，信息获取方式被动并且操作过程复杂。由于这一技术问题在最接近的现有技术即对比文件1中已经解决，因此应当另行确定该发明要解决的技术问题。通过比较该发明与最接近的现有技术，该发明相对于最接近的现有技术进行了多方面的改进。

第一方面的改进是根据获取信息请求携带的信息获取地理位置；查询所述地理位置周围预定范围内的至少一个兴趣点；所述获取信息请求携带有所述终端在移动网络中的标识信息、所述终端接入网关的标识信息、所述终端的全球定位信息、用户识别信息和地理关键字中的任意一种。

第二方面的改进是获取信息请求还携带有用户设定的类别信息和/或用户历史习惯信息。

第三方面的改进在于兴趣点对应信息包括简要信息和与所述简要信息对应的详细信息；查询与所述兴趣点对应的简要信息，并生成简要信息列表；发送所述简要信息列表给所述终端；接收所述终端对选定的简要信息发送的详细信息获取请求，所述选定的简要信息为所述终端在所述简要信息列表中选定的至少一个简要信息；查询与所述选定的简要信息对应的详细信息，并反馈给所述终端。

第四方面的改进在于在将兴趣点对应的信息发送给终端之后，将用户注册为会员。

上述第一方面的改进在于为用户提供其周围或其指定位置周围的所有兴趣点对应的信息，对比文件1中公开的方案则完全不考虑位置信息，只能提供所指定的某一个兴趣点对应的信息，用户体验差。

第一方面的改进使得该发明相对于目前掌握的现有技术具备新颖性和创造性。

第二方面的改进是在第一方面的基础上为用户提供更加个性化的服务，根据用户设定的类别以及历史习惯信息，为用户提供更加具体、个性化的兴趣点信息。

第三方面的改进在于改进向终端提供兴趣点相关信息的方式。通过使用简要信息列表减少向终端发送的数据量，可提升处理速度，更快地将查询结果呈现给终端；或者是某些详细信息的发送需要授权，通过简要信息列表的使用可以无需授权先把相关内容提供给用户，仅给用户提供选择的详细信息，减少操作复杂度，给终端用户更好的体验。但是列表的使用在本领域中是公知的，比如，新闻网站上通常列出的是一个个新闻标题组成的新闻标题列表，而不是所有新闻内容的罗列，用户浏览了新闻标题之后，选择一个感兴趣的标题，点击后才打开该新闻的详细内容，进行阅读。因此，第三方面的改进属于本领域中为用户提供信息时的常用技术手段。

第四方面的改进在于简化会员注册步骤，提高用户体验。由于是在为用户提供兴趣点对应的信息之后进行会员注册，因此，第四方面的改进是在第一方面改进的基础上进行的。

由于第一方面的改进为该发明带来了新颖性和创造性，而且是其他三方面改进的基础。因此，应当针对作为基础改进的第一方面的改进所能达到的技术效果确定要解决的技术问题。据此，可以确定该发明实际解决的技术问题是"如何为用户提供某一位置附近的所有兴趣点对应的信息"。

（2）为解决技术问题所必须包括的全部必要技术特征

现确定解决"如何为用户提供某一位置附近的所有兴趣点对应的信息"这一技术问题的必要技术特征。

在前面分析中列举出的该发明的全部技术特征中，哪些应当作为解决上述技术问题的必要技术特征写入独立权利要求中呢？下面逐一进行详细分析。

如前所述，该发明相对于现有技术的基础改进在于为用户提供其周围的兴趣点相关信息，因此体现该改进的技术特征②和③是解决上述技术问题的必要技术特征。要为用户提供所需的兴趣点信息，则首先应当获取终端的需求，根据需求查询到兴趣点信息后也应当将其提供给终端，因此技术特征①、④也是必不可少的。也就是说，前面所列出的技术特征①～④是该发明解决上述技术问题的必要技术特征。

技术特征⑤涉及在获取地理位置信息时具体使用的信息，是对获取信息请求的进一步限定，技术特征⑥涉及对兴趣点信息具体包括的内容，是对兴趣点信息的进一步限定。技术特征⑤和⑥不属于解决该发明技术问题的必要技术特征，将其置于从属权利要求中即可。

技术特征⑦～⑨是利用技术特征⑤中限定的各信息获取地理位置的具体实施方式，是对技术特征⑤的进一步限定，将它们写在从属权利要求中即可。

技术特征⑩～⑫涉及为用户提供更加具体的兴趣点对应信息的方式，属于优选实施方式，不属于必要技术特征，将它们写在从属权利要求中即可。

技术特征⑬涉及为已经注册的用户查询兴趣点，是对必要技术特征③的进一步限定，不属于必要技术特征，将它置于从属权利要求中即可。

技术特征⑭涉及利用用户识别信息主动为用户注册，与技术特征⑬是并列的关系，同样不属于必要技术特征。

技术特征⑮是对技术特征⑬和⑭中用户识别信息的进一步限定，同样也不属于必要技术特征。

技术特征⑯是对技术特征④的进一步限定，属于向终端提供兴趣点相关信息的优选方式，不属于必要技术特征。

技术特征⑰是对接收和发送信息通道的限定，属于优选方式，也不属于必要技术特征。

综上所述，该发明独立权利要求保护的主题"兴趣点对应信息发送方法"的必要技术特征应当包括上述技术特征①~④：

① 接收终端发送的获取信息请求。

② 根据所述获取信息请求携带的信息获取地理位置。

③ 查询所述地理位置周围预定范围内的至少一个兴趣点。

④ 查询与所述兴趣点对应的信息并发送给所述终端。

4. 撰写独立权利要求

在确定该发明最接近现有技术、针对该最接近现有技术所要解决的技术问题以及为解决该技术问题所必需包含的必要技术特征之后，就可以开始着手撰写独立权利要求，将确定的必要技术特征与最接近现有技术进行对比分析，把其中与最接近的现有技术共有的技术特征写入独立权利要求的前序部分，而将其他必要技术特征作为与最接近的现有技术的区别特征写入独立权利要求的特征部分。

在前文所确定的必要技术特征中接收请求以及向终端发送兴趣点信息是与对比文件1共有的技术特征，但由于该权利要求是方法权利要求，各个步骤之间是有先后顺序的，如果将共有的技术特征置于前序部分，而仅将不同的特征置于特征部分，则不能清晰、简单地体现出各步骤的先后顺序，因此，就本案例来说，将所有的步骤置于特征部分即可。

最后，完成的独立权利要求1如下：

1. 一种兴趣点对应信息发送方法，其特征在于，所述方法包括：

接收终端发送的获取信息请求；

根据所述获取信息请求携带的信息获取地理位置；

查询所述地理位置周围预定范围内的至少一个兴趣点；

查询与所述兴趣点对应的信息并发送给所述终端。

所撰写的上述独立权利要求满足如下四个方面的实质性要求。

（1）所撰写的独立权利要求应当包含解决技术问题的全部必要技术特征。

就这一实质性要求而言，在前面分析确定该发明的必要技术特征时，已作出了具体说明，在此不再作重复描述。

（2）所撰写的独立权利要求不应当写入非必要技术特征，以使该发明得到充分的保护。

在前面分析该发明必要技术特征时，已将对获取信息请求和兴趣点对应的信息进一步限定的技术特征⑤~⑰确定为附加技术特征，因此在独立权利要求中未写入这些技术特征，使该独立权利要求限定的技术方案具有较宽的保护范围。

（3）应当以说明书为依据，清楚、简要地限定要求专利保护的范围。

对于独立权利要求以说明书为依据这一实质性要求，就本案例而言，所撰写的独立权利要求1的技术方案在技术交底书中都有明确记载，因而，所撰写的独立权利要求1是所属技术领域的技术人员能够从依据技术交底书所撰写的说明书充分公开的内容中得到或概括得出的技术方案。

对于权利要求书清楚、简要地限定权利要求的保护范围这一要求，权利要求1要求保护一种信息发送方法，表明了权利要求的类型是方法权利要求，其类型是清楚的；权利要求1的技术内容都是有关信息发送方法的步骤，因此主题名称与权利要求的内容是相适应的；权利要求1中的用词都是本领域通用的表达方式，未使用含义不确定的用语，以及类似"例如""最好是""约""接近"等容易导致权利要求的范围不清楚的用语，除了附图标记使用的括号，也没有使用其他括号；因此，整体而言，权利要求1是清楚的。权利要求1的表述简要，除记载技术特征，没有对原因或理由作不必要的描述，也未使用商业性宣传用语；因此，权利要求1也满足简要的要求。

（4）所撰写的独立权利要求应当满足新颖性和创造性的要求。

在本案例中，对比文件1公开的内容是通过移动终端登录网站，输入关键词，得到相应的兴趣点信息。对比文件1没有公开权利要求1中的技术特征："根据所述获取信息请求携带的信息获取地理位置；以及查询所述地理位置周围预定范围内的至少一个兴趣点"。因此所撰写的独立权利要求1相对于对比文件1具备《专利法》第22条第2款规定的新颖性。对比文件2公开的内容是根据用户指定的路径去提取兴趣点的名称和识别，再从数据库中查询对应的兴趣点信息，将其发送给终端。对比文件2没有公开权利要求1中的技术特征："接收终端发送的获取信息请求，根据所述获取信息请求携带的信息获取地理位置；查询所述地理位置周围预定范围内的至少一个兴趣点"。因此所撰写的独立权利要求1相对于对比文件2也具备《专利法》第22条第2款规定的新颖性。

所撰写的独立权利要求1相对于作为最接近的现有技术的对比文件1的区别特征为"根据所述获取信息请求携带的信息获取地理位置；以及查询所述地理位置周围预定范围内的至少一个兴趣点"，因而其相对于最接近的现有技术来说，实际解决的技术问题是如何为用户提供某一位置附近的所有兴趣点对应的信息。上述区别特征未被对比文件2披露，且也不属于本领域技术人员解决上述技术问题的公知常识，因此对比文件2和本领域的公知常识中未给出将上述区别特征应用到对比文件1中来解决"为用户提供某一位置附近的所有兴趣点对应的信息"这一技术问题的技术启示，即独立权利要求1的技术方案相对于对比文件1、对比文件2以及本领域的公知常识是非显而易见的，因而具有突出的实质性特点。此外，上述区别特征可使用户获得某一位置附近所有兴趣点对应的信息的效果，即该独立权利要求1的技术方案相对于现有技术具有有益的效果，因而具有显著的进步。由此可知，所撰写的独立权利要求1具备《专利法》第22条第3款规定的创造性。

5. 撰写从属权利要求

为了增加专利申请取得专利权的可能性和批准专利后更有利于维护专利权，应当撰写合理数量的从属权利要求，尤其要将技术交底书中对创造性起作用的那些技术特征写成相应的从属权利要求。

撰写的从属权利要求的主题名称仍应当为信息发送方法，与独立权利要求的主题名称一致。在这些从属权利要求的引用部分先写明其引用的权利要求的编号，在此后写明主题名称"兴趣点对应信息发送方法"，然后在该从属权利要求的限定部分写明对该发明作出进一步限定的附加技术特征，这样撰写的从属权利要求符合《专利法实施细则》第22条第1款有关从属权利要求撰写的格式规定。

在前面理解该发明要求保护主题的实质内容时所列出的技术特征中，技术特征⑤～⑰未写入独立权利要求中，现对这些技术特征进行分析，确定是否将其作为从属权利要求的附加技术特征，以完成从属权利要求的撰写。

技术特征⑤涉及在获取地理位置信息时具体使用的信息，是对获取信息请求的进一步限定，可作为独立权利要求1的从属权利要求，写成从属权利要求2。

技术特征⑥涉及对兴趣点对应的信息具体包括的内容，是对兴趣点对应的信息的进一步限定，适用前述任一个权利要求，因此，技术特征⑥可作为权利要求1～2的从属权利要求，写成多项从属权利要求3。鉴于《专利法实施细则》第22条第2款规定多项从属权利要求的引用部分应当采用择一引用的方式，因而在引用在前的两项权利要求时采用"或"结构的表述方式，可将引用部分写成"根据权利要求1或2所述的信息发送方法"。

技术特征⑦～⑨是利用技术特征⑤中限定的各信息获取地理位置的具体实施方式，是对技术特征⑤的进一步限定，对于该发明而言属于非常重要的特征，可以将它们写成引用权利要求2的从属权利要求。三个特征之间是并列的关系，因此，可写在一个从属权利要求中，即权利要求4。

技术特征⑩～⑫涉及为用户提供更加具体的兴趣点对应信息的方式，是对独立权利要求 1 进一步的限定，可写成引用权利要求 1 的从属权利要求 5。

技术特征⑬涉及为已经注册的用户查询兴趣点，是对权利要求 1 中的技术特征"查询所述地理位置周围预定范围内的至少一个兴趣点"的进一步限定，可写成多项从属权利要求 6。引用前面任一权利要求，该多项从属权利要求的引用部分也应当采用择一引用的方式，同时考虑到《专利法实施细则》第 22 条第 2 款规定多项从属权利要求不得作为另一项多项从属权利要求的基础，因此该从属权利要求只作为权利要求 1、2、4、5 的从属权利要求，而不引用另一项多项从属权利要求 3。因而其引用部分应写成"根据权利要求 1、2、4、5 其中之一所述的兴趣点对应信息发送方法"。

技术特征⑭涉及利用用户标识主动为用户注册，与技术特征⑬是并列的关系，同样适用于权利要求 1、2、4、5，可写成多项从属权利要求 7。其引用部分应写成"根据权利要求 1、2、4、5 其中之一所述的兴趣点对应信息发送方法"。

技术特征⑮是对权利要求 6 和 7 中用户识别信息的进一步限定，可以写成从属权利要求 8，然而，权利要求 6 和 7 都是多项从属权利要求，权利要求 8 不能再写成同时引用权利要求 6 和 7 的多项从属权利要求，因此，需要对技术特征⑮进行一个评估，如果有必要利用技术特征⑮对权利要求 6 和 7 中用户识别信息作出限定，则可以写成权利要求 8 引用权利要求 6，同时使用技术特征⑮增加一个权利要求 9，对权利要求 7 中的用户识别信息作出进一步限定。在本案例中，选择何种信息作为用户识别信息属于本领域技术人员的公知常识，对于该发明而言不属于特别重要的技术特征。因此，简单起见，我们仅利用技术特征⑮撰写一个从属权利要求 8，对权利要求 7 中的用户识别信息作进一步限定。其引用部分应写成"根据权利要求 7 所述的兴趣点对应信息发送方法"。

技术特征⑯涉及通过使用简要信息列表减少向终端发送的数据量，可提升处理速度，更快地将查询结果呈现给终端，给终端用户更好的体验。该特征属于向终端提供兴趣点相关信息的优选方式，该限定对于所有权利要求都适用，但考虑到多项从属权利要求应当采用择一引用的方式，不得作为另一项多项从属权利要求的基础，因此该从属权利要求 9 只作为权利要求 1、2、4、5、8 的从属权利要求，而不引用多项从属权利要求 3、6、7。其引用部分应写成"根据权利要求 1、2、4、5、8 任一所述的兴趣点对应信息发送方法"。

技术特征⑰是对接收和发送信息通道的限定，该限定对于所有权利要求都适用，同样，考虑到多项从属权利要求应当采用择一引用的方式，不得作为另一项多项从属权利要求的基础，因此该从属权利要求 10 只作为权利要求 1、2、

4、5 的从属权利要求，而不引用多项从属权利要求 3、6、7、9。最后完成的从属权利要求如下：

2. 根据权利要求 1 所述的兴趣点对应信息发送方法，其特征在于，所述获取信息请求携带有所述终端在移动网络中的标识信息、所述终端接入网关的标识信息、所述终端的全球定位信息、用户识别信息和地理关键字中的任意一种。

3. 根据权利要求 1 或 2 所述的兴趣点对应信息发送方法，其特征在于，所述兴趣点对应信息的种类包括所述兴趣点的介绍信息、活动信息、优惠信息和评论信息中的至少一种。

4. 根据权利要求 2 所述的兴趣点对应信息发送方法，其特征在于，

若所述获取信息请求携带有所述终端在移动网络中的标识信息、所述终端接入网关的标识信息或所述终端的全球定位信息，则所述根据所述获取信息请求携带的信息获取地理位置，具体包括：

向基于位置的服务 LBS 服务器发送定位请求，所述定位请求携带有所述终端在移动网络中的标识信息、所述终端接入网关的标识信息或所述终端的全球定位信息；

接收所述 LBS 服务器反馈的地理位置，所述地理位置包括经纬度信息；

若所述获取信息请求携带有用户识别信息，则所述根据所述获取信息请求携带的信息获取地理位置，具体包括：

查询与所述用户识别信息所对应的地理名称，所述地理名称为所述终端预先上传并与所述用户识别信息进行关联存储的地理名称；

根据所述地理名称查询地理位置，所述地理位置包括经纬度信息；

若所述获取信息请求携带有地理关键字，则所述根据所述获取信息请求携带的信息获取地理位置，具体包括：

根据所述地理关键字查询地理位置，所述地理位置包括经纬度信息。

5. 根据权利要求 1 所述的兴趣点对应信息发送方法，其特征在于，所述获取信息请求还携带有用户设定的关键字、用户设定的类别信息和/或用户历史习惯信息；

若所述获取信息请求还携带有用户设定的关键字，则所述查询所述地理位置周围预定范围内的至少一个兴趣点，具体包括：

查询所述地理位置周围预定范围内、名称符合所述用户设定的关键字的至少一个兴趣点；

若所述获取信息请求还携带有用户设定的类别信息，则所述查询所述地理位置周围预定范围内的至少一个兴趣点，具体包括：

查询所述地理位置周围预定范围内、类别符合所述用户设定的类别信息的至少一个兴趣点；

若所述获取信息请求还携带有用户历史习惯信息，则所述查询所述地理位置周围预定范围内的至少一个兴趣点，具体包括：

分析所述用户历史习惯信息，以获得关键字或者类别信息；

查询所述地理位置周围预定范围内、符合所述关键字或者类别信息的至少一个兴趣点。

6. 根据权利要求1、2、4、5任一所述的兴趣点对应信息发送方法，其特征在于，若所述获取信息请求携带有用户识别信息，所述查询所述地理位置周围预定范围内的至少一个兴趣点，具体包括：

查询所述地理位置周围预设范围内、已经利用所述用户识别信息进行注册的兴趣点。

7. 根据权利要求1、2、4、5任一所述的兴趣点对应信息发送方法，其特征在于，若所述获取信息请求携带有用户识别信息，所述查询与所述兴趣点对应的信息并发送给所述终端之后，所述方法还包括：

向所述终端发送是否同意在还未注册的兴趣点上进行注册的提示信息；

若接收到所述终端发送的同意在所述兴趣点进行注册的反馈信息，则根据所述用户标识信息在所述兴趣点进行注册。

8. 根据权利要求7所述的兴趣点对应信息发送方法，其特征在于，所述用户识别信息包括：用户账号、指纹信息、瞳孔信息或个人名片中的一种或多种。

9. 根据权利要求1、2、4、5、8任一所述的兴趣点对应信息发送方法，其特征在于，所述信息包括简要信息和与所述简要信息对应的详细信息；

所述查询与所述兴趣点对应的信息并发送给所述终端，具体包括：

查询与所述兴趣点对应的简要信息，并生成简要信息列表；

发送所述简要信息列表给所述终端；

接收所述终端对选定的简要信息发送的详细信息获取请求，所述选定的简要信息为所述终端在所述简要信息列表中选定的至少一个简要信息；

查询与所述选定的简要信息对应的详细信息，并反馈给所述终端。

10. 根据权利要求1、2、4、5、8任一所述的兴趣点对应信息发送方法，其特征在于，

通过无线消息通道或数据消息通道接收所述终端发送的获取信息请求；

通过无线消息通道或数据消息通道将所述与所述兴趣点对应的信息发送给所述终端。

6. 与客户的沟通确认

由于该发明可申请的各主题之间属于同样的发明构思，撰写思路相同，因此撰写完第一组关于兴趣点对应信息发送方法的权利要求后，专利代理人可首先将其发送给客户予以确认，以提高撰写效率。客户同意权利要求 1～10 的撰写方式，未提出任何异议。在此基础上，专利代理人基于同样的思路撰写其余四组权利要求。

三、撰写关于兴趣点对应信息接收方法的权利要求

1. 理解该项要求保护的技术主题的实质性内容，列出全部技术特征

根据客户补充修改后的技术交底书的内容，实施例二中的服务器可以概括为兴趣点对应信息发送设备，基于此对该发明实施例二中兴趣点对应信息接收方法的技术特征作出如下分析。

该发明实施例二的兴趣点对应信息接收方法所包含的所有技术特征为：

① 向兴趣点对应信息发送设备发送获取信息请求，以便兴趣点对应信息发送设备根据获取信息请求携带的信息获取地理位置，并查询地理位置周围预定范围内的至少一个兴趣点及其所对应的信息；

② 接收兴趣点对应信息发送设备发送的至少一个兴趣点所对应的信息；

③ 获取信息请求携带有终端在移动网络中的标识信息、终端接入网关的标识信息、终端的全球定位信息、用户识别信息和地理关键字中的任意一种；

④ 兴趣点对应的信息的种类包括兴趣点的介绍信息、活动信息、优惠信息和评论信息中的至少一种；

⑤ 若兴趣点对应商家，且获取信息请求中携带有用户识别信息，则兴趣点对应信息发送设备还可以根据该用户识别信息将对应的用户自动注册为兴趣点对应商家的会员；

⑥ 用户识别信息包括：用户账号、指纹信息、瞳孔信息或个人名片中的一种或多种。

2. 分析研究该项要求保护的技术主题的现有技术，确定最接近的现有技术

兴趣点对应信息接收方法与兴趣点对应信息发送方法的发明构思相同，结合上述对兴趣点对应信息发送方法的分析可以确定，该发明最接近的现有技术为对比文件 1。下面针对该最接近的现有技术确定该发明所解决的技术问题及解决该技术问题的全部必要技术特征。

3. 针对该项要求保护的技术主题，确定其要解决的技术问题以及为解决该技术问题所必须包括的全部必要技术特征

如前所述，该发明相对于最接近的现有技术进行了四方面的改进。

第一方面的改进在于为用户提供其周围或其指定位置周围的所有兴趣点对应的信息，对比文件1中公开的方案则完全不考虑位置信息，只能提供所指定的某一个兴趣点对应的信息，用户体验差。第一方面的改进使得该发明相对于现有技术具备新颖性和创造性。

第二方面的改进是在第一方面的基础上为用户提供更加个性化的服务，根据用户设定的类别，以及历史习惯信息，为用户提供更加具体的兴趣点信息。

第三方面的改进在于改进向终端提供兴趣点相关信息的方式。通过使用简要信息列表减少向终端发送的数据量，可提升处理速度，更快地将查询结果呈现给终端，给终端用户更好的体验。但是列表的使用在本领域中是公知的，比如，新闻网站上通常列出的是由一个个新闻标题组成的新闻标题列表，而不是所有新闻内容的罗列，用户在浏览了新闻标题之后，选择一个感兴趣的标题，点击后才打开该新闻的详细内容，进行阅读。因此，第三方面的改进属于本领域中为用户提供信息时的常用技术手段，属于公知常识。

第四方面的改进在于简化会员注册步骤，提高用户体验。由于是在为用户提供兴趣点对应的信息之后进行会员注册，因此，第四方面的改进是在第一方面的改进的基础上进行的。

由于第一方面的改进为该发明带来了新颖性和创造性，而且是另外三方面改进的基础，因此，应当针对作为基础改进的第一方面的改进所能达到的技术效果确定要解决的技术问题。据此，可以确定该发明实际解决的技术问题是如何为用户提供某一位置附近的所有兴趣点对应的信息。

现确定解决"如何为用户提供某一位置附近的所有兴趣点对应的信息"这一技术问题的必要技术特征。

如前所述，该发明相对于现有技术的基础改进在于为用户提供某一位置附近的所有兴趣点对应的信息，因此体现该改进的技术特征①是解决上述技术问题的必要技术特征。要为用户提供所需的兴趣点信息，则应当将查询到的兴趣点对应的信息提供给终端，因此技术特征②也是必不可少的。技术特征③和⑤是对技术特征①中获取信息请求的具体限定，将其写在从属权利要求中即可，技术特征④是对技术特征②中兴趣点所对应的信息的进一步限定，也不属于必要技术特征，技术特征⑥又是对技术特征⑤中用户识别信息的进一步限定，同样不属于必要技术特征。综上，前面所列出的技术特征①～②是该发明解决上述技术问题的必要技术特征。

4. 撰写独立权利要求

根据所确定的必要技术特征，可以写出有关兴趣点对应信息接收终端的独立权利要求：

11. 一种兴趣点对应信息接收方法，其特征在于，所述方法包括：

向兴趣点对应信息发送设备发送获取信息请求，以便所述兴趣点对应信息发送设备根据所述获取信息请求携带的信息获取地理位置，并查询所述地理位置周围预定范围内的至少一个兴趣点所对应的信息；

接收所述兴趣点对应信息发送设备发送的所述至少一个兴趣点所对应的信息。

基于与前述权利要求 1 要求保护的信息发送方法类似的理由，所撰写的上述独立权利要求 11 满足如下四个方面的实质性要求。

（1）所撰写的独立权利要求应当包含解决技术问题的必要技术特征。

（2）所撰写的独立权利要求不应当写入非必要技术特征，以使该发明得到充分的保护。

（3）应当以说明书为依据，清楚、简要地限定要求专利保护的范围。

（4）所撰写的独立权利要求应当满足新颖性和创造性的要求。

5. 撰写从属权利要求

在前面理解该发明要求保护主题"兴趣点对应信息接收方法"的实质内容时所列出的技术特征中，技术特征③～⑥未写入独立权利要求中，现对这些技术特征进行分析，确定是否将其作为从属权利要求的附加技术特征，以完成从属权利要求的撰写。

分析发现，技术特征③～④分别与前述的从属权利要求 2 和 3 对应，基于类似的理由，可以将技术特征③写成从属权利要求 12，将技术特征④写成引用权利要求 11 和 12 的从属权利要求 13。

技术特征⑤涉及利用用户标识主动为用户注册，适用于以上各权利要求，可写成多项从属权利要求 14。该多项从属权利要求的引用部分也应当采用择一引用的方式，且不得作为另一项多项从属权利要求的基础，因而其引用部分应写成"根据权利要求 11 或 12 所述的信息接收方法"。

技术特征⑥是对权利要求⑤中用户识别信息的进一步限定，可以写成从属权利要求 15，引用从属权利要求 14。

最后撰写的从属权利要求如下：

12. 根据权利要求 11 所述的兴趣点对应信息接收方法，其特征在于，获取信息请求携带有终端在移动网络中的标识信息、终端接入网关的标识信息、终端的全球定位信息、用户识别信息和地理关键字中的任意一种。

13. 根据权利要求 11 或 12 所述的兴趣点对应信息接收方法，其特征在于，兴趣点对应的信息的种类包括兴趣点的介绍信息、活动信息、优惠信息和评论信息中的至少一种。

14. 根据权利要求 11 或 12 所述的兴趣点对应信息接收方法，其特征在于，若兴趣点对应商家，且获取信息请求中携带有用户识别信息，则兴趣点对应信息发送设备还可以根据该用户识别信息将对应的用户自动注册为兴趣点对应商家的会员。

15. 根据权利要求 14 所述的兴趣点对应信息接收方法，其特征在于，用户识别信息包括：用户账号、指纹信息、瞳孔信息或个人名片中的一种或多种。

四、撰写关于兴趣点对应信息发送设备的权利要求

1. 理解该项要求保护的技术主题的实质性内容，列出全部技术特征

信息发送服务器是与前述的兴趣点对应信息发送方法对应的装置。根据客户补充修改后的技术交底书的内容，该发明实施例三中信息发送服务器可以概括为兴趣点对应信息发送设备，基于此对实施例三中的技术特征作出如下分析。

该发明实施例三的兴趣点对应信息发送设备所包含的所有技术特征为：

① 请求接收模块，用于接收终端发送的获取信息请求。

② 地理位置获取模块，用于根据请求接收模块接收到的获取信息请求携带的信息获取地理位置。

③ 兴趣点查询模块，用于查询地理位置获取模块获取的地理位置周围预定范围内的至少一个兴趣点。

④ 信息查询模块，用于查询与兴趣点查询模块查询到的兴趣点对应的信息。

⑤ 信息发送模块，用于将信息查询模块查询到的信息发送给终端。

⑥ 该获取信息请求携带有终端在移动网络中的标识信息、终端接入网关的标识信息、终端的全球定位信息、用户识别信息和地理关键字中的任意一种。

⑦ 信息的种类包括兴趣点的介绍信息、活动信息、优惠信息和评论信息中的至少一种。

⑧ 地理位置获取模块进一步用于：若获取信息请求携带有终端在移动网络中的标识信息、终端接入网关的标识信息或终端的全球定位信息，则地理位置获取模块用于向基于位置的服务 LBS 服务器发送定位请求，并接收 LBS 服务器反馈的地理位置；定位请求携带有终端在移动网络中的标识信息、终端接入网关的标识信息或终端的全球定位信息，地理位置包括经纬度信息。

若获取信息请求携带有用户识别信息，则地理位置获取模块用于查询与用

户识别信息所对应的地理名称，并根据地理名称查询地理位置；地理名称为终端预先上传并与用户识别信息进行关联存储的地理名称，地理位置包括经纬度信息。

若获取信息请求携带有地理关键字，则地理位置获取模块用于根据地理关键字查询地理位置，地理位置包括经纬度信息。

⑨ 请求接收模块接收到的获取信息请求还携带有用户设定的关键字、用户设定的类别信息和/或用户历史习惯信息。

若获取信息请求还携带有用户设定的关键字，则兴趣点查询模块用于查询地理位置周围预定范围内、名称符合用户设定的关键字的至少一个兴趣点。

若获取信息请求还携带有用户设定的类别信息，则兴趣点查询模块用于查询地理位置周围预定范围内、类别符合用户设定的类别信息的至少一个兴趣点。

若获取信息请求还携带有用户历史习惯信息，则兴趣点查询模块用于分析用户历史习惯信息，以获得关键字或者类别信息，并查询地理位置周围预定范围内、符合关键字或者类别信息的至少一个兴趣点。

⑩ 若请求接收模块接收到的获取信息请求携带有用户识别信息，兴趣点查询模块用于查询用户地理位置周围预设范围内、已经利用用户识别信息进行注册的兴趣点。

⑪ 兴趣点对应信息发送设备还包括：注册模块；注册模块包括：注册提示单元和注册单元。

若获取信息请求携带有用户识别信息，注册提示单元，用于向终端发送是否同意在还未注册的兴趣点上进行注册的提示信息。

若接收到终端发送的同意在兴趣点进行注册的反馈信息，则注册单元，用于根据用户识别信息在兴趣点进行注册。

⑫ 用户识别信息包括：用户账号、指纹信息、瞳孔信息或个人名片中的一种或多种。

⑬ 信息包括简要信息和与简要信息对应的详细信息。

信息发送模块，具体包括：

列表生成单元，用于查询与兴趣点查询模块查询到的兴趣点对应的简要信息，并生成简要信息列表；

列表发送单元，用于发送简要信息列表给终端；

请求接收单元，用于接收终端对选定的简要信息发送的详细信息获取请求，选定的简要信息为终端在简要信息列表中选定的至少一个简要信息；

信息发送单元，用于查询与选定的简要信息对应的详细信息，并反馈给终端。

⑭ 请求接收模块，用于通过无线消息通道或数据消息通道接收终端发送的获取信息请求；

信息发送模块，用于通过无线消息通道或数据消息通道将与兴趣点对应的信息发送给终端。

2. 分析研究该项要求保护的技术主题的现有技术，确定最接近的现有技术

兴趣点对应信息发送设备与兴趣点对应信息发送方法对应，分别属于同一发明构思下的产品和方法，结合上述对信息发送方法的分析可以确定，该发明最接近的现有技术为对比文件1。下面针对该最接近的现有技术确定该发明所解决的技术问题及解决该技术问题的全部必要技术特征。

3. 针对该项要求保护的技术主题，确定其要解决的技术问题以及为解决该技术问题所必须包括的全部必要技术特征

结合上述对兴趣点对应信息发送方法的分析可以确定，该发明要解决的技术问题是"如何为用户提供某一位置附近的所有兴趣点对应的信息"，下面确定解决这一技术问题的必要技术特征。

如前所述，该发明相对于现有技术的基础改进在于为用户提供某一位置附近的所有兴趣点对应的信息，因此体现该改进的技术特征②和③是解决上述技术问题的必要技术特征。要为用户提供所需的兴趣点信息，则首先应当获取终端的需求，根据需求查询到兴趣点信息后也应当将其提供给终端，因此技术特征①、④和⑤也是必不可少的。也就是说，前面所列出的技术特征①～⑤是该发明解决上述技术问题的必要技术特征。由于兴趣点对应信息发送设备是与兴趣点对应信息发送方法对应的装置权利要求，基于类似的理由，技术特征⑥～⑭则不属于必要技术特征。

4. 撰写独立权利要求

根据上一步确定的必要技术特征，可以写出有关信息发送服务器的独立权利要求：

16. 一种兴趣点对应信息发送设备，其特征在于，所述兴趣点对应信息发送设备包括：

请求接收模块，用于接收终端发送的获取信息请求；

地理位置获取模块，用于根据所述请求接收模块接收到的所述获取信息请求携带的信息获取地理位置；

兴趣点查询模块，用于查询所述地理位置获取模块获取的地理位置周围预定范围内的至少一个兴趣点；

信息查询模块，用于查询与所述兴趣点查询模块查询到的兴趣点对应的信息；

信息发送模块，用于将所述信息查询模块查询到的信息发送给所述终端。

基于与前述权利要求 1 要求保护的兴趣点对应信息发送方法类似的理由，所撰写的上述独立权利要求 16 满足如下几方面的实质性要求。

（1）所撰写的独立权利要求应当包含解决技术问题的必要技术特征。

（2）所撰写的独立权利要求不应当写入非必要技术特征，以使该发明得到充分的保护。

（3）应当以说明书为依据，清楚、简要地限定要求专利保护的范围。

（4）所撰写的独立权利要求应当满足新颖性和创造性的要求。

5. 撰写从属权利要求

在前面理解该发明要求保护主题"信息发送服务器"的实质内容时所列出的技术特征中，技术特征⑥~⑭未写入独立权利要求中，现对这些技术特征进行分析，确定是否将其作为从属权利要求的附加技术特征，以完成从属权利要求的撰写。

分析发现，技术特征⑥~⑭分别与前述的从属权利要求 2~10 对应，基于类似的理由，可以将技术特征⑥~⑭分别写为从属权利要求 17~25。

17. 根据权利要求 16 所述的兴趣点对应信息发送设备，其特征在于，所述获取信息请求携带有终端在移动网络中的标识信息、终端接入网关的标识信息、终端的全球定位信息、用户识别信息和地理关键字中的任意一种。

18. 根据权利要求 16 或 17 所述的兴趣点对应信息发送设备，其特征在于，所查询到的兴趣点对应的信息包括兴趣点的介绍信息、活动信息、优惠信息和评论信息中的至少一种。

19. 根据权利要求 17 所述的兴趣点对应信息发送设备，其特征在于：

若所述获取信息请求携带有所述终端在移动网络中的标识信息、所述终端接入网关的标识信息或所述终端的全球定位信息，则所述地理位置获取模块用于向基于位置的服务 LBS 服务器发送定位请求，并接收所述 LBS 服务器反馈的地理位置；所述定位请求携带有所述终端在移动网络中的标识信息、所述终端接入网关的标识信息或所述终端的全球定位信息，所述地理位置包括经纬度信息；

若所述获取信息请求携带有用户识别信息，则所述地理位置获取模块用于查询与所述用户标识信息所对应的地理名称，并根据所述地理名称查询地理位置；所述地理名称为所述终端预先上传并与所述用户识别信息进行关联存储的地理名称，所述地理位置包括经纬度信息；

若所述获取信息请求携带有地理关键字，则所述地理位置获取模块用于根据所述地理关键字查询地理位置，所述地理位置包括经纬度信息。

20. 根据权利要求16所述的兴趣点对应信息发送设备，其特征在于，所述请求接收模块接收到的获取信息请求还携带有用户设定的关键字、用户设定的类别信息和/或用户历史习惯信息；

若所述获取信息请求还携带有用户设定的关键字，则兴趣点查询模块用于查询所述地理位置周围预定范围内、名称符合所述用户设定的关键字的至少一个兴趣点；

若所述获取信息请求还携带有用户设定的类别信息，则兴趣点查询模块用于查询所述地理位置周围预定范围内、类别符合所述用户设定的类别信息的至少一个兴趣点；

若所述获取信息请求还携带有用户历史习惯信息，则兴趣点查询模块用于分析所述用户历史习惯信息，以获得关键字或者类别信息，并查询所述地理位置周围预定范围内、符合所述关键字或者类别信息的至少一个兴趣点。

21. 根据权利要求16、17、19、20任一所述的兴趣点对应信息发送设备，其特征在于，若所述请求接收模块接收到的获取信息请求携带有用户识别信息，所述兴趣点查询模块用于查询所述用户地理位置周围预设范围内、已经利用所述用户识别信息进行注册的兴趣点。

22. 根据权利要求16、17、19、20任一所述的兴趣点对应信息发送设备，其特征在于，所述兴趣点对应信息发送设备还包括：注册模块，所述注册模块包括：注册提示单元和注册单元；

若所述获取信息请求携带有用户识别信息，所述注册提示单元，用于向所述终端发送是否同意在还未注册的兴趣点上进行注册的提示信息；

若接收到所述终端发送的同意在所述兴趣点进行注册的反馈信息，则所述注册单元，用于根据所述用户识别信息在所述兴趣点进行注册。

23. 根据权利要求22所述的兴趣点对应信息发送设备，其特征在于，所述用户识别信息包括：所述用户账号、指纹信息、瞳孔信息或个人名片中的一种或多种。

24. 根据权利要求16、17、19、20、23任一所述的兴趣点对应信息发送设备，其特征在于，所述信息包括简要信息和与所述简要信息对应的详细信息；

所述信息发送模块，具体包括：

列表生成单元，用于查询与所述兴趣点查询模块查询到的兴趣点对应的简要信息，并生成简要信息列表；

列表发送单元，用于发送所述简要信息列表给所述终端；

请求接收单元，用于接收所述终端对选定的简要信息发送的详细信息获取请求，所述选定的简要信息为所述终端在所述简要信息列表中选定的至少一个简要信息；

信息发送单元，用于查询与所述选定的简要信息对应的详细信息，并反馈给所述终端。

25. 根据权利要求 16、17、19、20、23 任一所述的兴趣点对应信息发送设备，其特征在于，

所述请求接收模块，用于通过无线消息通道或数据消息通道接收所述终端发送的获取信息请求；

所述信息发送模块，用于通过无线消息通道或数据消息通道将所述与所述兴趣点对应的信息发送给所述终端。

五、撰写关于兴趣点对应信息接收终端的权利要求

1. 理解该项要求保护的技术主题的实质性内容，列出全部技术特征

兴趣点对应信息接收终端是与前述的兴趣点对应信息接收方法对应的装置。根据客户补充修改后的技术交底书的内容，该发明实施例四中的服务器可以概括为兴趣点对应信息发送设备，基于此对兴趣点对应信息接收终端的技术特征作出如下分析。

该发明实施例四的兴趣点对应信息接收终端所包含的所有技术特征为：

① 请求发送模块，用于向兴趣点对应信息发送设备发送获取信息请求，以便兴趣点对应信息发送设备根据获取信息请求携带的信息获取地理位置，并查询地理位置周围预定范围内的至少一个兴趣点所对应的信息。

② 信息接收模块，用于接收兴趣点对应信息发送设备发送的至少一个兴趣点所对应的信息。

③ 获取信息请求携带有终端在移动网络中的标识信息、终端接入网关的标识信息、终端的全球定位信息、用户识别信息和地理关键字中的任意一种。

④ 信息的种类包括兴趣点的介绍信息、活动信息、优惠信息和评论信息中的至少一种。

⑤ 若兴趣点对应商家，且获取信息请求中携带有用户识别信息，则兴趣点对应信息发送设备还可以根据该用户识别信息将对应的用户自动注册为兴趣点对应商家的会员。

⑥ 用户识别信息包括：用户账号、指纹信息、瞳孔信息或个人名片中的一种或多种。

2. 分析研究该项要求保护的技术主题的现有技术，确定最接近的现有技术

兴趣点对应信息接收终端与兴趣点对应信息接收方法对应，发明构思相同，结合上述对信息接收方法的分析可以确定，该发明最接近的现有技术为对比文件1。下面针对该最接近的现有技术确定该发明所解决的技术问题及解决该技术问题的全部必要技术特征。

3. 针对该项要求保护的技术主题，确定其要解决的技术问题以及为解决该技术问题所必须包括的全部必要技术特征

如前所述，该发明实际解决的技术问题是"如何为用户提供某一位置附近的所有兴趣点对应的信息"。

现确定解决这一技术问题的必要技术特征。该发明相对于现有技术的基础改进在于为用户提供其周围的兴趣点相关信息，因此体现该改进的技术特征①是解决上述技术问题的必要技术特征。要为用户提供所需的兴趣点信息，则应当获取信息后将其提供给终端，因此技术特征②也是必不可少的。也就是说，前面所列出的技术特征①和②是该发明解决上述技术问题的必要技术特征。由于兴趣点对应信息接收终端是与兴趣点对应信息接收方法对应的装置权利要求，基于类似的理由，技术特征③～⑥则不属于必要技术特征。

4. 撰写独立权利要求

根据所确定的必要技术特征，可以写出有关兴趣点对应信息接收终端的独立权利要求：

26. 一种兴趣点对应信息接收终端，其特征在于，所述兴趣点对应信息接收终端包括：

请求发送模块，用于向兴趣点对应信息发送设备发送获取信息请求，以便所述兴趣点对应信息发送设备根据所述获取信息请求携带的信息获取地理位置，并查询所述地理位置周围预定范围内的至少一个兴趣点所对应的信息；

信息接收模块，用于接收所述兴趣点对应信息发送设备发送的所述至少一个兴趣点所对应的信息。

基于与前述权利要求1要求保护的兴趣点对应信息发送方法类似的理由，所撰写的上述独立权利要求26满足如下几方面的实质性要求。

（1）所撰写的独立权利要求应当包含解决技术问题的必要技术特征。

（2）所撰写的独立权利要求不应当写入非必要技术特征，以使该发明得到充分的保护。

（3）应当以说明书为依据，清楚、简要地限定要求专利保护的范围。

（4）所撰写的独立权利要求应当满足新颖性和创造性的要求。

5. 撰写从属权利要求

在前面理解该发明要求保护主题"兴趣点对应信息接收终端"的实质内容时所列出的技术特征中，技术特征③～⑥未写入独立权利要求中，现对这些技术特征进行分析，确定是否将其作为从属权利要求的附加技术特征，以完成从属权利要求的撰写。

分析发现，技术特征③～④分别与前述的从属权利要求 12 和 13 对应，基于类似的理由，可以将技术特征③写成从属权利要求 27，将技术特征④写成引用权利要求 26 或 27 的从属权利要求 28。

技术特征⑤涉及利用用户标识主动为用户注册，适用于以上各权利要求，可写成多项从属权利要求 29。该多项从属权利要求的引用部分也应当采用择一引用的方式，且不得作为另一项多项从属权利要求的基础，因而其引用部分应写成"根据权利要求 26 或 27 所述的兴趣点对应信息接收终端"。

技术特征⑥是对权利要求⑤中用户识别信息的进一步限定，可以写成从属权利要求 30，引用从属权利要求 29。

最后撰写的从属权利要求如下：

27. 根据权利要求 26 所述的兴趣点对应信息接收终端，其特征在于，获取信息请求携带有终端在移动网络中的标识信息、终端接入网关的标识信息、终端的全球定位信息、用户识别信息和地理关键字中的任意一种。

28. 根据权利要求 26 或 27 所述的兴趣点对应信息接收终端，其特征在于，兴趣点对应的信息的种类包括兴趣点的介绍信息、活动信息、优惠信息和评论信息中的至少一种。

29. 根据权利要求 26 或 27 所述的兴趣点对应信息接收终端，其特征在于，若兴趣点对应商家，且获取信息请求中携带有用户识别信息，则服务器还可以根据该用户识别信息将对应的用户自动注册为兴趣点对应商家的会员。

30. 根据权利要求 29 所述的兴趣点对应信息接收终端，其特征在于，用户识别信息包括：用户账号、指纹信息、瞳孔信息或个人名片中的一种或多种。

六、撰写关于兴趣点对应信息传送系统的权利要求

兴趣点对应信息传送系统要求保护的是包括了信息发送方和信息接收方的系统，即包括兴趣点对应信息发送设备和兴趣点对应信息接收终端。在撰写兴趣点对应信息传送系统时，不必将涉及兴趣点对应信息发送设备和兴趣点对应

信息接收终端的特征都一一列出来，可以通过引用在前的权利要求来撰写该权利要求，这种引用其他权利要求的独立权利要求，在确定其保护范围时，被引用的权利要求的特征均应予以考虑。这种撰写方式既避免了权利要求书篇幅过长，又得到了充分的保护。

针对本案例，可将兴趣点对应信息传送系统撰写为：

31. 一种兴趣点对应信息传送系统，其特征在于，所述系统包括：

权利要求 16 至 25 任一所述的兴趣点对应信息发送设备和权利要求 26 至 30 任一所述的兴趣点对应信息接收终端。

第三节　说明书及其摘要的撰写

本节对说明书各个组成部分的撰写要求以及如何撰写说明书的各个组成部分进行具体说明。

现针对说明书的各个组成部分具体说明其撰写要求和撰写思路。

1. 发明或实用新型的名称

发明或者实用新型的名称应当清楚、简要、全面地反映发明或实用新型要求保护的技术方案的主题名称以及发明的类型，使发明或实用新型名称所描述的技术主题与技术方案相对应。

由于本案例涉及五项独立权利要求，因而在发明名称中应当全面体现所保护的四项主题，发明名称为"兴趣点对应信息发送方法、接收方法及相应的设备和系统"。

2. 发明或者实用新型的技术领域

该发明的技术领域部分可以撰写为："本发明涉及一种移动通信领域，特别是涉及一种兴趣点信息发送方法、接收方法及相应的设备和系统。"

3. 发明或者实用新型的背景技术

对于本案例来说，通过对现有技术的检索和分析，一共找到了两份相关的现有技术。其中对比文件 1 是该发明最接近的现有技术，因此在背景技术部分应当对该对比文件 1 的有关内容加以说明。由于该现有技术比较简单，因此，可以只对该份最接近的现有技术文件作简要说明、给出出处，并对其主要结构以及客观存在的主要问题进行描述。

4. 发明或者实用新型的内容

说明书这一部分应当写明发明或者实用新型所要解决的技术问题、解决技术问题采用的技术方案，以及发明或者实用新型相对于现有技术所带来的有益效果，这一部分的描述应当与权利要求要求保护的技术方案相适应。

（1）要解决的技术问题

按照权利要求撰写时的分析，本案例相对于最接近的现有技术，能够为用户提供某一位置周围的兴趣点信息。因此，在撰写时应当直接、清楚地写明"本发明要解决的技术问题是提供一种能够为用户提供某一位置附近的所有兴趣点对应的信息的信息发送方法、接收方法及相应的设备和系统"，而不应当将其仅写成"信息发送方法、接收方法及相应的设备和系统"。

（2）技术方案

由于本案例有五项独立权利要求，因此，应当在技术方案依次说明这五项发明的技术方案，用语应当与独立权利要求的用语相应或者相同，以发明必要技术特征总和的形式阐明其实质，必要时，说明必要技术特征总和与发明效果之间的关系。由于该发明的主题较多，为避免篇幅过长，这部分不再对附加技术特征进行描述。

（3）有益效果

对于本案例，通过分析独立权利要求与现有技术的区别特征得出其有益效果是：为用户提供某一位置预设范围内所有兴趣点对应的信息。分析其从属权利要求，还具有简化用户注册会员的效果，提高用户体验。

5. **附图说明**

本案例中附图不止一幅，应当对所有附图作出图面说明。结合图2-2描述该发明的实施例一，结合图2-3描述该发明的实施例二，结合图2-4至图2-7描述该发明的实施例三，结合图2-8描述该发明的实施例四，结合图2-9对该发明实施例五作出说明。

6. **具体实施方式**

本案例发明点在于获取用户在某一位置预定范围内所有兴趣点对应的信息，因此，为了充分公开体现该发明的技术方案，应当对获取地理位置的方式，以及获取地理位置预定范围内兴趣点信息的方式进行详细的说明。鉴于本案例中各个实施例的结构比较类似，只需要用文字准确地描述各个实施方式具体结构，不会造成说明书未充分公开发明以致本领域技术人员无法实现的情况。

7. **说明书附图**

对于说明书附图的绘制，应当满足以下要求：

（1）当说明书有几幅附图时，按照"图1、图2"的顺序排列；

（2）同一实施方式的各幅图中，同一组成部分的附图标记应当一致，相同的附图标记应当表示同一组成部分，说明书未提的附图标记不得在附图中出现，附图中未出现的附图标记也不得在说明书文字部分中提及；

（3）附图中除了必需的词语（如流程图）外，不应当含有其他注释。

在本案例中，需要结合六幅附图来描述该发明的五个实施例。

8. 说明书摘要

对于本案例，说明书摘要应当重点写明独立权利要求技术方案的要点"根据获取信息请求携带的信息获取地理位置，查询所述地理位置周围预定范围内的至少一个兴趣点"。鉴于独立权利要求比较简单，因而也可以简要地写入整个独立权利要求的技术方案。由于所写的内容还不到 300 个字，还可写入其中重要的从属权利要求，即权利要求 2 的附加技术特征。此外，摘要中还应反映该发明要解决的技术问题和主要用途。最后，从附图中选择一幅最能反映该发明内容的说明书附图 1 作为摘要附图。

上面对说明书的各个组成部分的撰写要求以及如何撰写进行了具体说明，需要强调的是，在整个说明书的撰写过程中，要注意说明书的各组成部分内容之间、说明书和权利要求书之间的逻辑对应关系，确保说明书的条理、清晰，结构合理，并且与权利要求书相适应。

第四节　发明专利申请文件的参考文本

现针对本案例信息发送方法发明专利申请中所撰写的权利要求书给出推荐的说明书文本。现针对本案例的兴趣点对应信息发送方法、接收方法及相应的设备和系统发明专利申请中所撰写的申请文件给出推荐的文本。

权利要求书

1. 一种兴趣点对应信息发送方法，其特征在于，所述方法包括：

接收终端发送的获取信息请求；

根据所述获取信息请求携带的信息获取地理位置；

查询所述地理位置周围预定范围内的至少一个兴趣点；

查询与所述兴趣点对应的信息并发送给所述终端。

2. 根据权利要求1所述的兴趣点对应信息发送方法，其特征在于，所述获取信息请求携带有所述终端在移动网络中的标识信息、所述终端接入网关的标识信息、所述终端的全球定位信息、用户识别信息和地理关键字中的任意一种。

3. 根据权利要求1或2所述的兴趣点对应信息发送方法，其特征在于，所述兴趣点对应信息的种类包括所述兴趣点的介绍信息、活动信息、优惠信息和评论信息中的至少一种。

4. 根据权利要求2所述的兴趣点对应信息发送方法，其特征在于，

若所述获取信息请求携带有所述终端在移动网络中的标识信息、所述终端接入网关的标识信息或所述终端的全球定位信息，则所述根据所述获取信息请求携带的信息获取地理位置，具体包括：

向基于位置的服务LBS服务器发送定位请求，所述定位请求携带有所述终端在移动网络中的标识信息、所述终端接入网关的标识信息或所述终端的全球定位信息；

接收所述LBS服务器反馈的地理位置，所述地理位置包括经纬度信息；

若所述获取信息请求携带有用户识别信息，则所述根据所述获取信息请求携带的信息获取地理位置，具体包括：

查询与所述用户识别信息所对应的地理名称，所述地理名称为所述终端预先上传并与所述用户识别信息进行关联存储的地理名称；

根据所述地理名称查询地理位置，所述地理位置包括经纬度信息；

若所述获取信息请求携带有地理关键字，则所述根据所述获取信息请求携带的信息获取地理位置，具体包括：

根据所述地理关键字查询地理位置，所述地理位置包括经纬度信息。

5. 根据权利要求1所述的兴趣点对应信息发送方法，其特征在于，所述获取信息请求还携带有用户设定的关键字、用户设定的类别信息和/或用户历史习惯信息；

若所述获取信息请求还携带有用户设定的关键字，则所述查询所述地理位

置周围预定范围内的至少一个兴趣点，具体包括：

查询所述地理位置周围预定范围内、名称符合所述用户设定的关键字的至少一个兴趣点；

若所述获取信息请求还携带有用户设定的类别信息，则所述查询所述地理位置周围预定范围内的至少一个兴趣点，具体包括：

查询所述地理位置周围预定范围内、类别符合所述用户设定的类别信息的至少一个兴趣点；

若所述获取信息请求还携带有用户历史习惯信息，则所述查询所述地理位置周围预定范围内的至少一个兴趣点，具体包括：

分析所述用户历史习惯信息，以获得关键字或者类别信息；

查询所述地理位置周围预定范围内、符合所述关键字或者类别信息的至少一个兴趣点。

6. 根据权利要求1、2、4、5任一所述的兴趣点对应信息发送方法，其特征在于，若所述获取信息请求携带有用户识别信息，所述查询所述地理位置周围预定范围内的至少一个兴趣点，具体包括：

查询所述地理位置周围预设范围内、已经利用所述用户识别信息进行注册的兴趣点。

7. 根据权利要求1、2、4、5任一所述的兴趣点对应信息发送方法，其特征在于，若所述获取信息请求携带有用户识别信息，所述查询与所述兴趣点对应的信息并发送给所述终端之后，所述方法还包括：

向所述终端发送是否同意在还未注册的兴趣点上进行注册的提示信息；

若接收到所述终端发送的同意在所述兴趣点进行注册的反馈信息，则根据所述用户标识信息在所述兴趣点进行注册。

8. 根据权利要求7所述的兴趣点对应信息发送方法，其特征在于，所述用户识别信息包括：用户账号、指纹信息、瞳孔信息或个人名片中的一种或多种。

9. 根据权利要求1、2、4、5、8任一所述的兴趣点对应信息发送方法，其特征在于，所述信息包括简要信息和与所述简要信息对应的详细信息；

所述查询与所述兴趣点对应的信息并发送给所述终端，具体包括：

查询与所述兴趣点对应的简要信息，并生成简要信息列表；

发送所述简要信息列表给所述终端；

接收所述终端对选定的简要信息发送的详细信息获取请求，所述选定的简要信息为所述终端在所述简要信息列表中选定的至少一个简要信息；

查询与所述选定的简要信息对应的详细信息，并反馈给所述终端。

10. 根据权利要求 1、2、4、5、8 任一所述的兴趣点对应信息发送方法，其特征在于，

通过无线消息通道或数据消息通道接收所述终端发送的获取信息请求；

通过无线消息通道或数据消息通道将所述与所述兴趣点对应的信息发送给所述终端。

11. 一种兴趣点对应信息接收方法，其特征在于，所述方法包括：

向兴趣点对应信息发送设备发送获取信息请求，以便所述兴趣点对应信息发送设备根据所述获取信息请求携带的信息获取地理位置，并查询所述地理位置周围预定范围内的至少一个兴趣点所对应的信息；

接收所述兴趣点对应信息发送设备发送的所述至少一个兴趣点所对应的信息。

12. 根据权利要求 11 所述的兴趣点对应信息接收方法，其特征在于，获取信息请求携带有终端在移动网络中的标识信息、终端接入网关的标识信息、终端的全球定位信息、用户识别信息和地理关键字中的任意一种。

13. 根据权利要求 11 或 12 所述的兴趣点对应信息接收方法，其特征在于，兴趣点对应的信息的种类包括兴趣点的介绍信息、活动信息、优惠信息和评论信息中的至少一种。

14. 根据权利要求 11 或 12 所述的兴趣点对应信息接收方法，其特征在于，若兴趣点对应商家，且获取信息请求中携带有用户识别信息，则兴趣点对应信息发送设备还可以根据该用户识别信息将对应的用户自动注册为兴趣点对应商家的会员。

15. 根据权利要求 14 所述的兴趣点对应信息接收方法，其特征在于，用户识别信息包括：用户账号、指纹信息、瞳孔信息或个人名片中的一种或多种。

16. 一种兴趣点对应信息发送设备，其特征在于，所述兴趣点对应信息发送设备包括：

请求接收模块，用于接收终端发送的获取信息请求；

地理位置获取模块，用于根据所述请求接收模块接收到的所述获取信息请求携带的信息获取地理位置；

兴趣点查询模块，用于查询所述地理位置获取模块获取的地理位置周围预定范围内的至少一个兴趣点；

信息查询模块，用于查询与所述兴趣点查询模块查询到的兴趣点对应的信息；

信息发送模块，用于将所述信息查询模块查询到的信息发送给所述终端。

17. 根据权利要求 16 所述的兴趣点对应信息发送设备，其特征在于，所述获取信息请求携带有终端在移动网络中的标识信息、终端接入网关的标识信息、终端的全球定位信息、用户识别信息和地理关键字中的任意一种。

18. 根据权利要求 16 或 17 所述的兴趣点对应信息发送设备，其特征在于，所查询到的兴趣点对应的信息包括兴趣点的介绍信息、活动信息、优惠信息和评论信息中的至少一种。

19. 根据权利要求 17 所述的兴趣点对应信息发送设备，其特征在于，

若所述获取信息请求携带有所述终端在移动网络中的标识信息、所述终端接入网关的标识信息或所述终端的全球定位信息，则所述地理位置获取模块用于向基于位置的服务 LBS 服务器发送定位请求，并接收所述 LBS 服务器反馈的地理位置；所述定位请求携带有所述终端在移动网络中的标识信息、所述终端接入网关的标识信息或所述终端的全球定位信息，所述地理位置包括经纬度信息；

若所述获取信息请求携带有用户识别信息，则所述地理位置获取模块用于查询与所述用户标识信息所对应的地理名称，并根据所述地理名称查询地理位置；所述地理名称为所述终端预先上传并与所述用户识别信息进行关联存储的地理名称，所述地理位置包括经纬度信息；

若所述获取信息请求携带有地理关键字，则所述地理位置获取模块用于根据所述地理关键字查询地理位置，所述地理位置包括经纬度信息。

20. 根据权利要求 16 所述的兴趣点对应信息发送设备，其特征在于，所述请求接收模块接收到的获取信息请求还携带有用户设定的关键字、用户设定的类别信息和/或用户历史习惯信息；

若所述获取信息请求还携带有用户设定的关键字，则兴趣点查询模块用于查询所述地理位置周围预定范围内、名称符合所述用户设定的关键字的至少一个兴趣点；

若所述获取信息请求还携带有用户设定的类别信息，则兴趣点查询模块用于查询所述地理位置周围预定范围内、类别符合所述用户设定的类别信息的至少一个兴趣点；

若所述获取信息请求还携带有用户历史习惯信息，则兴趣点查询模块用于分析所述用户历史习惯信息，以获得关键字或者类别信息，并查询所述地理位置周围预定范围内、符合所述关键字或者类别信息的至少一个兴趣点。

21. 根据权利要求 16、17、19、20 任一所述的兴趣点对应信息发送设备，其特征在于，若所述请求接收模块接收到的获取信息请求携带有用户识别信息，

所述兴趣点查询模块用于查询所述用户地理位置周围预设范围内、已经利用所述用户识别信息进行注册的兴趣点。

22. 根据权利要求 16、17、19、20 任一所述的兴趣点对应信息发送设备，其特征在于，所述服务器还包括：注册模块，所述注册模块包括：注册提示单元和注册单元；

若所述获取信息请求携带有用户识别信息，所述注册提示单元，用于向所述终端发送是否同意在还未注册的兴趣点上进行注册的提示信息；

若接收到所述终端发送的同意在所述兴趣点进行注册的反馈信息，则所述注册单元，用于根据所述用户识别信息在所述兴趣点进行注册。

23. 根据权利要求 22 所述的兴趣点对应信息发送设备，其特征在于，所述用户识别信息包括：所述用户账号、指纹信息、瞳孔信息或个人名片中的一种或多种。

24. 根据权利要求 16、17、19、20、23 任一所述的兴趣点对应信息发送设备，其特征在于，所述信息包括简要信息和与所述简要信息对应的详细信息；

所述信息发送模块，具体包括：

列表生成单元，用于查询与所述兴趣点查询模块查询到的兴趣点对应的简要信息，并生成简要信息列表；

列表发送单元，用于发送所述简要信息列表给所述终端；

请求接收单元，用于接收所述终端对选定的简要信息发送的详细信息获取请求，所述选定的简要信息为所述终端在所述简要信息列表中选定的至少一个简要信息；

信息发送单元，用于查询与所述选定的简要信息对应的详细信息，并反馈给所述终端。

25. 根据权利要求 16、17、19、20、23 任一所述的兴趣点对应信息发送设备，其特征在于，

所述请求接收模块，用于通过无线消息通道或数据消息通道接收所述终端发送的获取信息请求；

所述信息发送模块，用于通过无线消息通道或数据消息通道将所述与所述兴趣点对应的信息发送给所述终端。

26. 一种兴趣点对应信息接收终端，其特征在于，所述兴趣点对应信息接收终端包括：

请求发送模块，用于向服务器发送获取信息请求，以便所述服务器根据所述获取信息请求携带的信息获取地理位置，并查询所述地理位置周围预定范围

内的至少一个兴趣点所对应的信息；

信息接收模块，用于接收所述服务器发送的所述至少一个兴趣点所对应的信息。

27. 根据权利要求 26 所述的兴趣点对应信息接收终端，其特征在于，获取信息请求携带有终端在移动网络中的标识信息、终端接入网关的标识信息、终端的全球定位信息、用户识别信息和地理关键字中的任意一种。

28. 根据权利要求 26 或 27 所述的兴趣点对应信息接收终端，其特征在于，兴趣点对应的信息的种类包括兴趣点的介绍信息、活动信息、优惠信息和评论信息中的至少一种。

29. 根据权利要求 26 或 27 所述的兴趣点对应信息接收终端，其特征在于，若兴趣点对应商家，且获取信息请求中携带有用户识别信息，则服务器还可以根据该用户识别信息将对应的用户自动注册为兴趣点对应商家的会员。

30. 根据权利要求 29 所述的兴趣点对应信息接收终端，其特征在于，用户识别信息包括：用户账号、指纹信息、瞳孔信息或个人名片中的一种或多种。

31. 一种兴趣点对应信息传送系统，其特征在于，所述系统包括：

权利要求 16 至 25 任一所述的兴趣点对应信息发送设备和权利要求 26 至 30 任一所述的兴趣点对应信息接收终端。

说 明 书

兴趣点对应信息发送方法、接收方法及相应的设备和系统

技术领域

本发明涉及移动通信领域，特别涉及一种兴趣点对应信息发送方法、接收方法及相应的设备和系统。

背景技术

随着移动通信领域的不断发展，移动终端的功能也越来越全面，人们可以通过移动终端随时随地获取自己周围兴趣点（Point of Interest，POI）对应的信息，其中，每个兴趣点对应一个地理地点，比如一幢建筑、一个景点等。每个兴趣点包含四方面信息，名称、类别、经度和纬度。兴趣点对应的信息可以包括该兴趣点的介绍信息和评论信息等。

现有的通过移动终端获取兴趣点对应的信息的方法主要包括：使用手机拨打电话，听取电话中介绍信息来获取兴趣点对应信息，比如，可以从电话中获得验证码，通过电话获取的验证码参与对应兴趣点的交互；使用移动终端登录网络获取网上发布的兴趣点对应信息，比如，使用平板、智能手机等移动终端浏览网页，经过网络验证并下载兴趣点对应的信息，并通过出示打印出的纸质兴趣点对应信息参与对应兴趣点的交互，或者，根据通过网络验证的兴趣点编号和密码参与交互。

现有的通过移动终端获取兴趣点对应信息的方法，往往依赖人机会话，到达兴趣点对应地点时需要纸质文档或电子验证码才可以参与交互，信息获取方式被动并且操作过程复杂。

在美国专利申请公开说明书（US×××××A1）中针对已有的兴趣点兴趣获取被动且操作复杂的问题，公开了一种通过移动终端获取兴趣点信息的方法，该方法包括：移动终端登录网站，输入关键词，向服务器发送兴趣点查询请求，服务器根据输入的关键词进行查询，将符合查询条件的兴趣点信息发送至用户。可以通过移动终端自动获取兴趣点对应的信息，且操作简单。然而，该方案未考虑具体的位置，无法为用户提供某一位置附近的所有兴趣点对应的信息，用户体验不够好。

发明内容

为了向用户提供预设范围内兴趣点对应的信息、提高用户体验，本发明提供了一种兴趣点对应信息发送方法、接收方法、发送设备、接收终端及传送系

统。所述技术方案如下：

一方面，提供了一种兴趣点对应信息发送方法，所述方法包括：

接收终端发送的获取信息请求；

根据所述获取信息请求携带的信息获取地理位置；

查询所述地理位置周围预定范围内的至少一个兴趣点；

查询与所述兴趣点对应的信息并发送给所述终端。

另一方面，提供了一种兴趣点对应信息接收方法，所述方法包括：

向兴趣点对应信息发送设备发送获取信息请求，以便所述兴趣点对应信息发送设备根据所述获取信息请求携带的信息获取地理位置，并查询所述地理位置周围预定范围内的至少一个兴趣点所对应的信息；

接收所述兴趣点对应信息发送设备发送的所述至少一个兴趣点所对应的信息。

再一方面，提供了一种兴趣点对应信息发送设备，所述兴趣点对应信息发送设备包括：

请求接收模块，用于接收终端发送的获取信息请求；

地理位置获取模块，用于根据所述获取信息请求携带的信息获取地理位置；

兴趣点查询模块，用于查询所述地理位置获取模块获取的地理位置周围预定范围内的至少一个兴趣点；

信息查询模块，用于查询与所述兴趣点查询模块查询到的兴趣点对应的信息；

信息发送模块，用于将所述信息查询模块查询到的信息发送给所述终端。

又一方面，提供了一种兴趣点对应信息接收终端，所述信息接收终端包括：

请求发送模块，用于向兴趣点对应信息发送设备发送获取信息请求，以便所述兴趣点对应信息发送设备根据所述获取信息请求携带的信息获取地理位置，并查询所述地理位置周围预定范围内的至少一个兴趣点所对应的信息；

信息接收模块，用于接收兴趣点对应信息发送设备发送的所述至少一个兴趣点所对应的信息；

又一方面，提供一种兴趣点对应信息传送系统，所述系统包括：

上述兴趣点对应信息发送设备和兴趣点对应信息接收终端。

本发明提供的技术方案带来的有益效果是：

通过根据终端发送的获取信息请求获取地理位置以及该地理位置周围预设范围内的兴趣点，再进一步获取兴趣点对应的信息，最后将获取的信息发送给终端，达到自动向用户对应的终端发送终端附近或者指定位置附近预定范围内所有兴趣点对应的信息的效果，还能够简化用户注册为会员的步骤，用户体验较好。

附图说明

为了更清楚地说明本实施例中的技术方案，下面将对实施例描述中所需要使用的附图作简单的介绍，显而易见地，下面描述的附图仅仅是本发明的一些实施例，对于本领域普通技术人员来讲，在不付出创造性劳动的前提下，还可以根据这些附图获得其他的附图。

图 1 是本实施例一提供的兴趣点对应信息发送方法的方法流程图。

图 2 是本实施例二提供的兴趣点对应信息接收方法的方法流程图。

图 3 是本实施例三提供的信息发送服务器的装置结构图。

图 4 是本实施例三提供的信息发送服务器的另一种装置结构图。

图 5 是本实施例四提供的兴趣点对应信息接收终端的装置结构图。

图 6 是本实施例五提供的兴趣点对应信息传送系统的系统构成图。

具体实施方式

为使本发明的目的、技术方案和优点更加清楚，下面将结合附图对本发明实施方式作进一步的详细描述。

在本发明中，服务器是在网络上提供、管理网络资源的一个计算机或设备，终端可指各种类型的装置，包括（但不限于）无线电话、蜂窝式电话、膝上型计算机、多媒体无线装置、无线通信个人计算机（PC）卡、个人数字助理（PDA）、外部或内部调制解调器等。终端可为任何经由无线信道和/或经由有线信道（例如，光纤或同轴电缆）与服务器通信的数据装置。终端可具有多种名称，例如移动台、移动装置、移动单元、移动电话、远程站、远程终端机、远程单元、用户装置、用户设备、手持式装置等。不同终端可并入一个系统中。终端可为移动的或固定的，且可分散遍及一个通信系统。

实施例一

请参见图 1，其示出了一种兴趣点对应信息发送方法的方法流程图，该方法可以用于根据基于位置的服务（Location Based Service，LBS）向用户发送兴趣点对应的信息，其中兴趣点可以是各商家或景点等，兴趣点对应的信息可以是各商家或景点发布或加载的介绍信息、活动信息、优惠信息和评论信息等。该兴趣点对应信息发送方法可以包括如下步骤：

步骤 101，接收终端发送的获取信息请求。

用户在终端中选择获取信息时，终端会向服务器发送获取信息请求，其中，该获取信息请求携带有该终端在移动网络中的标识信息。

用户在终端中选择获取信息的方式有很多，比如，在终端界面中通过触屏、手势、按键或者摇晃终端触发选择获取信息，在终端界面中通过触屏、手势、按键或者摇晃终端触发与第三方设备的连接，在终端界面中通过触屏、手势、按键或者摇晃终端触发与服务器的连接，在终端与第三方设备建立连接后在终端或第三方设备界面中通过触屏、手势、按键或者对着第三方设备摇晃终端触发选择获取信息，或者直接在第三方设备中选择获取信息等。其中，第三方设备可以是商家设置的终端或设备。

步骤102，根据该获取信息请求携带的信息获取地理位置。

服务器获取的地理位置可以是经纬度信息。根据获取信息请求中的携带的信息不同，服务器获取该地理位置的方式可以有下述五种：

第一，根据获取信息请求携带的终端在移动网络中的标识信息获取地理位置。

终端在移动网络中的标识信息可以是该终端接入移动网络的 IP、移动终端所在小区或基站的标识等，服务器将终端在移动网络中的标识信息发送给 LBS 服务器，LBS 服务器根据终端在移动网络中的标识信息，利用基站定位法对终端进行定位并将定位结果返回给服务器，服务器将 LBS 服务器返回的定位结果作为获取的地理位置。

第二，根据获取信息请求携带的该终端接入网关的标识信息获取地理位置。

终端接入网关的标识信息可以是终端利用 WiFi 接入时对应的 WiFi 路由器的标识，服务器将终端接入网关的标识信息发送给 LBS 服务器，LBS 根据利用 WiFi 定位法对终端进行定位并将定位结果返回给服务器，服务器将 LBS 服务器返回的定位结果作为获取的地理位置。

第三，根据获取信息请求携带的该终端的全球定位信息获取地理位置。

获取信息请求可以携带有卫星定位信息，比如 GPS 定位信息等；服务器将该卫星定位信息发送给 LBS 服务器，LBS 服务器根据该卫星定位信息利用卫星定位法对终端进行定位并将定位结果返回给服务器，服务器将 LBS 服务器返回的定位结果作为获取的地理位置。

在实际应用中，LBS 服务器还可以结合上述三种定位方法中的两种或三种进行对终端进行定位，以提供更精确的定位服务。

第四，根据获取信息请求携带的用户识别信息获取地理位置。

终端对应用户可以预先设置一个特定的地理名称，比如，用户想要获取××火车站周围的信息，则用户可以预先将××火车站设置为该特定的地理名称并上传给服务器，服务器将该地理名称和用户识别信息进行关联并存储。当获取信息请求携带有用户识别信息时，服务器可以根据该用户识别信息查询对应的地理名称，并根据该地理名称查询地理位置。

第五，根据获取信息请求携带的地理关键字获取地理位置。

终端对应用户可以在终端中输入一个特定的地理关键字，比如，用户想要获取××大桥周围的信息，则用户可以输入地理关键字"××大桥"，获取信息请求可以携带该地理关键字，服务器根据该地理关键字查询对应的"××大桥"的地理位置。

步骤103，查询该地理位置周围预定范围内的至少一个兴趣点。

服务器查询获取的该地理位置周围预设范围内所有的兴趣点，比如，获取该地理位置周围3km内的所有兴趣点。

进一步地，终端发送的获取信息请求还携带有用户设定的关键字、用户设定的类别信息或用户历史习惯信息中的一种或多种，服务器还可以查询该地理位置周围预设范围内所有的兴趣点中符合用户设定的关键字、用户设定的类别信息或用户历史习惯信息的兴趣点，具体而言：

若该获取信息请求还携带有用户设定的关键字，则服务器可以查询该地理位置周围预定范围内、名称符合该用户设定的关键字的至少一个兴趣点。其中，用户设定的关键字可以是某一具体地点的名称，比如××商场、××超市等，也可以是某一具体品牌的名称，比如肯德基、麦当劳等。具体地：如果用户设定关键字为大洋百货，则服务器可以查询该地理位置周围预设范围内的大洋百货商场；如果用户设定关键字为肯德基，则服务器可以查询该地理位置周围预设范围内所有的肯德基门店；另外，用户设定的关键字可以只有一个，也可以有多个。

若该获取信息请求还携带有用户设定的类别信息，则服务器可以查询该地理位置周围预定范围内、类别符合该用户设定的类别信息的至少一个兴趣点。比如，用户设定的类别信息为服装类信息，则服务器可以查询该地理位置周围预设范围内所有的服装店。

若该获取信息请求还携带有用户历史习惯信息，则服务器可以分析该用户历史习惯信息，以获得关键字或者类别信息，并查询该地理位置周围预定范围内、符合该关键字或者类别信息的至少一个兴趣点。具体地，终端可以记录用户以往的搜索、浏览、消费等行为信息，并将其作为用户历史习惯信息，服务器可以分析该用户历史习惯信息以获得关键字或类别信息，比如，在用户以往的搜索、浏览或消费的记录中，化妆品出现的概率最高，则服务器可以将化妆品作为关键字，并查询该地理位置周围预设范围内所有的化妆品店。

步骤104，查询与兴趣点对应的信息并发送给该终端。

服务器中预先存储有各兴趣点对应的信息，比如，当兴趣点对应一个商家时，兴趣点对应的信息可以是该商家的介绍信息、活动信息、优惠信息、评论信息等。服务器查询到一至多个兴趣点之后，进一步查询该一至多个兴趣点对应的信息。

与兴趣点相对应的信息可以分为简要信息和详细信息。简要信息可以是该兴趣点的简单介绍信息，比如，当该兴趣点对应为一个商家时，该兴趣点的简要信息可以是该商家的名称、地址和优惠类型等；而详细信息则是对应于该简要信息的详细介绍信息，比如该兴趣点的具体地址、联系方式、特色介绍（文字、图片等）、优惠信息的详细介绍、其他用户对该商家的评价信息等。考虑到查询到的详细信息可能数据量较大，或者发送某些详细信息时需要得到授权，因此，服务器可以向终端发送简要信息列表，终端接收到服务器发送的简要信息列表并显示给用户，用户根据该列表选择获取其中的至少一个简要信息所对应的详细信息，终端对选定的简要信息向服务器发送获取详细信息的请求。服务器查询与选定的简要信息对应的详细信息，并反馈给该终端。

若兴趣点对应商家，则服务器还可以将用户自动注册为兴趣点对应商家的会员。具体地，终端发送的获取信息请求还可以携带用户识别信息；服务器在向终端发送简要信息列表之后，可以向终端发送是否同意在还未注册的兴趣点上进行注册的提示信息，如果该终端对应用户在终端中选择同意注册，则终端向服务器发送同意在该未注册兴趣点进行注册的反馈信息，服务器接收到该反馈信息后，根据用户识别信息在该未注册兴趣点进行注册。具体地，当用户识别信息为该用户的账号和密码（比如 QQ 号和 QQ 密码）时，服务器根据该用户的账号和密码，在本地服务器或者商家设置的服务器上为用户注册会员（比如，将用户 QQ 账号和 QQ 密码注册为该商家的账号和密码）。进一步地，若终端发送的获取信息请求中携带有用户识别信息，则相应地，步骤203中服务器在根据地理位置查询兴趣点时，还可以查询该地理位置周围预设范围内、已经利用该用户识别信息进行注册的兴趣点。

进一步地，若终端发送的获取信息请求中携带有用户识别信息，则相应地，步骤103中服务器在根据地理位置查询兴趣点时，还可以查询该地理位置周围预设范围内、已经利用该用户识别信息进行注册的兴趣点。

另外，需要说明的是，服务器在接收终端发送的获取信息请求或者详细信息获取请求时，可以接收终端通过无线消息通道发送的请求，也可以接收终端通过数据消息通道发送的请求；相应地，服务器在向终端发送简要信息列表或详细信息时，也可以通过无线消息通道或数据消息通道发送。

本实施例提供的兴趣点对应信息发送方法，可以用于向用户发送该用户周围一定范围内的商家优惠信息或团购信息，用户到指定商家进行消费时，可以通过出示接收到的商家优惠信息或团购信息享受优惠。

实施例二

请参见图2，其示出了兴趣点对应信息接收方法的流程图，信息接收终端可以向服务器查询该终端对应地理位置周围预定范围内的兴趣点所对应的信息，其中，兴趣点可以是各商家或景点等，兴趣点对应的信息可以是各商家或景点发布或加载的介绍信息、活动信息、优惠信息和评论信息等。该信息接收方法可以按照以下步骤进行。

步骤201，向服务器发送获取信息请求，以便服务器根据获取信息请求携带的信息获取地理位置，并查询地理位置周围预定范围内的至少一个兴趣点及其所对应的信息。

步骤202，接收服务器发送的至少一个兴趣点所对应的信息。

其中，获取信息请求携带有终端在移动网络中的标识信息、终端接入网关的标识信息、终端的全球定位信息、用户识别信息和地理关键字中的任意一种；信息的种类包括兴趣点的介绍信息、活动信息、优惠信息和评论信息中的至少一种。

若兴趣点对应商家，且获取信息请求中携带有用户识别信息，则服务器还可以根据该用户识别信息将对应的用户自动注册为兴趣点对应商家的会员。其中，用户识别信息包括：用户账号、指纹信息、瞳孔信息或个人名片中的一种或多种。

实施例三

请参见图3，其示出了一种信息发送服务器的装置结构图，该服务器可以根据LBS服务器向用户发送兴趣点对应的信息。该信息发送服务器可以包括：

请求接收模块301，用于接收终端发送的获取信息请求，该获取信息请求携带有终端在移动网络中的标识信息、终端接入网关的标识信息、终端的全球定位信息、用户识别信息和地理关键字中的任意一种；

地理位置获取模块302，用于根据请求接收模块301接收到的获取信息请求携带的信息获取地理位置；

兴趣点查询模块303，用于查询地理位置获取模块302获取的地理位置周围预定范围内的至少一个兴趣点；

信息查询模块304，用于查询与兴趣点查询模块303查询到的兴趣点对应的信息；

信息发送模块305，用于将信息查询模块304查询到的信息发送给终端，信息的种类包括兴趣点的介绍信息、活动信息、优惠信息和评论信息中的至少一种。

若获取信息请求携带有终端在移动网络中的标识信息、终端接入网关的标识信息或终端的全球定位信息，则地理位置获取模块302用于向基于位置的服务LBS服务器发送定位请求，并接收LBS服务器反馈的地理位置；定位请求携带有终端在移动网络中的标识信息、终端接入网关的标识信息或终端的全球定位信息，地理位置包括经纬度信息。

若获取信息请求携带有用户识别信息，则地理位置获取模块302用于查询与用户识别信息所对应的地理名称，并根据地理名称查询地理位置；地理名称为终端预先上传并与用户识别信息进行关联存储的地理名称，地理位置包括经纬度信息。

若获取信息请求携带有地理关键字，则地理位置获取模块302用于根据地理关键字查询地理位置，地理位置包括经纬度信息。

请求接收模块301接收到的获取信息请求还携带有用户设定的关键字、用户设定的类别信息和/或用户历史习惯信息。

若获取信息请求还携带有用户设定的关键字，则兴趣点查询模块303用于查询地理位置周围预定范围内、名称符合用户设定的关键字的至少一个兴趣点。

若获取信息请求还携带有用户设定的类别信息，则兴趣点查询模块303用于查询地理位置周围预定范围内、类别符合用户设定的类别信息的至少一个兴趣点。

若获取信息请求还携带有用户历史习惯信息，则兴趣点查询模块303用于分析用户历史习惯信息，以获得关键字或者类别信息，并查询地理位置周围预定范围内、符合关键字或者类别信息的至少一个兴趣点。

若请求接收模块301接收到的获取信息请求携带有用户识别信息，兴趣点查询模块303用于查询用户地理位置周围预设范围内、已经利用用户识别信息进行注册的兴趣点。

其中，请求接收模块301，用于通过无线消息通道或数据消息通道接收终端发送的获取信息请求。

信息发送模块305，用于通过无线消息通道或数据消息通道将与兴趣点对应的信息发送给终端。

请参见图4，服务器还包括：注册模块306；注册模块306包括：注册提示单元306a和注册单元306b。

若获取信息请求携带有用户标识信息，注册提示单元306a，用于向终端发送是否同意在还未注册的兴趣点上进行注册的提示信息。

若接收到终端发送的同意在兴趣点进行注册的反馈信息，则注册单元306b，用于根据用户标识信息在兴趣点进行注册。

其中，用户标识信息包括：用户账号、指纹信息、瞳孔信息或个人名片中的一种或多种。

信息发送模块305，具体包括：

列表生成单元305a，用于查询与兴趣点查询模块303查询到的兴趣点对应的简要信息，并生成简要信息列表；

列表发送单元305b，用于发送简要信息列表给终端；

请求接收单元305c，用于接收终端对选定的简要信息发送的详细信息获取请求，选定的简要信息为终端在简要信息列表中选定的至少一个简要信息；

信息发送单元305d，用于查询与选定的简要信息对应的详细信息，并反馈给终端。

需要说明的是，在实际应用中，可以将本实施例所提供的服务器按照功能划分成多个子服务器以完成相同的功能。

实施例四

请参见图5，其示出了一种兴趣点对应信息接收终端的装置结构图，该信息接收终端可以应用于向服务器查询该终端对应地理位置周围预定范围内的兴趣点所对应的信息，其中，兴趣点可以是各商家或景点等，兴趣点对应的信息可以是各商家或景点发布或加载的介绍信息、活动信息、优惠信息和评论信息等。该兴趣点对应信息接收终端可以包括：

请求发送模块401，用于向服务器发送获取信息请求，以便服务器根据获取信息请求携带的信息获取地理位置，并查询地理位置周围预定范围内的至少一个兴趣点所对应的信息。

信息接收模块402，用于接收服务器发送的至少一个兴趣点所对应的信息。

其中，获取信息请求携带有终端在移动网络中的标识信息、终端接入网关的标识信息、终端的全球定位信息、用户识别信息和地理关键字中的任意一种；信息的种类包括兴趣点的介绍信息、活动信息、优惠信息和评论信息中的至少一种。

进一步地，若兴趣点对应商家，且获取信息请求中携带有用户识别信息，则服务器还可以根据该用户识别信息将对应的用户自动注册为兴趣点对应商家的会员。其中，用户标识信息包括：用户账号、指纹信息、瞳孔信息或个人名片中的一种或多种。

实施例五

请参见图6，其示出了一种兴趣点对应信息传送系统的系统构成图。该信息传送系统可以用于根据LBS服务向用户发送兴趣点对应的信息。其中，兴趣点可以是各商家或景点等，兴趣点对应的信息可以是各商家或景点发布或加载的介绍信息、活动信息、优惠信息和评论信息等。该兴趣点对应信息传送系统可以包括：

实施例三所示的信息发送服务器30和实施例四所示的信息接收终端40。

需要说明的是：上述实施例提供的信息发送服务器在发送兴趣点对应信息时，仅以上述各功能模块的划分进行举例说明，在实际应用中，可以根据需要而将上述功能分配由不同的功能模块完成，即将服务器的内部结构划分成不同的功能模块，以完成以上描述的全部或者部分功能。另外，上述实施例提供的信息发送服务器与信息发送方法实施例属于同一构思，其具体实现过程详见方法实施例，这里不再赘述。

虽然本发明实施例中提供兴趣点对应信息的功能以及方法由服务器完成，但本领域技术人员可以理解，实现本发明方法的步骤可以由能够发送兴趣点对应信息的其他设备执行，而不限于服务器。

综上所述，本发明提供的兴趣点对应信息发送方法、接收方法、发送设备、接收终端以及传送系统，根据终端发送的获取信息请求获取地理位置，查询该地理位置周围预设范围内的兴趣点，再进一步获取兴趣点对应的信息，最后将获取的兴趣点对应的信息发送给终端，达到自动向用户对应的终端发送某一位置预定范围内所有兴趣点对应的信息的效果。另外，本发明通过根据获取信息请求中携带的用户识别信息为用户自动注册兴趣点对应的会员，达到简化用户注册会员步骤、提高用户体验的目的。

上述本实施例序号仅仅为了描述，不代表实施例的优劣。

本领域普通技术人员可以理解，实现上述实施例的全部或部分步骤可以通过硬件来完成，也可以通过程序来指令相关的硬件完成，所述的程序可以存储于一种计算机可读存储介质中，上述提到的存储介质可以是只读存储器、磁盘或光盘等。

以上所述仅为本发明的较佳实施例，并不用以限制本发明，凡在本发明的精神和原则之内，所作的任何修改、等同替换、改进等，均应携带在本发明的保护范围之内。

说明书附图

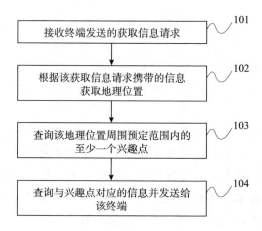

图 1

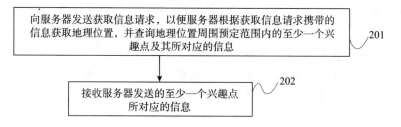

图 2

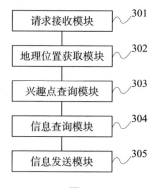

图 3

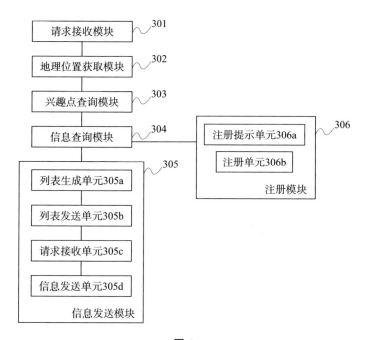

图 4

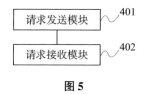

图 5

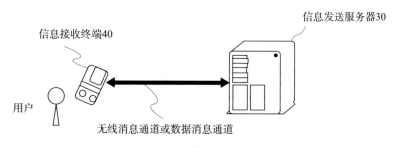

图 6

说明书摘要

　　本发明公开了一种兴趣点对应信息发送方法、接收方法及相应的设备和系统，属于移动通信领域。所述兴趣点对应信息发送方法包括：接收终端发送的获取信息请求；根据所述获取信息请求携带的信息获取地理位置；查询所述地理位置周围预定范围内的至少一个兴趣点；查询与所述兴趣点对应的信息并发送给所述终端，所述信息的种类包括所述兴趣点的介绍信息、活动信息、优惠信息和评论信息中的至少一种。本发明通过根据终端发送的获取信息请求获取地理位置以及该地理位置周围预设范围内的兴趣点，再进一步获取兴趣点对应的信息，最后将获取的信息发送给终端，达到自动向用户对应的终端发送某一具体位置周围预定范围内所有兴趣点对应的信息的效果。

摘 要 附 图

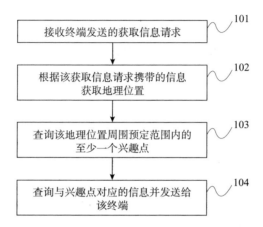

```
接收终端发送的获取信息请求                    101

根据该获取信息请求携带的信息              102
获取地理位置

查询该地理位置周围预定范围内的            103
至少一个兴趣点

查询与兴趣点对应的信息并发送给            104
该终端
```

第三章

案例Ⅲ：便携式数字扫描设备

本案例将以一种便携式数字扫描设备的发明专利申请文件撰写为例，重点介绍根据客户提供的技术交底书撰写专利申请文件的一般思路。在本案例中，专利代理人通过对技术交底书中给出的技术方案进行挖掘，获得了多个实施例，使得最终形成的权利要求书能够合理、有效地覆盖较大的保护范围。

第一节　技术交底书的分析和挖掘

本案例涉及一种便携式数字扫描设备，该设备适用于将纸质文件转换为数字文件，并对数字文件进行显示。客户要求针对所提供的技术交底书撰写一份发明专利申请文件，并针对该发明创造给出如何向国家知识产权局提出发明专利申请以使该发明创造得到充分保护的建议。

一、客户提供的技术交底书

在互联网技术高度发展的今天，各种格式的数字文件已经逐步成为传送和记录信息的最主要方式之一。因此，将纸质文件转换为数字文件的需求也越来越强烈。

目前，将纸质文件转换为数字文件的最佳方式是使用光学扫描仪。光学扫描仪主要是利用一光源模块提供光源以扫描文稿，再利用一光程装置接收光源模块在扫描时所反射的文稿图像，以电荷耦合组件获取文稿图像，经过光电信号的转换形成数字信号后，最后再传送至计算机中进行图像处理。图 3-1 示出了现有技术中一种传统可扫描反射式影像物的平台式光学扫描仪的立体结构示意图（对比文件 1：CN××××××A）。如图 3-1 所示，该平台式光学扫描仪（Flat Bed）1 包括一上盖 10 以及一中空外壳 11，该中空外壳 11 的上侧表面设有一原稿承载玻璃 12 以承放一待测反射式文件稿 16，通过一传动装置 13 带动一影像采集装置 14 在中空外壳 11 内沿着导杆 15 方向进行线性移动，以进行该原稿承载玻璃 12 上的一文件稿 16 的图像扫描工作。

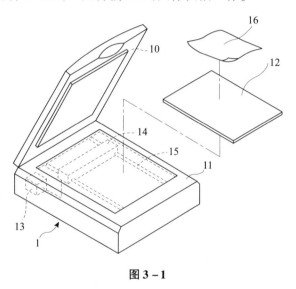

图 3-1

客户提供的另一种将纸质文件数字化的现有方式是使用照相机，数字照相机或配置有数字照相机的移动终端（例如移动电话、个人数字助理）对纸质文件进行拍摄。

客户在技术交底书中指出，现有技术中的光学扫描仪仅适用于扫描单张纸张形态的待扫描文件，而不适用于装订成册的待扫描文件或是书本的扫描，同时也不适合扫描那些不便于移动的文件。在扫描纸质文件后，现有的扫描仪需要将扫描后的数字化文件传输到电脑上使用专门的软件才能进行观看和处理，对用户而言，操作烦琐、效率低下，无法及时发现可能存在的扫描失败的问题，更无法及时地与用户进行有效交互，用户体验较差。而使用移动终端或照相机设备进行纸质文件数字化，往往会受到关于成像环境，特别是对文件的图像位置调整问题的约束，并且这些问题对于用户来说是难以克服的；而且，这些数字图像捕获设备所捕获的图像往往为非结构化的形式，而且该数字图像捕获设备在解析方面还没有达到与数字化文件内容的识别相兼容的性能级别。此外，移动终端具有较小的屏幕，这通常将读取文件的尺寸限制为小于 A6 格式。

发明人为了克服上述缺陷，发明了一种便携式数字扫描设备 1。参见图 3 - 2，该设备重量轻、体积小、材质柔软，能够紧贴在文件上，与文件的任何弯曲部分紧密地吻合，在多样化的条件下采集文件（例如书本第 37 页的页面或页面的一部分）数据而不存在图像位置调整问题。在未被使用时，数字扫描设备 1 可以以压缩形式存储（卷起或折叠），在被使用时，它具有比任何便携式终端（个人数字助理或移动电话）大得多的显示区域，能够实时地显示采集到的文件数据，从而与用户有效地进行交互。

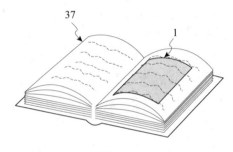

图 3 - 2

如图 3 - 3 和图 3 - 4 所示，便携式数字扫描设备 1 包括平面采集元件 3 以及被设置在平面采集元件 3 上的平面显示元件 5。可以将平面采集元件 3 直接放置在文件 7 上，从而对文件 7 进行扫描，将文件 7 数字化。平面显示元件 5 能够显示被平面采集元件 3 数字化的文件。平面显示元件 5 和平面采集元件 3 经由输入输出端口 23 耦合至数据处理元件 25，该数据处理元件 25 包括存储器 13 和中央处理单元 27，以控制文件 7 的数字化以及数字化文件的显示。

图 3 - 3

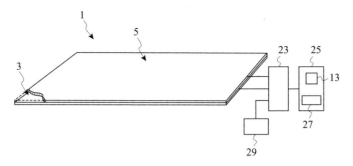

图 3 - 4

其中，平面采集元件 3 是由光敏电子薄膜构成。这类数字化薄膜是已知的，其已在 2004 年 12 月美国旧金山的 IEEE International Electron Devices Meeting（IEDM）中被展示。然而在现有技术中，通常是使用光敏电子薄膜的"薄"的特性，以进行产品的小型化，而没有使用到光敏电子薄膜"柔软"的特性。该发明使用了光敏电子薄膜"薄"和"柔软"两个特性。平面显示元件 5 是包含显示阵列的电子薄膜，所述显示阵列可以包含例如使用 TFT 技术的有机类型的像素，并且由例如三星和飞利浦的供应商制造。柔软的平面采集元件 3 和平面显示元件 5 使得该便携式数字扫描设备主体上是柔软的。

便携式数字扫描设备 1 可以包括连接到输入输出端口 23 的外部连接接口 29，以便便携式数字扫描设备 1 能够通过电缆、无线或电磁装置连接至个人数字助理、计算机或移动电话类型的外部终端，这使得便携式数字扫描设备 1 能够与该终端对话。外部连接接口 29 还使得数字扫描设备 1 能够直接地和/或经由电信网络与终端通信。

二、对技术交底书的理解和挖掘

1. 对技术交底书的思考与理解

理解技术交底书的实质内容对于撰写专利申请文件至关重要，也是着手开始撰写专利申请文件的重要基础性工作。在开始撰写权利要求书、说明书及其摘要之前，要全面、准确地理解客户提供的技术交底书的实质内容，并针对技术交底书存在的问题及时与客户进行沟通。

在阅读技术交底书的过程中，应当思考如下几个问题。

（1）该发明创造与技术交底书中提到的现有技术相比，改进之处体现在哪里？是通过什么技术特征实现的？

（2）技术内容是否描述清楚、充分？能否根据目前的技术交底书撰写申请文件？哪些内容需要与客户作进一步沟通以获得更多的技术信息？哪些地方需要提示客户提供更多的实施方式？

（3）能够从哪几个方面或者分几个层次来保护技术主题？

针对本案例的技术交底书，专利代理人在阅读之后，可以了解到如下信息。

（1）该发明创造与技术交底书中提到的现有技术相比，改进之处有两点。一是提供了一种重量轻、体积小、材质柔软的便携式数字扫描设备，能够将其紧贴在文件表面上进行文件内容捕获，从而能够在多样化的条件下捕获文件，而不存在图像位置调整问题；二是在便携式数字扫描设备上增加了平面显示元件，可以实时地显示扫描后的数字化文件，能够与用户有效地进行交互。

（2）针对上述改进之处，在技术交底书中仅提供了便携式数字扫描设备的一个具体实施方式，即该便携式数字扫描设备包括平面采集元件、平面显示元件、输入输出端口、外部连接接口和数据处理元件。平面采集元件是由光敏电子薄膜构成，用来对文件进行扫描，将文件数字化；平面显示元件是包含显示阵列的电子薄膜，设置在平面采集元件上方，能够显示被平面采集元件数字化的文件；平面显示元件和平面采集元件经由输入输出端口耦合至数据处理元件，该数据处理元件包括存储器和中央处理单元，以控制文件的数字化以及被数字化的文件的显示；外部连接接口用于该便携式数字扫描设备与外界的交互。

（3）根据技术交底书记载的技术内容，能够得出该便携式数字扫描设备的总体结构框架。然而，技术交底书还存在一些语焉不详的地方。例如，技术交底书虽然提到了平面采集元件是由光敏电子薄膜构成，且光敏电子薄膜是已知的，从而实现"材质柔软"的技术效果，然而并未说明平面采集元件的具体构造和工作原理。此时，专利代理人可以根据自己的专业知识储备，结合使用检索手段，来确认上述客户未提及的特征是否是本领域的现有技术。通过检索，并未发现现有技术中存在使用"光敏电子薄膜"构成平面采集元件的技术方案。因此，对于平面采集元件的相关内容，还需要与客户作进一步的沟通，以获得更多的技术信息。

（4）该发明创造的技术主题为"便携式数字扫描设备"，按照目前的技术内容，可以拟定一组产品权利要求。可以与客户进一步地沟通，从而确认对于该发明构思，是否还有其他的可能实施方式。

2. 了解该发明现有技术状态

为了能够尽可能准确地确定发明创造的创新点，撰写一份保护范围合适的权利要求书，专利代理人在充分理解了技术交底书之后，通常还应当对技术交底书的主题相关的现有技术进行检索和分析，在能力范围内寻找与该技术主题最接近的现有技术。

本案中，专利代理人经过检索，找到了一个更相关的现有技术（对比文件2：CN×××××××A）。

对比文件2公开了一种改进型的平台式扫描仪，它包含一台透明框式扫描器和一个带有盖子的箱架。该透明框式扫描器是一台既能扫描透明对象又能扫描不透明对象的独立便携式扫描器。当透明框式扫描器搁放在箱架中时，构成表现为常规平台扫描仪的平台式扫描仪。用户可以将透明框式扫描器从箱架取下用作移动式运用，以及把透明框式扫描器搁放在箱架中供办公室应用。

图3-5示出对比文件2的一个实施例的透明框式扫描器202和箱架204的立体图。如图3-5所示，当有必要将透明框式扫描器202与箱架204相互结合以起到一常规平台扫描仪的作用时，透明框架扫描器202能够可移动地并且可靠地贴附在箱架204中。

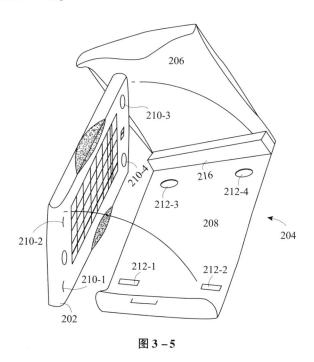

图3-5

箱架204包含底座208和盖子206，也可包括一分隔间216。当将透明框式扫描器202放置在底座208中时，底座208提供一机构用以支撑并夹持住透明框式扫描器 202。

图 3 – 6 示出对比文件 2 描述的透明框式扫描器 250（图 3 – 5 中的 202），该透明框式扫描器 250 正放置在一扫描对象 252 上。透明框式扫描器 250 包含一对透明平板 254 和 256。顶部平板 254 和底部平板 256 可由具有均匀厚度，例如，3 毫米或 1/8 英寸的玻璃或透明塑料制成。另外，顶部平板 254 和底部平板 256 要保持空间隔开（例如，隔开 0.5 英寸）并总合为框架 258。框架 258 可以用轻型但最好是固体材料制成，例如铝或硬质塑料。

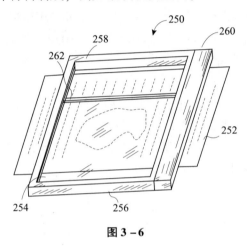

图 3 – 6

框架座 260，为用户固定透明框式扫描器 250 提供方便，同时也可提供一分隔间将所有电子和机械元件装在其中。

在顶部平板 254 和底部平板 256 之间有一用于生成扫描对象 252 的图像的成像器 262，成像器 262 是一接触式图像传感器（CIS）。通过由空间相隔开的顶部平板 254 和底部平板 256 保持的空间，成像器 262 能够从透明框式扫描器 250 的一端移动到另一端，使得扫描对象 252 能够被充分地扫描。一运动机构，在触发启动扫描命令以后，负责按照某一线性和受控速度移动成像器 262。在一个实施例中，成像器 262 经由皮带通过运动机构移动。

在启动扫描时，将透明框式扫描器 250 放置在扫描对象 252 上面。因为透明框式扫描器 250 的顶部平板 254 和底部平板 256 实际上是透明的，所以用户能够看清扫描对象 252 并完成必要的调整直到满意为止。然后，扫描操作开始，即成像器 262 从一端到另一端扫描扫描对象 252，生成图像。

根据上述记载可知，对比文件 2 中的透明框式扫描器 250 是一种重量轻、体积小、便携的扫描器，能够直接放置在扫描对象上面进行扫描，从而能够在多样化的条件下捕获文件，而不存在图像位置调整问题。

3. 与客户的进一步沟通

专利代理人与客户之间的沟通途径主要包括电话、电子邮件、传真、即时消息与面谈五种方式，这五种方式各有其优缺点。无论是通过哪种沟通形式与客户沟通，专利代理人都需要明确沟通的目的是了解清楚该发明的技术方案、发明改进点，为下一步进行专利申请文件的撰写做好充分的准备。一般情况下，推荐专利代理人提前进行粗略的检索，在了解相关方面的技术发展情况和趋势后，再与客户进行进一步沟通。

对于本案例，考虑到专利代理人希望进一步了解的内容包括一些比较复杂的技术内容，这些内容可能需要客户的进一步确认或者需要较长时间的准备，因此，在针对本案例进行沟通时，优先推荐专利代理人采用电子邮件的方式与客户进行沟通。

需要注意的是，有些客户并没有每天查收邮件的习惯，专利代理人在发邮件后最好以短信或者电话的形式通知客户查收邮件，以免耽误时间。

针对上述分析结果，专利代理人向客户发出信函进行沟通，信函的示例如下：

尊敬的××先生/女士：

您好！很高兴贵方委托我所代为办理有关便携式数字扫描设备的专利申请案，我所对该案件的编号为×××××××××××。

我所专利代理人认真地研读了贵方的技术交底文件，对本发明创造有了初步了解，但仍存在需要与贵方作进一步沟通的内容，具体内容如下。

1. 我方对技术内容的理解

本发明创造的核心内容是：一种便携式数字扫描设备，包括平面采集元件、平面显示元件、输入输出端口、外部连接接口和数据处理元件。平面采集元件是由光敏电子薄膜构成，用来对文件进行扫描，将文件数字化；平面显示元件是包含显示阵列的电子薄膜，设置在平面采集元件上方，能够显示被平面采集元件数字化的文件；平面显示元件和平面采集元件经由输入输出端口耦合至数据处理元件，该数据处理元件包括存储器和中央处理单元，以控制文件的数字化以及被数字化的文件的显示；外部连接接口用于该便携式数字扫描设备与外界的交互。

以上分析内容是否正确，请予以确认。如有理解不当的地方，请给予指正。

2. 需要请贵方补充的具体内容

（1）根据技术交底书中的描述，基本上能够确定该便携式数字扫描设备的总体结构框架，但从技术实现方面，根据该技术交底书，无法清楚得知本发明创造中平面采集元件是如何由光敏电子薄膜构成的，以及如何能够实现对文件的扫描，希望贵方能够进一步地补充相关技术内容。

（2）目前的技术交底书仅给出了本发明创造的一个具体实施方式，请贵方确认是否还有其他的实施方式，以便能够将所要保护的权利要求概括出尽可能大的保护范围，同时使得说明书能够充分地支持权利要求书。

3. 我方专利代理人经过检索，获得一份技术内容更相关的现有技术文件：CN××××××A，供贵方参考。

4. 专利申请类型

本案的技术主题为"便携式数字扫描设备"。就该技术主题而言，既可以申请实用新型专利，也可以申请发明专利。实用新型专利只进行初步审查，因此授权较快，在授权后需要维权时，可请求国家知识产权局作出专利权评价报告。发明专利需要进行实质性审查，审批周期较长，存在因创造性不足而被驳回的风险。

如果贵方希望获得较长的保护期限，同时有希望早日获得授权以行使专利权，推荐贵方选择同时申请实用新型与发明专利。

请贵方确认所需要申请的专利申请类型。

×× 专利事务所 ×××
×××× 年 ×× 月 ×× 日

客户针对上述信函作出答复，主要意见如下：

1. 来函中对发明的理解正确。

2. 对平面采集元件的补充说明如下：

首先，本发明所采用的光敏电子薄膜是由有机光电导材料构成的薄膜。有机光电导材料能够将光转化成电流，由于其具有重量轻、半透明性高、容易形成薄膜、优异的柔性等特点，因此，正逐渐发展成为电子照相光电导体的主力。

图 3-7 示出了平面采集元件 3 的第一实施例。平面采集元件 3 可以包括由有机类型的光敏二极管 11 构成的采集阵列。光敏二极管 11 的阵列可以是包括数千光敏二极管 11 的聚合阵列，以便每个光敏二极管 11 按照被文件 7 反射并被其吸收的光来产生电流。光敏二极管 11 产生的电流可以作为文件 7 的数字图像被存储在存储器 13 中。

进一步地，平面采集元件 3 对于来自某些预定光源的光（例如，由平面显示元件生成的光）是透明的。这种透明性能够提供两种不同的动作：第一种动作是通过平面采集元件 3 查看要被数字化的文件；第二种动作是利用这些预定光源中的至少一个光源激活由平面采集元件 3 所进行的数字化。因此，平面采集元件 3 的光敏二极管 11 能够捕获由文件 7 反射的光线。

在平面采集元件 3 对于来自某些预定光源的光是透明的情况下，每个光敏二极管 11 在平面采集元件 3 和平面显示元件 5 之间界面的一侧被不透明屏幕 15 覆盖。因而，光敏二极管 11 仅响应被文件 7 反射的光线，而不响应由平面显示元件 5 生成的直射光线。有利地，与每个光敏二极管 11 相关联的每个不透明屏幕可以对应于耦合至该光敏二极管 11 的有机晶体管 15，以便光敏二极管 11 产生的电流以电荷的形式被存储在相应的有机晶体管 15 中。然后，平面采集元件 3 可以由两个电子薄膜连同两薄膜之间的必要电连接构成，所述电子薄膜中的一个包含光敏二极管 11 的阵列，另一个包含相应的有机晶体管 15 阵列。

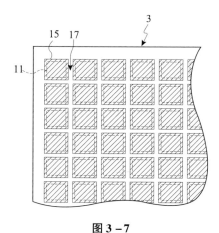

图 3 – 7

光敏二极管 11 一侧的不透明屏幕或有机晶体管 15 未覆盖平面采集元件 3 的全部区域，并且它们留下透明区域或沟槽 17 以允许光通过，从而照亮要被数字化的文件 7。

因此，平面采集元件 3 扮演了与用于数字化文件的扫描仪相似的角色。而且，其透明性实现了要利用一些预定光源来执行的数字化。

图 3 – 8 示出了平面采集元件 3 的另一个实施例。在该实施例中，平面采集元件 3 包含有机数字化单元 19 构成的阵列。每个有机数字化单元 19 都包含光敏二极管 11 和相应的发光二极管 21。因此，发光二极管 21 照亮了要被数字化的文件 7，并且光敏二极管 11 吸收被文件 7 反射的光。因此，平面采集元件 3 不必是透明的。

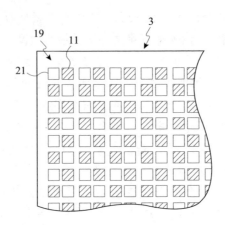

图 3 - 8

3. 补充对平面显示元件的说明如下：

在技术交底书中已经提到，平面显示元件 5 可以是例如包含显示阵列的电子薄膜，所述显示阵列可以包含例如使用 TFT 技术的有机类型的像素。

在适用的情况下，平面显示元件 5 可以包括不同颜色（例如黑色和白色）和不同电荷的液晶或粒子，或者包括对电场起反应、被分成两种不同颜色半球的微球。

平面显示元件 5 包含照明装置用于发出称作数字化光的光，以激活由平面采集元件 3 对文件 7 所进行的数字化。当然，照明装置可以由显示阵列自身构成。

因此，平面显示元件 5 的显示阵列显示数字化文件，并且在适用的情况下，在显示数字化文件之前照亮文件 7，因为该文件 7 要被透明平面采集元件 3 数字化。

事实上，柔软的平面采集元件 3 的透明性实现了利用平面显示元件 5 发出的光所进行的数字化，并且平面采集元件 3 不必拥有自己的照明系统，这进一步减轻了设备的重量。

该平面显示元件 5 可以粘贴在平面采集元件 3 上，以形成数字扫描设备 1。在适用的情况下，平面显示元件 5 和平面采集元件 3 可以粘贴在例如柔软薄膜的透明元件的两个相对表面上。

4. 本发明创造的其他具体实施方式如图 3 - 9 和图 3 - 10 所示。

在图 3 - 9 所示的实施方式中，数字扫描设备 1 除了包括图 3 - 2 和图 3 - 3 所示的部件之外，还包括被设置且粘贴在平面显示元件 5 上的透明平面交互元件 31。平面交互元件 31 和平面显示元件 5 可以粘贴在透明薄膜的两个相对表面上，可能还在平面交互元件31和平面显示元件5之间引入了透明元件（例如连接元件）。平面交互元件31能够覆盖全部或部分平面显示元件5，例如显示了被数字化文件的全部或部分区域，这使得用户能够像用纸质文件一样与被数字化文件交互。因此，用户可以使用手指，或记录针33，直接突出或注释数字化文件，或者划掉数字化文件的一些部分。

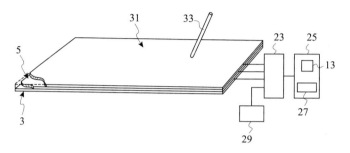

图3-9

在一个不同实施例中，可以在至少一部分平面交互元件31上具有按键。因而，这些按键之一可以被按压以从注释捕获模式转换为数字化捕获模式或形状识别模式，并且以分别触摸的方式来添加命令、明确指出要被数字化的文件的区域，或者明确指出要被数字化的文件的部分或应当对其进行形状识别的数字化文件的部分。

平面交互元件31的接触感应界面包括对接触敏感的装置，以使得用户能够输入数据或命令，或者使用记录针33与显示的数字化文件交互。这类触摸屏幕是已知的，并且由如E-INK、TOPPAN PRINTING以及XEROX的供应商制造。

因此，对接触敏感的装置可以被配备以用于构成捕获移动轨迹并将其转换成电墨（electronic ink）形式的装置。由电墨编码的轨迹包括轨迹的空间信息（坐标、记录针的提升）以及轨迹移动的时间信息（速度和/或加速度，其取决于电墨的格式规范）。

因此，平面交互元件31的接触感应界面可以由薄膜构成，该薄膜包括安排在两个透明电极之间的微胶囊。每个微胶囊有差别地包含漂浮在清澈流体中的带电的黑色和白色的颜料，该颜料在两个电极之间被电场移动，该电场是响应于用户作出的交互动作而生成的，例如使用记录针33。

平面采集元件3、平面显示元件5和平面交互元件31都是柔软的。事实上，这些元件可以包含有机成分，这使得它们都能够在有效地进行操作的同时非常柔软、薄而且轻。因此，所有这些元件都可以紧贴在文件上，与文件任何弯曲部分都紧密地吻合。

图 3-10 示出了数据处理元件 25 可以是包括柔软存储器 13 和柔软中央处理单元 27 的柔软元件。在这种情况下，当适用时，输入输出端口 23 以及外部连接接口 29 也可以是柔软的。这种使用 TFTC 技术的柔软部件由 SEIKO EPSON CORPORATION 制造。

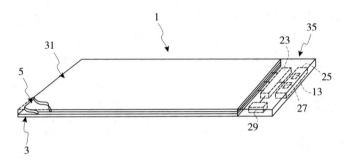

图 3-10

在图 3-10 示出的实施例中，数据处理元件 25 被设置在管理区域 35 中的不同柔软平面元件 3、5 和 31 的一端，以制成处处较薄的数字扫描设备 1。

此外，数据处理元件 25 还能够控制由数字扫描设备 1 从外部连接接口 29 接收的其他任何数字文件的显示。数字扫描设备 1 的外部连接接口 29 能够通过电缆、无线或电磁装置被连接至个人数字助理、计算机或移动电话类型的外部终端。

5. 专利代理人找到的最接近的现有技术，虽然其中的透明框式扫描器 250 是一种重量轻、体积小、便携的扫描器，但扫描原理仍然是通过在框式扫描器内的成像器移动进行扫描，而本发明中使用的平面采集元件不同于现有技术中的成像器，具有柔软的特点，能够使本发明的数字扫描设备紧密贴合在文件上。同时，正如技术交底书中所提出的，本发明中还具有平面显示元件，能够将平面采集元件采集的图像直接显示在平面显示元件上，从而与用户有效地进行交互。

6. 拟对本发明创造申请发明专利。

通过分析和理解技术交底书，了解该发明现有技术状态，以及与客户的进一步沟通和交流，已经能够得到一份较为完善的技术交底材料。接下来，我们来分析一下技术交底材料的脉络。

客户要求保护的是一种便携式数字扫描设备。该设备包括：平面采集元件，用于将文件数字化；平面显示元件，用于显示被数字化的文件；输入输出端口，用于将平面采集元件和平面显示元件耦合至数据处理元件；数据处理元件，用于控制文件的数字化、数字化文件的输出和显示。该便携式数字扫描设备还可以进一步包括连接到输入输出端口的外部连接接口，和被设置且粘贴在平面显示元件上的透明平面交互元件。

具体地，对于平面采集元件，有两个实施例。两个实施例的共同点在于，平面采集元件都具有有机类型的光敏二极管构成的采集阵列，每个光敏二极管按照被文件反射并被其吸收的光来产生电流，从而形成文件的数字图像，所形成的数字图像存储在存储器中。两个实施例的不同点在于，在第一个实施例中，平面采集元件对于来自某些预定光源的光是透明的，从而使用户能够通过平面采集元件查看要被数字化的文件，同时可以利用这些预定光源中的至少一个光源激活由平面采集元件所进行的数字化；此时，每个光敏二极管在平面采集元件和平面显示元件之间界面的一侧被不透明屏幕覆盖，但光敏二极管一侧的不透明屏幕或晶体管没有覆盖平面采集元件的全部区域，并且它们留下透明区域或沟槽以允许光通过，从而照亮要被数字化的文件，从而使光敏二极管仅响应被文件反射的光线，而不响应由平面显示元件生成的直射光线。有利地，与每个光敏二极管相关联的每个不透明屏幕可以对应于耦合至该光敏二极管的有机晶体管，以便光敏二极管产生的电流以电荷的形式被存储在相应的有机晶体管中。然后，平面采集元件可以由两个电子薄膜连同两薄膜之间的必要电连接构成，所述电子薄膜中的一个包含光敏二极管的阵列，另一个包含相应的有机晶体管阵列。在第二个实施例中，平面采集元件包含有机数字化单元阵列，每个有机数字化单元都包含光敏二极管和相应的发光二极管；发光二极管照亮了要被数字化的文件，从而平面采集元件不必是透明的。

对于平面显示元件，技术交底材料记载了其可以是包含显示阵列的电子薄膜，所述显示阵列可以包含例如使用 TFT 技术的有机类型的像素；可以包括不同颜色（例如黑色和白色）和不同电荷的液晶或粒子，或者包括对电场起反应、被分成两个不同颜色半球的微球；该平面显示元件还包含照明装置，所述照明装置用于发射称作数字化光的光，以激活由平面采集元件对文件所进行的数字化，照明装置可以由显示阵列自身构成。平面显示元件可以粘贴在平面采集元件上，或平面显示元件和平面采集元件可以粘贴在例如柔软薄膜的透明元件的两个相对表面上。

对于数据处理元件，技术交底材料记载了其包括存储器和中央处理单元，进一步地，存储器、中央处理单元是柔软的。数据处理元件还可以被设置在管理区域中的不同于柔软平面元件的一端。

对于输入输出端口技术交底材料记载了其是柔软的。

对于外部连接接口，技术交底材料记载了其能够通过电缆、无线或电磁装置被连接至个人数字助理、计算机或移动电话类型的外部终端，并使用数据处理元件控制从外部连接接口接收的其他任何数字文件的显示。进一步地，该外部连接接口是柔软的。

对于平面交互元件，技术交底材料记载了其可以粘贴在平面显示元件上，或平面交互元件和平面显示元件可以粘贴在例如柔软薄膜的透明元件的两个相对表面上；能够覆盖全部或部分平面显示元件，使得用户能够像用纸质文件一样与被数字化文件交互，其交互方式多种多样；平面交互元件的接触感应界面可以由薄膜构成，该薄膜包括安排在两个透明电极之间的微胶囊。每个微胶囊有差别地包含漂浮在清澈流体中的带电的黑色和白色的颜料，该颜料在两个电极之间通过电场移动，该电场是响应于用户作出的交互动作而生成的。进一步地，可以在至少一部分平面交互元件上具有按键。平面交互元件的接触感应界面包括对接触敏感的装置，对接触敏感的装置可以被配备以用于构成捕获移动轨迹并将其转换成电墨形式的装置；由电墨编码的轨迹包括轨迹的空间信息（坐标、记录针的提升）以及轨迹移动的时间信息（速度和/或加速度，其取决于电墨的格式规范）。

在对技术交底材料进行梳理之后，接下来可以着手撰写专利申请文件。

第二节　权利要求书撰写的主要思路

一般来说，在撰写发明和实用新型专利申请的权利要求书时，针对其中一项要求保护的技术主题，可以按照如下思路进行撰写：

（1）理解该项要求保护的技术主题的实质性内容，列出全部技术特征；

（2）根据最接近的现有技术，确定该项要求保护的主题要解决的技术问题及全部必要技术特征；

（3）撰写独立权利要求；

（4）撰写从属权利要求。

下面结合本案例，具体说明撰写权利要求书的主要思路。

一、理解该项要求保护的技术主题的实质性内容，列出全部技术特征

按照撰写专利申请文件的一般思路，在着手动笔撰写权利要求之前，首先需要理解技术交底书所要求保护技术主题的实质内容，列出全部技术特征，以及确定这些技术特征在该发明创造中所起的作用。

在本案例中，专利代理人在对技术交底书以及客户的回函内容进行充分理解之后，对于"便携式数字扫描设备"这一技术主题，确定客户所给出的全部技术特征如下：

① 平面采集元件，用于将文件数字化。

② 平面显示元件，用于显示被数字化的文件。

③ 输入输出端口，用于将平面采集元件和平面显示元件耦合至数据处理元件。

④ 数据处理元件，用于控制文件的数字化、数字化文件的输出和显示。

⑤ 平面采集元件具有有机类型的光敏二极管构成的采集阵列，每个光敏二极管利用被文件反射并被其吸收的光来产生电流，从而形成文件的数字图像。

⑥ 所形成的数字图像存储在存储器中。

⑦ 平面采集元件对于来自某些预定光源的光是透明的。

⑧ 每个光敏二极管在平面采集元件和平面显示元件之间界面的一侧被不透明屏幕覆盖。

⑨ 与每个光敏二极管相关联的每个不透明屏幕可以对应于耦合至该光敏二极管的有机晶体管。

⑩ 平面采集元件可以由两个电子薄膜连同两个薄膜之间的必要电连接构成，所述电子薄膜中的一个包含光敏二极管的阵列，另一个包含相应的有机晶体管阵列。

⑪ 光敏二极管的一侧的不透明屏幕或晶体管没有覆盖平面采集元件的全部区域，并且它们留下透明区域或沟槽以允许光通过。

⑫ 平面采集元件包含有机数字化单元阵列，每个有机数字化单元都包含光敏二极管和相应的发光二极管。

⑬ 平面显示元件可以是包含显示阵列的电子薄膜，所述显示阵列可以包含例如使用 TFT 技术的有机类型的像素。

⑭ 平面显示元件可以包括不同颜色（例如黑色和白色）和不同电荷的液晶或粒子，或者包括对电场起反应、被分成两个不同颜色半球的微球。

⑮ 平面显示元件包含照明装置，所述照明装置用于发出称作数字化光的光，以激活由平面采集元件对文件所进行的数字化。

⑯ 照明装置可以由显示阵列自身构成。

⑰ 平面显示元件可以粘贴在平面采集元件上，或平面显示元件和平面采集元件可以粘贴在例如柔软薄膜的透明元件的两个相对表面上。

⑱ 数据处理元件包括存储器和中央处理单元。

⑲ 外部连接接口，能够通过电缆、无线或电磁装置被连接至个人数字助理、计算机或移动电话类型的外部终端，数据处理元件能够控制从外部连接接口接收的其他任何数字文件的显示。

⑳ 平面交互元件，能够覆盖全部或部分平面显示元件，使得用户能够像用纸质文件一样与被数字化文件交互，交互方式多种多样。

㉑ 平面交互元件可以粘贴在平面显示元件上，或平面交互元件和平面显示元件可以粘贴在例如柔软薄膜的透明元件的两个相对表面上。

㉒ 平面交互元件的接触感应界面可以由薄膜构成。

㉓ 数据处理元件中的存储器、中央处理单元是柔软的。

㉔ 数据处理元件被设置在管理区域中的不同于柔软平面元件的一端。

㉕ 输入输出端口以及外部连接接口也是柔软的。

㉖ 可以在至少一部分平面交互元件上设置有按键。

㉗ 平面交互元件的接触感应界面包括对接触敏感的装置。

㉘ 对接触敏感的装置可以被配备以用于捕获移动轨迹并将其转换成电墨形式的装置；由电墨编码的轨迹包括轨迹的空间信息（坐标、记录针的提升）以及轨迹移动的时间信息（速度和/或加速度，其取决于电墨的格式规范）。

㉙ 形成平面交互元件的接触感应界面的薄膜包括安排在两个透明电极之间的微胶囊。每个微胶囊有差别地包含漂浮在清澈流体中的带电的黑色和白色的颜料，该颜料在两个电极之间被电场移动，该电场是响应于用户做出的交互动作而生成的。

这里需要重点说明一下的是关于平面采集元件的特征。在对客户提供的交底材料进行梳理的过程中，专利代理人已经发现，平面采集元件的两个实施例共同的技术特征就是具有有机光敏二极管构成的采集阵列，每个光敏二极管利用被文件反射并被其吸收的光来产生电流，从而形成文件的数字图像，所形成的数字图像存储在存储器中。因此，我们把这两个实施例共有的特征抽取出来，形成了技术特征⑤和⑥。第一个实施例中的其他特征，形成了技术特征⑦～⑪，第二个实施例中的特征，形成了技术特征⑫。

二、根据最接近的现有技术，确定该项要求保护的技术主题要解决的技术问题及全部必要技术特征

在理解了要求保护的技术主题的实质内容之后，应当着手分析研究现有技术，从中确定该技术主题的最接近的现有技术，从而进一步根据最接近的现有技术，确定该发明实际要解决的技术问题，并在此基础上，确定该发明中的哪些技术特征是解决这一技术问题的必要技术特征。

1. 确定最接近的现有技术

最接近的现有技术，是指现有技术中与要求保护的发明最密切相关的一个技术方案。按照《专利审查指南2010》第二部分第四章的规定，最接近的现有技术可以是与要求保护的发明的技术领域相同，所要解决的技术问题、技术效果或者用途最接近和/或公开了发明的技术特征最多的现有技术；或者虽然与要求保护的发明技术领域不同，但能够实现发明的功能，并且公开发明的技术特征最多的现有技术。在确定最接近的现有技术时，应当首先考虑技术领域相同或者相近的现有技术。但是，就撰写专利申请文件而言，在撰写独立权利要求时，可以只考虑技术领域相同的现有技术。

针对该发明，参见第一节第一部分和第四部分，客户在技术交底书中提供了一份现有技术（对比文件1），专利代理人在充分理解了技术交底书之后，经过检索找到了一份相关的现有技术（对比文件2）。

对比文件1的技术主题是一种传统的平台式光学扫描器，该平台式光学扫描仪包括一上盖以及一中空外壳，该外壳的上侧表面设有一原稿承载玻璃以承放一待测反射式文件稿16，借由一传动装置13带动一影像撷取装置14在中空外壳11内沿着导杆15方向进行线性移动，以进行该原稿承载玻璃12上的一文件稿16的图像扫描工作。

对比文件2的技术主题之一是一种透明框式扫描器，该透明框式扫描器250正放置在一扫描对象252上。透明框式扫描器250包含一对透明平板——顶部平板254和底部平板256。在顶部平板254和底部平板256之间有一用于生成扫描对象252的图像的成像器262。通过空间相隔开的顶部平板254和底部平板256保持的空间，成像器262能够从透明框式扫描器250的一端移动到另一端，使得扫描对象252能够被充分地扫描。一运动机构，在触发启动扫描命令以后，负责按照某一线性和受控速度移动成像器262。成像器262经由皮带通过运动机构移动。在给定扫描对象252后，就将透明框式扫描器250放置在扫描对象252上面。因为透明框式扫描器250的所述顶部平板254和底部平板256实际上是

透明的，所以用户能够看清扫描对象 252 并完成必要的调整直到满意为止。然后，扫描操作开始，即成像器 262 从一端到另一端扫描对象 252，生成图像。因此该透明框式扫描器 250 是一种重量轻、体积小、便携的扫描器，能够直接放置在扫描对象上面进行扫描，从而能够在多样化的条件下捕获文件，而不存在图像位置调整问题。

根据对比文件 1 和对比文件 2 的上述记载可以判断出，对比文件 2 中的透明框式扫描器与该发明要求保护的主题"便携式数字扫描器"的技术领域相同，都是一种扫描器；两者所达到的技术效果比较相近，都提供了一种重量轻、体积小且便于携带的扫描器，且都能够直接放置在扫描对象上面进行扫描。而对比文件 1 中的平台式光学扫描仪虽然与该发明要求保护的主题的技术领域相同，但其要解决的技术问题、所能达到的技术效果以及公开的技术特征与该发明均差异较大。因此，可以认为对比文件 2 是该发明最接近的现有技术。

在确定了该发明最接近的现有技术为对比文件 2 中公开的透明框式扫描器之后，接下来针对该最接近的现有技术，确定该发明所解决的技术问题及解决该技术问题的全部必要技术特征。

2. 确定该发明实际要解决的技术问题

在专利代理实践中，为客户检索到的最接近的现有技术可能不同于客户在技术交底书中所描述的现有技术，因此专利代理人通常需要客观地重新确定发明所解决的技术问题，该重新确定的发明所解决的技术问题与技术交底书中所描述的技术问题可能相同，也可能不同。作为一个原则，技术交底书中的任何技术效果都可以作为确定技术问题的基础，只要本领域的技术人员从技术交底书所记载的内容能够得知该技术效果即可。

在针对最接近的现有技术确定该发明所解决的技术问题时，需要进行客观的分析。具体来说，首先应当分析要求保护的发明与最接近的现有技术相比作出了哪些改进（发明点），其次根据这些改进所能达到的技术效果确定该发明所解决的技术问题。

如果发明相对于最接近的现有技术作出了多方面的改进，但其中某一方面的改进是基础，而其他改进是在此改进基础上作出的进一步改进，则应当针对此基础改进所能达到的技术效果确定要解决的技术问题。也就是说当各方面的改进之间具有一定的层级关系时，在专利代理实务中通常应当将包含区别特征最少的那个技术方案所解决的技术问题作为发明所解决的技术问题。如果该发明相对于最接近现有技术作出的几方面改进彼此无关，则在实践中应当与客户进行沟通，以确定哪一方面的改进更为重要，哪一方面的改进最容易在上市后被仿制，从而将这方面的改进作为发明的首要改进，并以此来确定发明相对于最接近的现有技术所解决的技术问题，而将另一方面改进作为发明进一步的改进。如果两方面的改进都比较重要，均存在在市场上被单独仿制的可能性，则应当针对这几方面改进各撰写一项发明，以使发明得到更充分的保护，在实务中可以将这几项发明分别作为多件专利申请提出，也可以将其合在一件专利申请中提出，等到审查员指出该专利申请不具有单一性时，再另行提出分案申请。

就本案例来说，技术交底书中提到的所要解决的技术问题是提供一种重量轻、体积小、材质柔软、能够与用户有效地进行交互的便携式数字扫描器。由于对比文件2中公开的透明框式扫描器也是一种重量轻、体积小的便携式数字扫描器，即技术交底书中提到的所要解决的技术问题中的部分问题已经在对比文件2中获得了解决，但通过比较该发明与对比文件2实际的技术方案可以看出，该发明使用了特殊的平面采集元件，而不是对比文件2的成像器，不同采集元件的使用使得该发明与对比文件2相比能够显著地降低重量、减小体积，更加轻薄便携（这一点在客户的意见回函中得到了证实）。此外，"材质柔软"和"能够与用户有效地进行交互"的特性在对比文件2中也都没有公开。

因此，通过比较本发明与最接近的现有技术，可以确定该发明相对于最接近的现有技术主要进行了三个方面的改进。

第一方面的改进是该发明的便携式数字扫描设备能够与文件的任何弯曲部分紧密地贴合，从而能够在多样化的条件下扫描文件，保证扫描质量，同时达到了可以以压缩形式收纳扫描设备的技术效果。该改进是由于便携式数字扫描设备中的平面采集元件使用了不同于现有技术中的成像器的光敏电子膜，并且各个元件都使用柔软材质的材料。

第二方面的改进是该发明的便携式数字扫描设备能够显著地降低重量、减小体积，更加轻薄便携。在该发明中，该方面的改进也是通过使用了不同于现有技术中成像器的光敏电子膜，通过将光敏电子膜以特定的方式结合特定平面显示元件及其他元件，形成了设备主体，从而实现该方面的改进。

第三方面的改进是该发明中的便携式数字扫描设备能够与用户有效地进行交互。该改进是通过在便携式数字扫描设备中设置平面显示元件，并进一步在平面显示元件上设置平面交互元件，将平面采集元件采集的图像直接显示在平面显示元件上，以及通过平面交互元件进行交互来实现的。

根据上述分析可知，第一方面的改进和第二方面的改进，其技术特征在很大程度上是有重叠的。通过使用了特定的光敏电子薄膜构成的平面采集元件以及使用柔软材质的各元件，既能够使得本案中的扫描设备能够与文件的任何弯曲部分紧密地贴合，并可以使其压缩收纳；又能够降低重量、减小体积。然而进一步深入分析的话，第二方面的改进不仅限于通过使用柔软材质来实现，还需要通过各元件的相互连接方式及排布方式实现，因此第一方面改进所涉及的技术特征少于第二方面改进所涉及的技术特征。第三方面改进主要由平面显示元件来实现。前两方面改进与第三方面改进的关联性较小。

考虑到现有技术中使用显示元件增强电子装置与用户之间互动的情况非常普遍，例如，在客户所提供、使用数字照相机拍摄的方式将纸质文件数字化的技术中，数字照相机往往就具有平面显示元件，其目的也是用于与用户进行交互，因此如果将第三方面改进作为基础撰写发明专利的独立权利要求，则可能存在创造性高度不够、无法获得授权的风险。对于第一方面的改进和第二方面的改进，鉴于第一方面的改进所涉及的技术特征较少，因此建议选用第一方面的改进作为基础，着手撰写权利要求书。应当注意，专利代理人在选定该发明的改进方向（发明实际要解决的技术问题）之后，应当及时与客户沟通，得到客户的认可后再着手进行撰写，以使完成的权利要求书能够充分体现客户的意愿。

经过与客户的沟通，最终确定该发明实际要解决的技术问题是如何使扫描设备能够与文件的任何弯曲部分紧密地贴合，在多样化的条件下扫描文件，保证扫描质量，并能够实现压缩收纳扫描设备。

3. 为解决技术问题所必须包括的全部必要技术特征

接下来将以第一方面改进作为基础，分析解决"如何使扫描设备能够与文件的任何弯曲部分紧密地贴合，在多样化的条件下扫描文件，保证扫描质量，并能够实现压缩收纳扫描设备"这一技术问题必须包括的全部必要技术特征，以便撰写独立权利要求。

在前面分析中列举的该申请的全部技术特征中，哪一些应当作为解决上述技术问题的必要技术特征写入独立权利要求中呢？下面进行详细分析。

该发明要求保护的便携式数字扫描设备作为一种扫描设备，必然具有用于将文件数字化的平面采集元件（技术特征①）。扫描设备中用于扫描的区域（平面采集元件所在的区域，以下简称"主体区域"）必须具有"柔软"的特性，才能够实现主体区域与文件的弯曲部分紧密贴合，进而解决"如何使扫描设备能够与文件的任何弯曲部分紧密地贴合，在多样化的条件下扫描文件，保证扫描质量，并能够压缩收纳扫描设备"这一技术问题；在技术交底书中，扫描装置的主体区域"柔软"的特性是通过平面采集元件的材质与结构特征（技术特征⑤~⑫）、技术特征⑬"平面显示元件可以是包含显示阵列的电子薄膜"

和技术特征㉒ "平面交互元件的接触感应界面可以由薄膜构成"实现的。那么，技术特征⑤～⑫、⑬和㉒都是该发明的必要技术特征吗？

首先我们知道，技术特征⑤～⑪为平面采集元件的第一个实施例，技术特征⑤、⑥、⑫为平面采集元件的第二个实施例。这两个实施例均能完整地实现平面采集元件的功能，使平面采集元件在保持柔软特性的基础上，能够采集文件的反射光，形成文件的数字图像。因此，如果该发明不包含上述使平面采集元件保持柔软并能够采集文件反射光的结构特征，就不能解决该发明的上述技术问题。然而这两个具体的结构实施例分别是一种优选结构，不应当直接将它们作为必要技术特征写入独立权利要求中，而应当尽可能地采用概括这两个结构特征的表述方式作为该发明解决上述技术问题的必要技术特征。由于技术特征⑤和⑥是第一实施例、第二实施例的共有特征，因此，首先让我们来分析技术特征⑤和⑥是否是该发明的必要技术特征。

技术特征⑤是对技术特征①的平面采集元件中所具有的有机光敏二极管阵列的进一步限定。由于平面采集元件对扫描设备来说是必要技术特征，而有机光敏二极管构成采集阵列，每个光敏二极管按照被文件反射并被其吸收的光来产生电流，从而形成文件的数字图像是解决该发明所要解决的技术问题、实现扫描设备的主体部分具有"柔软"特性的必要的内容，因此，技术特征⑤是该发明的必要技术特征。

技术特征⑥ "所形成的数字图像存储在存储器中"是对平面采集元件形成的数字图像的进一步限定，然而对于数字扫描设备而言，必然是具有一个能够暂时把扫描得到的数字图像进行存储的存储器，因此该技术特征对数字扫描设备而言是隐含公开的特征，不必须写在权利要求中。

那么，仅有技术特征⑤，就能够清楚、完整地体现平面采集元件的两个实施例的必要结构特征了吗？

答案是否定的。原因在于，技术特征⑤仅仅体现出了平面采集元件中描述光敏二极管的特征，而不是完整的结构特征。虽然平面采集元件核心原理是光敏二极管按照被文件反射并被其吸收的光来产生电流，从而形成文件的数字图像，然而仅有技术特征⑤，仅仅指示出光敏二极管接收的光来自文件的反射光，但并不能清楚地指示出文件为什么会产生反射光。根据该发明所要解决的技术问题 "如何使扫描设备能够与文件的任何弯曲部分紧密地贴合，在多样化的条件下扫描文件，保证扫描质量，并能够压缩收纳扫描设备"可以确定，该便携式数字扫描设备需要贴合在文件上，在贴合的状态下，平面采集元件和文件是紧密接触的，那么，在这样紧密接触的状态下，明确指示文件从哪里获取光线是非常必要的。在第一个实施例中，光线能够照射文件是通过技术特征⑦、⑧、⑪所形成的平面采集元件上的透明沟槽结构，将平面显示元件的光线透射到文件上而实现的；在第二个实施例中，是直接通过技术特征⑫中的每个有机化数字单元里的发光二极管照亮文件的。这样两种照射文件的结构，怎么进行概括呢？

如果仔细地比对客户提供的图3-7和图3-8可以看出，在平面采集元件中，不仅有机光敏二极管是以阵列的形式排列，整体上，平面采集元件都是以阵列的形式构成，其结构非常整齐。受到第二个实施例的启发，可以把平面采集元件概括地划分成由有机数字化单元构成的阵列，这样我们就可以把对平面采集元件结构的描述，具体细化到对一个有机数字化单元的描述中。对于一个有机数字化单元，在第一个实施例中，是通过有机光敏二极管周围的透明区域或沟槽提供光源，在第二个实施例中，是通过有机光敏二极管旁边的发光二极管提供光源。虽然无法从结构上概括这两种光源提供结构，但可以采用功能性的描述，使用"光源提供部件"概括上述两种光源提供结构，从而采用"每个有机数字化单元都包含有机类型的光敏二极管和相应的光源提供部件，所述光源提供部件使文件产生反射光，所述光敏二极管可以获取所述反射光并产生电流，从而形成文件的数字图像"的限定方式，限定有机化数字单元的具体结构。当然，由于这样的限定方式是由专利代理人自己归纳、概括、总结的，因此，需要跟客户沟通，获得客户的认可才能够进行下一步工作。在获得客户的认可之后，我们将技术特征⑤~⑫进行了归纳和概括，形成了独立权利要求中表述平面采集元件的必要技术特征⑤"平面采集元件包含有机数字化单元阵列，每个有机数字化单元都包含有机类型的光敏二极管和相应的光源提供部件，所述光源提供部件使文件产生反射光，所述光敏二极管可以获取所述反射光并产生电流，从而形成文件的数字图像"。

接下来，我们继续分析技术特征⑬和技术特征㉒是不是该发明的必要技术特征。技术特征⑬是对技术特征②"平面显示元件，用于显示被数字化的文件"的进一步限定，如果我们将技术特征⑬作为该发明的必要技术特征，那么技术特征②也必然是该发明的必要技术特征。然而，技术特征②的主要作用是使便携式数字扫描设备能够与用户有效地进行交互，对于当前所确定的该发明要解决的技术问题而言，扫描装置显然不需要一定具有平面显示元件，更不必要求具有"包含显示阵列的电子薄膜的平面显示元件"。因此，技术特征②和⑬不是该发明的必要技术特征。同样地，覆盖于平面显示元件上的平面交互元件（由技术特征⑳限定）不是该发明的必要技术特征，作为对其进一步限定的特征㉒也不是该发明的必要技术特征。

可能有读者会问，既然我们知道，只要该扫描设备具有"柔软"的特性，就可以实现扫描设备与文件的任何弯曲部分紧密地贴合，从而解决"在多样化的条件下扫描文件，保证扫描质量，并能够实现设备的压缩收纳"这一技术问题，那么为什么不直接将"柔软"这一特征抽取出来，作为必要技术特征，从而尽可能地扩大独立权利要求的保护范围呢？

首先，细心的读者可能会发现，上文中一直在强调扫描设备中的"主体区域"，也即平面采集元件所在的区域必须具有"柔软"的特性，而不是"扫描设备"必须具有"柔软"的特性。这是由于考虑到该发明实际要解决的技术问题是"在多样化的条件下扫描文件，保证扫描质量，并能够实现设备的压缩收纳"，那么，只要扫描设备的用于扫描部分，也即平面采集元件所在的区域能够与文件弯曲部分紧密贴合就足够了，如果对整个扫描设备限定为具有"柔软"特性，反而会成为对扫描设备中未用于扫描的区域和其他元件的不适当限制。

进一步地，如果在独立权利要求中使用"平面采集元件所在的区域柔软"作为必要技术特征，那么该限定是对平面采集元件所在的区域要达到效果的限定，属于功能性限定，涵盖了一个较大的限定范围；而在该发明的技术交底书中，仅给出了通过使用光敏电子薄膜作为平面采集元件并使用包含显示阵列的电子薄膜作为平面显示元件、使用薄膜构成平面交互元件的接触感应界面的实施方式实现"平面采集元件所在的区域柔软"这一效果。因此，如果使用特征"平面采集元件所在的区域柔软"作为必要技术特征进行功能性限定，而本领域技术人员基于自身的知识和能力无法获知现有技术中还有哪些实施方式能够实现扫描设备中平面采集元件所在的区域柔软这一技术效果，那么在独立权利要求中仅使用"平面采集元件所在的区域柔软"这一特征对扫描设备主体进行限定，是没有以说明书为依据的，不符合《专利法》第26条第4款的规定。

对于一个数字扫描设备，控制文件的数字化操作以及数字化文件输出的数据处理元件是必不可少的，从而技术特征④中的"数据处理元件，用于控制文件的数字化和数字化文件的输出"部分是该发明解决上述技术问题的必要技术特征。

技术特征②"平面显示元件，用于显示被数字化的文件"、技术特征③"输入输出端口，用于将平面采集元件和平面显示元件耦合至数据处理元件"和技术特征④中的部分特征"数据处理元件，用于控制被数字化的文件的显示"是用于实现前述该发明第三方面的改进（与用户及时、有效地交互）的技术特征，技术特征⑬～⑰是对平面显示元件的进一步限定，上述特征均不是该发明为了解决"如何使扫描设备能够在多样化的条件下扫描文件，保证扫描质量，并能够实现设备的压缩收纳"这一技术问题所必不可少的技术特征，因此特征②、③、④（部分）、⑬～⑰都不是该发明解决上述技术问题的必要技术特征。

技术特征⑱是对数据处理元件的进一步限定，然而对于该发明最基础的改进，数据处理元件只要能够实现"用于控制文件的数字化"的功能即可，因此技术特征⑱也不是该发明解决上述技术问题的必要技术特征。

技术特征⑲是对外部连接接口的进一步改进，因此技术特征⑲也不是该发明解决上述技术问题的必要技术特征。

技术特征㉑、㉖～㉙是对技术特征⑳的平面交互元件的进一步限定，因此，技术特征㉑、㉖～㉙也不是该发明解决上述技术问题的必要技术特征。

技术特征㉓和㉕是对便携式数字扫描设备中数据处理元件、输入输出端口以及外部连接接口的"柔软"特性的进一步限定。前面分析过，对于该发明最基础的改进而言，只要扫描设备的用于扫描的部分，也即平面采集元件所在的区域能够与文件弯曲部分紧密贴合就足够解决其技术问题，因此技术特征㉓和㉕也不是该发明解决上述技术问题的必要技术特征。

技术特征㉔"数据处理元件被设置在管理区域中的不同于柔软平面元件的一端"是对便携式扫描设备中元件布局的限定，这一限定主要为了实现第二方面的改进中"减小体积、轻薄便携"的技术效果，不是解决"如何使扫描设备能够在多样化的条件下扫描文件，保证扫描质量，并能够实现设备的压缩收纳"这一技术问题的必要技术特征。

综上所述，本申请独立权利要求保护的主题"便携式数字扫描设备"的必要技术特征应当包括：平面采集元件，用于将文件数字化；数据处理元件，用于控制文件的数字化；以及平面采集元件包含有机数字化单元阵列，每个有机数字化单元都包含有机类型的光敏二极管和相应的光源提供部件，所述光源提供部件使文件产生反射光，所述光敏二极管获取所述反射光并产生电流，从而形成文件的数字图像。

三、撰写独立权利要求

在确定该发明专利申请的最接近的现有技术、针对该最接近的现有技术所要解决的技术问题以及为解决该技术问题所必需包含的必要技术特征之后，就可以开始着手撰写独立权利要求，将确定的必要技术特征与最接近的现有技术进行对比分析，把其中与最接近的现有技术共有的技术特征写入独立权利要求的前序部分，而将其他必要技术特征作为与最接近的现有技术的区别特征写入独立权利要求的特征部分。

对于该发明而言，功能性限定的"平面采集元件，用于将文件数字化"和"数据处理元件，用于控制文件的数字化和数字化文件的输出"是与最接近的现有技术对比文件2共有的技术特征，因此可以将该技术特征写入独立权利要求的前序部分，而技术特征"平面采集元件包含有机数字化单元阵列，每个有机数字化单元都包含有机类型的光敏二极管和相应的光源提供部件，所述光源提供部件使文件产生反射光，所述光敏二极管可以获取所述反射光并产生电流，从而形成文件的数字图像"是该发明与最接近的现有技术对比文件2的区别特征，因此需要将其写入独立权利要求的特征部分。按照此方式撰写独立权利要求，必定满足了《专利法实施细则》第21条第1款有关独立权利要求撰写的格式规定。

最后，完成的独立权利要求1如下：

1. 一种便携式数字扫描设备，包括：平面采集元件，用于将文件数字化；以及

数据处理元件，与平面采集元件相连，用于控制文件的数字化和数字化文件的输出；

其特征在于：

平面采集元件包含有机数字化单元阵列，每个有机数字化单元都包含有机类型的光敏二极管和相应的光源提供部件，所述光源提供部件使文件产生反射光，所述光敏二极管获取所述反射光并产生电流，从而形成文件的数字图像。

所撰写的上述独立权利要求满足如下几方面的实质性要求。

（1）所撰写的独立权利要求应当包含解决技术问题的全部必要技术特征。

就这一实质性要求而言，前面在分析确定该发明的必要技术特征时，已作出了具体说明，在此不再作重复描述。

（2）所撰写的独立权利要求不应当写入非必要技术特征，以使该发明得到充分的保护。

在独立权利要求中，未写入经前述分析认为是属于进一步限定的技术特征，使该独立权利要求限定的技术方案具有较宽的保护范围。

（3）应当以说明书为依据，清楚、简要地限定要求专利保护的范围。

就本案例而言，受技术交底书中的实施例所限，为使所撰写的独立权利要求符合独立权利要求以说明书为依据这一实质性要求，需要明确平面采集元件的材料。在平时的代理实务中，若技术交底书中所提供的实施方式不足以支持

客户所想要求保护的范围时，可以要求客户进一步补充实施方式，从而在撰写说明书时在具体实施方式部分给出更多的实施方式来支持所撰写的独立权利要求，否则，应当在说明书能够支持的范围内，撰写合理范围的权利要求。

同时，该权利要求也满足清楚、简要的要求。

（4）所撰写的独立权利要求应当满足新颖性和创造性的要求。

在本案例中，独立权利要求1与客户提供的对比文件1相比，具有区别特征：①便携；②平面采集元件包含有机数字化单元阵列，每个有机数字化单元都包含有机类型的光敏二极管和相应的光源提供部件，所述光源提供部件使文件产生反射光，所述光敏二极管获取所述反射光并产生电流，从而形成文件的数字图像。因此权利要求1与对比文件1的技术方案实质上不同，且权利要求1能够解决"便携"和"如何使扫描设备能够在多样化的条件下扫描文件，保证扫描质量，并能够实现设备的压缩收纳"这两个技术问题，达到相应的技术效果，因此所撰写的独立权利要求1相对于对比文件1具备《专利法》第22条第2款规定的新颖性。

独立权利要求1与对比文件2相比，具有区别特征"平面采集元件包含有机数字化单元阵列，每个有机数字化单元都包含有机类型的光敏二极管和相应的光源提供部件，所述光源提供部件使文件产生反射光，所述光敏二极管获取所述反射光并产生电流，从而形成文件的数字图像"，因此权利要求1与对比文件2的技术方案实质上不同，且权利要求1能够解决"如何使扫描设备能够在多样化的条件下扫描文件，保证扫描质量，并能够压缩收纳"这一技术问题，达到相应的技术效果，因此所撰写的独立权利要求1相对于对比文件2具备《专利法》第22条第2款规定的新颖性。

所撰写的独立权利要求1相对于最接近的现有技术（对比文件2）的区别特征使得其能够解决"如何使扫描设备能够在多样化的条件下扫描文件，保证扫描质量，并能够实现设备的压缩收纳"这一技术问题。虽然在现有技术中存在"光敏电子薄膜"这一产品，然而正如客户所提及的，在现有技术中，对"光敏电子薄膜"的应用仅考虑到了"薄"的特性，而没有考虑到"柔软"的特性。因此，现有技术并不存在利用了"光敏电子薄膜"作为平面采集元件实现便携式数字扫描设备"使扫描设备能够在多样化的条件下扫描文件，保证扫描质量，并能够实现设备的压缩收纳"的技术启示。由于该区别特征未被对比文件1公开，同时也不属于本领域技术人员解决上述技术问题的公知常识，现有技术中也无法给出将上述区别特征应用到对比文件2中的透明框式扫描器中来解决"在多样化的条件下扫描文件，保证扫描质量，并能够实现设备的压缩收纳"这一技术问题的技术启示。因此，独立权利要求 1 的技术方案相对于已知证据以及本领域的公知常识是非显而易见的，因而具有突出的实质性特点。此外，上述区别特征使得该发明的便携式扫描设备能够在多样化的条件下扫描文件，保证扫描质量，并能够实现设备的压缩收纳，即该独立权利要求 1 的技术方案相对于现有技术具有有益的效果，因而具有显著的进步。由此可知，所撰写的独立权利要求具备《专利法》第 22 条第 3 款规定的创造性。

四、撰写从属权利要求

为了增加专利申请取得专利权的可能性和批准专利后更有利于维护专利权，应当撰写合理数量的从属权利要求，尤其要将技术交底书中对创造性起作用的那些技术特征写成相应的从属权利要求。

在前面理解该发明要求保护主题的实质内容时所列出的技术特征中可以看出，技术特征⑥～⑫是对平面采集元件的两个具体实施方式的进一步限定；技术特征②、④（部分）是对实现该发明第三方面改进的平面显示元件的限定；技术特征⑬～⑰是对平面显示元件的进一步限定；技术特征⑱是对数据处理元件的进一步限定；技术特征⑲是外部连接接口；技术特征⑳～㉑是平面交互元件；技术特征㉒～㉓、㉕进一步限定了设备的柔软材质；技术特征㉔是元件的排布方式。这些特征不是该发明的必要技术特征，因此未写入独立权利要求中。理论上说，上述任意一个技术特征都可以作为附加技术特征写入从属权利要求中，然而如果将每一个技术特征都写入权利要求书中，会使权利要求书整体上拖沓冗长，无谓地浪费客户的金钱；极细节、本领域惯用技术特征的写入对发明专利的保护意义也不大。可以对这些技术特征进行分析，确定哪些技术特征不必写入从属权利要求中，并对确定写入从属权利要求的技术特征进行布局。在本案例中，为了便于读者了解从属权利要求的撰写布局，在排除了不必写入的技术特征之后，对于有一定创造性高度的技术特征，都给出作为从属权利要求的示例。在实际工作中，可以通过与客户的沟通，调整或删除部分从属权利要求。

在上述技术特征中，技术特征③"输入输出端口，用于将平面采集元件和平面显示元件耦合至数据处理元件"是本领域中惯用的将元件相互耦合、传递信号的技术手段；技术特征⑱"数据处理元件包括存储器和中央处理单元"是本领域中惯用的实现处理元件的装置部件；技术特征㉕中的"输入输出端口是柔软的"是对技术特征③的进一步限定；因此，不必将这三个技术特征写入从属权利要求中。技术特征㉓中的"数据处理元件中的存储器、中央处理单元是柔软的"是对技术特征⑱的进一步限定,可以仅提取上位技术特征"数据处理元件是柔软的"写入从属权利要求中。

请注意,在上述确定写入从属权利要求的技术特征中,技术特征⑧"每个光敏二极管在平面采集元件和平面显示元件之间界面的一侧被不透明屏幕覆盖"虽然是对技术特征⑤"平面采集元件具有有机光敏二极管构成的采集阵列,每个光敏二极管按照被文件反射并被其吸收的光来产生电流,从而形成文件的数字图像"和技术特征⑦"平面采集元件对于来自某些预定光源的光是透明的"的进一步限定,但其同时也是建立在技术特征⑰"平面显示元件可以粘贴在平面采集元件上,或平面显示元件和平面采集元件可以粘贴在例如柔软薄膜的透明元件的两个相对表面上"的基础上的,因此在形成从属权利要求的布局时,需要注意引用关系,避免出现权利要求不清楚的情况。

在形成从属权利要求的布局时,首先需要考虑的是以哪些技术特征作为对独立权利要求的第一步改进会有利于逐层推进。对于本案例,由于对平面采集元件的限定与对平面显示元件的限定存在交叉,为了便于逐层推进,将实现该发明第三方面改进的平面显示元件的限定,即技术特征②、④(部分)作为对独立权利要求技术方案的第一步限定(省略本领域惯用技术手段的技术特征③),可以较好地展开权利要求的布局。

在针对平面显示元件的限定而设置从属权利要求时,需要注意加入平面显示元件与其他部件的连接关系,比如与数据处理元件的连接关系,以及数据处理元件控制数字化文件的显示。

相应的从属权利要求的内容如下:

2. 根据权利要求1所述的便携式数字扫描设备,其特征在于:该数字扫描设备还具有用于显示被数字化的文件的平面显示元件,所述数据处理元件还与平面显示元件相连,用于控制被数字化的文件的显示。[对应技术特征②、④(部分)]

接下来可以分别布局平面采集元件的两个具体实施方式。在撰写关于平面采集元件的从属权利要求时,可以根据技术特征限定出的层次,即技术特征⑦~⑪和技术特征⑫是在技术特征⑤的基础上相互独立实现的实施方式,从而确定从属权利要求之间的引用关系。

针对平面采集元件的改进而设置的从属权利要求内容如下:

3. 根据权利要求2所述的便携式数字扫描设备,其特征在于:所述平面采集元件对于来自预定光源的光是透明的。(对应技术特征⑦)

4. 根据权利要求3所述的便携式数字扫描设备,其特征在于:每个光敏二极管在平面采集元件和平面显示元件之间界面的一侧被不透明屏幕或对应于耦合至那个光敏二极管的有机晶体管所覆盖。（对应技术特征⑧和⑨）

5. 根据权利要求 4 所述的便携式数字扫描设备，其特征在于：光隔离光敏二极管的一侧的不透明屏幕或晶体管没有覆盖平面采集元件的全部区域，留下透明区域或沟槽作为光源提供部件，以允许光通过。（对应技术特征⑪）

6. 根据权利要求 4 所述的便携式数字扫描设备，其特征在于：所述平面采集元件可以由两个电子薄膜连同两个薄膜之间的必要电连接构成，所述电子薄膜中的一个包含光敏二极管的阵列，另一个包含相应的有机晶体管阵列。（对应技术特征⑩）

7. 根据权利要求 1 所述的便携式数字扫描设备，其特征在于：所述光源提供部件是与光敏二极管相应的发光二极管。（对应技术特征⑫）

其次要考虑的是对平面显示元件的进一步改进。技术交底书中对平面显示元件的进一步限定为技术特征⑬～⑰，其中技术特征⑭是技术特征⑬的进一步限定，技术特征⑯是技术特征⑮的进一步限定。

针对平面显示元件的改进而设置的从属权利要求内容如下：

8. 根据权利要求 2 所述的便携式数字扫描设备，其特征在于：所述平面显示元件包含显示阵列的电子薄膜。（对应技术特征⑬）

9. 根据权利要求 8 所述的便携式数字扫描设备，其特征在于：所述显示阵列包含使用 TFT 技术的有机类型的像素。（对应技术特征⑬）

10. 根据权利要求 8 所述的便携式数字扫描设备，其特征在于：所述平面显示元件包括不同颜色和不同电荷的液晶或粒子，或者包括对电场起反应、被分成两个不同颜色半球的微球。（对应技术特征⑭）

11. 根据权利要求 10 所述的便携式数字扫描设备，其特征在于：所述不同颜色是黑色和白色。（对应技术特征⑭）

12. 根据权利要求 8 所述的便携式数字扫描设备，其特征在于：所述平面显示元件包含照明装置，所述照明装置用于发出称作数字化光的光，以激活由平面采集元件对文件所进行的数字化。（对应技术特征⑮）

13. 根据权利要求 12 所述的便携式数字扫描设备，其特征在于：所述照明装置可以由显示阵列自身构成。（对应技术特征⑯）

14. 根据权利要求 8 所述的便携式数字扫描设备，其特征在于：所述平面显示元件粘贴在平面采集元件上，或平面显示元件和平面采集元件可以粘贴在柔软薄膜的透明元件的两个相对表面上。（对应技术特征⑰）

针对反映外部连接接口的技术特征⑲设置的从属权利要求如下：

15. 根据权利要求 1 所述的便携式数字扫描设备，其特征在于：还包括外部连接接口，能够通过电缆、无线或电磁装置被连接至个人数字助理、计算机或移动电话类型的外部终端。

针对反映平面交互元件的技术特征⑳~㉒设置的从属权利要求如下：

16. 根据权利要求 2 所述的便携式数字扫描设备，其特征在于：还包括平面交互元件，其被设置在平面显示元件上，能够覆盖全部或部分平面显示元件，使得用户能够与被数字化文件进行交互。（对应技术特征⑳）

17. 根据权利要求 16 所述的便携式数字扫描设备，其特征在于：所述平面交互元件可以粘贴在平面显示元件上，或平面交互元件和平面显示元件可以粘贴在柔软、薄膜的透明元件的两个相对表面上。（对应技术特征㉑）

18. 根据权利要求 16 所述的便携式数字扫描设备，其特征在于：所述平面交互元件的接触感应界面由薄膜构成。（对应技术特征㉒）

针对反映元件布局的技术特征㉔设置的从属权利要求如下：

19. 根据权利要求 1 所述的便携式数字扫描设备，其特征在于：将数据处理元件设置在不同于平面采集元件的一端。（对应技术特征㉔）

针对反映设备材质柔软的特征"数据处理元件柔软"和"外部连接接口柔软"设置的从属权利要求如下：

20. 根据权利要求 15 所述的便携式数字扫描设备，其特征在于：所述外部连接接口是柔软的。（对应技术特征㉕）

21. 根据权利要求 1 所述的便携式数字扫描设备，其特征在于：所述数据处理元件是柔软的。（对应技术特征㉓）

在实际工作中进行权利要求布局时，可以将一些带来显著技术效果的技术特征写入到从属权利要求中，例如上述提到的权利要求 2~22；而将另一些更细化的特征保留在说明书中以便于在实质审查过程中根据需要进行进一步修改，例如对平面交互元件进一步限定的技术特征㉖~㉙。应当注意，由于一项技术在商业上是否能够成功，除了其技术特征之外，还受市场等各方面因素的影响，所以专利代理人根据自身理解所撰写的权利要求书，其技术布局不一定是最完美的。因此，专利代理人在完成权利要求书的初步布局之后，还应当与客户进行充分沟通，不断调整和完善其布局。

第三节 说明书及其摘要的撰写

在完成权利要求书的撰写之后，就可着手撰写说明书及其摘要。说明书及其摘要的撰写应当按照《专利法实施细则》第 17 条、第 18 条和第 23 条的规定撰写。根据《专利法实施细则》第 17 条的规定，发明或者实用新型专利申请的说明书应当写明发明或者实用新型的名称，该名称应当与请求书中的名称一致。说明书通常应当包括技术领域、背景技术、发明或者实用新型内容、附图说明和具体实施方式五个组成部分。下面将重点说明在撰写该申请案说明书各个组成部分时应当注意的问题，读者可结合附在此后推荐的说明书的具体内容来加深理解。本节最后一部分给出了该申请案的推荐的发明专利申请文件的参考文本。

现针对说明书的各个组成部分具体说明其撰写要求和撰写思路。

1. 发明或实用新型的名称

发明或者实用新型的名称应当清楚、简要、全面地反映发明或实用新型要求保护的技术方案的主题名称以及发明的类型，使发明或实用新型名称所描述的技术主题与技术方案相对应。

就本案例来说，由于其仅涉及一项独立权利要求，因而将该独立权利要求技术方案的所涉及的主题名称作为发明名称，即"便携式数字扫描设备"。

2. 发明或者实用新型的技术领域

发明或者实用新型的技术领域是指要求保护的技术方案所属或者直接应用的具体技术领域，既不是发明或实用新型所属或者应用的广义或上位技术领域，也不是其相邻技术领域，更不是发明或者实用新型本身，该技术领域往往与发明或实用新型在《国际专利分类表》中可能分入的最低位置有关。这一部分也应体现发明或实用新型要求保护的技术方案的主题名称以及发明的类型。如发明是一种产品和该产品的制造方法，则发明所属技术领域也应包括产品和其制造方法。

这部分常用的格式语句是："本发明（或本实用新型）涉及一种……"或"本发明（或本实用新型）属于……"

对于本案例来说，由于该发明直接应用的具体技术领域是数字扫描设备，其《国际专利分类表》中的位置是"图像通信"下的小组："H04N 1/00：文件或类似物的扫描、传输或重现，例如传真传输；其零部件"，因此，该发明的技术领域部分可以撰写为："该发明涉及一种数字扫描设备，特别是涉及一种便携式数字扫描设备。"

3. 发明或者实用新型的背景技术

说明书这一部分应当写明对发明或者实用新型的理解、检索、审查有用的背景技术，有可能的，在撰写时，可以引证一份或多份现有技术文件，当然，也可以概述现有技术的情况，而不引用相关文件。

对于本案例来说，通过对现有技术的检索和分析，一共找到了两份相关的现有技术文件。为节省篇幅考虑，在背景技术部分仅对作为最接近现有技术的对比文件 2 的有关内容加以说明。由于该现有技术比较简单，因此，可以只对该份最接近的现有技术作简要说明，给出其出处。

此外，在说明书背景技术部分中，还要客观地指出背景技术中存在的问题和缺点，但是，为聚焦发明所要解决的技术问题，该客观问题和缺点通常仅限于涉及由发明或者实用新型的技术方案所解决的问题和缺点。在可能的情况下，还可指出说明存在这种问题和缺点的原因以及解决这些问题和缺点时曾经遇到的困难。

对于本案例来说，背景技术中对比文件 2 所披露的透明框式扫描器，虽然与传统的平台式光学扫描仪相比体积略小，能够搬移到不便于移动的文件上进行扫描，但由于其内部仍然是采用往复运动的接触式图像传感器进行成像，从而其必然需要在内部保留有足够的空间以便图像传感器往复运动，因此该透明框式扫描器无法做到轻薄便携。该透明框式扫描器为了保证内部的空间，无法做成材质柔软的形式，当待扫描的文件存在弯曲部分时，该扫描器无法紧密地贴合于文件表面，扫描效果必然会变差。此外，无论是传统的平台式光学扫描仪还是对比文件 2 披露的透明框式扫描器，都无法将采集的图像立刻显示在扫描仪上，从而无法与用户实现及时、有效的交互，对用户而言，操作烦琐、效率低下。

对于客户所提出的另一种纸质文件数字化的方式，即使用照相机拍摄的方式，由于与该发明实际要解决的技术问题相去较远，为突出该发明的改进之处，可以不体现在背景技术中。

4. 发明或者实用新型的内容

说明书这一部分应当写明发明或者实用新型所要解决的技术问题、解决技术问题采用的技术方案，以及发明或者实用新型相对于现有技术所带来的有益效果。通常情况下，这一部分的描述应当与权利要求要求保护的技术方案相适应。

（1）要解决的技术问题

发明或者实用新型所要解决的技术问题，是指发明或者实用新型要解决的现有技术中存在的技术问题。通常针对最接近的现有技术中存在的技术问题并结合该发明所取得的效果提出。这一部分应当采用正面、尽可能简洁的语言客观而有根据地反映发明或者实用新型要解决的技术问题。

本案例按照权利要求撰写时的分析，相对于最接近的现有技术来说，独立权利要求的技术方案要解决的技术问题是如何使扫描设备能够在多样化的条件下扫描文件，保证扫描质量。从属权利要求要解决的技术问题包括与用户进行有效的交互以及进一步降低重量、减小体积，使该数字扫描设备更加轻薄便携。因此，在撰写时首先应当直接、清楚地写明"本发明要解决的技术问题是提供一种便携式数字扫描设备，从而使得该便携式数字扫描设备能够在多样化的条件下扫描文件，保证扫描质量"。

（2）技术方案

在撰写这一部分时，应当注意层次结构，一般情况下，首先，应当写明独立权利要求的技术方案，其用语应当与独立权利要求的用语相应或者相同，以发明或者实用新型必要技术特征总和的形式阐明其实质，必要时，说明必要技术特征总和与发明或者实用新型效果之间的关系。其次，另起段通过对该发明或者实用新型的附加技术特征的描述，反映对其作进一步改进的重要从属权利要求的技术方案。

对于本案例来说，由于只有一项独立权利要求，因此，应当先用一个自然段描述该独立权利要求的技术方案。然后，另起段对重要的从属权利要求的附加技术特征加以说明。

（3）有益效果

有益效果是确定发明是否具有"显著的进步"，实用新型是否具有"进步"的重要依据。技术效果与发明或实用新型要解决的技术问题及所采用的技术方案之间具有逻辑对应关系，通过全面、详细、客观地论述发明或实用新型技术方案的技术特征所带来的有益效果，有助于人们对发明或者实用新型的理解，并对要求保护的发明或者实用新型起到进一步解释的作用。

在说明有益效果时不得仅给出断言，应当通过与现有技术进行比较分析的方式说明有益效果。考虑到利于后续修改和对保护的发明的解释，在撰写这部分内容时，除了对独立权利要求技术方案的技术效果进行分析外，还应对重要从属权利要求的技术方案的有益效果加以分析。对于那些不能通过技术方案直接推断出的效果，由于不允许在申请日后再补入说明书中，而只能提供审查员作为参考，从而可能造成客户的利益损失，因此，在说明书撰写时，应对这些技术效果进行充分的说明。

对于本案例来说，为了明确各技术方案的有益效果，并从总体上全面、详细、客观地论述该发明技术方案的技术特征所带来的有益效果，可以将各技术方案的技术特征带来的有益效果分别写在相应的技术方案的后面，并在介绍完所有技术方案后，通过独立的段落综述独立权利要求和从属权利要求技术方案的有益效果。

5. 附图说明

说明书有附图的，应当写明各幅附图的图名，并且对图示内容作简要说明。当附图多于一幅时，必要时说明这些附图之间的相互关系。对于各种示意图、透视图、剖视图等来说，都应当在简要说明中说明。

这部分通常以下述格式句开始："下面结合附图对本发明（或实用新型）的具体实施方式作进一步详细的说明"，在这之后再集中给出各幅附图的图名。

对本案例来说，图3-6是本案例的最接近的现有技术，图3-2至图3-4、图3-7至图3-10是体现本案例具体实施方式的相关附图，上述附图均应当在本案例的说明书附图中记载，同时在该专利申请的说明书附图说明中，应当对这八幅附图作出说明。

6. 具体实施方式

实现发明或者实用新型优选的具体实施方式是说明书的重要组成部分，它对于充分公开、理解和实现发明或者实用新型，支持和解释权利要求都极为重要。因此，说明书应当详细描述实现发明或实用新型优选的具体实施方式，必要时应当举例加以说明，有附图的，应当对照附图进行说明。

在这部分至少应当对一个优选的具体实施方式给予足够详细的描述，使所属技术领域的技术人员根据说明书中对该实施方式具体描述的内容就能够实现该发明或实用新型，而不必再做创造性活动或过多的实验。

在撰写具体实施方式时，应当注意描述的逻辑性和条理性，注意前后承接关系，避免出现前后不一致、逻辑不清等情况，以避免造成说明书不能充分公开的缺陷。

尽管《专利审查指南2010》第二部分第二章第3.2.1节指出，在判断权利要求书是否得到说明书的支持时，应当考虑说明书的全部内容，而不是仅限于具体实施方式部分的内容。但从说明书的撰写来看，为支持权利要求，尤其是当采用概括方式表述技术特征的权利要求具有一个较宽的保护范围时，应当在具体实施方式部分给出足够多的实施方式，以与权利要求的保护范围相适应。对于在这一部分描述多个实施方式的情况，如果这些实施方式之间有较大的区别，或者这些实施方式的结构都比较简单，通常可针对这些实施方式分别作出详细描述。如果其中一部分实施方式之间差别不大，则可以只针对其中一种实施方式进行详细的描述，而对另一些实施方式，只重点说明其与这种实施方式的不同之处，对于相同部分可以采用"其他部分与前一种实施方式相同"等类似的语言作简单说明。

在撰写具体实施方式时，还应当为审批阶段对权利要求书进行修改做好准备，即对审批阶段修改权利要求时可能出现的权利要求的技术方案，也应当在具体实施方式部分给出明确说明。

对于本案例来说，除了根据技术交底书提供的该发明具体技术内容进行描述外，还应当包括在与客户沟通后所补充的必要技术内容。补充了上述内容和实施方式后，具体实施方式部分已清楚地公开了该发明专利申请要求保护的主题，并且在一定程度上起到了支持权利要求保护范围的作用。

在对具体实施方式进行撰写时，可以按照权利要求的布局，逐步对技术方案进行展开和铺陈。

7. 说明书附图

附图的作用在于用图形补充说明书文字部分的描述，使人能够直观、形象化地理解发明或者实用新型的每个技术特征和整体技术方案。对于通信领域中的专利申请，附图对于了解说明书所描述的发明创造的内容来说是不可缺少的，因此说明书附图应当清楚地反映发明或者实用新型的内容。

在本案例中，需要结合技术交底书中的图 3 - 2 至图 3 - 4 以及客户回函中的图 3 - 7 至图 3 - 10，以及本案例的最接近的现有技术（对比文件 2）的图 3 - 6 来描述该发明的实施方式和现有技术，因此该发明说明书中共有八幅附图。

8. 说明书摘要

摘要是说明书记载内容的概述，其作用在于使公众通过阅读摘要中简单的文字概括即可快捷地了解发明所涉及的内容。一份好的说明书摘要将有利于专利信息的检索，提供强有力的情报信息作用，从而促进专利信息的流通。

摘要应当写明发明或者实用新型的名称和所属技术领域，并清楚地反映所要解决的技术问题、解决该技术问题的技术方案的要点以及主要用途，其中以技术方案为主，至少应反映独立权利要求所要求保护的技术方案。摘要全文（包括标点符号）不应超过 300 字。此外，摘要中不得使用商业性宣传用语，

说明书中有附图的，应指定并提供一幅最能说明该发明或实用新型技术方案的附图作为摘要附图（摘要附图应当是说明书的附图之一）。摘要文字部分出现的附图标记应加括号。

说明书摘要可采用下述起始格式句："本发明（或实用新型）公开了一种……"

对于本案例，鉴于独立权利要求比较简单，因而可以简要地写入整个独立

权利要求的技术方案。由于所写的内容还不到 300 字，还可写入该发明进一步的有益效果。最后，从附图中选择一幅最能反映该发明内容的说明书附图 2 作为摘要附图。

上面对说明书的各个组成部分的撰写要求以及如何撰写进行了具体说明，需要强调的是，在整个说明书的撰写过程中，要注意说明书的各组成部分内容之间、说明书和权利要求书之间的逻辑对应关系，确保说明书的条理清晰、结构合理，并且与权利要求书相适应。

第四节　发明专利申请文件的参考文本

按照上述分析，可以完成"便携式数字扫描设备"的说明书文本的撰写。下面给出最后完成的该发明专利申请文件的参考文本。

权利要求书

1. 一种便携式数字扫描设备，包括：平面采集元件，用于将文件数字化；以及

数据处理元件，与平面采集元件相连，用于控制文件的数字化和数字化文件的输出；

其特征在于：

平面采集元件包含有机数字化单元阵列，每个有机数字化单元都包含有机类型的光敏二极管和相应的光源提供部件，所述光源提供部件使文件产生反射光，所述光敏二极管获取所述反射光并产生电流，从而形成文件的数字图像。

2. 根据权利要求1所述的便携式数字扫描设备，其特征在于：该数字扫描设备还具有用于显示被数字化的文件的平面显示元件，所述数据处理元件还与平面显示元件相连，用于控制被数字化的文件的显示。

3. 根据权利要求2所述的便携式数字扫描设备，其特征在于：所述平面采集元件对于来自预定光源的光是透明的。

4. 根据权利要求3所述的便携式数字扫描设备，其特征在于：每个光敏二极管在平面采集元件和平面显示元件之间界面的一侧被不透明屏幕或对应于耦合至那个光敏二极管的有机晶体管所覆盖。

5. 根据权利要求4所述的便携式数字扫描设备，其特征在于：光隔离光敏二极管的一侧的不透明屏幕或有机晶体管没有覆盖平面采集元件的全部区域，留下透明区域或沟槽作为光源提供部件，以允许光通过。

6. 根据权利要求4所述的便携式数字扫描设备，其特征在于：所述平面采集元件可以由两个电子薄膜连同两个薄膜之间的电连接构成，所述电子薄膜中的一个包含光敏二极管的阵列，另一个包含相应的有机晶体管阵列。

7. 根据权利要求1所述的便携式数字扫描设备，其特征在于：所述光源提供部件是与光敏二极管相应的发光二极管。

8. 根据权利要求2所述的便携式数字扫描设备，其特征在于：所述平面显示元件是包含显示阵列的电子薄膜。

9. 根据权利要求8所述的便携式数字扫描设备，其特征在于：所述显示阵列包含使用TFT技术的有机类型的像素。

10. 根据权利要求8所述的便携式数字扫描设备，其特征在于：所述平面显示元件包括不同颜色和不同电荷的液晶或粒子，或者包括对电场起反应、被分成两个不同颜色半球的微球。

11. 根据权利要求 10 所述的便携式数字扫描设备，其特征在于：所述不同颜色是黑色和白色。

12. 根据权利要求 8 所述的便携式数字扫描设备，其特征在于：所述平面显示元件包含照明装置，所述照明装置用于发出称作数字化光的光，以激活由平面采集元件对文件所进行的数字化。

13. 根据权利要求 12 所述的便携式数字扫描设备，其特征在于：所述照明装置可以由显示阵列自身构成。

14. 根据权利要求 8 所述的便携式数字扫描设备，其特征在于：所述平面显示元件粘贴在平面采集元件上，或平面显示元件和平面采集元件可以粘贴在柔软薄膜的透明元件的两个相对表面上。

15. 根据权利要求 1 所述的便携式数字扫描设备，其特征在于：还包括外部连接接口，能够通过电缆、无线或电磁装置被连接至个人数字助理、计算机或移动电话类型的外部终端。

16. 根据权利要求 2 所述的便携式数字扫描设备，其特征在于：还包括平面交互元件，其被设置在平面显示元件上，能够覆盖全部或部分平面显示元件，使得用户能够与被数字化文件进行交互。

17. 根据权利要求 16 所述的便携式数字扫描设备，其特征在于：所述平面交互元件可以粘贴在平面显示元件上，或平面交互元件和平面显示元件可以粘贴在柔软、薄膜的透明元件的两个相对表面上。

18. 根据权利要求 16 所述的便携式数字扫描设备，其特征在于：所述平面交互元件的接触感应界面由薄膜构成。

19. 根据权利要求 1 所述的便携式数字扫描设备，其特征在于：将数据处理元件设置在不同于平面采集元件的一端。

20. 根据权利要求 15 所述的便携式数字扫描设备，其特征在于：所述外部连接接口是柔软的。

21. 根据权利要求 1 所述的便携式数字扫描设备，其特征在于：所述数据处理元件是柔软的。

说　明　书

便携式数字扫描设备

技术领域

本发明涉及一种数字扫描设备，特别是涉及一种便携式数字扫描设备。

背景技术

在互联网技术迅速发展的今天，各种格式的数字文件已经逐步成为了传送和记录信息的最主要方式之一。因此，将纸质文件转换为数字文件的需求也越来越强烈。

目前，将纸质文件数字化文件的最佳方式是使用光学扫描仪。传统的光学扫描仪主要是利用一光源模块提供光源以扫描文稿，再利用一光程装置接收光源模块在扫描时所反射的文稿图像，再以电荷耦合组件采集文稿图像，经过光电信号的转换形成数字信号后，最后再传送至计算机的中进行图像处理。然而传统的光学扫描仪仅适用于扫描单张纸张形态的待扫描文件，而不适用于装订成册的待扫描文件或是书本的扫描，同时也不适合扫描那些不便于移动的文件。

在中国专利申请公开说明书 CN×××××××A 中，针对上述不适合扫描不便于移动的文件的问题，公开了一种透明框式扫描器，如图 8 所示。该透明框式扫描器 250 能够放置在扫描对象 252 上面进行扫描，从而能够扫描装订成册的待扫描文件、书本以及不便于移动的文件。然而，该透明框式扫描器的内部仍然是采用往复运动的接触式图像传感器 262 进行成像，从而其必然需要在内部保留有足够的空间以便图像传感器 262 作往复运动，因此该透明框式扫描器无法做到轻薄便携，也无法做成材质柔软的形式以保证扫描质量。例如，当待扫描的文件存在弯曲部分时，该扫描器无法紧密地贴合于文件表面，扫描效果必然会变差。

无论是传统的平台式光学扫描仪还是上述专利申请所披露的透明框式扫描器，都无法与文件的弯曲部分紧密贴合，并且压缩收纳，扫描效果较差。

发明内容

本发明要解决的技术问题是提供一种便携式数字扫描设备，从而使得该便携式数字扫描设备能够在多样化的条件下扫描文件，保证扫描质量，并能够实现设备的压缩收纳。

为解决上述技术问题，本发明的便携式数字扫描设备包括：平面采集元件，用于将文件数字化；以及数据处理元件，与平面采集元件相连，用于控制文件的数字化和数字化文件的输出；其特征在于：平面采集元件包含有机数字化单元阵列，每个有机数字化单元都包含有机类型的光敏二极管和相应的光源提供部件，所述光源提供部件使文件产生反射光，所述光敏二极管获取所述反射光并产生电流，从而形成文件的数字图像。

作为本发明的进一步改进，所述便携式数字扫描设备还具有用于显示被数字化的文件的平面显示元件，所述数据处理元件还与平面采集元件相连，用于控制被数字化的文件的显示。使用上述平面显示元件，使得本发明所述的便携式数字扫描设备能够及时将扫描得到的图像呈现给用户，达到与用户及时、有效地交互的目的。

作为本发明的进一步改进，所述便携式数字扫描设备中的平面采集元件是由有机类型的光敏二极管构成的采集阵列，以便每个光敏二极管按照被文件反射并被光敏二极管吸收的光来产生电流，从而形成文件的数字图像。

优选地，所述平面采集元件对于来自预定光源的光是透明的。

优选地，所述便携式数字扫描设备中的平面采集元件中的每个光敏二极管在平面采集元件和平面显示元件之间界面的一侧被不透明屏幕或对应于耦合至那个光敏二极管的有机晶体管所覆盖，光隔离光敏二极管的一侧的不透明屏幕或晶体管没有覆盖平面采集元件的全部区域，留下透明区域或沟槽作为光源提供部件，以允许光通过。

作为本发明的进一步改进，所述便携式数字扫描设备中的平面采集元件可以由两个电子薄膜连同两个薄膜之间的必要电连接所构成，所述电子薄膜中的一个包含光敏二极管的阵列，另一个包含相应的有机晶体管阵列。

作为本发明的进一步改进，所述便携式数字扫描设备中的平面采集元件包含的有机数字化单元阵列中，所述光源提供部件是与光敏二极管相应的发光二极管。

使用上述平面采集元件，使得本发明所述的便携式数字扫描设备能够显著降低重量、减小体积，更加轻薄便携。

作为本发明的进一步改进，所述便携式数字扫描设备中的平面显示元件包含显示阵列的电子薄膜。

优选地，所述显示阵列包含使用 TFT 技术的有机类型的像素。

优选地，所述平面显示元件包括不同颜色和不同电荷的液晶或粒子，或者包括对电场起反应、被分成两个不同颜色半球的微球，所述不同颜色是黑色和白色。

作为本发明的进一步改进，所述便携式数字扫描设备中的平面显示元件包含照明装置，所述照明装置用于发出称作数字化光的光，以激活由平面采集元件对文件所进行的数字化。

优选地，所述照明装置可以由显示阵列自身构成。

作为本发明的进一步改进，所述便携式数字扫描设备中的平面显示元件粘贴在平面采集元件上，或平面显示元件和平面采集元件可以粘贴在柔软薄膜的透明元件的两个相对表面上。

使用上述平面显示元件，使得本发明所述的便携式数字扫描设备中的平面显示元件也具有柔软的特性，同时平面采集元件不必拥有自己的照明系统，进一步简化构成，减轻便携式数字扫描设备的重量。

作为本发明的进一步改进，所述便携式数字扫描设备还包括外部连接接口，能够通过电缆、无线或电磁装置被连接至个人数字助理、计算机或移动电话类型的外部终端，数据处理元件能够控制从外部连接接口接收的其他任何数字文件的显示。

使用上述外部连接接口，使得本发明所述的便携式数字扫描设备能够与外部设备进行通信，并能够将来自外部的数字文件呈现在所述便携式数字扫描设备上，以便于用户的使用。

作为本发明的进一步改进，所述便携式数字扫描设备还包括平面交互元件，其被设置在平面显示元件上，能够覆盖全部或部分平面显示元件，使得用户能够与被数字化文件进行交互。

优选地，所述平面交互元件可以粘贴在平面显示元件上，或平面交互元件和平面显示元件可以粘贴在柔软薄膜的透明元件的两个相对表面上。

优选地，所述平面交互元件的接触感应界面由薄膜构成。

使用上述平面交互元件，使得所述便携式数字扫描设备能够更有效地与用户进行交互，同时保持柔软的特性。

作为本发明的进一步改进，所述便携式数字扫描设备中，所述外部连接接口和所述数据处理元件都是柔软的。由于平面采集元件、平面显示元件、数据处理元件和平面交互元件都是柔软的，因此便携式数字扫描设备整体上是柔软的，从而能够与文件的任何弯曲部分紧密地吻合，在多样化的条件下捕获文件而不存在图像位置调整问题，能够保证扫描质量。同时，所述便携式数字扫描设备的柔软性，使其在未被使用时，可以以压缩（例如卷起或折叠）形式被存储。

作为本发明的进一步改进，可以将数据处理元件设置在管理区域中的不同于柔软平面元件的一端，以将该便携式数字扫描设备制成处处较薄的轻薄设备。

综上所述，本发明提供的便携式数字扫描设备与现有技术中的扫描设备相比，通过使用光敏薄膜作为平面采集元件，使得本发明的便携式数字扫描设备能够在多样化的条件下扫描文件，保证扫描质量，并能够实现设备的压缩收纳，提升了用户体验。进一步地，本发明提供的便携式数字扫描设备能够及时将扫描得到的图像呈现给用户，达到与用户及时、有效地交互的目的。此外，本发明提供的便携式数字扫描设备还具有重量轻、体积小、轻薄便携的优点。

附图说明

下面结合附图对本发明的具体实施方式作进一步详细的说明，其中：

图 1 概略地示出了依照本发明、包括平面采集元件和平面显示元件的便携式数字扫描设备的一个实施例。

图 2 详细地示出了图 1 的便携式数字扫描设备的原理图。

图 3 是本发明的便携式数字扫描设备中的平面采集元件的一个实施例。

图 4 是本发明的便携式数字扫描设备中的平面采集元件的另一个实施例。

图 5 是本发明的便携式数字扫描设备的另一个包括有平面交互元件的实施例。

图 6 是本发明的便携式数字扫描设备的一个实施例的具体结构。

图 7 概略地示出了本发明的便携式数字扫描设备紧贴在大书页面上进行扫描的示意图。

图 8 是现有技术的透明框式扫描器进行扫描的示意图。

具体实施方式

图 1 和图 2 示出了本发明的便携式数字扫描设备 1 的一个实施例。该便携式数字扫描设备 1 包括平面采集元件 3 以及被设置在平面采集元件 3 上的平面显示元件 5。可以将平面采集元件 3 直接放置在文件 7 上，从而对文件 7 进行扫描，将文件 7 数字化。平面采集元件 3 也可以被放置在文件 7 可被读取的透明表面上。例如，文件 7 可以由塑料薄膜保护或者被封闭在具有透明上表面的盒子中。平面显示元件 5 能够显示被平面采集元件 3 数字化的文件。平面显示元件 5 和平面采集元件 3 经由输入输出端口 23 耦合至数据处理元件 25，该数据处理元件，优选地，可以包括存储器 13 和中央处理单元 27，以控制文件 7 的数字化以及被数字化的文件的显示。

平面采集元件 3 是对光敏感的，并且因而数字化可以通过周围的光线、移动的光线或任何其他照明装置来实现。

优选地，平面采集元件 3 由有机光敏电子薄膜构成，该有机光敏电子薄膜中包括有机类型的光敏二极管，所述光敏二极管可以利用文件反射的光产生电流，从而形成文件的数字图像。

图 3 示出了平面采集元件 3 的一个实施例。该平面采集元件 3 可以包括由例如有机类型的光敏二极管 11 构成的采集阵列。光敏二极管 11 的阵列可以是包括数千光敏二极管 11 的聚合阵列，以便每个光敏二极管 11 按照被文件 7 反射并被光敏二极管 11 吸收的光来产生电流。光敏二极管 11 产生的电流可以作为文件 7 的数字图像被存储在存储器 13 中。

进一步地，平面采集元件 3 对于来自某些预定光源的光是透明的。这种透明性能够提供两种不同的动作。第一种动作是通过平面采集元件 3 查看要被数字化的文件。第二种动作是利用这些预定光源中的至少一个激活由平面采集元件 3 所进行的数字化。因此，平面采集元件 3 的光敏二极管 11 能够捕获由文件 7 反射的光线。

每个光敏二极管 11 在平面采集元件 3 和平面显示元件 5 之间界面的一侧被不透明屏幕 15 覆盖。因而，光敏二极管仅响应被文件 7 反射的光线，而不响应由平面显示元件 5 生成的直射光线。有利地，与每个光敏二极管 11 相关联的每个不透明屏幕 15 可以对应于耦合至那个光敏二极管 11 的有机晶体管 15，以便光敏二极管 11 产生的电流以电荷的形式被存储在相应的有机晶体管 15 中。然后，平面采集元件 3 可以由两个电子薄膜连同两个薄膜之间的必要电连接所构成，所述电子薄膜中的一个包含光敏二极管 11 的阵列，另一个包含相应的有机晶体管 15 阵列。

光敏二极管 11 一侧的不透明屏幕或晶体管没有覆盖平面采集元件 3 的全部区域，并且它们留下透明区域或沟槽 17 以允许光通过，从而照亮要被数字化的文件 7。

因此，平面采集元件 3 扮演了与用于数字化文件的扫描仪相似的角色。而且，其透明性实现了要利用一些预定光源来执行的数字化。

图 4 示出了平面采集元件 3 的另一个实施例。在该实施例中，平面采集元件 3 包含有机数字化单元 19 的阵列，每个有机数字化单元 19 都包含光敏二极管 11 和相应的发光二极管 21。因此，发光二极管 21 照亮了要被数字化的文件 7，并且光敏二极管 11 吸收被文件 7 反射的光。因此，在本实施例中，平面采集元件 3 不必是透明的。

平面显示元件 5 可以是例如包含显示阵列的电子薄膜，所述显示阵列可以包含例如使用 TFT 技术的有机类型（未示出）的像素。并且由例如三星和飞利浦的供应商制造。

在适用的情况下，平面显示元件 5 可以包括不同颜色（例如黑色和白色）

和不同电荷的液晶或粒子，或者包括对电场起反应、被分成两个不同颜色半球的微球。

优选地，平面显示元件 5 包含照明装置（未示出）用于发出称作数字化光的光，以激活由平面采集元件 3 对文件 7 所进行的数字化。进一步地，照明装置可以由显示阵列自身构成。

因此，平面显示元件 5 的显示阵列显示数字化文件，并且在适用的情况下，在显示数字化文件之前照亮文件 7，因为该文件要被透明平面采集元件 3 数字化（见图 3）。

事实上，柔软的平面采集元件 3 的透明性实现了利用平面显示元件 5 发出的光所进行的数字化，并且平面采集元件 3 不必拥有自己的照明系统，这进一步减轻了设备的重量。

该平面显示元件 5 例如可以粘贴在平面采集元件 3 上，以形成数字扫描设备 1。在适用的情况下，平面显示元件 5 和平面采集元件 3 也可以粘贴在例如柔软薄膜的透明元件的两个相对表面上。

例如，平面显示元件 5 和平面采集元件 3 经由输入输出端口 23 耦合至数据处理元件 25，该数据处理元件包括存储器 13 和中央处理单元 27，以控制文件 7 的数字化以及被数字化的文件的显示。当然，数据处理元件 25 能够控制由便携式数字扫描设备 1 从外部终端接收的其他任何数字文件的显示。

事实上，便携式数字扫描设备 1 可以包括连接到输入输出端口 23 的外部连接接口 29，以便便携式数字扫描设备 1 能够通过电缆、无线或电磁装置被连接至个人数字助理、计算机或移动电话类型的外部终端（未示出）。这使得数字扫描设备 1 能够与该终端对话。

此外应当注意，外部连接接口 29 使得便携式数字扫描设备 1 能够直接地和/或经由电信网络与终端通信。

也可以设想将平面采集元件 3 的采集阵列中的一个或多个元件（例如光敏二极管），经由电连接或经由用于将采集阵列中的元件所提供的信号转换成用于显示阵列中的元件的激励信号的元件，耦合至平面显示元件 5 的显示阵列中的一个或多个元件。这些转换元件可以采取阵列的形式，该阵列放置在平面采集元件 3 和平面显示元件 5 之间。

在适用的情况下，平面采集元件 3 和平面显示元件 5 是柔软的，以使得这种组合能够紧贴在弯曲的文件 7 上，如图 7 所示。

图 5 示出了便携式数字扫描设备 1 的另一个实施例。在该实施例中，所示出的便携式数字扫描设备 1 还包括被设置且粘贴在平面显示元件 5 上的透明平

面交互元件 31。同前面一样，平面交互元件 31 和平面显示元件 5 也可以粘贴在透明薄膜的两个相对表面上，可能还引入了在平面交互元件 31 和平面显示元件 5 之间的透明元件（例如连接元件）。

此外，平面交互元件 31 能够覆盖全部或部分平面显示元件 5，特别是其能够覆盖平面显示元件 5 中显示了被数字化文件的全部或部分区域，这使得用户能够像用纸质文件一样与被数字化文件交互。因此，用户可以例如直接突出显示或注释数字化文件，或者划掉数字化文件的一些部分。

在透明平面交互元件 31 的一个不同实施例中，可以在至少一部分平面交互元件 31 上具有按键。因而，这些按键之一可以被按压以从注释捕获模式转换为数字化捕获模式或形状识别模式，并且以分别触摸的方式来添加命令、明确指出要被数字化的文件的区域，或者明确指出要被数字化的文件的部分或应当对其进行形状识别的数字化文件的部分。

注意，透明平面交互元件 31 的接触感应界面包括对接触敏感的装置，以使得用户能够输入数据或命令，或者例如使用记录针 33 与显示的数字化文件交互。这类触摸屏幕是已知的，并且由如 E - INK、TOPPAN PRINTING 以及 XE-ROX 的供应商制造。

因此，对接触敏感的装置可以被配备以用于构成捕获移动轨迹并将其转换成电墨（electronic ink）形式的装置。由电墨编码的轨迹包括轨迹的空间信息（坐标、记录针的提升）以及轨迹移动的时间信息（速度和/或加速度，其取决于电墨的格式规范）。

因此，透明平面交互元件 31 的接触感应界面可以由薄膜构成，该薄膜包括安排在两个透明电极之间的微胶囊。每个微胶囊有差别地包含漂浮在清澈流体中的带电的黑色和白色的颜料，该颜料在两个电极之间被电场移动，该电场是响应于用户作出的交互动作而生成的，例如使用记录针 33。

如同前面一样，平面采集元件 3、平面显示元件 5 以及平面交互元件 31 可以经由输入输出端口 23 耦合至数据处理元件 25。该数据处理元件 25 可以被设置在不同的柔软元件 3、5 和 31 的一端。

同样地，便携式数字扫描设备 1 可以经由连至输入输出端口 23 的外部连接接口 29 而被连接至外部终端。

有利地，平面采集元件 3、平面显示元件 5 和平面交互元件 31 是柔软的。事实上，这些元件可以包含有机成分，这使得它们都能够有效地操作同时非常柔软、薄而且轻。因此，所有这些元件都可以紧贴在文件上，与其任何弯曲部分都紧密地吻合。

　　此外，图 6 示出了数据处理元件 25 可以是包括柔软存储器 13 和柔软中央处理单元 27 的柔软元件。在这种情况下，适用时，输入输出端口 23 以及外部连接接口 29 也可以是柔软的。这种使用 TFTC 技术的柔软部件由例如 SEIKO EPSON CORPORATION 公司制造。

　　在图 6 示出的实施例中，柔软数据处理元件 25 被设置在管理区域 35 中的不同柔软平面元件 3、5 和 31 的一端，以制成处处都较薄的数字扫描设备 1。

　　便携式数字扫描设备 1 能够制作文件 7 的复制本，并实现了对文件 7 的全面的交互处理。此外，图 7 示出了便携式数字扫描设备 1 的塑性，使得其能够在非常多样化的条件下捕获文件（例如大书 37 的页面或页面的一部分）而不存在图像位置调整问题。这是因为便携式数字扫描设备 1 紧贴在文件上，与其任何弯曲部分紧密地吻合。

　　最后，便携式数字扫描设备 1 的这种柔软性使得包装能够与装载环境一致。在未被使用时，便携式数字扫描设备 1 可以以压缩（卷起或折叠）形式被收纳（未示出），在被使用时，它可以具有比任何便携式终端（个人数字助理或移动电话）大得多的显示区域。

说明书附图

图 1

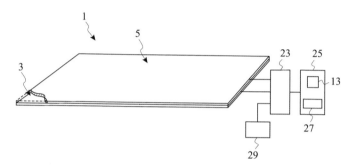

图 2

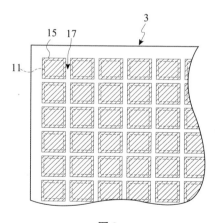

图 3

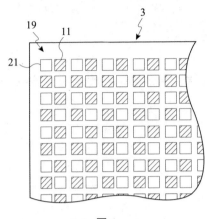

图 4

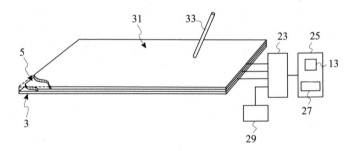

图 5

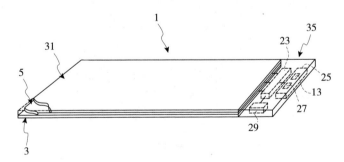

图 6

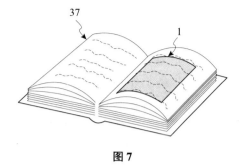

图 7

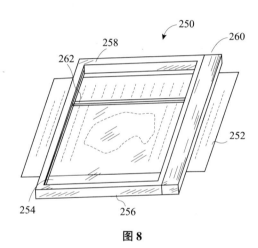

图 8

说明书摘要

　　本发明公开了一种便携式数字扫描设备，包括：平面采集元件，用于将文件数字化；数据处理元件，与平面采集元件相连，用于控制文件的数字化和数字化文件的输出；其中，平面采集元件包含有机数字化单元阵列，每个有机数字化单元都包含有机类型的光敏二极管和相应的光源提供部件，所述光源提供部件使文件产生反射光，所述光敏二极管获取所述反射光并产生电流，从而形成文件的数字图像。该设备能够在多样化的条件下扫描文件，保证扫描质量，并能够实现设备的压缩收纳，提升了用户体验。进一步地，该设备能够及时将扫描得到的图像呈现给用户，达到与用户及时、有效地交互的目的。此外，该设备还具有重量轻、体积小、轻薄便携的优点。

摘 要 附 图

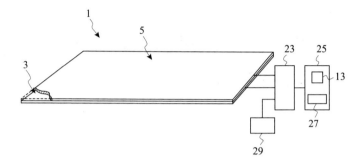

第四章

案例Ⅳ：视频会议中电子名片
交换方法及系统

本案例将以一件"视频会议中电子名片交换方法及系统"的发明专利申请撰写为例，重点介绍在面对多个并列的实施例时，如何对多个实施例进行归纳、总结，撰写申请文件。

第一节　技术交底书的分析和挖掘

在本案例中，客户提交了一件涉及在视频会议中交换电子名片方案的技术交底书，要求专利代理人针对所提供的技术交底书撰写一份发明专利申请文件，并针对该发明创造给出如何向国家知识产权局提出发明专利申请以使该发明得到充分保护的建议。

一、客户提供的技术交底书

随着信息时代的高速发展，企业为了降低会议成本、提高沟通效率，越来越多地采用远程视频会议代替传统的圆桌会议，以便做到企业内部或企业与企业之间的实时交流、沟通。应运而生的电子名片也成为了视频会议中与会人员互相认识和进一步交流的纽带。与传统的纸质名片相比，电子名片打破了一对一的传递局限性，创造了无费用、跨时间、跨地域传播的新途径。

在现有技术中，为了进行电子名片的呈现，往往需要在视频会议开始前，由会议组织方收集所有与会人员的个人信息，通过手动输入或者扫描名片的方式上传至本地视频会议终端，随后在会议进行时，通过会议管理员的控制，在两端的视频会议终端上呈现与会者对应的电子名片，供在场的与会人员知晓。与会人员可以根据视频会议终端上呈现的电子名片，手动记录、拍摄记录或者凭记忆记录相关人员的名片信息。

如图4-1所示，对比文件1（CN××××××A）公开了一种在视频会议时，在屏幕上呈现与会者信息的方法和视频会议系统。该视频会议系统包括多个远程会议终端和中央控制装置，由中央控制装置向各远程会议终端发送获得终端用户身份的身份请求，并收集各终端的响应信息，将其按一定顺序排列好，形成合成的视频图像，呈现在各远程会议终端的显示屏幕上。

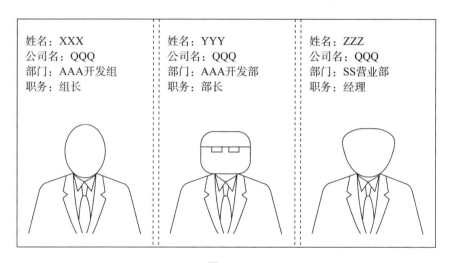

图4-1

客户在技术交底书中指出，上述现有技术中至少存在如下问题。

在录入名片信息时，如果是采用手动输入名片的方式，在实施过程中会存在疏漏或打字错误，导致其他与会人员不能得到正确的名片信息；扫描名片输入的方式也会因扫描的清晰程度而对名片的获取造成影响。

在进行名片信息的保存时，由于与会人员只能通过手动记录、拍摄记录或者凭记忆记录相关人员的名片信息，这个过程中也会有一定的疏漏，保存效果往往不理想。这样最终得到的名片信息可能会与实际的名片信息存在差异，为与会人员的后续交流、沟通带来了诸多不便。

发明人为了克服上述缺陷，发明了一种电子名片交换方法，能够通过在个人终端界面上的简单操作，使与会人员能够实时获取其他与会人员的名片信息并进行自动保存，提高了与会人员间的名片交换效率。

图4-2是该发明视频会议中电子名片交换方法的一个实施例。如图4-2所示，所述方法包括以下步骤。

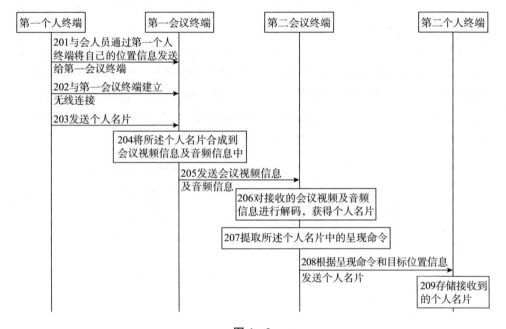

图4-2

步骤201，与会人员通过第一个人终端将自己的位置信息发送给第一会议终端。

具体地，所述第一会议终端向所述第一个人终端发送会场位置信息，所述会场位置信息包括第一会场的座位分布图以及第二会场的座位分布图。第一个人终端通过 WiFi 或者蓝牙接收第一会议终端发送的会场位置信息。与会人员在第一个人终端上的屏幕上确定自己所处的位置，并发送给第一会议终端。

图4-3是第一个人终端上显示的会场位置信息的示意图。在图4-3中，下方的圆形按钮为第一会场的座位示意图，上方的矩形为第二会场的座位示意图，与会人员可以根据自己的实际位置点击第一个人终端下方相应的圆形按钮来确认自己的位置。

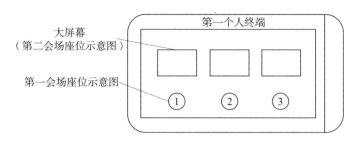

图 4 - 3

当会议进行期间，若与会人员想换到其他座位，则点击第一个人终端界面上对应的座位按钮，若此座位无人使用，则第一会议终端提示可以更换座位；若此座位有人使用，则第一会议终端会在使用者的个人终端提示使用者是否愿意更换座位。

步骤 202，第一个人终端与第一会议终端建立无线连接。

等待所有与会人员确认位置完毕之后，与会人员的第一个人终端以及其他个人终端就与第一会议终端建立无线连接。

步骤 203，第一个人终端向第一会议终端发送个人名片，并设置个人名片的呈现命令。

当与会人员需要向远端的与会人员交换名片时，将名片拖动到第一个人终端上所显示的第二会场的座位分布图中代表远端与会人员的矩形图标上，并设置个人名片的呈现命令，所述呈现命令包括：向接入第二会议终端的指定个人终端发送个人名片，或者向接入第二会议终端的全部个人终端发送所述个人名片等。

步骤 204，第一会议终端接收到个人名片后，将所述个人名片合成到会议视频信息及音频信息中。

步骤 205，第一会议终端将携带有个人名片的会议视频信息及音频信息发送给第二会议终端。

步骤 206，第二会议终端对接收到的会议视频信息及音频信息进行解码，获取个人名片。

步骤 207，第二会议终端提取所述个人名片中的呈现命令和目标位置信息。

步骤 208，根据个人名片中的所述呈现命令以及目标位置信息，发送所述个人名片。

当呈现命令为向全部与会人员显示时，在发送个人名片的与会人员对应的第二会议终端的屏幕上显示所述个人名片的内容，并向接入所述第二会议终端的全部个人终端发送所述个人名片；当呈现命令为向指定与会人员显示时，根据目标位置信息向目标个人终端发送所述个人名片。

可选地，在发送个人名片的同时，可以在名片发送者对应的视频屏幕上显示发送标识，通知在场的与会人员知晓该名片发送者发送了名片。

步骤209，第二个人终端收到所述个人名片后，对所述个人名片进行保存。

具体地，根据所述个人名片的格式，以文字、图片、音频或视频等不同的格式进行保存。

可选地，当第二个人终端接收并保存所述个人名片后，第二个人终端提示与会人员是否向第一个人终端发送自己的个人名片，若与会人员选择是，则按照上述流程将第二个人终端内的个人名片发送给第一个人终端，若选择否，则终止流程。

可选地，第一会议终端及第二会议终端在接收到个人终端发送的个人名片后，可将个人名片存储在会议终端中。

可选地，当与会人员希望得到远端另一与会人员的个人名片时，直接点击个人终端上表示远端与会人员位置的矩形图标，则所述获取名片请求会通过两边的会议终端发送给远端的个人终端，远端的与会人员会看到个人终端上显示的获取名片请求。若允许所述获取名片请求，则向发送所述获取名片请求的个人终端发送个人名片；若拒绝所述获取名片请求，则向发送所述获取名片请求的个人终端发送拒绝消息。

上述视频会议中电子名片交换方法也可以使用射频发射器来实现。图4-4是该发明视频会议中电子名片交换方法使用了射频发射器的另一个实施例。如图4-4所示，所述方法包括：

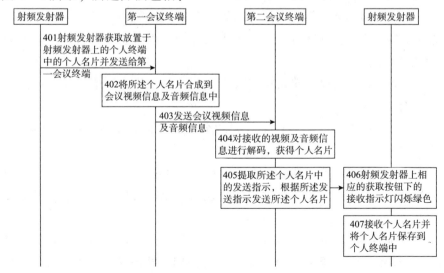

图4-4

步骤401，射频发射器获取放置于所述射频发射器上的个人终端中的个人名片并发送给第一会议终端。

具体地，第一个人终端通过射频发射器与第一会议终端相连接。会议开始前与会人员将自己的个人终端放置于射频发射器上，并且将个人终端中的个人名片设置为可读模式，则射频发射器会自动读取个人终端中的个人名片，并上传给会议终端进行保存。

步骤402，第一会议终端将所述个人名片合成到会议视频信息及音频信息中。

步骤403，第一会议终端将所述会议视频信息及音频信息发送给第二会议终端。

步骤404，第二会议终端对接收到的会议视频信息及音频信息进行解码，获得个人名片。

步骤405，第二会议终端提取所述个人名片中的发送指示，根据所述发送指示发送所述个人名片。

其中，所述发送指示包括：将所述个人名片发送给所述第二会议终端下的指定个人终端；或者，将所述个人名片发送给所述第二会议终端下的全部个人终端等。

如图4-5所示，所述发送指示通过射频发射器上的按钮实现，当按下发送按钮中某个数字时，就向所述位置对应的远端射频发射器发送个人名片，当按下左侧的全部发送按钮时，则向远端全部射频发射器发送个人名片。

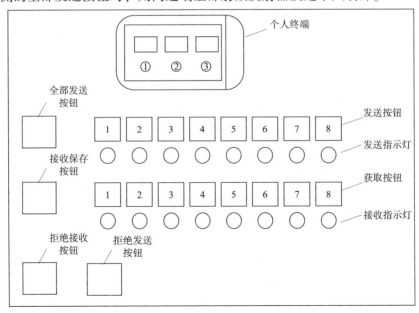

图4-5

步骤406，当远端某一个人终端的射频发射器接收到第二会议终端发送的个人名片时，射频发射器上相应的获取按钮下的接收指示灯闪烁绿色。

步骤407，射频发射器接收所述个人名片并将所述个人名片保存到放置于所述射频发射器之上的个人终端中。

具体地，根据所述个人名片的格式，以文字、图片、音频或视频等不同的格式进行保存。在保存所述个人名片以后，向所述个人名片的第一个人终端返回接收成功消息，所述第一个人终端的射频发射器接收到所述接收成功消息后，相应发送按钮下的发送指示灯闪烁绿色。

可选地，当第二个人终端接收并保存所述个人名片后，第二个人终端提示与会人员是否向第一个人终端发送自己的个人名片，若该与会人员选择是，则按照上述流程将第二个人终端内的个人名片发送给第一个人终端，若选择否，则终止流程。

可选地，按下射频发射器的拒绝保存按钮不对所述个人名片进行保存，当第二个人终端拒绝保存所述个人名片时，向所述个人名片的第一个人终端返回接收失败消息，所述第一个人终端的射频发射器接收到所述接收失败消息后，相应的发送按钮下的发送指示灯闪烁红色。

可选地，会议终端在接收到个人名片后，可将个人名片存储在会议终端中。

可选地，当与会人员希望得到远端某一与会人员的个人名片时，直接点击射频发射器上与远端与会人员位置对应的获取按钮，则所述获取名片请求会通过两边的会议终端发送给远端的个人终端的射频发射器，远端的个人终端的射频发射器接收到获取名片请求后，接收指示灯会闪烁黄色。若该远端与会人员允许所述获取名片请求，则按下所述接收指示灯对应的发送按钮；若拒绝所述获取名片请求，则按下拒绝发送按钮，则发送获取请求的射频发射器会接收到拒绝请求，接收指示灯闪烁红色。

上述视频会议中电子名片交换方法还可以使用红外线摄像头和模式识别技术来实现。图4-6是该发明视频会议中电子名片交换方法使用了红外线摄像头和模式识别技术的另一个实施例。如图4-6所示，所述方法包括以下步骤。

步骤601，第一个人终端将个人名片发送给第一会议终端。

第一会议终端采用红外线摄像头，能够对整个会场内的与会人员进行立体定位，并且识别每个与会人员的运动。当与会人员入座后，第一会议终端使用人脸识别技术，根据与会人员所在的位置，在入座的每一位与会人员身上设置一个虚拟标记，这样当某个与会人员更换座位时，第一会议终端依然能够定位到该与会人员。

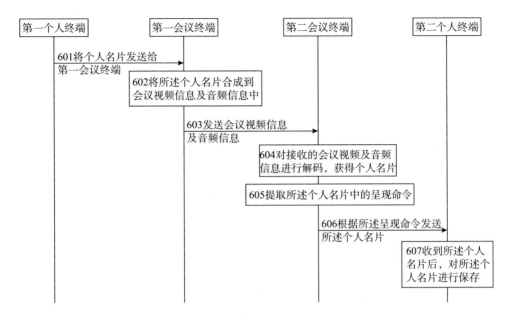

图 4-6

当与会人员需要发送名片时，只需要面对第一会议终端对应的屏幕做出特定的动作，例如，对着屏幕举手、面向屏幕站起来或者伸手向屏幕递出第一个人终端等，第一会议终端的摄像头识别到上述动作后，就会开启无线收发设备；与会人员做出特定的动作之后，还需要通过第一个人终端的语音识别系统向第一个人终端发出发送个人名片的命令，例如，所述命令可以是：这是我的名片或者请接收我的名片等，第一个人终端正确识别与会人员的语音命令后，将第一个人终端内的个人名片发送给第一会议终端。

可选地，在发送名片时，还可以添加控制个人名片在远端会场呈现方式的命令，例如，在下达发送个人名片的命令之后，还可以指定所述个人名片是发送给全部人员还是只发送给发送名片时朝向的屏幕上的与会人员，当下达单独发送的指令时，仅将所述个人名片发送给发送名片时朝向的屏幕上的与会人员，当下达全部发送的指令时，把所述个人名片发送给远端会场的所有与会人员。

步骤 602，第一会议终端接收到个人名片后，将所述个人名片合成到会议视频信息及音频信息中。

步骤 603，第一会议终端将会议视频及音频信息发送给第二会议终端。

步骤 604，第二会议终端对接收到的会议视频及音频信息进行解码，得到个人名片。

步骤 605，第二会议终端提取所述个人名片中的呈现命令。

步骤606，根据所述呈现命令发送所述个人名片。

可选地，在发送个人名片的同时，可以在名片发送者对应的视频屏幕上显示发送标识，通知在场的与会人员知晓远端的某位与会人员发送了个人名片。

步骤607，第二个人终端收到所述个人名片后，对所述个人名片进行保存。

具体地，根据所述个人名片的格式，以文字、图片、音频或视频等不同的格式进行保存。

可选地，当第二个人终端接收并保存所述个人名片后，第二个人终端提示与会人员是否向第一个人终端发送自己的个人名片，若该与会人员选择是，则按照上述流程将第二个人终端内的个人名片发送给第一个人终端，若选择否，则终止流程。

可选地，第一会议终端和第二会议终端在接收到个人名片后，可将个人名片存储在会议终端中。

二、对技术交底书的理解和挖掘

1. 对技术交底书的思考与理解

理解技术交底书的实质内容对于撰写专利申请文件至关重要，也是着手撰写专利申请文件的重要基础性工作。在开始撰写权利要求书以及说明书及其摘要之前，要全面、准确地理解客户提供的技术交底书的实质内容，并针对技术交底书存在的问题及时与客户进行沟通。

针对本案例的技术交底书，专利代理人在阅读之后，可以了解到如下信息。

（1）该发明与技术交底书中提到的现有技术相比，改进之处在于，能够在视频会议中便利地实时发送和获取与会人员的名片信息并进行自动保存，不需要经过会议组织方进行中转，提高了与会人员间的名片交换效率。

（2）针对上述改进之处，在技术交底书中提供了三个实施例进行实现。其中，实施例一是与会人员通过第一个人终端将自己的位置信息发送给第一会议终端；第一个人终端与第一会议终端建立无线连接；第一个人终端向第一会议终端发送个人名片；第一会议终端接收到个人名片后，将所述个人名片合成到会议视频信息及音频信息中；第一会议终端将会议视频信息及音频信息发送给第二会议终端；第二会议终端对接收到的会议视频信息及音频信息进行解码，获取个人名片；第二会议终端提取所述个人名片中的呈现命令；根据所述呈现命令发送所述个人名片；第二个人终端收到所述个人名片后，对所述个人名片进行保存。实施例二是射频发射器获取放置于所述射频发射器上的个人终端中的个人名片并发送给第一会议终端；第一会议终端将所述个人名片合成到会议视频信息及音频信息中；第一会议终端将所述会议视频信息及音频信息发送给第二会议终端；第二会议终端对接收到的会议视频信息及音频信息进行解码，获得个人名片；第二会议终端提取所述个人名片中的发送指示，根据所述发送指示发送所述个人名片；当远端某一个人终端的射频发射器接收到第二会议终端发送的个人名片时，射频发射器上相应的获取按钮下的接收指示灯闪烁绿色；射频发射器接收所述个人名片并将所述个人名片保存到放置于所述射频发射器之上的第二个人终端中。实施例三是通过会议终端红外线识别与会人员的动作，结合个人终端的语音识别技术，根据与会人员的身势指令将个人名片发送给第一会议终端，第一会议终端接收到个人名片后，将所述个人名片嵌入到本地视频及音频信息中；第一会议终端将会议视频及音频信息发送给第二会议终端；第二会议终端对接收到的会议视频及音频信息进行解码，得到个人名片；第二会议终端提取所述个人名片中的呈现命令；根据所述呈现命令发送所述个人名片；第二个人终端收到所述个人名片后，对所述个人名片进行保存。三个实施例之间存在一些相同的技术特征：比如都是通过第一会议终端获得第一个人终端的个人名片以及第一个人终端的名片发送指示信息，合成到会议视频信息及音频信息中并发送给第二会议终端；都是由第二会议终端对接收到的会议视频及音频信息进行解码，得到个人名片和名片发送指示信息，再根据所述名片发送指示信息向相应的第二个人终端发送所述个人名片；都是由第二个人终端在收到所述个人名片后，对所述个人名片进行保存。

（3）就技术交底书中的一些细节进行确认。在本案中，虽然发明构思比较清楚明确，但是一些技术细节存在不清楚、公开不充分等问题。

例如，在第一个实施例中的步骤203记载："第一个人终端向第一会议终端发送个人名片，并设置个人名片的呈现命令"，"所述呈现命令包括：向接入第二会议终端的指定个人终端发送个人名片，或者向接入第二会议终端的全部个人终端发送所述个人名片等"，可见个人名片和呈现命令是分开的，且呈现命令包括有向"指定个人终端"发送个人名片；但在步骤207中又提到"第二会议终端提取所述个人名片中的呈现命令和目标位置信息"，从而不清楚呈现命令与个人名片的关系是相互独立的还是包含的，且目标位置信息是包含在呈现命令中的还是独立于呈现命令的，这些都需要向客户确认。第二、第三实施例也存在类似的问题。根据专利代理人的理解，呈现命令包括目标位置信息，但呈现命令与个人名片是相互独立的；可以将呈现命令与对应的个人名片复用为一条信息，再合成到会议视频信息及音频信息中，从而在接收端可以提取该信息中的个人名片和呈现命令，并根据呈现命令中的目标位置信息向对应的位置发送个人名片。

再例如，在第二个实施例中，步骤 405 记载了"第二会议终端提取所述个人名片中的发送指示，根据所述发送指示发送所述个人名片"，然而根据之前的步骤的记载，射频发射器自动读取个人终端中的个人名片，并上传给第一会议终端保存，第一会议终端将个人名片合成到会议音视频信息中发送给第二会议终端，根据该记载，第一会议终端是保存了所有的个人名片，并将保存的个人名片发送给第二会议终端，如此则并没有体现出个人名片中包含有发送指示的信息；在该步骤之后的段落中描述了该实施例中的发送指示，显示出发送指示是由射频发射器上的按钮实现，且当按下发送按钮时就向对应的远端射频发射器发送个人名片，但也没有说明发送指示如何具体地由射频发射器传递给第一会议终端再进而传送到第二会议终端和对应的远端射频发射器。专利代理人认为，很可能是在步骤 402 之前，第一个人终端通过选按射频发射器上的按钮来生成发送指示，并将该发送指示发送给第一会议终端，第一会议终端接收到该发送指示之后，才将对应于该发送指示的个人名片与发送指示一起合成到会议视频及音频信息中。

（4）上述技术交底书提供的技术内容，基本上已经清楚地体现了本案的发明构思，技术内容也较为翔实，可以据此撰写方法权利要求。然而客户在技术交底书的三个实施例中，着重于对整个电子名片交换方法的描述，并没有描述该方法对应的系统架构。而根据三个实施例的方法中对该发明所使用的设备的描述（第一个人终端、第一会议终端、第二会议终端、第二个人终端，或进一步还包括第一射频发射器和第二射频发生器，以及红外线摄像头和语音识别系统），结合客户对现有技术中视频会议系统架构的描述（视频会议系统包括多个远程会议终端和多点控制装置），专利代理人认为，本案的三个示例性方法所使用的系统与客户所声称的现有技术中的视频会议系统架构存在实质上的区别，因此为客户的利益考虑，还可以申请与方法相对应的系统架构的产品权利要求。对于是否申请产品权利要求，以及产品权利要求所对应的技术方案的内容，都需要与客户通过进一步沟通来确认。

（5）专利代理人应当将自己对于权利要求的撰写大致思路告知客户，以明确客户的意愿。例如，本案如申请发明专利，可以在权利要求书中要求保护方法权利要求和装置权利要求，如申请实用新型专利，可以在权利要求书中要求保护装置权利要求。再比如，针对此类多个实施例的案件，在撰写权利要求时，为了获得尽可能大的保护范围，将尽量对三个实施例的技术内容中共性、必要的技术特征进行概括，形成独立权利要求的技术方案，并采用进一步限定的方式将客户所描述的实施例中的内容写入从属权利要求中。

在全面、准确地理解客户提供的技术交底书的实质内容后，通常情况下，为了能够尽可能准确地确定发明创造的创新点，撰写一份保护范围合适的权利要求书，专利代理人还应当对技术交底书中的主题相关的现有技术进行检索和分析，在能力范围内寻找与该技术主题最接近的现有技术。然而，对于本案这种具有多个并列类型的实施例的技术交底书来说，专利代理人可以预见将对三个实施例进行概括，撰写一个上位、保护范围尽可能大于实施例的独立权利要求，那么对现有技术的检索和分析工作，可以留待与客户沟通确认了技术细节、初步确定了概括的技术方案之后再进行，从而提高工作效率，保证最终确定的独立权利要求的技术方案满足新颖性和创造性的实质性要求。

2. 与客户的进一步沟通

在全面、准确地理解了技术交底书之后，接下来，专利代理人需要与客户进行必要的沟通，以便专利代理人能够和客户核实自己对技术的理解、把握正确与否，是否有必要由客户提供新的材料以澄清技术方面的细节，以及与客户确认申请的类型、权利要求的架构等撰写方面的细节。

专利代理人与客户之间的沟通途径主要包括电话沟通、电子邮件沟通、传真沟通、即时消息沟通与面谈沟通五种方式，这五种方式各有其优缺点。无论是通过哪种沟通形式与客户沟通，专利代理人都需要明确沟通的目的是了解清楚该发明的技术方案、发明改进点，为下一步进行专利申请文件的撰写做好充分的准备。

对于本案例，考虑到专利代理人希望进一步了解的内容包括一些比较复杂的技术内容，该内容可能需要客户的进一步确认或者需要较长时间的准备，因此，在针对本案例进行沟通时，优先推荐专利代理人采用电子邮件的方式与客户进行沟通。

需要注意的是，有些客户并没有每天查收邮件的习惯，发邮件后最好以短信或者电话的形式通知客户查收邮件，以免耽误时间。

针对上述分析结果，专利代理人向客户发出信函进行沟通，信函的示例如下：

尊敬的××先生/女士：

您好！很高兴贵方委托我所代为办理有关视频会议中交换电子名片的专利申请案，我所对该案件的编号为×××××××××××。

我所专利代理人认真地研读了贵方的技术交底文件，对本发明有了初步了解，但仍存在需要与贵方作进一步沟通的内容，具体内容如下。

1. 我方对技术方案的理解

我方专利代理人通过阅读技术交底书，认为本发明提供了三种视频会议中电子名片的交换方法，方法步骤基本清晰、明确。

根据技术交底书中对交换方法的记载，本发明与技术交底书中提到的现有技术相比，能够在视频会议中便利地实时发送和获取与会人员的名片信息并进行自动保存，不需要使用多点控制装置进行中转，提高了与会人员间的名片交换效率。该分析是否正确，请予以确认。如有理解不当的地方，请给予指正。

2. 技术方案的延伸

我方专利代理人认为，虽然客户在技术交底书的三个实施例中，着重于对整个电子名片交换方法的描述，并没有描述该方法对应的系统架构；但是，根据三个实施例的方法中对所使用设备的描述，结合客户对现有技术中视频会议系统架构的描述（视频会议系统包括多个远程会议终端和多点控制装置），专利代理人认为，该案的三个示例性方法所使用的系统与客户所声称的现有技术中的视频会议系统架构存在实质上的区别，因此，为了更好地对发明构思进行保护，建议客户在申请电子名片交换方法的同时，申请与方法相对应的系统架构的产品权利要求。如果客户希望同时申请系统架构的产品权利要求，请补充与系统架构相关的实施例。

3. 有一些技术细节还需要跟贵方进一步确认

（1）在第一个实施例中的步骤203记载："第一个人终端向第一会议终端发送个人名片，并设置个人名片的呈现命令"，"所述呈现命令包括：向接入第二会议终端的指定个人终端发送个人名片，或者向接入第二会议终端的全部个人终端发送所述个人名片等"，可见个人名片和呈现命令是分开的，且呈现命令包括有向"指定个人终端"发送个人名片；但在步骤207中又提到"第二会议终端提取所述个人名片中的呈现命令和目标位置信息"，从而不清楚呈现命令与个人名片的关系是相互独立还是包含的，且目标位置信息是包含在呈现命令中还是独立于呈现命令。第二、第三实施例也存在类似的问题。根据专利代理人的理解，呈现命令包括目标位置信息，但呈现命令与个人名片是相互独立的；可以将呈现命令与对应的个人名片复用为一条信息，再合成到会议视频信息及音频信息中，从而在接收端可以提取该信息中的个人名片和呈现命令，并根据呈现命令中的目标位置信息向对应的位置发送个人名片。

（2）在第二个实施例中的步骤405记载了"第二会议终端提取所述个人名片中的发送指示，根据所述发送指示发送所述个人名片"，然而根据之前的步骤的记载，射频发射器自动读取个人终端中的个人名片，并上传给第一会议终端保存，第一会议终端将个人名片合成到会议音视频信息中发送给第二会议终端，根据该记载，第一会议终端是保存了所有的个人名片，并将保存的个人名片发送给第二会议终端，如此则并没有体现出个人名片中包含有发送指示的信息；在该步骤之后的段落中描述了该实施例中的发送指示，显示出发送指示是由射频发射器上的按钮实现，且当按下发送按钮时就向对应的远端射频发射器发送个人名片，但也没有说明发送指示如何具体地由射频发射器传递给第一会议终端再进而传送到第二会议终端和对应的远端射频发射器。专利代理人认为，是否可能是在步骤402之前，第一个人终端通过选按射频发射器上的按钮来生成发送指示，并将该发送指示发送给第一会议终端，第一会议终端接收到该发送指示之后，才将对应于该发送指示的个人名片与发送指示一起合成到会议视频及音频信息中，请贵方给予确认。

4. 权利要求的撰写思路

我方专利代理人认为，该案技术交底书中所列出的三个实施例，属于同一个发明构思下的三个并列的技术方案，因此，可以在同一件发明专利中进行申请。在撰写权利要求时，为了获得尽可能大的保护范围，专利代理人将尽量对三个实施例的技术内容中共性、必要的技术特征进行概括，形成独立权利要求的技术方案，并采用进一步限定的方式将客户所描述的实施例中的内容写入从属权利要求中。

5. 专利申请类型

根据《专利法》的规定，发明专利可以保护产品和方法两种类型的主题，实用新型专利仅可以保护产品类型的主题。该案目前的技术主题为"视频会议中交换电子名片的方法"。就该技术主题而言，仅可以申请发明专利。如果专利代理人在该信函第2项的理解正确，该技术主题可以同时涵盖"视频会议中交换电子名片的方法和系统"，则可以同时申请实用新型和发明两种专利。实用新型专利只进行初步审查，因此授权较快，授权后需要维权时，可请求专利局做专利权评价报告。发明专利需要进行实质性审查，审批周期较长，存在因创造性不足而被驳回的风险。

如果贵方希望获得较长的保护期限，同时又希望早日获得授权以行使专利权，推荐贵方选择同时申请实用新型与发明专利。

请贵方确认所需要申请的专利申请类型。

×× 专利事务所 ×××

××××年××月××日

客户针对上述信函作出回答，其主要意见如下：

1. 本发明的技术方案也可以使用在其有多点控制装置的现有视频会议系统中。尤其是，对于超过两方的视频会议，例如三方或者四方的视频会议，第一会议终端在发送个人名片时，将包含个人名片的视频和音频信息发送到多点控制装置，多点控制装置会确定会议终端的数量，并为每个会议终端指定一个包含所在会场标识的 ID，多点控制装置根据第一个人终端发送个人名片时发送对象所处的会场标识，将所述包含个人名片的视频和音频信息发送给所述 ID 对应的会议终端，向其他会议终端只发送普通的视频及音频信息，所述 ID 对应的会议终端接收到所述包含个人名片的视频和音频信息后，按照技术交底书中所述的方法进行后续步骤。

即使是在有多点控制装置的现有视频会议系统中，本发明的使用也具有有益的技术效果。本发明可以由发送方和接收方自由沟通协商并传递名片；在该方法中，多点控制装置仅需进行信息的接收和转发，不需要进行信息的整合和处理，减轻了多点控制装置的负担，减小了出现错误的概率。

2. 在系统架构方面，我方补充以下实施例。

一种视频会议中电子名片交换系统，如图 4-7 所示，所述系统包括：第一个人终端、第一会议终端、第二会议终端和第二个人终端；

第一个人终端，用于向第一会议终端发送个人名片；

第一会议终端，用于将接收到的所述个人名片发送给第二会议终端；

第二会议终端，用于将接收到的所述个人名片发送给第二会场的第二个人终端；

第二个人终端，用于从第二会议终端接收所述个人名片。

其中，所述第一会议终端还用于：

向所述第一个人终端发送会场位置信息，所述会场位置信息包括第一会场的座位分布图以及第二会场的座位分布图。

所述第一个人终端还用于：

与会人员在第一个人终端上的屏幕上确定自己所处的位置，并发送给第一会议终端。

进一步地，所述第一个人终端还用于：

与会人员设定名片呈现命令并将个人名片拖动到所述第二会场的座位分布图中的一个座位图标上。

进一步地，所述第一会议终端还用于：

将所述个人名片和名片呈现命令合成到会议视频信息及音频信息中；

将携带有个人名片和名片呈现命令的会议视频信息及音频信息发送给所述第二会议终端。

进一步地，所述第二会议终端还用于：

对所述会议视频信息及音频信息进行解码，得到个人名片；

根据名片呈现命令以及目标位置信息，向特定第二个人终端发送所述个人名片。

其中，所述第二会议终端具体用于：

当呈现命令为向全部与会人员显示时，在发送个人名片的与会人员对应的第二会议终端的屏幕上显示所述个人名片的内容，并向接入所述第二会议终端的全部个人终端发送所述个人名片；

或者，当呈现命令为向指定与会人员显示时，根据目标位置信息向目标个人终端发送所述个人名片。

在该视频会议中电子名片交换系统中，第一个人终端向第一会议终端发送个人名片，第一会议终端将接收到的所述个人名片发送给第二会议终端，第二会议终端将接收到的所述个人名片发送给第二会场的第二个人终端。与现有技术相比，本发明实施例通过在个人终端界面上的简单操作，实现了与会人员实时获取其他与会人员的名片信息并进行自动保存，提高了与会人员间的名片交换效率。

另一种视频会议中电子名片交换系统，如图4-8所示，所述系统包括：第一个人终端、第一射频发射器、第一会议终端、第二会议终端、第二射频发射器和第二个人终端。

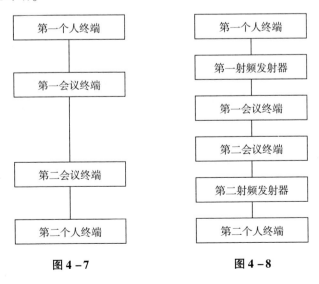

图 4-7   图 4-8

其中，第一射频发射器用于获取放置于所述第一射频发射器上的第一个人终端中的个人名片并发送给第一会议终端；

第一会议终端，用于将所述个人名片和呈现命令发送给第二会议终端；

第二会议终端，用于根据呈现命令将所述个人名片发送给第二会议终端下的第二射频发射器；

第二射频发射器，用于接收个人名片并将所述个人名片存储到放置于所述第二射频发射器之上的个人终端中。

其中，所述呈现命令包括：

将所述个人名片发送给所述第二会议终端下指定的个人终端；

或者，将所述个人名片发送给所述第二会议终端下全部的个人终端。

本发明实施例提供的视频会议中电子名片交换系统，射频发射器获取放置于所述射频发射器上的个人终端中的个人名片并发送给第一会议终端，第一会议终端将所述个人名片发送给第二会议终端，第二会议终端根据发送指示将所述个人名片发送给第二会议终端个人终端。与现有技术相比，本发明实施例通过会议终端的射频发射器自动读取个人终端中的个人名片，实现了实时获取与会人员的名片信息并进行自动保存，提高了与会人员间的名片交换效率。

3. 关于技术细节：

（1）呈现命令指示了向全部与会人员显示还是向指定与会人员指示。目标位置信息指示了目标个人终端的位置。两者相结合可称为名片发送指示信息。个人名片是个人的名片信息，名片发送指示信息与个人名片是相互独立的。名片发送指示信息可以与对应的个人名片复用为一条信息，再合成到会议视频信息及音频信息中。

（2）确如专利代理人所说，第一会议终端在发送个人名片之前，是接收到了个人终端通过射频发射器发出的指示，才进行发送的。

4. 同意代理人的撰写思路。

5. 拟对本发明申请发明专利和实用新型专利。

根据上述专利代理人与客户的沟通结果可知，该发明在达到的技术效果、产品权利要求的架构方面，需要根据客户的意见进行修正。这部分修正的内容将体现在第二节、第三节的内容中。

在上述理解技术交底书以及与客户进行了充分沟通的基础上，专利代理人已经能够得到一份较为完善的技术交底材料，并清楚地了解了该发明的技术方案，可以着手准备撰写专利申请文件。

第二节 权利要求书撰写的主要思路

一般来说，在撰写发明和实用新型专利申请的权利要求书时，针对其中一项要求保护的技术主题，可以按照如下思路进行撰写：

（1）理解该项要求保护的技术主题的实质性内容，列出全部技术特征，梳理实施例之间的关系；

（2）根据最接近的现有技术，确定该项要求保护的主题要解决的技术问题及全部必要技术特征；

（3）撰写独立权利要求；

（4）撰写从属权利要求。

下面结合本案例，具体说明撰写权利要求书的主要思路。

一、理解该项要求保护的技术主题的实质性内容，列出全部技术特征，梳理实施例之间的关系

在本案例中，专利代理人在对技术交底书以及客户的回函内容进行充分理解之后，对于"视频会议中交换电子名片的方法和系统"这一技术主题进行梳理，可以确定技术交底书中给出了三个应用于两方视频会议的具体的方法实施例，且根据客户的回函可知，这三个实施例均可以扩展应用在多方视频会议中。根据上节中技术交底书的内容，对该技术主题的技术特征作出分析如下。

1. **本案例的三个实施方法具有以下共有的技术特征：**

① 第一会议终端获得第一个人终端的个人名片以及第一个人终端的名片发送指示信息。

② 名片发送指示信息包含呈现命令和目标位置信息，当呈现命令为向全部与会人员显示时，所述第二会议终端向接入所述第二会议终端的全部个人终端发送所述个人名片；或者当呈现命令为向指定与会人员显示时，所述第二会议终端根据目标位置信息向目标个人终端发送所述个人名片。

③ 第一会议终端将所述个人名片和名片发送指示信息合成到会议视频信息及音频信息中。

④ 第一会议终端将携带有个人名片和名片发送指示信息的会议视频信息及音频信息发送给第二会议终端。

⑤ 第二会议终端对接收到的会议视频及音频信息进行解码，得到个人名片

和名片发送指示信息。

⑥ 第二会议终端根据所述名片发送指示信息向相应的第二个人终端发送所述个人名片。

⑦ 第二个人终端收到所述个人名片后,对所述个人名片进行保存。

⑧ 在应用于多方会议时,技术特征④变为:第一会议终端将携带有个人名片和名片发送指示信息的会议视频信息及音频信息发送给多点控制单元,再由多点控制单元发送给 ID 对应的会议终端,所述 ID 对应的会议终端再执行技术特征⑤～⑦。

⑨ 当第二个人终端接收并保存所述个人名片后,第二个人终端提示与会人员是否向第一个人终端发送自己的个人名片,若该与会人员选择是,则将第二个人终端内的个人名片发送给第一个人终端,若选择否,则终止流程。

2. 本案例的三个实施方法中还存在以下非共有的技术特征:

⑩ 关于与会人员的定位:在第一个实施方法中,第一会议终端向第一个人终端发送会场位置信息,与会人员在第一个人终端的屏幕上确定自己所处的位置,并将自己的位置信息发送给第一会议终端;在第二个实施方法中,根据客户的反馈意见,认为与会人员的定位是通过射频发射器上的界面来确定自己所处的位置,并将自己的位置信息发送给第一会议终端;在第三个实施方法中,第一会议终端使用人脸识别技术,根据与会人员所在的位置,在入座的每一位与会人员身上设置一个虚拟标记,以此来进行定位。

⑪ 关于名片发送指示信息的产生:在第一个实施方法中,与会人员通过第一个人终端设置名片发送指示信息;在第二个实施方法中,是通过射频发射器上的按钮设置名片发送指示信息,当与会人员按下发送按钮中的某个数字时,就向所述位置对应的远端射频发射器发送个人名片,当按下左侧的全部发送按钮时,则向远端全部射频发射器发送个人名片;在第三个实施方法中,当与会人员需要发送名片时,需要面对第一会议终端对应的屏幕做出特定的动作,并通过第一个人终端的语音识别系统向第一个人终端发出发送个人名片的命令以及名片发送指示信息的命令。

⑫ 第一实施方法和第二实施方法还具有特征:当与会人员希望得到远端另一与会人员的个人名片时,直接点击表示远端与会人员位置的矩形图标,则所述获取名片请求会通过两边的会议终端发送给远端的个人终端。远端的与会人员会看到个人终端上显示的获取名片请求,若允许所述获取名片请求,则向发送所述获取名片请求的个人终端发送个人名片,若拒绝所述获取名片请求,则向发送所述获取名片请求的个人终端发送拒绝消息。

⑬ 关于个人终端与会议终端的连接：在第一个实施方法中，个人终端与会议终端建立无线连接；在第二个实施方法中，个人终端与会议终端通过射频发射器连接，也即建立射频连接；在第三个实施方法中，没有明示个人终端与会议终端之间的连接关系。

二、根据最接近的现有技术，确定该项要求保护的主题要解决的技术问题及全部必要技术特征

在理解了要求保护的技术主题的实质内容之后，应当着手分析，研究现有技术，从中确定该技术主题的最接近的现有技术，从而进一步根据最接近的现有技术，确定该发明实际要解决的技术问题，并在此基础上，确定该发明中的哪些技术特征是解决这一技术问题的必要技术特征。

1. 确定最接近的现有技术

最接近的现有技术，是指现有技术中与要求保护的发明最密切相关的一个技术方案。按照《专利审查指南2010》第二部分第四章的规定，最接近的现有技术可以是与要求保护的发明的技术领域相同，所要解决的技术问题、技术效果或者用途最接近和/或公开了发明的技术特征最多的现有技术；或者虽然与要求保护的发明技术领域不同，但能够实现发明的功能，并且公开发明的技术特征最多的现有技术。在确定最接近的现有技术时，应当首先考虑技术领域相同或者相近的现有技术。但是，就撰写专利申请文件而言，在撰写独立权利要求时，可以只考虑技术领域相同的现有技术。

针对该发明，客户在技术交底书中提供了一份现有技术（对比文件1）。专利代理人在充分理解了技术交底书之后，经过检索找到了一份相关的现有技术（对比文件2：CN××××××××××A）。

对比文件1公开了一种在视频会议时，在屏幕上呈现与会者信息的方法和视频会议系统。该视频会议系统包括多个远程会议终端和多点控制装置，由多点控制装置向各远程会议终端发送获得终端用户身份的身份请求，并收集各终端的响应信息，将其按一定顺序排列好，形成合成的视频图像，呈现在各远程会议终端的显示屏幕上。

对比文件2公开了一种电子名片交换的方法（如图4-9所示）。该方法应用于一种电信系统100，该电信系统包含处理或会议系统101，该处理或会议系统101可以包括（电子）名片地址册102、语音识别单元106和面向身份的应用104，并可以与音频电子名片生成器108相通信。该音频电子名片生成器108可用于生成、读取和/或存储音频电子名片。音频电子名片可以被生成并被存储

在地址册中。这样的音频电子名片还可以使用诸如蓝牙的无线技术或IEEE802.11g的无线 LAN 标准而被传输。在其他实施例中，可以给标准名片提供语音数据；该语音数据可以被读取、上载或转换为音频电子名片格式。该处理或会议系统 101 还可以与出席服务 113、会议记录服务 115、标识或验证服务 111 和定位服务 119 相通信。该标识或验证服务 111 可以轮询用户以发送他们的音频电子名片。该标识或验证服务 111 然后可以存储该名片数据，并且当参与者发言时把它用于标识目的。该信息然后可以提供给该会议记录服务 115 和该出席服务 113。该会议记录服务 115 可用于提供会议的笔记或者基于文本的或其他的正式文本。该出席服务 113 监控用户的出席状态。另外，该标识信息可以与该定位服务 119 相结合来使用，以确定在会议室中参与发言者的布置。用户装置 110、112 可以连接到处理或会议系统 101，并与该系统相通信。该用户装置 110、112 可被用于向以及从彼此和其他装置传送电子名片，并存储接收到的电子名片。

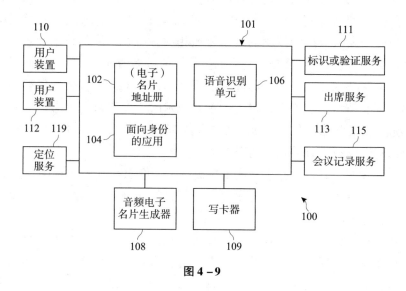

图 4 - 9

根据上述记载分析可知：对比文件 2 公开的电子名片交换方法用于在视频会议中相互交换电子名片，与该发明要求保护的技术主题"视频会议中电子名片交换方法"的技术领域相同；该方法能够使与会人员相互传输电子名片并存储，达到了提高电子名片存储效率和准确性的技术效果，提升了用户体验，与该发明的技术效果相近。此外，对比文件 2 公开了由多个用户装置和会议系统构成的系统架构，以及用户装置 110、112 可被用于向以及从彼此和其他装置传送电子名片并存储接收到的电子名片的方法特征。而对比文件 1 公开的在屏幕上呈现与会者信息的方法和视频会议系统，用于在视频会议时在各远程会议终端的显示屏幕上显示与会者信息，仅涉及信息处理领域，不涉及信息交换，与该发明的技术领域略有不同；所达到的技术效果仅能够在显示屏幕上呈现与会者信息，无法在与会人员间相互传输电子名片并存储，与该发明的技术效果也存在较大差异。对比文件1仅公开了多个远程会议终端和多点控制装置的系统架构，没有公开涉及电子名片接收的特征。因此，对比文件2与对比文件1相比，是与该发明更密切相关的技术方案，可以认为对比文件2是该发明最接近的现有技术。

在确定了该发明最接近的现有技术为对比文件2中公开的电子名片交换方法之后，接下来针对该最接近的现有技术确定该发明所解决的技术问题及解决该技术问题的全部必要技术特征。

2. 确定该发明实际要解决的技术问题

就本案例来说，技术交底书中提到的所要解决的技术问题是如何通过在个人终端界面上的简单操作，使与会人员能够实时获取其他与会人员的名片信息并进行自动保存，提高与会人员间的名片交换效率。该发明最接近的现有技术即对比文件2公开了一种电子名片交换方法，能够使与会人员相互传输电子名片并存储，同样地提高了与会人员间的名片交换效率，即技术交底书中提到的所要解决的技术问题已经在对比文件2中获得了解决。因此，需要另行确定该发明实际要解决的技术问题。

为此，需要比较该发明与最接近的现有技术的技术方案，找出该发明相对于最接近的现有技术的改进的部分，再基于该发明的实际改进情况确定该发明真正要解决的技术问题。

通过比较该发明与最接近的现有技术，能够确定该发明相对于对比文件2主要进行了以下改进。

改进一：该发明的会议终端，不仅获得个人终端的名片，还获得个人终端的名片发送指示信息。所增加的名片发送指示信息的设置，使得个人终端能够向指定的发送对象发送电子名片。基于这一改进，该发明的技术方案解决了现有技术中"在视频会议中与会人员不能向指定人员发送电子名片"的问题，能够达到使电子名片交换的行为更加个性化的技术效果。

改进二：在该发明中与会人员可以通过点击相关人员图标的方式发送获取名片请求给远端的个人终端，远端的与会人员若允许所述获取名片请求，则向发送所述获取名片请求的个人终端发送个人名片，若拒绝所述获取名片请求，则向发送所述获取名片请求的个人终端发送拒绝消息。基于这一改进，该发明的技术方案解决了现有技术的视频会议中"无法向特定人员请求电子名片，并根据特定人员的个人意愿允许或拒绝发送电子名片"的问题，能够达到使电子名片交换的行为更加个性化的技术效果。

根据以上分析，客户提供的交底书，可以形成两个完整、具有不同改进点的技术方案，在实际工作中，为了帮助客户获得最大范围的权益，专利代理人可以与客户沟通，建议将这两方面改进作为两个独立的专利申请提交，或由客户根据自身规划指定以哪一方面的改进为主，以此形成独立权利要求的技术方案，另一方面改进作为从属权利要求进行保护。

在本案例中，经过与客户的沟通，客户指定以改进一为主，形成独立权利要求的技术方案，改进二作为从属权利要求进行保护。

3. 为解决技术问题所必须包括的全部必要技术特征

接下来，将基于上述改进，确定该发明解决"在视频会议中与会人员不能向指定人员发送电子名片"这一技术问题的必要技术特征。根据《专利审查指南2010》第二部分第二章第3.1.2节的内容，必要技术特征是指，发明或者实用新型为解决其技术问题所不可缺少的技术特征，其总和足以构成发明或者实用新型的技术方案，使之区别于背景技术中所述的其他技术方案。

根据该发明的技术交底书，可以确定该发明能够申请方法和系统两种权利要求。首先确定该发明"电子名片交换方法"这一技术方案都需要哪些必要技术特征。

如前所述，该发明三个实施方法具有共有的方法步骤技术特征①～⑨。其中，技术特征⑧是用于将两个会议终端的情况扩展到多个会议终端的实施方法，显然不是解决该发明所要解决技术问题的必要技术特征。技术特征①～⑦和⑨能够形成一个完整的电子名片交换方法的技术方案，但对于其中的每个技术特征是否是必要技术特征，还需要具体分析。

为了实现本案例的电子名片交换方法相对现有技术的改进（使用"名片发送指示信息"使个人终端能够向指定的发送对象发送电子名片），技术方案中应当能够获得个人终端的名片和名片发送指示信息，并能够根据所增加的名片发送指示信息的设置，使得个人终端能够通过第一会议终端向远端（第二会议终端）传输个人名片和名片发送指示信息，将个人名片发送给指定的对象。这一方法，必然需要有个人名片和名片发送指示信息从第一个人终端到第一会议终端、从第一会议终端到第二会议终端，以及从第二会议终端到第二个人终端的传递。

技术特征①"第一会议终端获得第一个人终端的个人名片以及第一个人终

端的名片发送指示信息"和技术特征⑥"第二会议终端根据所述名片发送指示信息向相应的第二个人终端发送所述个人名片",实现了个人名片和名片发送指示信息从第一个人终端到第一会议终端的传递,以及从第二会议终端到第二个人终端的传递,因此可以确定这两个技术特征是该发明的必要技术特征。

技术特征③"第一会议终端将所述个人名片和名片发送指示信息合成到会议视频信息及音频信息中"和技术特征④"第一会议终端将携带有个人名片和名片发送指示信息的会议视频信息及音频信息发送给第二会议终端",联合指示了第一会议终端是通过哪种方式将个人名片和名片发送指示信息发送给第二会议终端。技术特征⑤"第二会议终端对接收到的会议视频及音频信息进行解码,得到个人名片和名片发送指示信息"指示了第二会议终端是通过哪种方式获得个人名片和名片发送指示信息。然而,考虑到目前已经确定了个人名片和名片发送指示信息从第一个人终端到第一会议终端的传递,以及从第二会议终端到第二个人终端的传递,那么只要再实现第一会议终端将个人名片和相应的名片发送指示信息发送给第二会议终端,即可实现该发明所要解决的技术问题。而为了实现第一会议终端将个人名片和相应的名片发送指示信息发送给第二会议终端,本领域技术人员可以想到,除了可以使用上述技术特征③和④中的"合成""携带发送"之外,还有可能存在其他替代的发送方式,例如通过即时消息发送、使用专用信道发送等,只要第一会议终端和第二会议终端约定好使用何种发送接收方式即可顺畅实现,不必局限于与会议视频信息和音频信息的合成与携带发送。因此,对于技术特征③、④、⑤,可以概括出技术特征"第一会议终端将个人名片和相应的名片发送指示信息发送给第二会议终端"作为该发明的必要技术特征。

技术特征②"名片发送指示包含目标位置信息"是对名片发送指示的进一步限定,目的是直接获得名片的目的地址;但是,为了能够按照第一个人终端的意图向特定目的地发送名片,除了将目标位置信息包含在名片发送指示信息中,还可能采取其他方式,例如,还可以在名片发送指示信息中使用接收方 ID 等其他用于标识接收方的信息,并在第二会议终端处使用该信息获取目的地址并进行发送。因此,即使没有技术特征②,其他技术特征仍然可以形成完整的解决该发明技术问题的技术方案,所以技术特征②不是该发明的必要技术特征。

对于技术特征⑦"第二个人终端收到所述个人名片后,对所述个人名片进行保存",由于此时将电子名片由第一个人终端传递至第二个人终端的目的已经达到,第二个人终端是否保存接收到的个人名片不影响该发明解决"在视频会议中与会人员不能向指定人员发送电子名片"这一技术问题,因此即使没有技术特征⑦，其他技术特征仍然可以形成完整的解决该发明技术问题的技术方案，所以技术特征⑦也不是该发明的必要技术特征。

技术特征⑧是用于将两个会议终端的情况扩展到多个会议终端的实施方法，显然不是解决该发明所要解决技术问题的必要技术特征。

技术特征⑨是在第二个人终端接收并保存了个人名片（技术特征⑦）后的进一步的操作，由于技术特征⑦不是该发明的必要技术特征，技术特征⑨也不是该发明的必要技术特征。

对于该发明的三个实施方法中存在的其他非共有的方法步骤特征：

技术特征⑩是使第一会议终端获得与会人员位置的三种具体的方法，技术特征⑪是发送方采用三种方式产生名片发送指示信息，技术特征⑬是个人终端与会议终端的具体连接方式，这些技术特征对于该发明的技术方案而言，仅是对技术方案如何实施的基于具体架构方式的实现方式，不是该发明的必要技术特征。

技术特征⑫，作为体现技术交底书另一方面改进（解决现有技术的视频会议中"无法向特定人员请求电子名片，并根据特定人员的个人意愿允许或拒绝发送电子名片"的问题）的技术特征，也不是该发明的必要技术特征。

综上所述，该申请独立权利要求保护的主题"电子名片交换方法"的必要技术特征应当包括：第一会议终端获得第一个人终端的个人名片以及第一个人终端的名片发送指示信息；第一会议终端将个人名片和名片发送指示信息发送给第二会议终端；第二会议终端根据接收到的所述名片发送指示信息向相应的第二个人终端发送所述个人名片。

相应地，该申请独立权利要求保护的主题"电子名片交换系统"的必要技术特征应当包括与方法步骤相应的系统装置。所述的系统装置包括：用于向第一会议终端发送个人名片以及相应的名片发送指示信息的第一个人终端；用于将接收到的个人名片和名片发送指示信息发送给第二会议终端的第一会议终端；用于根据接收到的名片发送指示信息将接收到的个人名片发送给第二个人终端的第二会议终端；接收个人名片的第二个人终端。

三、撰写独立权利要求

在确定该发明专利申请的最接近现有技术、针对该最接近现有技术所要解决的技术问题以及为解决该技术问题所必需包含的全部必要技术特征之后，就可以开始着手撰写独立权利要求。

对于方法类的独立权利要求，可以按照方法步骤顺序地撰写权利要求，撰写时注意前后步骤的呼应，例如，后面出现的"所述"技术特征应该是前面已经出现过的技术特征。

最后，完成的独立权利要求 1 如下：

1. 一种视频会议中电子名片交换方法，其特征在于，包括：

第一会议终端获得第一个人终端的个人名片以及第一个人终端的名片发送指示信息；

第一会议终端将所述个人名片和所述名片发送指示信息发送给第二会议终端；

第二会议终端根据所述名片发送指示信息向相应的第二个人终端发送所述个人名片。

对于系统类的独立权利要求，需要在独立权利要求中写清楚各装置部件的连接关系及各装置部件的功能。

最后完成的独立权利要求 18 如下：

18. 一种视频会议中电子名片交换系统，其特征在于，包括：

第一个人终端，用于向第一会议终端发送个人名片以及相应的名片发送指示信息；

第一会议终端，用于将接收到的个人名片和名片发送指示信息发送给第二会议终端；

第二会议终端，用于根据接收到的名片发送指示信息将接收到的个人名片发送给第二个人终端；

第二个人终端，用于接收个人名片。

所撰写的上述独立权利要求满足如下五方面的实质性要求。

（1）所撰写的独立权利要求应当包含解决技术问题的全部必要技术特征。

就这一实质性要求而言，前面在分析确定该发明的必要技术特征时，已作出了具体说明，在此不再作重复描述。根据前述的分析，独立权利要求 1 和 18 符合《专利法实施细则》第 20 条第 2 款的规定。

（2）所撰写的独立权利要求不应当写入非必要技术特征，以使该发明得到充分的保护。

在独立权利要求中，未写入经前述分析认为是属于进一步限定的特征，使该独立权利要求限定的技术方案具有较宽的保护范围。

（3）应当以说明书为依据，清楚、简要地限定要求专利保护的范围。

对于独立权利要求以说明书为依据这一实质性要求，就本案例而言，所撰写的独立权利要求相对于客户的技术交底书作出了合理的概括。而就平时实务而言，若技术交底书中所提供的实施方式尚不足以支持客户所想要求保护的范围时，可以要求客户进一步补充实施方式，从而在撰写说明书时在具体实施方式部分给出更多的实施方式来支持所撰写的独立权利要求，从而满足权利要求书以说明书为依据的规定。

（4）所撰写的独立权利要求应当满足新颖性和创造性的要求。

在本案例中，独立权利要求 1 与用户提供的的对比文件 1 相比，具有区别特征"第一会议终端获得第一个人终端的名片发送指示信息；第一会议终端将所述个人名片和所述名片发送指示信息发送给第二会议终端；第二会议终端根据所述名片发送指示信息向相应的第二个人终端发送所述个人名片"，从而权利要求 1 与对比文件 1 的技术方案实质上不同，具有显著区别，且权利要求 1 能够解决"在视频会议中与会人员不能向指定人员发送电子名片"这一个技术问题，并能达到相应的技术效果，因此所撰写的独立权利要求 1 相对于对比文件 1 具备《专利法》第 22 条第 2 款规定的新颖性。

独立权利要求 1 与对比文件 2 相比，具有区别特征"第一会议终端获得第一个人终端的名片发送指示信息；第一会议终端将所述个人名片和所述名片发送指示信息发送给第二会议终端；第二会议终端根据所述名片发送指示信息向相应的第二个人终端发送所述个人名片"，从而权利要求 1 与对比文件 2 的技术方案具有显著区别，且权利要求 1 能够解决"在视频会议中与会人员不能向指定人员发送电子名片"这一技术问题，并能达到相应的技术效果，因此所撰写的独立权利要求 1 相对于对比文件 2 具备《专利法》第 22 条第 2 款规定的新颖性。

关于创造性，所撰写的独立权利要求 1 相对于最接近的现有技术（对比文件 2）的区别特征为"第一会议终端获得第一个人终端的名片发送指示信息；第一会议终端将所述个人名片和所述名片发送指示信息发送给第二会议终端；第二会议终端根据所述名片发送指示信息向相应的第二个人终端发送所述个人名片"，因而其相对于最接近的现有技术的电子名片交换方法来说，实际解决的技术问题是使视频会议中的与会人员能够向指定人员发送电子名片，从而便于与会人员个性化地交换电子名片。由于该区别特征未被对比文件 1 公开，且基于目前掌握的现有技术，该特征也不属于本领域技术人员解决上述技术问题的公知常识，因此现有技术中未给出将上述区别特征应用到对比文件 2 中的电子名片交换方法中来解决"在视频会议中与会人员不能向指定人员发送电子名片"这一技术问题的技术启示。即独立权利要求 1 的技术方案相对于已知证据以及本领域的公知常识是非显而易见的，因而具有突出的实质性特点。此外，上述区别特征使得该发明能够使视频会议中的与会人员向指定人员发送电子名片，从而便于与会人员个性化地交换电子名片，即该独立权利要求 1 的技术方案相对于现有技术具有有益的效果，因而具有显著的进步。由此可知，所撰写的独立权利要求 1 具备《专利法》第 22 条第 3 款规定的创造性。

基于同样的理由，其产品权利要求 18 也具备《专利法》第 22 条第 2 款规定的新颖性和《专利法》第 22 条第 3 款规定的创造性。

（5）所撰写的独立权利要求应当满足单一性的要求。

在本案例中，与专利代理人当前所检索到的和了解到的现有技术相比，最终确定的方法权利要求和产品权利要求具有共同的特定技术特征："第一会议终端获得第一个人终端的名片发送指示信息；第一会议终端将所述个人名片和所述名片发送指示信息发送给第二会议终端；第二会议终端根据所述名片发送指示信息向相应的第二个人终端发送所述个人名片"，因此，所撰写的权利要求书符合《专利法》第 31 条第 1 款有关单一性的规定。

四、撰写从属权利要求

为了增加专利申请取得专利权的可能性和批准专利后更有利于维护专利权，应当撰写合理数量的从属权利要求，尤其要将技术交底书中对创造性起作用的那些技术特征写成相应的从属权利要求。

在前面理解该发明要求保护主题的实质内容时所列出的技术特征中，技术特征②、⑦～⑬以及技术特征③、④、⑤中有关合成和解码的技术特征均未写入独立权利要求中。现对这些技术特征进行分析，确定是否将其作为从属权利要求的附加技术特征，以完成从属权利要求的撰写。

在上述未写入独立权利要求的特征中，技术特征②是对名片发送指示信息的进一步限定，技术特征③、④、⑤中有关合成和解码的技术特征是对名片发送指示信息传输过程的进一步限定，技术特征⑦和⑨是对收到名片后如何处理的进一步限定，技术特征⑧是对扩展到多方会议的进一步限定。技术特征⑩是对与会人员如何定位的进一步限定；技术特征⑪是关于名片发送指示信息如何产生的进一步限定；技术特征⑫为在确定了与会人员位置（技术特征⑩）之后，向特定人员请求电子名片的进一步限定；技术特征⑬是对个人终端与会议终端的连接关系的进一步限定，且不同的连接关系决定了与会人员定位方式的不同，因此技术特征⑬与技术特征⑩～⑫密切相关。上述技术特征都是比较重要的技术特征，建议全部作为从属权利要求。

由此可见，上述技术特征具有的关系如图 4 - 10 所示：

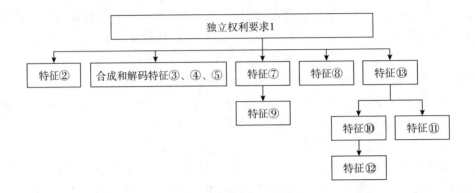

图 4 - 10

根据上述特征关系进行从属权利要求的布局，最后完成的独立权利要求1的从属权利要求如下：

2. 根据权利要求1所述的方法，其特征在于，所述名片发送指示信息包括呈现命令和目标位置信息，所述第二会议终端根据所述名片发送指示信息向相应的第二个人终端发送所述个人名片具体包括：

当呈现命令为向全部与会人员显示时，所述第二会议终端向接入所述第二会议终端的全部个人终端发送所述个人名片；或者当呈现命令为向指定与会人员显示时，所述第二会议终端根据目标位置信息向目标个人终端发送所述个人名片。(对应技术特征②)

3. 根据权利要求1所述的方法，其特征在于，所述第一会议终端将所述个人名片和所述名片发送指示信息发送给第二会议终端具体包括：

所述第一会议终端将所述个人名片和名片发送指示信息合成到会议视频信息及音频信息中，并将携带有个人名片和名片发送指示信息的会议视频信息及音频信息发送给所述第二会议终端。(对应技术特征"合成和解码")

4. 根据权利要求1所述的方法，其特征在于，第二个人终端接收到所述个人名片之后，对所述个人名片进行保存。(对应技术特征⑦)

5. 根据权利要求4所述的方法，其特征在于，当第二个人终端保存所述个人名片之后，第二个人终端提示与会人员是否向第一个人终端发送自己的个人名片，若选择是，则将第二个人终端内的个人名片发送给第一个人终端，若选择否，则不发送。(对应技术特征⑨)

6. 根据权利要求1所述的方法，其特征在于，所述第一会议终端将所述个人名片和所述名片发送指示信息发送给第二会议终端进一步包括：

第一会议终端将携带有个人名片和名片发送指示信息的会议视频信息及音

频信息发送给多点控制单元（MCU）；

多点控制单元将接收的携带有个人名片和名片发送指示信息的会议视频信息及音频信息发送给第二会议终端。（对应技术特征⑧）

7. 根据权利要求1所述的方法，其特征在于，

在第一会议终端获得第一个人终端的个人名片以及第一个人终端的名片发送指示信息之前，第一个人终端与第一会议终端之间建立连接。（对应技术特征⑬）

8. 根据权利要求7所述的方法，其特征在于，

第一个人终端与第一会议终端之间建立无线连接。（对应技术特征⑬中的第一实施方法）

9. 根据权利要求8所述的方法，其特征在于，

第一个人终端与第一会议终端之间建立无线连接之后，在第一会议终端获得第一个人终端的个人名片以及第一个人终端的名片发送指示信息之前，第一会议终端向第一个人终端发送会场位置信息，所述会场位置信息包括第一会场的座位分布图和第二会场的座位分布图，与会人员在第一个人终端呈现的会场位置信息上确定自己所处的位置，并将自己的位置信息发送给第一会议终端。（对应特征⑩中的第一实施方法）

10. 根据权利要求9所述的方法，其特征在于，还包括：

与会人员通过第一个人终端获得所有终端的位置信息，并向第二个人终端发送获取名片请求；

第二个人终端若允许所述获取名片请求，则向发送所述获取名片请求的个人终端发送个人名片；

第二个人终端若拒绝所述获取名片请求，则向发送所述获取名片请求的个人终端发送拒绝消息。（对应技术特征⑫）

11. 根据权利要求8所述的方法，其特征在于，

第一个人终端的名片发送指示信息由与会人员在第一个人终端上设置并发送给第一会议终端。（对应技术特征⑪）

12. 根据权利要求7所述的方法，其特征在于，

第一个人终端与第一会议终端之间通过射频发射器建立射频连接。（对应技术特征⑬中的第二实施方法）

13. 根据权利要求12所述的方法，其特征在于，

第一个人终端与第一会议终端之间建立射频连接之后，在第一会议终端获得第一个人终端的个人名片以及第一个人终端的名片发送指示信息之前，与会

人员在射频发射器的界面上确定自己所处的位置，并将自己的位置信息发送给第一会议终端。(对应技术特征⑩中的第二实施方法)

14. 根据权利要求13所述的方法，其特征在于，还包括：

与会人员通过所述射频发射器获得所有终端的位置信息，并向第二个人终端发送获取名片请求；

第二个人终端若允许所述获取名片请求，则向发送所述获取名片请求的个人终端发送个人名片；

第二个人终端若拒绝所述获取名片请求，则向发送所述获取名片请求的个人终端发送拒绝消息。(对应技术特征⑫)

15. 根据权利要求12所述的方法，其特征在于，

第一个人终端的名片发送指示信息由与会人员在射频发射器上设置并发送给第一会议终端。(对应技术特征⑪)

16. 根据权利要求1所述的方法，其特征在于，

第一会议终端使用人脸识别技术确定与会人员的位置。(对应技术特征⑩中的第三实施方法)

17. 根据权利要求16所述的方法，其特征在于，

第一会议终端通过识别与会人员的特定动作和特定语音命令获得第一个人终端的个人名片以及第一个人终端的名片发送指示信息。(对应技术特征⑪)

独立权利要求18的从属权利要求19～33与权利要求2～17一一对应地设置，具体内容如下：

19. 根据权利要求18所述的系统，其特征在于，

所述名片发送指示信息包括呈现命令和目标位置信息，

当呈现命令为向全部与会人员显示时，所述第二会议终端用于向接入所述第二会议终端的全部个人终端发送所述个人名片；

当呈现命令为向指定与会人员显示时，所述第二会议终端用于根据目标位置信息向目标个人终端发送所述个人名片。

20. 根据权利要求18所述的系统，其特征在于，

所述第一会议终端用于将所述个人名片和名片发送指示信息合成到会议视频信息及音频信息中，并将携带有个人名片和名片发送指示信息的会议视频信息及音频信息发送给所述第二会议终端。

21. 根据权利要求18所述的系统，其特征在于，

第二个人终端还用于在接收到所述个人名片之后，对所述个人名片进行保存。

22. 根据权利要求21所述的系统，其特征在于，当第二个人终端保存所述个人名片之后，第二个人终端用于提示与会人员是否向第一个人终端发送自己的个人名片，若选择是，则将第二个人终端内的个人名片发送给第一个人终端，若选择否，则不发送。

23. 根据权利要求18所述的系统，其特征在于，还包括多点控制单元（MCU），

第一会议终端将携带有个人名片和名片发送指示信息的会议视频信息及音频信息发送给多点控制单元（MCU）；

多点控制单元将接收的携带有个人名片和名片发送指示信息的会议视频信息及音频信息发送给第二会议终端。

24. 根据权利要求18所述的方法，其特征在于，

在第一会议终端获得第一个人终端的个人名片以及第一个人终端的名片发送指示信息之前，第一个人终端与第一会议终端之间建立连接。

25. 根据权利要求24所述的系统，其特征在于，

第一个人终端与第一会议终端之间建立无线连接。

26. 根据权利要求25所述的系统，其特征在于，

第一会议终端向第一个人终端发送会场位置信息，所述会场位置信息包括第一会场的座位分布图和第二会场的座位分布图，与会人员在第一个人终端呈现的会场位置信息上确定自己所处的位置，并将自己的位置信息发送给第一会议终端。

27. 根据权利要求26所述的系统，其特征在于，还包括：

第一个人终端向与会人员呈现所有终端的位置信息，并向第二个人终端发送获取名片请求；

第二个人终端若允许所述获取名片请求，则向发送所述获取名片请求的个人终端发送个人名片；

第二个人终端若拒绝所述获取名片请求，则向发送所述获取名片请求的个人终端发送拒绝消息。

28. 根据权利要求25所述的系统，其特征在于，

第一个人终端的名片发送指示信息由与会人员在第一个人终端上设置并发送给第一会议终端。

29. 根据权利要求24所述的系统，其特征在于，

还具有射频发射器，第一个人终端与第一会议终端之间通过射频发射器建立射频连接。

30. 根据权利要求29所述的系统，其特征在于，

与会人员在射频发射器的界面上确定自己所处的位置，并将自己的位置信息发送给第一会议终端。

31. 根据权利要求 30 所述的系统，其特征在于，还包括：

所述射频发射器向与会人员呈现所有终端的位置信息，并向第二个人终端发送获取名片请求；

第二个人终端若允许所述获取名片请求，则向发送所述获取名片请求的个人终端发送个人名片；

第二个人终端若拒绝所述获取名片请求，则向发送所述获取名片请求的个人终端发送拒绝消息。

32. 根据权利要求 29 所述的系统，其特征在于，

第一个人终端的名片发送指示信息由与会人员在射频发射器上设置并发送给第一会议终端。

33. 根据权利要求 18 所述的系统，其特征在于，

第一会议终端被配置为使用人脸识别技术确定与会人员的位置。

34. 根据权利要求 33 所述的系统，其特征在于，

第一会议终端被配置为通过识别与会人员的特定动作和特定语音命令获得第一个人终端的个人名片以及第一个人终端的名片发送指示信息。

对于上述 32 项从属权利要求，按重要性排序可以分为三个层级。第一层级也即最重要的是权利要求 2 ~ 3 和 19 ~ 20，主要体现了该发明的改进一的发明构思；第二层级是权利要求 8 ~ 10、12 ~ 14、24 ~ 26 和 28 ~ 30，体现了该发明的改进二的发明构思；其他从属权利要求属于第三层级，仅体现了细节、进一步的发明构思。

在完成了权利要求书的撰写之后，还需要与客户进行沟通，由客户确认权利要求布局是否满足了客户的需求、体现了客户申请专利的初衷。如果该发明在后续进入实质审查过程中，独立权利要求存在新颖性或创造性的问题需要修改，可以根据这三个层级逐级进行修改。修改后的权利要求需要注意可能存在需要分案的问题。

第三节　说明书及其摘要的撰写

在完成权利要求书的撰写之后，就可着手撰写说明书及其摘要。说明书及其摘要的撰写应当按照《专利法实施细则》第 17 条、第 18 条和第 23 条的规定

撰写。根据《专利法实施细则》第17条的规定，发明或者实用新型专利申请的说明书应当写明发明或者实用新型的名称，该名称应当与请求书中的名称一致。说明书通常应当包括技术领域、背景技术、发明或者实用新型内容、附图说明和具体实施方式五个组成部分。下面将重点说明在撰写该发明说明书各个组成部分时应当注意的问题，读者可结合附在此后推荐的说明书的具体内容来加深理解。本节最后一部分给出了该发明的推荐的发明专利申请的参考文本。

现针对说明书的各个组成部分具体说明其撰写要求和撰写思路。

1. 发明或实用新型的名称

发明或者实用新型的名称应当清楚、简要、全面地反映发明或实用新型要求保护的技术方案的主题名称以及发明的类型，使发明或实用新型名称所描述的技术主题与技术方案相对应。

由于本案例发明专利申请涉及方法权利要求和装置权利要求这两项独立权利要求，因而将这两项独立权利要求的技术方案所涉及的主题名称作为发明名称，即"视频会议中电子名片交换方法及系统"。实用新型专利申请，由于实用新型仅保护产品，可以将装置权利要求的技术方案所涉及的主题名称作为发明名称，即"视频会议中电子名片交换系统"。

2. 发明或者实用新型的技术领域

发明或者实用新型的技术领域是指要求保护的技术方案所属或者直接应用的具体技术领域，既不是发明或实用新型所属或者应用的广义或上位技术领域，也不是其相邻技术领域，更不是发明或者实用新型本身，该技术领域往往与发明在国际专利分类表中可能分入的最低位置有关。这一部分也应体现发明或实用新型要求保护的技术方案的主题名称以及发明的类型。如发明是一种产品和该产品的制造方法，则发明所属技术领域也应包括产品和其制造方法。

这部分常用的格式语句是："本发明（或本实用新型）涉及一种……"或"本发明（或本实用新型）属于……"

由于该发明直接应用的具体技术领域是视频会议，其国际专利分类表中的位置是"图像通信—电视系统"下的二点组：H04N 7/15：会议系统，因此，该发明的技术领域部分可以撰写为："本发明涉及视频会议领域，特别是涉及一种视频会议系统中交换电子名片的方法及系统。"

3. 发明或者实用新型的背景技术

说明书这一部分应当写明对发明或者实用新型的理解、检索、审查有用的背景技术，有可能的，并引证反映这些背景技术的文件。

对于本案例来说，通过对现有技术的检索和分析，一共找到了两份相关的现有技术。其中对比文件2是该发明最接近的现有技术，因此在背景技术部分应当对该对比文件2的有关内容加以说明。由于该现有技术比较简单，因此，可以只对该份最接近的现有技术文件作简要说明，给出其出处，并对主要技术方案以及客观存在的主要问题进行简洁的描述即可。

此外，在说明书背景技术部分中，还要客观地指出背景技术中存在的问题和缺点，但是，仅限于涉及由发明或者实用新型的技术方案所解决的问题和缺点。在可能的情况下，说明存在这种问题和缺点的原因以及解决这些问题和缺点时曾经遇到的困难。

对于本案例来说，背景技术中对比文件2所公开的电子名片交换方法，虽然能够实现用户装置可以连接到会议系统，向以及从彼此和其他装置传送或以其他方式传输电子名片，并存储接收到的电子名片，但是公开的装置和交换方法无法实现用户向指定的发送对象发送电子名片的技术效果。

4. 发明或者实用新型的内容

说明书这一部分应当写明发明或者实用新型所要解决的技术问题、解决其技术问题采用的技术方案，以及发明或者实用新型相对于现有技术所带来的有益效果。通常情况下，这一部分的描述应当与权利要求要求保护的技术方案相适应。

（1）要解决的技术问题

发明或者实用新型所要解决的技术问题，是指发明或者实用新型要解决的现有技术中存在的技术问题。通常针对最接近的现有技术中存在的技术问题并结合该发明所取得的效果提出。这一部分应当采用正面、尽可能简洁的语言客观而有根据地反映发明或者实用新型要解决的技术问题。

按照权利要求撰写时的分析，本案例相对于最接近的现有技术来说，独立权利要求的技术方案解决了现有技术中"在视频会议中与会人员不能向指定人员发送电子名片"的问题。因此，撰写时首先应当直接、清楚地写明"本发明使得个人终端能够向指定的发送对象发送电子名片，解决了现有技术中与会人员不能在视频会议时向指定人员发送电子名片的问题"。

（2）技术方案

在撰写这一部分时，应当注意层次结构，一般情况下，首先应当写明独立权利要求的技术方案，用语应当与独立权利要求的用语相应或者相同，以发明或者实用新型必要技术特征总和的形式阐明其实质，必要时，说明必要技术特征总和与发明或者实用新型效果之间的关系。其次，另起段通过对该发明或者实用新型的附加技术特征的描述，反映对其作进一步改进的重要从属权利要求的技术方案。

对于本案例来说，由于既有方法独立权利要求又有产品独立权利要求，因此，可以先用一个自然段描述两者的总发明构思，再分别描述具体的技术方案。

（3）有益效果

有益效果是确定发明是否具有"显著的进步"，实用新型是否具有"进步"的重要依据。技术效果与发明或实用新型要解决的技术问题及所采用的技术方案之间具有逻辑对应关系，通过全面、详细、客观地论述该发明或实用新型技术方案的技术特征所带来的有益效果，有助于人们对发明或实用新型的理解，并对要求保护的发明或实用新型起到进一步解释的作用。

在说明有益效果时，应当通过与现有技术进行比较分析的方式说明。考虑到利于后续修改和对保护的发明的解释，在撰写这部分内容时，除了对独立权利要求技术方案的技术效果进行分析外，还应对重要从属权利要求的技术方案的有益效果加以分析。对于那些不能通过技术方案直接推断出的效果，由于不允许在申请日后再补入说明书中，而只能提供审查员作为参考，从而可能造成客户的利益损失，因此，在说明书撰写时，应对这些技术效果进行充分的说明。

对于本案例来说，为了明确各技术方案的有益效果，并从总体上全面、详细、客观地论述本发明技术方案的技术特征所带来的有益效果，在介绍完所有技术方案后，通过独立的段落综述了独立权利要求和从属权利要求技术方案的所有可能的有益效果。

5. 附图说明

说明书有附图的，应当写明各幅附图的图名，并且对图示内容作简要说明。当附图多于一幅时，必要时说明这些附图之间的相互关系。对于各种示意图、透视图、剖视图等来说，都应当在简要说明中说明。

这部分通常以下述格式句开始："下面结合附图对本发明（或实用新型）的具体实施方式作进一步详细的说明"，在这之后再集中给出各幅附图的图名。

对本案例来说，需要结合技术交底书中的图4-2至图4-6、专利客户补充的系统架构图4-7至图4-8以及现有技术的图9来描述该发明的实施方式和现有技术。对于归纳总结的上位实施方式，还应当给出该实施方式的说明书附图。因此该发明说明书中共有九幅附图，此处应当对这九幅附图作出说明。

6. 具体实施方式

实现发明或者实用新型优选的具体实施方式是说明书的重要组成部分，它对于充分公开、理解和实现发明或者实用新型，支持和解释权利要求都极为重要。因此，说明书应当详细描述实现发明或实用新型优选的具体实施方式，必要时应当举例加以说明，有附图的，应当对照附图进行说明。

在这部分至少应当对一个优选的具体实施方式给予足够详细的描述，使所属技术领域的技术人员根据说明书中对该实施方式具体描述的内容就能够实现该发明或实用新型，而不必再做创造性活动或过多的实验。

在撰写具体实施方式时，应当注意描述的逻辑性和条理性，注意前后承接关系，避免出现前后不一致、逻辑不清等情况，以避免造成说明书不能充分公开的缺陷。

尽管《专利审查指南 2010》第二部分第二章第 3.2.1 节指出，在判断权利要求书是否得到说明书的支持时，应当考虑说明书的全部内容，而不是仅限于具体实施方式部分的内容。但从说明书的撰写来看，为支持权利要求，尤其是当采用概括方式表述技术特征的权利要求具有一个较宽的保护范围时，应当在具体实施方式部分给出足够多的实施例，以与权利要求的保护范围相适应。对于在这一部分描述多个实施例的情况，如果这些实施例之间有较大的区别，或者这些实施例的结构都比较简单，通常可针对这些实施例分别作出详细描述。如果其中一部分实施例之间差别不大，则可以只针对其中一种实施例进行详细的描述，而对另一些实施例，只重点说明其与这种实施例的不同之处，对于相同部分可以采用"其他部分与前一种实施方式相同"等类似的语言作简单说明。

在撰写具体实施方式时，还应当为审查阶段对权利要求书进行修改做好准备，即对审查阶段修改权利要求时可能出现的权利要求的技术方案，也应当在具体实施方式部分给出明确说明。

对于本案例来说，除了根据技术交底书提供的该发明具体技术内容进行描述外，还应当包括在与客户沟通后所补充的必要技术内容。在补充了上述内容和实施方式后，具体实施方式部分已清楚地公开了该发明专利申请要求保护的主题，并且在一定程度上起到了支持权利要求保护范围的作用。

在对具体实施方式进行撰写时，可以按照权利要求的布局，逐步对技术方案进行展开和铺陈，也可以按照最终确定的多个实施例，分别详细描述各个实施例。本案例采用后一种方式。由于最终形成的独立权利要求是采用上位概括的形式产生的，因此在具体实施方式部分，第一个实施例描述了该上位的方法实施例，随后是交底书中的三个实施例，最后，根据所要求保护的装置权利要求，设置两个装置实施例，从而构成了六个实施例。

7. 说明书附图

附图的作用在于用图形补充说明书文字部分的描述，使人能够直观、形象化地理解发明或者实用新型的每个技术特征和整体技术方案。对于通信领域中的专利申请，附图对于了解说明书所描述的发明创造的内容来说是不可缺少的，因此说明书附图应当清楚地反映发明或者实用新型的内容。

在本案例中，说明书是基于归纳总结的上位实施例的附图、各具体实施例的附图、系统架构图以及现有技术附图进行的说明，因此可以根据说明书的撰写思路，顺序地将这九幅图列出。

8. 说明书摘要

摘要是说明书记载内容的概述，作用在于使公众通过阅读摘要中简单的文字概括即可快捷地了解发明或实用新型所涉及的内容。一份好的说明书摘要将有利于专利信息的检索，提供强有力的情报信息作用，从而促进专利信息的流通。

摘要应当写明发明或者实用新型的名称和所属技术领域，并清楚地反映所要解决的技术问题、解决该技术问题的技术方案的要点以及主要用途，其中以技术方案为主，至少应反映独立权利要求所要求保护的技术方案。摘要全文（包括标点符号）不应超过300字。此外，摘要中不得使用商业性宣传用语。

说明书中有附图的，应指定并提供一幅最能说明该发明或实用新型技术方案的附图作为摘要附图（摘要附图应当是说明书的附图之一）。摘要文字部分出现的附图标记应加括号。

说明书摘要可采用下述起始格式句："本发明（或实用新型）公开了一种……"

对于本案例，鉴于独立权利要求比较简单，因而在摘要部分可以简要地写入整个独立权利要求的技术方案。此外，摘要中还应反映要解决的技术问题和主要用途。最后，从附图中选择一幅最能反映该发明内容的说明书附图1作为摘要附图。

上面对说明书的各个组成部分的撰写要求以及如何撰写进行了具体说明，需要强调的是，在整个说明书的撰写过程中，要注意说明书的各组成部分内容之间、说明书和权利要求书之间的逻辑对应关系，确保说明书的条理清晰、结构合理，并且与权利要求书相适应。

第四节　发明专利申请文件的参考文本

按照上述分析，可以完成"视频会议中电子名片交换方法和系统"的发明专利的说明书文本的撰写。下面给出最后完成的权利要求书和说明书的参考文本。如果是实用新型专利，则需要删除权利要求书中方法权利要求的内容（权利要求1~17）和说明书相应的部分，其他部分可以不变。最终确定的文本应是客户审核通过的文本。

权利要求书

1. 一种视频会议中电子名片交换方法，其特征在于，包括：

第一会议终端获得第一个人终端的个人名片以及第一个人终端的名片发送指示信息；

第一会议终端将所述个人名片和所述名片发送指示信息发送给第二会议终端；

第二会议终端根据所述名片发送指示信息向相应的第二个人终端发送所述个人名片。

2. 根据权利要求1所述的方法，其特征在于，所述名片发送指示信息包括呈现命令和目标位置信息，所述第二会议终端根据所述名片发送指示信息向相应的第二个人终端发送所述个人名片具体包括：

当呈现命令为向全部与会人员显示时，所述第二会议终端向接入所述第二会议终端的全部个人终端发送所述个人名片；或者当呈现命令为向指定与会人员显示时，所述第二会议终端根据目标位置信息向目标个人终端发送所述个人名片。

3. 根据权利要求1所述的方法，其特征在于，所述第一会议终端将所述个人名片和所述名片发送指示信息发送给第二会议终端具体包括：

所述第一会议终端将所述个人名片和名片发送指示信息合成到会议视频信息及音频信息中，并将携带有个人名片和名片发送指示信息的会议视频信息及音频信息发送给所述第二会议终端。

4. 根据权利要求1所述的方法，其特征在于，第二个人终端接收到所述个人名片之后，对所述个人名片进行保存。

5. 根据权利要求4所述的方法，其特征在于，当第二个人终端保存所述个人名片之后，第二个人终端提示与会人员是否向第一个人终端发送自己的个人名片，若选择是，则将第二个人终端内的个人名片发送给第一个人终端，若选择否，则不发送。

6. 根据权利要求1所述的方法，其特征在于，所述第一会议终端将所述个人名片和所述名片发送指示信息发送给第二会议终端进一步包括：

第一会议终端将携带有个人名片和名片发送指示信息的会议视频信息及音频信息发送给多点控制单元（MCU）；

多点控制单元将接收的携带有个人名片和名片发送指示信息的会议视频信息及音频信息发送给第二会议终端。

7. 根据权利要求 1 所述的方法，其特征在于，

在第一会议终端获得第一个人终端的个人名片以及第一个人终端的名片发送指示信息之前，第一个人终端与第一会议终端之间建立连接。

8. 根据权利要求 7 所述的方法，其特征在于，

第一个人终端与第一会议终端之间建立无线连接。

9. 根据权利要求 8 所述的方法，其特征在于，

第一个人终端与第一会议终端之间建立无线连接之后，在第一会议终端获得第一个人终端的个人名片以及第一个人终端的名片发送指示信息之前，第一会议终端向第一个人终端发送会场位置信息，所述会场位置信息包括第一会场的座位分布图和第二会场的座位分布图，与会人员在第一个人终端呈现的会场位置信息上确定自己所处的位置，并将自己的位置信息发送给第一会议终端。

10. 根据权利要求 9 所述的方法，其特征在于，还包括：

与会人员通过第一个人终端获得所有终端的位置信息，并向第二个人终端发送获取名片请求；

第二个人终端若允许所述获取名片请求，则向发送所述获取名片请求的个人终端发送个人名片；

第二个人终端若拒绝所述获取名片请求，则向发送所述获取名片请求的个人终端发送拒绝消息。

11. 根据权利要求 8 所述的方法，其特征在于，

第一个人终端的名片发送指示信息由与会人员在第一个人终端上设置并发送给第一会议终端。

12. 根据权利要求 7 所述的方法，其特征在于，

第一个人终端与第一会议终端之间通过射频发射器建立射频连接。

13. 根据权利要求 12 所述的方法，其特征在于，

第一个人终端与第一会议终端之间建立射频连接之后，在第一会议终端获得第一个人终端的个人名片以及第一个人终端的名片发送指示信息之前，与会人员在射频发射器的界面上确定自己所处的位置，并将自己的位置信息发送给第一会议终端。

14. 根据权利要求 13 所述的方法，其特征在于，还包括：

与会人员通过所述射频发射器获得所有终端的位置信息，并向第二个人终端发送获取名片请求；

第二个人终端若允许所述获取名片请求，则向发送所述获取名片请求的个人终端发送个人名片；

第二个人终端若拒绝所述获取名片请求，则向发送所述获取名片请求的个人终端发送拒绝消息。

15. 根据权利要求 12 所述的方法，其特征在于，

第一个人终端的名片发送指示信息由与会人员在射频发射器上设置并发送给第一会议终端。

16. 根据权利要求 1 所述的方法，其特征在于，

第一会议终端使用人脸识别技术确定与会人员的位置。

17. 根据权利要求 16 所述的方法，其特征在于，

第一会议终端通过识别与会人员的特定动作和特定语音命令获得第一个人终端的个人名片以及第一个人终端的名片发送指示信息。

18. 一种视频会议中电子名片交换系统，其特征在于，包括：

第一个人终端，用于向第一会议终端发送个人名片以及相应的名片发送指示信息；

第一会议终端，用于将接收到的个人名片和名片发送指示信息发送给第二会议终端；

第二会议终端，用于根据接收到的名片发送指示信息将接收到的个人名片发送给第二个人终端；

第二个人终端，用于接收个人名片。

19. 根据权利要求 18 所述的系统，其特征在于，

所述名片发送指示信息包括呈现命令和目标位置信息，

当呈现命令为向全部与会人员显示时，所述第二会议终端用于向接入所述第二会议终端的全部个人终端发送所述个人名片；

当呈现命令为向指定与会人员显示时，所述第二会议终端用于根据目标位置信息向目标个人终端发送所述个人名片。

20. 根据权利要求 18 所述的系统，其特征在于，

所述第一会议终端用于将所述个人名片和名片发送指示信息合成到会议视频信息及音频信息中，并将携带有个人名片和名片发送指示信息的会议视频信息及音频信息发送给所述第二会议终端。

21. 根据权利要求 18 所述的系统，其特征在于，

第二个人终端还用于在接收到所述个人名片之后，对所述个人名片进行保存。

22. 根据权利要求 21 所述的系统，其特征在于，当第二个人终端保存所述个人名片之后，第二个人终端用于提示与会人员是否向第一个人终端发送自己

的个人名片，若选择是，则将第二个人终端内的个人名片发送给第一个人终端，若选择否，则不发送。

23. 根据权利要求 18 所述的系统，其特征在于，还包括多点控制单元（MCU），

第一会议终端将携带有个人名片和名片发送指示信息的会议视频信息及音频信息发送给多点控制单元；

多点控制单元将接收的携带有个人名片和名片发送指示信息的会议视频信息及音频信息发送给第二会议终端。

24. 根据权利要求 18 所述的方法，其特征在于，

在第一会议终端获得第一个人终端的个人名片以及第一个人终端的名片发送指示信息之前，第一个人终端与第一会议终端之间建立连接。

25. 根据权利要求 24 所述的系统，其特征在于，

第一个人终端与第一会议终端之间建立无线连接。

26. 根据权利要求 25 所述的系统，其特征在于，

第一会议终端向第一个人终端发送会场位置信息，所述会场位置信息包括第一会场的座位分布图和第二会场的座位分布图，与会人员在第一个人终端呈现的会场位置信息上确定自己所处的位置，并将自己的位置信息发送给第一会议终端。

27. 根据权利要求 26 所述的系统，其特征在于，还包括：

第一个人终端向与会人员呈现所有终端的位置信息，并向第二个人终端发送获取名片请求；

第二个人终端若允许所述获取名片请求，则向发送所述获取名片请求的个人终端发送个人名片；

第二个人终端若拒绝所述获取名片请求，则向发送所述获取名片请求的个人终端发送拒绝消息。

28. 根据权利要求 25 所述的系统，其特征在于，

第一个人终端的名片发送指示信息由与会人员在第一个人终端上设置并发送给第一会议终端。

29. 根据权利要求 24 所述的系统，其特征在于，

还具有射频发射器，第一个人终端与第一会议终端之间通过射频发射器建立射频连接。

30. 根据权利要求 29 所述的系统，其特征在于，

与会人员在射频发射器的界面上确定自己所处的位置，并将自己的位置信

息发送给第一会议终端。

31. 根据权利要求 30 所述的系统,其特征在于,还包括:

所述射频发射器向与会人员呈现所有终端的位置信息,并向第二个人终端发送获取名片请求;

第二个人终端若允许所述获取名片请求,则向发送所述获取名片请求的个人终端发送个人名片;

第二个人终端若拒绝所述获取名片请求,则向发送所述获取名片请求的个人终端发送拒绝消息。

32. 根据权利要求 29 所述的系统,其特征在于,

第一个人终端的名片发送指示信息由与会人员在射频发射器上设置并发送给第一会议终端。

33. 根据权利要求 18 所述的系统,其特征在于,

第一会议终端被配置为使用人脸识别技术确定与会人员的位置。

34. 根据权利要求 33 所述的系统,其特征在于,

第一会议终端被配置为通过识别与会人员的特定动作和特定语音命令获得第一个人终端的个人名片以及第一个人终端的名片发送指示信息。

说 明 书

视频会议中电子名片交换方法和系统

技术领域

本发明涉及视频会议领域，特别是涉及一种视频会议系统中交换电子名片的方法及系统。

背景技术

随着信息时代的高速发展，企业为了降低会议成本、提高沟通效率，越来越多地采用远程视频会议代替传统的圆桌会议，以便做到企业内部或企业与企业之间的实时交流、沟通。应运而生的电子名片也成为了视频会议中，与会人员互相认识和进一步交流的纽带。与传统的纸质名片相比，电子名片打破了一对一的传递局限性，创造了无费用、跨时间、跨地域传播的新途径。

在现有技术中，为了进行电子名片的呈现，往往需要在视频会议开始前，由会议组织方收集所有与会人员的个人信息，通过手动输入或者扫描名片的方式上传至本地视频会议终端，随后在会议进行时，通过会议管理员的控制，在两端的视频会议终端上呈现与会者对应的电子名片，供在场的与会人员知晓。与会人员可以根据视频会议终端上呈现的电子名片，手动记录、拍摄记录或者凭记忆记录相关人员的名片信息。

然而，采用上述方式进行电子名片的呈现和保存，至少存在如下问题。

在录入名片信息时，如果是采用手动输入名片的方式，在实施过程中会存在疏漏或打字错误，导致其他与会人员不能得到正确的名片信息；扫描名片输入的方式也会因扫描的清晰程度而对名片的获取造成影响。

在进行名片信息的保存时，由于与会人员只能通过手动记录、拍摄记录或者凭记忆记录相关人员的名片信息，这个过程中也会有一定的疏漏，保存效果往往不理想。这样最终得到的名片信息可能会与实际的名片信息存在差异，为与会人员的后续交流沟通带来了诸多不便。

针对上述问题，对比文件1（CN××××××××A）公开了一种电子名片交换的方法，如附图9所示。对比文件1具体公开了用户装置110、112连接到处理或会议系统101，并能够向以及从彼此和其他装置传送或以其他方式传输电子名片，并存储接收到的电子名片。

然而，对比文件1所述的电子名片交换方法无法使用户个性化地向指定的发送对象发送电子名片。

发明内容

本发明的实施例提供一种视频会议中电子名片交换方法及系统，使得个人终端能够向指定的发送对象发送电子名片，解决了现有技术中与会人员不能在视频会议时向指定人员发送电子名片的问题。

为了解决上述技术问题，本发明在第一会议终端向第二会议终端发送名片的同时，还发送名片发送指示信息，第二会议终端可以根据所述名片发送指示信息向相应的第二个人终端发送所述个人名片。

具体地，本发明的视频会议中电子名片交换方法，包括：

第一会议终端获得第一个人终端的个人名片以及第一个人终端的名片发送指示信息；

第一会议终端将所述个人名片和所述名片发送指示信息发送给第二会议终端；

第二会议终端根据所述名片发送指示信息向相应的第二个人终端发送所述个人名片。

作为本发明的进一步改进，所述名片发送指示信息包括呈现命令和目标位置信息，所述第二会议终端根据所述名片发送指示信息向相应的第二个人终端发送所述个人名片具体包括：当呈现命令为向全部与会人员显示时，所述第二会议终端向接入所述第二会议终端的全部个人终端发送所述个人名片；或者当呈现命令为向指定与会人员显示时，所述第二会议终端根据目标位置信息向目标个人终端发送所述个人名片。

作为本发明的进一步改进，所述第一会议终端将所述个人名片和所述名片发送指示信息发送给第二会议终端具体包括：所述第一会议终端将所述个人名片和名片发送指示信息合成到会议视频信息及音频信息中，并将携带有个人名片和名片发送指示信息的会议视频信息及音频信息发送给所述第二会议终端。

作为本发明的进一步改进，第二个人终端接收到所述个人名片之后，对所述个人名片进行保存。

作为本发明的进一步改进，当第二个人终端保存所述个人名片之后，第二个人终端提示与会人员是否向第一个人终端发送自己的个人名片，若选择是，则将第二个人终端内的个人名片发送给第一个人终端，若选择否，则不发送。

作为本发明的进一步改进，所述第一会议终端将所述个人名片和所述名片发送指示信息发送给第二会议终端进一步包括：第一会议终端将携带有个人名片和名片发送指示信息的会议视频信息及音频信息发送给多点控制单元（Multi Control Unit，MCU）；多点控制单元将接收的携带有个人名片和名片发送指示信息的会议视频信息及音频信息发送给第二会议终端。

作为本发明的进一步改进，在第一会议终端获得第一个人终端的个人名片以及第一个人终端的名片发送指示信息之前，第一个人终端与第一会议终端之间建立连接。

作为本发明的进一步改进，第一个人终端与第一会议终端之间建立无线连接。

作为本发明的进一步改进，第一个人终端与第一会议终端之间建立无线连接之后，在第一会议终端获得第一个人终端的个人名片以及第一个人终端的名片发送指示信息之前，第一会议终端向第一个人终端发送会场位置信息，所述会场位置信息包括第一会场的座位分布图和第二会场的座位分布图，与会人员在第一个人终端呈现的会场位置信息上确定自己所处的位置，并将自己的位置信息发送给第一会议终端。

作为本发明的进一步改进，与会人员通过第一个人终端获得所有终端的位置信息，并向第二个人终端发送获取名片请求；第二个人终端若允许所述获取名片请求，则向发送所述获取名片请求的个人终端发送个人名片；第二个人终端若拒绝所述获取名片请求，则向发送所述获取名片请求的个人终端发送拒绝消息。

作为本发明的进一步改进，第一个人终端的名片发送指示信息由与会人员在第一个人终端上设置并发送给第一会议终端。

作为本发明的进一步改进，第一个人终端与第一会议终端之间通过射频发射器建立射频连接。

作为本发明的进一步改进，第一个人终端与第一会议终端之间建立射频连接之后，在第一会议终端获得第一个人终端的个人名片以及第一个人终端的名片发送指示信息之前，与会人员在射频发射器的界面上确定自己所处的位置，并将自己的位置信息发送给第一会议终端。

作为本发明的进一步改进，与会人员通过所述射频发射器获得所有终端的位置信息，并向第二个人终端发送获取名片请求；第二个人终端若允许所述获取名片请求，则向发送所述获取名片请求的个人终端发送个人名片；第二个人终端若拒绝所述获取名片请求，则向发送所述获取名片请求的个人终端发送拒绝消息。

作为本发明的进一步改进，第一个人终端的名片发送指示信息由与会人员在射频发射器上设置并发送给第一会议终端。

作为本发明的进一步改进，第一会议终端使用人脸识别技术确定与会人员的位置。

作为本发明的进一步改进，第一会议终端通过识别与会人员的特定动作和特定语音命令获得第一个人终端的个人名片以及第一个人终端的名片发送指示信息。

具体地，本发明的视频会议中电子名片交换系统，包括：

第一个人终端，用于向第一会议终端发送个人名片以及相应的名片发送指示信息；

第一会议终端，用于将接收到的个人名片和名片发送指示信息发送给第二会议终端；

第二会议终端，用于根据接收到的名片发送指示信息将接收到的个人名片发送给第二个人终端；

第二个人终端，用于接收个人名片。

作为本发明的进一步改进，所述名片发送指示信息包括呈现命令和目标位置信息，当呈现命令为向全部与会人员显示时，所述第二会议终端用于向接入所述第二会议终端的全部个人终端发送所述个人名片；当呈现命令为向指定与会人员显示时，所述第二会议终端用于根据目标位置信息向目标个人终端发送所述个人名片。

作为本发明的进一步改进，所述第一会议终端用于将所述个人名片和名片发送指示信息合成到会议视频信息及音频信息中，并将携带有个人名片和名片发送指示信息的会议视频信息及音频信息发送给所述第二会议终端。

作为本发明的进一步改进，第二个人终端还用于在接收到所述个人名片之后，对所述个人名片进行保存。

作为本发明的进一步改进，当第二个人终端保存所述个人名片之后，第二个人终端用于提示与会人员是否向第一个人终端发送自己的个人名片，若选择是，则将第二个人终端内的个人名片发送给第一个人终端，若选择否，则不发送。

作为本发明的进一步改进，该系统还包括多点控制单元，第一会议终端将携带有个人名片和名片发送指示信息的会议视频信息及音频信息发送给多点控制单元；多点控制单元将接收的携带有个人名片和名片发送指示信息的会议视频信息及音频信息发送给第二会议终端。

作为本发明的进一步改进，第一个人终端与第一会议终端之间建立无线连接。

作为本发明的进一步改进，第一会议终端向第一个人终端发送会场位置信息，所述会场位置信息包括第一会场的座位分布图和第二会场的座位分布图，与会人员在第一个人终端呈现的会场位置信息上确定自己所处的位置，并将自己的位置信息发送给第一会议终端。

作为本发明的进一步改进，第一个人终端向与会人员呈现所有终端的位置信息，并向第二个人终端发送获取名片请求；第二个人终端若允许所述获取名片请求，则向发送所述获取名片请求的个人终端发送个人名片；第二个人终端若拒绝所述获取名片请求，则向发送所述获取名片请求的个人终端发送拒绝消息。

作为本发明的进一步改进，第一个人终端的名片发送指示信息由与会人员在第一个人终端上设置并发送给第一会议终端。

作为本发明的进一步改进，该系统还具有射频发射器，第一个人终端与第一会议终端之间通过射频发射器建立射频连接。

作为本发明的进一步改进，与会人员在射频发射器的界面上确定自己所处的位置，并将自己的位置信息发送给第一会议终端。

作为本发明的进一步改进，所述射频发射器向与会人员呈现所有终端的位置信息，并向第二个人终端发送获取名片请求；第二个人终端若允许所述获取名片请求，则向发送所述获取名片请求的个人终端发送个人名片；第二个人终端若拒绝所述获取名片请求，则向发送所述获取名片请求的个人终端发送拒绝消息。

作为本发明的进一步改进，第一个人终端的名片发送指示信息由与会人员在射频发射器上设置并发送给第一会议终端。

作为本发明的进一步改进，第一会议终端被配置为使用人脸识别技术确定与会人员的位置。

作为本发明的进一步改进，第一会议终端被配置为通过识别与会人员的特定动作和特定语音命令获得第一个人终端的个人名片以及第一个人终端的名片发送指示信息。

综上所述，本发明提供的视频会议中电子名片交换方法及系统，不仅能够实时获取与会人员的名片信息并进行自动保存，提高了与会人员间的名片交换效率；进一步地，还可以使得个人终端能够向指定的发送对象发送电子名片或向特定人员请求电子名片，使电子名片交换的行为更加个性化。

附图说明

为了更清楚地说明本发明实施例中的技术方案，下面将对实施例或现有技术描述中所需要使用的附图作简单的介绍，显而易见地，下面描述中的附图仅仅是本发明的一些实施例，对于本领域普通技术人员来讲，在不付出创造性劳动的前提下，还可以根据这些附图获得其他的附图。

图1为本发明实施例一提供的视频会议中电子名片交换方法流程图。

图2为本发明实施例二提供的视频会议中电子名片交换方法流程图。

图3为本发明实施例二提供的个人终端上会场座位示意图。

图4为本发明实施例三提供的视频会议中电子名片交换方法流程图。

图5为本发明实施例三提供的射频发射器面板示意图。

图6为本发明实施例四提供的视频会议中电子名片交换方法流程图。

图7为本发明实施例五提供的视频会议中电子名片交换方法系统结构示意图。

图8为本发明实施例六提供的视频会议中电子名片交换方法系统结构示意图。

图9为本发明现有技术的视频会议中电子名片交换系统结构示意图。

具体实施方式

下面将结合本发明实施例中的附图，对本发明实施例中的技术方案进行清楚、完整的描述，显然，所描述的实施例仅仅是本发明一部分实施例，而不是全部的实施例。基于本发明中的实施例，本领域普通技术人员在没有做出创造性劳动前提下所获得的所有其他实施例，都属于本发明保护的范围。

为使本发明技术方案的优点更加清楚，下面结合附图和实施例对本发明作详细说明。

实施例一

本实施例提供一种视频会议中电子名片交换方法，如图1所示，所述方法包括：

步骤101，第一个人终端向第一会议终端发送个人名片。

步骤102，第一会议终端将接收到的所述个人名片发送给第二会议终端。

步骤103，第二会议终端将接收到的所述个人名片发送给第二会场的个人终端。

进一步地，在所述第一个人终端向第一会议终端发送个人名片之前，还包括：

所述第一会议终端向所述第一个人终端发送会场位置信息，所述会场位置信息包括第一会场的座位分布图以及第二会场的座位分布图；

与会人员在第一个人终端上的屏幕上确定自己所处的位置，并发送给第一会议终端。

其中，所述第一个人终端向第一会议终端发送个人名片包括：

与会人员设定名片呈现命令并将个人名片拖动到第二会场的座位分布图中的一个座位图标上。

其中，所述第一会议终端将接收到的所述个人名片和包含呈现命令及目标位置信息的名片发送指示信息发送给第二会议终端包括：

所述第一会议终端将所述个人名片和包含呈现命令及目标位置信息的名片发送指示信息合成到会议视频信息及音频信息中；

将携带有个人名片和包含呈现命令及目标位置信息的名片发送指示信息的会议视频信息及音频信息发送给所述第二会议终端。

其中，所述第二会议终端将接收到的所述个人名片和包含呈现命令及目标位置信息的名片发送指示信息发送给第二会场的个人终端包括：

对所述会议视频信息及音频信息进行解码，得到个人名片和包含呈现命令及目标位置信息的名片发送指示信息；

根据名片发送指示信息中包括的呈现命令以及目标位置信息，发送所述个人名片。

其中，所述根据名片发送指示信息中包括的呈现命令以及目标位置信息，发送所述个人名片具体为：

当呈现命令为向全部与会人员显示时，在发送个人名片的与会人员对应的第二会议终端的屏幕上显示所述个人名片的内容，并向接入所述第二会议终端的全部个人终端发送所述个人名片；

或者，当呈现命令为向指定与会人员显示时，根据目标位置信息向目标个人终端发送所述个人名片。

本发明实施例提供的视频会议中电子名片交换方法包括：第一个人终端向第一会议终端发送个人名片；第一会议终端将接收到的所述个人名片发送给第二会议终端；第二会议终端将接收到的所述个人名片发送给第二会场的个人终端。与现有技术相比，本发明实施例能够实时获取与会人员的名片信息并进行自动保存，提高了与会人员间的名片交换效率。

实施例二

本实施例提供一种视频会议中电子名片交换方法，如图2所示，所述方法包括：

步骤201，与会人员通过第一个人终端将自己的位置信息发送给第一会议终端。

具体地，第一个人终端通过 WiFi 或者蓝牙接收第一会议终端发送的会场位置信息。如图 3 所示，下方的圆形按钮为第一会场的座位示意图，上方的矩形为第二会场的座位示意图，与会人员根据自己的实际位置点击第一个人终端下方相应的圆形按钮来确认自己的位置。

可选地，在会议进行期间，若与会人员想换到其他座位，则点击第一个人终端界面上对应的座位按钮，若此座位无人使用，则第一会议终端提示可以更换座位；若此座位有人使用，则第一会议终端会在使用者的个人终端提示使用者是否更换座位。

步骤 202，第一个人终端与第一会议终端建立无线连接。

等待所有与会人员确认位置完毕之后，与会人员的第一个人终端以及其他个人终端就与第一会议终端建立了无线连接。

步骤 203，第一个人终端向第一会议终端发送个人名片和包含呈现命令及目标位置信息的名片发送指示信息。

当与会人员需要向远端的与会人员交换名片时，将名片拖动到第一个人终端上所显示的代表远端与会人员的矩形图标上，并设置个人名片的呈现命令和目标位置信息，所述呈现命令包括：向接入第二会议终端的指定个人终端发送个人名片，或者向接入第二会议终端的全部个人终端发送所述个人名片等。所述目标位置信息指示了目标个人终端的位置。

步骤 204，第一会议终端接收到个人名片后和包含呈现命令及目标位置信息的名片发送指示信息，将所述个人名片和包含呈现命令及目标位置信息的名片发送指示信息合成到会议视频信息及音频信息中。

步骤 205，第一会议终端将合成后的会议视频信息及音频信息发送给第二会议终端。

可选地，第一会议终端可以直接将所述合成后的会议视频信息及音频信息发送给第二会议终端，或者第一会议终端将所述会议视频信息及音频信息通过多点控制单元转发给第二会议终端。

步骤 206，第二会议终端对接收到的会议视频信息及音频信息进行解码，获取个人名片和包含呈现命令及目标位置信息的名片发送指示信息。

步骤 207，第二会议终端提取所述名片发送指示信息中的呈现命令。

步骤 208，根据所述呈现命令发送所述个人名片。

可选地，在发送个人名片的同时，可以在名片发送者对应的视频屏幕上显示发送标识，通知在场的与会人员知晓该名片发送者发送了名片。

步骤 209，第二个人终端收到所述个人名片后，对所述个人名片进行保存。

具体地，根据所述个人名片的格式，以文字、图片、音频或视频等不同的格式进行保存。

可选地，当第二个人终端接收并保存所述个人名片后，第二个人终端提示与会人员是否向第一个人终端发送自己的个人名片，若选择是，则按照上述流程将第二个人终端内的个人名片发送给第一个人终端，若选择否，则终止流程。

可选地，第一会议终端及第二会议终端在接收到个人终端发送的个人名片后，可将个人名片存储在会议终端中。

可选地，当与会人员希望得到远端另一与会人员的个人名片时，直接点击个人终端上表示远端与会人员位置的矩形图标，则所述获取名片请求会通过两边的会议终端发送给远端的个人终端，远端的与会人员会看到个人终端上显示的获取名片请求，若允许所述获取名片请求，则向发送所述获取名片请求的个人终端发送个人名片，若拒绝所述获取名片请求，则向发送所述获取名片请求的个人终端发送拒绝消息。

进一步地，对于超过两方的视频会议，例如三方或者四方的视频会议，第一会议终端在发送个人名片时，将包含个人名片和名片发送指示信息的会议视频和音频信息发送到多点控制单元，多点控制单元会确定会议终端的数量，并为每个会议终端指定一个包含所在会场标识的ID，多点控制单元根据第一个人终端发送个人名片和名片发送指示信息时发送对象所处的会场标识，将所述包含个人名片和名片发送指示信息的会议视频和音频信息发送给所述ID对应的会议终端，向其他会议终端只发送普通的会议视频及音频信息，所述ID对应的会议终端接收到所述包含个人名片和名片发送指示信息的会议视频和音频信息后，按照本实施例中所述的方法进行后续步骤。

本发明实施例提供的视频会议中电子名片交换方法包括：与会人员通过第一个人终端将自己的位置信息发送给第一会议终端；第一个人终端与第一会议终端建立无线连接；第一个人终端向第一会议终端发送个人名片和名片发送指示信息；第一会议终端接收到个人名片和名片发送指示信息后，将所述个人名片和名片发送指示信息合成到会议视频信息及音频信息中；第一会议终端将会议视频信息及音频信息发送给第二会议终端；第二会议终端对接收到的会议视频信息及音频信息进行解码，获取个人名片和名片发送指示信息；第二会议终端提取所述名片发送指示信息中的呈现命令；根据所述呈现命令发送所述个人名片；第二个人终端收到所述个人名片后，对所述个人名片进行保存。与现有技术相比，本发明实施例通过在个人终端界面上的简单操作，实现了与会人员实时获取其他与会人员的名片信息并进行自动保存，提高了与会人员间的名片交换效率。

实施例三

本实施例提供一种视频会议中电子名片交换方法，如图 4 所示，所述方法包括：

步骤 401，射频发射器获取放置于所述射频发射器上的个人终端中的个人名片并发送给第一会议终端。

具体地，第一个人终端通过射频发射器与第一会议终端相连接。会议开始前与会人员将自己的个人终端放置于射频发射器上，并且将个人终端中的个人名片设置为可读模式，则射频发射器会自动读取个人终端中的个人名片，并上传给会议终端进行保存。

步骤 402，第一会议终端将所述个人名片和包含呈现命令及目标位置信息的名片发送指示信息合成到会议视频信息及音频信息中。

步骤 403，第一会议终端将所述会议视频信息及音频信息发送给第二会议终端。

其中，第一会议终端可以直接将所述会议视频及音频信息发送给第二会议终端，或者第一会议终端将所述会议视频及音频信息通过多点控制单元转发给第二会议终端。

步骤 404，第二会议终端对接收到的会议视频信息及音频信息进行解码，获得个人名片和名片发送指示信息。

步骤 405，第二会议终端提取名片发送指示信息，根据所述名片发送指示信息中的呈现命令发送所述个人名片。

其中，所述呈现命令包括：将所述个人名片发送给所述第二会议终端下的指定个人终端；或者，将所述个人名片发送给所述第二会议终端下的全部个人终端等。

如图 5 所示，所述呈现命令通过射频发射器上的按钮实现，当按下发送按钮中某个数字时，就向所述位置对应的远端射频发射器发送个人名片，当按下左侧的全部发送按钮时，则向远端全部射频发射器发送个人名片。

步骤 406，当远端某一个人终端的射频发射器接收到第二会议终端发送的个人名片时，射频发射器上相应的获取按钮下的接收指示灯闪烁绿色。

步骤 407，射频发射器接收所述个人名片并将所述个人名片保存到放置于所述射频发射器之上的个人终端中。

具体地，根据所述个人名片的格式，以文字、图片、音频或视频等不同的格式进行保存。在保存所述个人名片以后，向所述个人名片的第一个人终端返回接收成功消息，所述第一个人终端的射频发射器接收到所述接收成功消息后，相应发送按钮下的发送指示灯闪烁绿色。

可选地，按下射频发射器的拒绝保存按钮不对所述个人名片进行保存，当第二个人终端拒绝保存所述个人名片时，向所述个人名片的第一个人终端返回接收失败消息，所述第一个人终端的射频发射器接收到所述接收失败消息后，相应的发送按钮下的发送指示灯闪烁红色。

可选地，会议终端在接收到个人名片后，可将个人名片存储在会议终端中。

可选地，当第二个人终端接收并保存所述个人名片后，第二个人终端提示与会人员是否向第一个人终端发送自己的个人名片，若该与会人员选择是，则按照上述流程将第二个人终端内的个人名片发送给第一个人终端，若选择否，则终止流程。

可选地，当与会人员希望得到远端某一与会人员的个人名片时，直接点击射频发射器上与远端与会人员位置对应的获取按钮，则所述获取名片请求会通过两边的会议终端发送给远端的个人终端的射频发射器，远端的个人终端的射频发射器接收到获取名片请求后，接收指示灯会闪烁黄色。若该与会人员允许所述获取名片请求，则按下所述接收指示灯对应的发送按钮；若拒绝所述获取名片请求，则按下拒绝发送按钮，则发送获取请求的射频发射器会接收到拒绝请求，接收指示灯闪烁红色。

进一步地，对于超过两方的视频会议，例如三方或者四方的视频会议，第一会议终端在发送个人名片时，将包含个人名片和名片发送指示信息的会议视频和音频信息发送到多点控制单元，多点控制单元会确定会议终端的数量，并为每个会议终端指定一个包含所在会场标识的 ID，多点控制单元根据第一个人终端发送个人名片和名片发送指示信息时发送对象所处的会场标识，将所述包含个人名片和名片发送指示信息的会议视频和音频信息发送给所述 ID 对应的会议终端，向其他会议终端只发送普通的会议视频及音频信息，所述 ID 对应的会议终端接收到所述包含个人名片和名片发送指示信息的会议视频和音频信息后，按照本实施例中所述的方法进行后续步骤。

本发明实施例提供的视频会议中电子名片交换方法包括：射频发射器获取放置于所述射频发射器上的个人终端中的个人名片并发送给第一会议终端；第一会议终端将所述个人名片和名片发送指示信息合成到会议视频信息及音频信息中；第一会议终端将所述会议视频信息及音频信息发送给第二会议终端；第二会议终端对接收到的会议视频信息及音频信息进行解码，获得个人名片和名片发送指示信息；第二会议终端提取所述名片发送指示信息中的呈现命令，根据所述呈现命令发送所述个人名片；当远端某一个人终端的射频发射器接收到第二会议终端发送的个人名片时，射频发射器上相应的获取按钮下的接收指示灯闪烁绿色；射频发射器接收所述个人名片并将所述个人名片保存到放置于所述射频发射器之上的个人终端中。与现有技术相比，本发明实施例通过会议终端的射频发射器自动读取个人终端中的个人名片，实现了实时获取与会人员的名片信息并进行自动保存，提高了与会人员间的名片交换效率。

实施例四

本实施例提供一种视频会议中电子名片交换方法，如图6所示，所述方法包括：

步骤601，第一个人终端将个人名片发送给第一会议终端。

第一会议终端采用红外线摄像头，能够对整个会场内的与会人员进行立体定位，并且识别每个与会人员的运动。当与会人员入座后，第一会议终端使用人脸识别技术，根据与会人员所在的位置，在入座的每一位与会人员身上设置一个虚拟标记，这样当某个与会人员更换座位时，第一会议终端依然能够定位到该与会人员。

当与会人员需要发送名片时，只需要面对第一会议终端对应的屏幕做出特定的动作，例如，对着屏幕举手、面向屏幕站起来或者伸手向屏幕递出第一个人终端等，第一会议终端的摄像头识别到上述动作后，就会开启无线收发设备；与会人员做出特定的动作之后，还需要通过第一个人终端的语音识别系统向第一个人终端发出发送个人名片的命令，例如，所述命令可以是：这是我的名片或者请接收我的名片等，第一个人终端正确识别与会人员的语音命令后，将第一个人终端内的个人名片发送给第一会议终端。

可选地，在发送名片时，还可以添加控制个人名片在远端会场呈现方式的呈现命令和目标位置信息，例如，在下达发送个人名片的命令之后，还可以指定所述个人名片是发送给全部人员还是只发送给发送名片时朝向的屏幕上的与会人员，当下达单独发送的指令时，仅将所述个人名片发送给发送名片时朝向的屏幕上的与会人员，当下达全部发送的指令时，把所述个人名片发送给远端会场的所有与会人员。

步骤602，第一会议终端接收到个人名片和包含呈现命令和目标位置信息的名片发送指示信息后，将所述个人名片和包含呈现命令和目标位置信息的名片发送指示信息合成到会议视频信息及音频信息中。

步骤603，第一会议终端将会议视频及音频信息发送给第二会议终端。

具体地，第一会议终端可以直接将所述会议视频及音频信息发送给第二会议终端，或者第一会议终端将所述会议视频及音频信息通过多点控制单元转发给第二会议终端。

步骤604，第二会议终端对接收到的会议视频及音频信息进行解码，得到个人名片和名片发送指示信息。

步骤605，第二会议终端提取所述名片发送指示信息中的呈现命令。

步骤606，根据所述呈现命令发送所述个人名片。

可选地，在发送个人名片的同时，可以在名片发送者对应的视频屏幕上显示发送标识，通知在场的与会人员知晓远端的某位与会人员发送了个人名片。

步骤607，第二个人终端收到所述个人名片后，对所述个人名片进行保存。

具体地，根据所述个人名片的格式，以文字、图片、音频或视频等不同的格式进行保存。

可选地，当第二个人终端接收并保存所述个人名片后，第二个人终端提示与会人员是否向第一个人终端发送自己的个人名片，若该与会人员选择是，则按照上述流程将第二个人终端内的个人名片发送给第一个人终端，若选择否，则终止流程。

可选地，第一会议终端和第二会议终端在接收到个人名片后，可将个人名片存储在会议终端中。

进一步地，对于超过两方的视频会议，例如三方或者四方的视频会议，第一会议终端在发送个人名片和名片发送指示信息时，将包含个人名片和名片发送指示信息的会议视频和音频信息发送到多点控制单元，多点控制单元会确定会议终端的数量，并为每个会议终端指定一个包含所在会场标识的ID，多点控制单元根据第一个人终端发送个人名片和名片发送指示信息时发送对象所处的会场标识，将所述包含个人名片和名片发送指示信息的会议视频和音频信息发送给所述ID对应的会议终端，向其他会议终端只发送普通的会议视频及音频信息，所述ID对应的会议终端接收到所述包含个人名片和名片发送指示信息的会议视频和音频信息后，按照本实施例中所述的方法进行后续步骤。

本发明实施例提供的视频会议中电子名片交换方法包括：第一个人终端将个人名片和名片发送指示信息发送给第一会议终端；第一会议终端接收到个人名片和名片发送指示信息后，将所述个人名片和名片发送指示信息嵌入到本地视频及音频信息中；第一会议终端将本地视频及音频信息发送给第二会议终端；第二会议终端对接收到的本地视频及音频信息进行解码，得到个人名片和名片发送指示信息；第二会议终端提取所述名片发送指示信息中的呈现命令；根据所述呈现命令发送所述个人名片；第二个人终端收到所述个人名片后，对所述个人名片进行保存。与现有技术相比，本发明实施例能够通过会议终端红外线识别与会人员的动作，结合个人终端的语音识别技术，能够轻松的实现视频会议中个人名片的交换，并进行自动保存，提高了与会人员间的名片交换效率。

实施例五

本实施例提供一种视频会议中电子名片交换系统，如图 7 所示，所述系统包括：第一个人终端 71、第一会议终端 72、第二会议终端 73 和第二个人终端 74；

第一个人终端 71，用于向第一会议终端 72 发送个人名片；

第一会议终端 72，用于将接收到的所述个人名片发送给第二会议终端 73；

第二会议终端 73，用于将接收到的所述个人名片发送给第二会场的第二个人终端 74。

其中，所述第一会议终端 72 还用于：

向所述第一个人终端 71 发送会场位置信息，所述会场位置信息包括第一会场的座位分布图以及第二会场的座位分布图。

则所述第一个人终端 71 还用于：

与会人员在第一个人终端上的屏幕上确定自己所处的位置，并发送给第一会议终端 72。

进一步地，所述第一个人终端 71 还用于：

与会人员设定名片呈现命令并将个人名片拖动到所述第二会场的座位分布图中的一个座位图标上。

进一步地，所述第一会议终端 72 还用于：

将所述个人名片和包含呈现命令及目标位置信息的名片发送指示信息合成到会议视频信息及音频信息中；

将携带有个人名片和名片发送指示信息的会议视频信息及音频信息发送给所述第二会议终端 73。

进一步地，所述第二会议终端 73 还用于：

对所述会议视频信息及音频信息进行解码，得到个人名片和名片发送指示信息；

根据名片发送指示信息中包括的呈现命令以及目标位置信息，发送所述个人名片。

其中，所述第二会议终端 73 具体用于：

当呈现命令为向全部与会人员显示时，在发送个人名片的与会人员对应的第二会议终端 73 的屏幕上显示所述个人名片的内容，并向接入所述第二会议终端 73 的全部第二个人终端发送所述个人名片；

或者，当呈现命令为向指定与会人员显示时，根据目标位置信息向目标个人终端发送所述个人名片。

本发明实施例提供的视频会议中电子名片交换系统运行流程如下：第一个人终端71向第一会议终端72发送个人名片和名片发送指示信息；第一会议终端72将接收到的所述个人名片发送给第二会议终端73；第二会议终端73根据名片发送指示信息将接收到的所述个人名片发送给第二会场的第二个人终端74。与现有技术相比，本发明实施例通过在个人终端界面上的简单操作，实现了与会人员实时获取其他与会人员的名片信息并进行自动保存，提高了与会人员间的名片交换效率。

实施例六

本实施例提供一种视频会议中电子名片交换系统，如图8所示，所述系统包括：第一个人终端81、第一射频发射器82、第一会议终端83、第二会议终端84、第二射频发射器85和第二个人终端86；

第一射频发射器82，用于获取放置于所述第一射频发射器82上的第一个人终端81中的个人名片并发送给第一会议终端83；

第一会议终端83，用于将所述个人名片和名片发送指示信息发送给第二会议终端84；

第二会议终端84，用于根据名片发送指示信息将所述个人名片发送给第二会议终端84下的个人终端；

第二射频发射器85，用于接收个人名片并将所述个人名片存储到放置于所述第二射频发射器85之上的个人终端中。

其中，所述名片发送指示信息包括呈现命令，呈现命令用于：

将所述个人名片发送给所述第二会议终端下指定的个人终端；

或者，将所述个人名片发送给所述第二会议终端下全部的个人终端。

本发明实施例提供的视频会议中电子名片交换系统，第一射频发射器82获取放置于所述第一射频发射器82上的个人终端中的个人名片并发送给第一会议终端83；第一会议终端83将所述个人名片和名片发送指示信息发送给第二会议终端84；第二会议终端84根据名片发送指示信息将所述个人名片通过第二射频发射器85发送给第二个人终端86。与现有技术相比，本发明实施例通过会议终端的射频发射器自动读取个人终端中的个人名片，实现了实时获取与会人员的名片信息并进行自动保存，提高了与会人员间的名片交换效率。

本发明实施例提供的视频会议中电子名片交换系统可以实现上述提供的方法实施例，具体功能实现请参见方法实施例中的说明，在此不再赘述。本发明实施例提供的视频会议中电子名片交换方法及系统可以适用于在视频会议中，与会人员之间进行名片交换，但不仅限于此。

本领域普通技术人员可以理解实现上述实施例方法中的全部或部分流程，是可以通过计算机程序来指令相关的硬件来完成，所述的程序可存储于一计算机可读取存储介质中，该程序在执行时，可包括如上述各方法的实施例的流程。其中，所述的存储介质可为磁碟、光盘、只读存储记忆体（Read－Only Memory, ROM）或随机存储记忆体（Random Access Memory, RAM）等。

以上所述，仅为本发明的具体实施方式，但本发明的保护范围并不局限于此，任何熟悉本技术领域的技术人员在本发明揭露的技术范围内，可轻易想到的变化或替换，都应涵盖在本发明的保护范围之内。因此，本发明的保护范围应该以权利要求的保护范围为准。

说明书附图

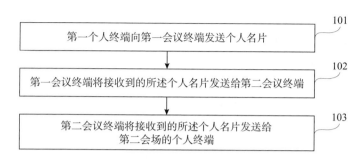

第一个人终端向第一会议终端发送个人名片	101
第一会议终端将接收到的所述个人名片发送给第二会议终端	102
第二会议终端将接收到的所述个人名片发送给第二会场的个人终端	103

图1

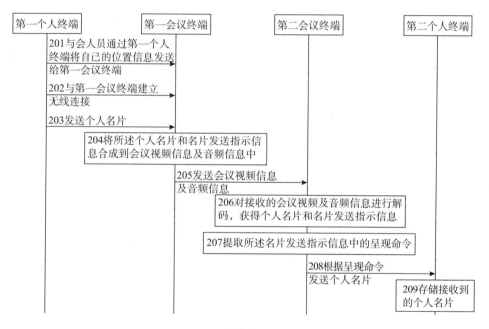

图2

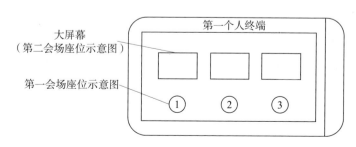

图3

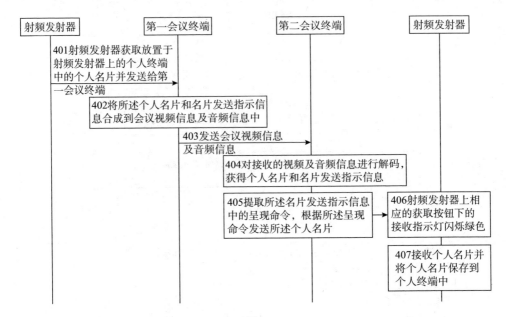

射频发射器	第一会议终端	第二会议终端	射频发射器

401射频发射器获取放置于射频发射器上的个人名片中的个人名片并发送给第一会议终端

402将所述个人名片和名片发送指示信息合成到会议视频信息及音频信息中

403发送会议视频信息及音频信息

404对接收的视频及音频信息进行解码，获得个人名片和名片发送指示信息

405提取所述名片发送指示信息中的呈现命令，根据所述呈现命令发送所述个人名片

406射频发射器上相应的获取按钮下的接收指示灯闪烁绿色

407接收个人名片并将个人名片保存到个人终端中

图 4

个人终端

① ② ③

全部发送按钮

发送按钮

| 1 | 2 | 3 | 4 | 5 | 6 | 7 | 8 |

发送指示灯

接收保存按钮

| 1 | 2 | 3 | 4 | 5 | 6 | 7 | 8 |

获取按钮

接收指示灯

拒绝接收按钮　拒绝发送按钮

图 5

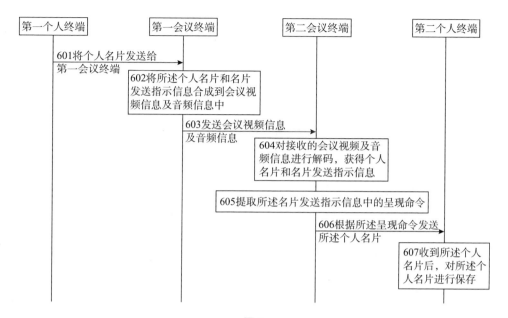

图 6

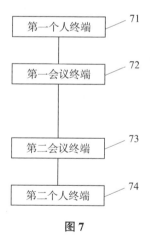

图 7

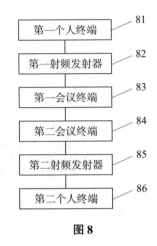

图 8

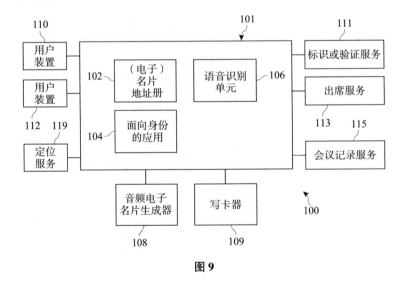

图 9

说明书摘要

　　本发明公开了一种视频会议中电子名片交换方法及系统，涉及视频会议领域，所述方法包括：第一会议终端获得第一个人终端的个人名片以及第一个人终端的名片发送指示信息；第一会议终端将所述个人名片和所述名片发送指示信息发送给第二会议终端；第二会议终端根据所述名片发送指示信息向相应的第二个人终端发送所述个人名片。该方法能够使电子名片交换的行为更加个性化，解决了现有技术中在视频会议中与会人员不能向指定人员发送电子名片的问题。

摘 要 附 图

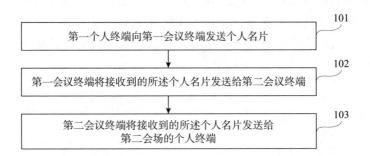

101 第一个人终端向第一会议终端发送个人名片

102 第一会议终端将接收到的所述个人名片发送给第二会议终端

103 第二会议终端将接收到的所述个人名片发送给
第二会场的个人终端

第五章

案例Ⅴ：页面分享方法和装置

技术交底书是撰写专利申请文件的基础，客户所提供的技术交底书格式不尽相同，技术交底书中技术方案的丰富程度也有较大差异。本案例的特点在于，针对技术交底书中包含的有限数量的实施方式，使专利代理人知晓如何逐步引导客户完善、充实技术交底书中的技术方案，以及在面对涉及方法流程类的技术交底书时，从哪几个方面对技术方案进行保护。

第一节　技术交底书的分析和挖掘

一、客户提供的技术交底书

客户提供的技术交底书中对发明创造涉及的技术内容作了如下介绍。

随着移动互联网技术的发展，越来越多的用户通过智能手机访问互联网浏览网页。然而，如图 5 - 1 所示，当用户将正在浏览的页面分享给其他用户时，用户可以复制网页链接，通过邮件或其他应用程序，例如微信、MSN、QQ 等即时通信工具，发送给对方；同时，用户也可以登录微博、人人网或者百度贴吧等网站，将网页链接复制下来，通过这些网站提供的在线交流平台，将网页链接分享给其他好友。然而，上述分享网页链接的操作过程都比较复杂，不仅需要启动系统中安装的即时通信工具或者登录第三方网站，而且在启动即时通信工具或者登录第三方网站时，还可能会需要输入认证信息，再通过即时通信工具或者第三方网站将待分享的页面发送至对方。而且，对于内存较小或者配置较低的智能手机而言，启动即时通信工具会占用额外的内存空间，从而降低了智能手机的运行速度。

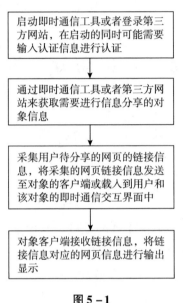

图 5 –1

为此，该申请提出了一种页面分享方法，该方法的执行基于智能手机上的浏览器，在浏览器的工具栏中设置有分享按钮，用户通过点击或触摸功能键来输入页面分享指令。

接下来，用户确定页面的分享对象。具体而言，可通过多种方式来获取分享对象的终端标识。

用户的智能手机可以访问本地存储的好友列表，从列表中获取各好友的终端标识。

用户的智能手机可以通过 WiFi 方式接入互联网，从互联网中获取可接收分享信息的接收终端的终端标识。具体而言，用户在智能手机的浏览器中输入用户标识以登录远程服务器，在远程服务器中保存有用户的好友信息，远程服务器根据输入的用户标识获取并向用户返回好友信息，该好友信息包括了对应的终端标识。

用户的智能手机还可以通过移动互联网的方式接入网络，并配合用户智能手机中的 GPS 模块来获取当前用户智能手机的准确位置信息。用户将获取到的位置信息加入到查询请求中发送给网络中的远程服务器，远程服务器在接收到该查询请求之后，可提取该位置信息，并获取与该位置信息的距离小于阈值范围内的其他已注册的终端标识并返回，用户可以登录远程服务器进行阈值的设置。

例如，如图5-2（a）所示，若用户A希望把当前浏览的页面分享给地理位置上附近的同样在使用智能手机浏览网页的其他用户，则可通过点击手机屏幕上的分享按钮生成页面分享请求，然后获取由远程服务器返回的与用户A在地理位置上距离小于阈值范围内其他已注册终端设备的IP地址。用户A持有的智能手机在接收到返回的IP地址之后，即可以列表的形式展示。还可获取已注册终端设备对应的终端标识，并以终端标识的形式展示附近的已注册的终端设备。

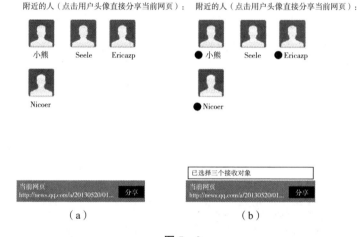

图5-2

智能手机可以以列表或平铺图标的方式展示获取到的终端标识，用户通过点击或勾选输入选取指令，根据选取指令确定一个或多个需要进行信息分享的终端标识。例如，如图5-2（b）所示，用户A可进行多选操作，筛选出其希望分享的三个终端。

在确定了需要进行页面分享的接收终端的标识之后，获取浏览器地址栏中的链接字符串，并判断链接字符串是否对应本地文件。

浏览器地址栏中的链接字符串即用户当前在浏览器中浏览的页面对应的连接地址。浏览器在展示页面时，通常将当前页面对应的链接字符串展示在浏览器地址栏中。

在一种情况下，可通过读取浏览器缓存，获取处于焦点状态的页面对应的链接字符串，在多选项卡或称多标签浏览器中，当前显示设备中展示的选项卡或标签即为处于焦点状态的选项卡或标签，其内的页面也为处于焦点状态。

在另一种情况下，可获取当前浏览器打开的多张网页标签中的链接字符串，并通过列表或平铺图标的方式展示该多个链接字符串，用户可通过点击勾选，从而输入终端选取指令。在接收到用户输入的终端选取指令后即可筛选出与用户勾选操作相应的至少一个链接字符串。

经过判断，若至少一个链接字符串对应本地文件，则获取与链接字符串对应的本地文件，并将本地文件通过 WiFi 或者移动互联网发送给与终端标识对应的接收终端。可选地，可将本地文件与其他剩余的链接字符串一起发送。

若链接字符串不对应本地文件，则将所获取的链接字符串通过 WiFi 或者移动互联网发送给与终端标识对应的接收终端。

接收终端在接收到发送方智能手机发送的数据后，生成并在屏幕上的消息栏显示提示信息。该提示信息的内容包括发送方智能手机的标识信息、数据的发送时间和接收方式以及所接收数据的属性信息，其中，数据的接收方式用于指示当前数据是通过 WiFi 或者移动互联网接收，接收终端用户可以从接收数据的属性信息中了解到所接收到的是链接字符串还是文件数据，而且，如果所接收到的是文件数据，在属性信息中还包括有文件数据的类型、大小。通过浏览提示信息，接收终端用户已经对所接收到的数据有了整体的认识。

作为示例，提示信息如图 5－3 所示。对于多条提示信息，用户可以通过滚屏的方式进行查看。

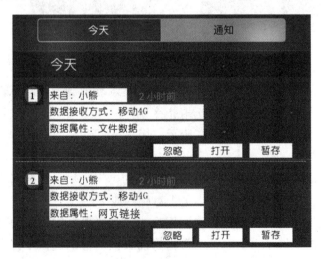

图 5－3

接下来，接收终端用户可以针对提示信息选择"忽略""暂存"或者"打开"三种不同操作中的一种。当接收终端用户选择"忽略"操作时，该提示信息将会被关闭，并不会再显示；当接收终端用户选择"暂存"操作时，该提示信息将会被暂时保存在消息栏中，接收终端用户可以通过查看消息栏找到该提示信息，并进行相应的操作；当接收终端用户选择"打开"操作时，触发生成提示信息查看指令，接收终端根据提示信息查看指令启动浏览器，如果接收数据为链接字符串，则调用浏览器的接口函数加载与链接字符串对应的页面，如果接收数据为文件数据，则触发生成文件数据下载指令，待文件数据下载完毕之后，接收终端调用浏览器的接口函数显示接收到的文件数据。

在以上实施方式中仅以智能手机作为示例进行技术方案的描述，所描述的技术方案也适用于其他智能终端设备。该申请的页面分享方法的流程如图 5-4 所示。

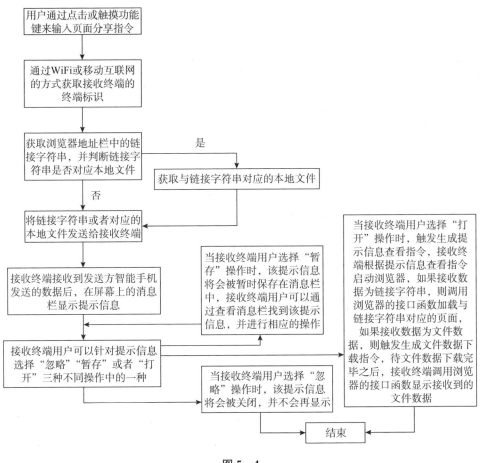

图 5-4

二、对技术交底书的理解和挖掘

专利代理人在收到客户提供的技术交底书后，应当详细阅读，并就理解不充分之处以及技术交底书中存在的问题及时与客户进行沟通，从而能够准确理解客户请求保护的技术方案，为撰写出权利要求保护范围清楚、简要，说明书技术方案公开充分的专利申请文件奠定基础。

1. 阅读技术交底书时应当思考的问题

专利代理人在阅读技术交底书的过程中，应当思考如下几个问题。

（1）该发明与技术交底书中提到的现有技术相比改进之处体现在哪里？

（2）技术交底书中技术内容的描述是否清楚、完整，能否根据目前的技术交底书撰写专利申请文件？哪些内容需要与客户作进一步沟通以获得更多的技术信息？哪些地方需要提示客户提供更多的实施方式和/或实施例？

（3）在准确理解了客户的发明意图并针对各个要求保护的主题找出发明改进点后，专利代理人有必要对发明的现有技术作补充检索，以便进一步了解发明现有技术状态，并确认上述发明改进点是否被现有技术公开？

（4）能够从哪几方面或者分几个层次来保护技术主题？例如，至少可以拟定几组权利要求？每组权利要求的层次如何规划？

2. 理解技术交底书

（1）确定现有技术存在的缺陷

根据客户在技术交底书中的描述，基本上能够确定该发明技术方案所基于的现有技术。在现有技术中，当用户希望将智能手机浏览器中的页面分享给其他用户时，需要先启动即时通信工具或者登录第三方网站，通过即时通信工具或者第三方网站来获取需要进行页面分享的对象信息，其中在启动即时通信工具或者登录第三方网站时可能会需要输入认证信息，再通过即时通信工具或者第三方网站将待分享的页面发送至所获取的对象信息对应的用户的智能手机。由此完成了将浏览器中的页面发送给其他用户的分享过程，接收到页面分享信息的用户可以通过智能手机来浏览所分享的页面。

在上述页面的分享过程中，用户需要执行一系列的操作，例如，需要先启动即时通信工具或者登录第三方网站，这对用户智能手机的性能提出了一定的要求，对于内存较小或者配置较低的智能手机而言，启动即时通信工具以及登录第三方网站会占用额外的内存空间，从而降低智能手机的运行速度，这也使得用户需要等待较长的时间才能实现页面的分享。

表5-1列出了现有技术中分享页面的技术方案，以及其存在的技术缺陷。

当用户浏览到感兴趣的信息并想分享给其他用户时，往往希望尽可能快地完成信息的分享，然而，当前采用的页面分享的方案，由于需要先启动即时通信工具或者登录第三方网站，使得用户需要执行一系列的操作并等待较长的时间，这给用户带来了不好的感受，用户体验差。

表 5-1

现有技术	技术缺陷	总　　　结
启动即时通信工具或者登录第三方网站	需要预装相关软件，启动即时通信工具以及登录第三方网站会占用额外的内存空间，降低智能手机的运行速度	需要预装相关的软件，对用户设备提出了更高的硬件要求，在信息分享时需要等待一段时间，用户体验不好
启动或者登录时可能会需要输入认证信息	过程比较烦琐，需要等待认证完成	
通过即时通信工具或者第三方网站来获取需要进行信息分享的对象信息	需要根据网络状态，等待一段时间	

（2）确定该发明的技术方案

在确定该发明的技术方案时，首先需要对技术交底书中的技术方案进行梳理。根据申请人在技术交底书中的描述，可以将该申请的技术方案分为发送和接收两阶段。

在发送阶段，用户通过点击或触摸功能键在智能手机中输入页面分享指令。在获取到页面分享指令后，获取接收终端的终端标识，用户从终端标识中选择一个或者多个作为页面分享的接收终端。随后，获取浏览器地址栏中的链接字符串，并判断链接字符串是否对应本地文件。若对应本地文件，则获取与链接字符串对应的本地文件，将本地文件通过 WiFi 或者移动互联网发送给与终端标识对应的接收终端；若不对应本地文件，则将所获取的链接字符串通过 WiFi 或者移动互联网发送给与终端标识对应的接收终端。

在接收阶段，接收终端接收到智能手机发送的数据后，在接收终端的消息栏显示提示信息。接下来，接收终端用户可以针对提示信息选择"忽略""暂存"或者"打开"三种不同操作中的一种。当接收终端用户选择"忽略"操作时，该提示信息将会被关闭，并不会再显示；当接收终端用户选择"暂存"操作时，该提示信息将会被暂时保存在消息栏中，接收终端用户可以通过查看消息栏找到该提示信息，并进行相应的操作；当接收终端用户选择"打开"操作时，触发生成提示信息查看指令，接收终端根据提示信息查看指令启动浏览器，如果接收数据为链接字符串，则调用浏览器的接口函数加载与链接字符串对应的页面，如果接收数据为文件数据，则触发生成文件数据下载指令，待文件数据下载完毕之后，接收终端调用浏览器的接口函数显示接收到的文件数据。

（3）需要客户补充和说明的内容

需要注意的是，在对技术方案进行梳理的同时，还要关注技术交底书中技术内容的描述是否存在不清楚、不充分的问题，对于发现的问题需要与客户作进一步沟通以获得更多的技术信息。

在对上述技术方案进行梳理的过程中，发现了一些当前技术交底书存在的描述不清楚、不充分之处。

① 在发送阶段需要判断链接字符串是否对应本地文件，但如何进行判断却并未进行说明。

② 技术交底书仅仅描述了用户选择"打开""暂存"和"忽略"三种不同操作后的执行流程，对于用户选择三种不同操作的条件以及三种不同操作所能获得的不同的效果未作说明。

③ 技术交底书中将移动互联网和 WiFi 作为两种不同的网络连接方式用于数据的发送，然而，按照通常理解，移动互联网应当包括移动设备利用 WiFi 接入互联网的情形，因此，需要进一步明确技术交底书中移动互联网的定义。

对于上述发现的问题，需要通过跟客户进行沟通来补充和完善，以达到能够根据补充后的技术交底书撰写专利申请文件的目的。

3. 与客户的第一次沟通

针对上述分析结果，专利代理人向客户发出信函进行沟通，以下为信函要点：

尊敬的×××先生：

很高兴贵方委托我所代为办理有关一种页面分享方法的专利申请案件，我所对该案件的编号为×××××××××。

我所专利代理人认真地研读了贵方的技术交底文件，对本发明有了初步了解，但仍然存在需要与贵方作进一步沟通的内容，具体内容如下。

1. 我方对技术内容的理解

本申请的技术方案包括发送和接收两阶段：

（1）在发送阶段，用户通过点击或触摸功能键在智能手机中输入页面分享指令。在获取到页面分享指令后，获取接收终端的终端标识，选择一个或者多个作为页面分享的接收终端。随后，获取用户浏览器地址栏中的链接字符串，并判断链接字符串是否对应本地文件，若对应本地文件，则获取与链接字符串对应的本地文件，将本地文件通过 WiFi 或者移动互联网发送给与终端标识对应的接收终端，若不对应本地文件，则将所获取的链接字符串通过 WiFi 或者移动互联网发送给与终端标识对应的接收终端。

（2）在接收阶段，接收终端接收到发送方智能手机发送的信息后，在消息栏显示提示信息，提示信息的内容包括发送方智能手机的终端标识、数据的发送时间和接收方式，以及接收数据的属性信息，接收终端用户可以根据提示信息的内容，选择"打开""暂存"或者"忽略"三种操作中的一种。

在整个分享过程中，都无须预装和启动相关的软件，也无须登录第三方网站，通过简单的操作就能实现信息的分享。因此，该技术方案能解决技术问题"如何在不需要额外启动即时通信工具或登录第三方网站的前提下实现页面分享"。以上分析内容是否正确，请予以确认。

2. 需要请贵方补充和说明的具体内容

（1）在技术交底书中记载了"获取浏览器地址栏中的链接字符串，并判断链接字符串是否对应本地文件……"，关于如何判断链接字符串是否对应本地文件，是组成本申请技术方案的一个步骤，但是技术交底书中并没有具体的说明，是否需要通过特定的算法来进行判断不得而知，此处有可能会存在公开不充分的问题。因此，需要清楚地说明"判断链接字符串是否对应本地文件"这一步骤的具体实现方式，请补充相关内容。

（2）目前技术交底书中仅仅描述了用户选择"打开""暂存"或者"忽略"三种不同操作后的执行流程，对于用户选择三种不同操作的条件以及三种不同操作所能获得的不同效果未作说明。

（3）技术交底书中将移动互联网和 WiFi 作为两种不同的网络连接方式，用于数据的发送，然而，按照通常理解，移动互联网应当包括移动设备利用 WiFi 接入互联网的情形，请贵方进一步明确技术交底书中移动互联网的定义。

××专利事务所×××

××××年××月××日

客户针对上述信函作出答复，主要意见如下。

1. 来函中对技术交底书中技术方案的理解准确无误。

2. 针对来函中专利代理人指出的目前技术交底书中存在的几处需要补充和说明的内容，现作如下说明和补充。

（1）对于判断链接字符串是否对应本地文件，可根据链接字符串的协议类型来进行判断。若浏览器中展示的页面为本地文档或本地图片，则链接字符串为该本地文档或本地图片在本地的存储路径，且协议类型为："file：///"，即链接字符串以"file：///"为起始字符。若浏览器中展示的页面为网页，则协议类型通常为"http：//"或"https：//"，即以"http：//"或"https：//"作为起始字符。而且在通常情况下，浏览器不仅可以用于打开网页的页面，也可以打开本地文档的页面或本地的图片。例如，用户可将本地图片拖曳到浏览器中打开，从而在页面中展示该图片；用户也可将PDF文档等文件拖曳到浏览器中打开浏览。也就是说通过浏览器可以实现本地文件的浏览，在此进行补充说明。

（2）对于用户选择三种不同操作的条件、所能获得的不同的效果以及能够进一步解决的技术问题，现作如下补充。

在接收终端接收到智能手机发送的数据后，在消息栏显示提示信息。

在提示信息中提供了发送方智能手机的标识信息、数据的接收方式以及接收数据的属性信息等内容，接收终端用户可以根据发送终端的标识信息来判断所接收的数据是否来自陌生用户，可以通过选择"忽略"操作关闭并不再显示该提示信息，从而能够屏蔽掉不感兴趣的干扰信息，降低了用户被无关信息骚扰的可能性，提升了用户体验。

此外，接收终端用户还可以根据数据的接收方式来获知当前数据是通过WiFi或者移动数据网接收的，接收终端用户可以通过选择"暂存"操作，将该提示信息暂时保存在消息栏中，接收终端用户可以通过查看消息栏找到该提示信息并进行相应的操作，通过这种操作方式，接收终端用户能够根据需要选择查看接收到的分享页面的时机，例如，如果提示信息中指示接收终端当前通过移动数据网接收到分享页面，并且接收到的为文件数据，通过移动数据网下载文件数据会消耗接收终端用户的数据流量，接收终端用户可以选择"暂存"操作，待接收终端切换为WiFi方式接入互联网后再进行文件数据的下载和浏览，从而节省了用户的数据流量，通过"暂存"的操作方式，改变了接收终端用户的被动浏览方式，接收终端用户可以自主选择查看接收到的分享页面的时机，提升了用户体验。

如果接收终端的用户对于浏览接收到的页面有强烈的愿望，可以直接选择"打开"操作，这将触发生成提示信息查看指令，接收终端根据提示信息查看指令启动浏览器。如果接收数据为链接字符串，则调用浏览器的接口函数加载与链接字符串对应的页面；如果接收数据为文件数据，则触发生成文件数据下载指令，待文件数据下载完毕之后，接收终端调用浏览器的接口函数显示接收到的文件数据。

由此可见，通过这样的接收和展示方式能够保证接收终端用户不受无关信息的骚扰，而且用户能够自主选择查看接收到的分享页面的时机，避免了因加载数据而造成用户有限移动数据流量的损失，在方便了页面分享用户进行信息共享的同时，提升了接收用户的体验。

（3）技术交底书中的移动互联网指的是通过 GPRS、3G 或 4G 等移动数据网接入互联网的方式。

4. 对技术交底书的进一步整理和挖掘

客户在信函的答复中，对专利代理人提出的需要确认的内容以及需要进行补充或者说明的部分进行了回复，结合客户补充说明的内容，需要再次对技术交底书中的技术方案进行整理。

（1）针对技术方案进行补充检索

补充检索的主要目的是获得相关现有技术，以明确该申请实际要解决的技术问题、确定发明点，从而使撰写的权利要求能够获得有效的保护。若补充检索时对某个要求保护的技术主题找到破坏新颖性或者明显破坏创造性的现有技术，应当告知客户，并请求其发明人就该技术主题的内容作出补充或者对该技术主题的内容进行技术调整，以体现该发明与该对比文件的区别，并就两者的区别作出更多的分析，否则在该专利申请中就要放弃对该主题的专利保护。若补充检索时对某个技术主题的某个或某些实施方式或实施例找到影响其新颖性或明显破坏创造性的对比文件，那么就该技术主题来说，应当将这些实施方式或实施例排除在要求专利保护的范围之外，即仅针对其他仍具备新颖性和创造性的实施方式和实施例要求专利保护。

对于本案，专利代理人检索到了对比文件1。

对比文件1的技术方案公开了一种分享网页的方法和系统。在背景技术中提到，其技术方案所要解决的技术问题是"如何能够把访问的网页信息便捷地分享给好友"，分享网页的方法包括如下步骤。

① 用户浏览互联网网页资源。

② 用户在当前互联网网页中点击分享按钮或菜单，或执行网页浏览器中的分享按钮或菜单。

③ 在网页浏览器中打开分享管理网络服务器提供的用户分享管理界面，用户在用户分享管理界面编辑选择一个或多个好友作为分享信息的接收对象，如果用户选择提交，则执行步骤④，如果用户选择取消，则网页浏览器返回用户当前浏览的互联网网页。

④ 分享管理网络服务器接收到提交的包含网页地址和接收对象地址的消息。

⑤ 分享管理网络服务器通过网络向接收对象地址发送含有网页地址的分享消息。

⑥ 接收对象接收到分享消息后，其用户点击分享消息中的网页地址，即浏览网页地址 URL 定位的互联网网页资源。

通过将对比文件 1 所解决的技术问题以及所采用的技术方案与该申请进行比较可以发现，该申请所要解决的技术问题与对比文件 1 所解决的技术问题实质相同，都是为了更方便、高效地进行网页分享。然而，在对比文件 1 的技术方案中，仅仅涉及对网页信息进行分享，将包含网页地址信息的数据发送给接收对象，在发送之前并不会判断所发送的地址信息是否对应本地文件。此外，在对比文件 1 的技术方案中，接收终端通过浏览器浏览所分享的网页信息，也并不会选择不同的打开方式，因此，初步判断该申请的技术方案相对于目前掌握的现有技术具有新颖性和创造性。

在与客户的进一步沟通过程中，可以将补充检索到的对比文件提供给客户，为进一步丰富技术交底书中技术方案的内容提供素材。

（2）确定保护主题

在上述的对比文件 1 中，权利要求书中通过一一对应的方式保护了与方法对应的系统。从该申请的技术方案来看，可以从信息分享的方法和装置两个方面来保护，但在目前的技术交底书中只提到了方法技术方案，并不涉及装置相关的技术方案，可以在与客户的后续沟通中建议客户补入装置相关的技术方案，或者按照与方法一一对应的方式来进行装置的保护。

5. 与客户的第二次沟通

针对上述分析结果，专利代理人向客户发出信函进行沟通，以下为信函要点。

尊敬的×××先生：

经过与贵方的第一次书面沟通，对技术交底书中的技术方案已经有了准确的认识，为了能够撰写出高质量的专利申请文件，目前仍然存在需要与贵方作进一步沟通的内容，具体内容如下。

1. 新颖性和创造性初判

经过补充检索，获得了一份相关的现有技术：对比文件 1（CN×××××
××××A），这份对比文件所解决的技术问题是如何能够更方便、高效地进行网页分享，并且没有借助即时通信工具，在上述对比文件的技术方案中，仅涉及对网页信息的分享，不涉及本地文件的分享，并且接收终端不能选择不同的打开方式，因此，初步判断本发明的技术方案具备新颖性和创造性。

2. 可要求保护的主题

对于本申请，可从页面分享的方法和装置两个主题来进行保护。如果需要对装置进行保护，还请补充涉及装置的技术方案。如果该方法是完全使用计算机程序实现的软件类方法，那么也可以按照与方法一一对应的方式来进行装置的保护，请贵方明确装置的类型，以及对装置的保护方式。

××专利事务所×××

××××年××月××日

客户针对上述信函作出答复，其主要答复内容如下：

1. 关于新颖性和创造性

专利代理人对本申请新颖性和创造性的判断正确。虽然对比文件1公开了网页分享的方式，但不涉及本地文件的分享，也不涉及接收终端能够选择不同的打开方式，因此，本申请的技术方案丰富了终端之间分享的内容，并且能够给接收终端用户提供多种打开方式，提升了用户体验。

2. 关于保护主题

专利代理人对本申请技术方案的梳理和理解正确。我方希望从方法和装置两大主题来对信息分享方法进行保护。由于该方法对应的装置是虚拟装置，因此，对于装置技术方案请按照与方法一一对应的方式来撰写。

第二节　权利要求书撰写的主要思路

前面阅读和理解了技术交底书并且与客户进行了充分沟通，使客户对相关问题进行了确认和补充。通过以上工作，对技术交底书的内容进行了挖掘和完善，专利代理人可以着手专利申请文件的撰写，下面就以此为基础撰写权利要求书。

一般来说，在撰写发明或者实用新型专利申请的权利要求书时，针对其中一项要求保护的技术主题，可以按照如下思路进行撰写：

（1）理解该项要求保护的技术主题的实质性内容，列出全部技术特征；

（2）分析、研究该项要求保护的技术主题的现有技术，确定最接近的现有技术；

（3）针对该项要求保护的技术主题，确定其要解决的技术问题以及为解决该技术问题所必须包括的全部必要技术特征；

（4）撰写独立权利要求；

（5）撰写从属权利要求。

下面就以保护主题"页面分享方法"为例具体说明撰写权利要求书的主要思路。

一、理解要求保护的技术主题的实质性内容，列出全部技术特征

按照撰写专利申请文件的一般思路，在着手撰写权利要求之前，首先需要理解技术交底书中所要求保护技术主题的实质内容，列出全部技术特征，以及确定这些技术特征在该发明创造中所起的作用。

在分析、梳理要求保护的技术主题时，针对该技术主题涉及多种改进方案的情况，需要通过分析这些改进方案之间的区别和联系来确定它们之间的关系：对于并列的多个实施方式，需要分析它们分别具有哪些相同的技术特征，以及那些不同的技术特征之间又存在什么样的对应关系；对于彼此之间为主从关系的实施方式（以一个实施方式为主），则要分析其他实施方式分别相对该主实施方式作出了哪些进一步的改进，这些改进是通过哪些技术特征实现的。此外，对于要求保护的技术主题相对于现有技术作出多方面改进的情况，需要确定这些改进各自采取什么样的技术措施（技术特征）来实现，并明确这几方面改进之间的关系。

现针对本案例具体说明如何理解技术交底书中所要求保护技术主题的实质性内容。

将原始技术交底书以及与客户沟通的内容结合起来形成完整的页面分享的技术方案，页面分享的技术方案可以分为发送和接收两个阶段。发送阶段包括的技术特征有：

① 用户通过点击或触摸功能键来输入页面分享指令。

② 访问本地存储的好友列表，从列表中获取各好友的终端标识。

③ 以 WiFi 方式接入互联网，在浏览器中输入用户标识以登录远程服务器，该远程服务器中保存有该用户标识对应的好友终端的终端标识，远程服务器返回对应的终端标识。

④ 以移动数据网方式接入互联网，利用 GPS 模块获取当前的位置信息，将获取到的位置信息加入到查询请求中发送给远程服务器，远程服务器在接收到该查询请求之后，获取与该位置信息的距离小于阈值范围内的其他已注册的其他用户设备的终端标识，并返回。

⑤ 以列表或平铺图标的方式展示获取到的终端标识，用户通过点击或勾选

输入选取指令，根据选取指令确定用户所选择的用户设备对应的终端标识。

⑥ 获取浏览器地址栏中的链接字符串。

⑦ 读取浏览器缓存获取处于焦点状态的页面对应的链接字符串。

⑧ 获取当前浏览器打开的多张网页标签中的链接字符串，并通过列表或平铺图标的方式展示该多个链接字符串，用户可通过点击勾选，从而输入终端选取指令，确定至少一个链接字符串。

⑨ 判断所获取的链接字符串是否对应本地文件，如果链接字符串对应本地文件，则获取与该链接字符串对应的本地文件。

⑩ 如果所获取的链接字符串不对应本地文件，则将获取的链接字符串发送给所述终端标识对应的接收终端。

⑪ 如果所获取的链接字符串对应本地文件，则将所述本地文件发送给所述终端标识对应的接收终端。

⑫ 如果所获取的链接字符串有对应的本地文件，获取的链接字符串为多个，将所述本地文件与其他剩余的链接字符串一起发送给所述终端标识对应的接收终端。

⑬ 根据链接字符串的协议类型判断链接字符串是否对应本地文件。

接收阶段包括的技术特征有：

⑭ 在消息栏显示与接收到的数据相对应的提示信息。

⑮ 提示信息中包括发送方智能终端设备的标识信息、数据的接收方式以及接收数据的属性信息。

⑯ 接收终端用户根据提示信息选择"打开""暂存"或者"忽略"三种操作中的一种。

⑰ 当接收终端用户选择"忽略"操作时，该提示信息将会被关闭，并不会再显示。

⑱ 当接收终端用户选择"暂存"操作时，该提示信息将会被暂时保存在消息栏中，接收终端用户可以通过查看消息栏找到该提示信息，并进行相应的操作。

⑲ 当接收终端用户选择"打开"操作时，触发生成提示信息查看指令，接收终端根据提示信息查看指令启动浏览器，如果接收数据为链接字符串，则调用浏览器的接口函数加载与链接字符串对应的页面，如果接收数据为文件数据，则触发生成文件数据下载指令，待文件数据下载完毕之后，接收终端调用浏览器的接口函数显示接收到的文件数据。

⑳ 接收终端用户根据发送方智能终端设备的标识信息来判断所接收的数据

是否来自陌生用户，如果是，选择"忽略"操作。

㉑ 接收终端用户根据数据的接收方式来获知当前数据是通过 WiFi 或者移动数据网接收的，如果提示信息中指示接收终端当前通过移动数据网接收到分享页面，并且接收到的为文件数据，接收终端用户可以选择"暂存"操作。

由此，找出了该申请技术方案所涉及的全部技术特征。

二、分析、研究该项要求保护的技术主题的现有技术，确定最接近的现有技术

在理解了要求保护的技术主题的实质内容之后，应当着手分析、研究现有技术，从中确定该技术主题的最接近的现有技术。

1. 分析研究现有技术，理解现有技术的实质性内容

通常来说，现有技术包括申请人在技术交底书中提供的现有技术，以及为客户检索到的现有技术。就本案而言，客户在技术交底书中提供了现有技术。经过检索，专利代理人找到一份更相关的现有技术文件，即对比文件 1。

本案例技术交底书中披露的现有技术是：当用户希望将智能手机浏览器中的页面分享给其他用户时，需要先启动即时通信工具或者登录第三方网站，通过即时通信工具或者第三方网站来获取需要进行页面分享的对象信息，其中在启动即时通信工具或者登录第三方网站时可能会需要输入认证信息，再通过即时通信工具或者第三方网站将待分享的页面信息发送至所获取的对象信息对应的用户的智能手机。在现有的分享过程中，用户需要执行一系列的操作，并且由于需要先启动即时通信工具或者登录第三方网站，这对用户智能手机的性能提出了一定的要求，对于内存较小或者配置较低的智能手机而言，启动即时通信工具以及登录第三方网站会占用额外的内存空间，从而降低智能手机的运行速度，这也使得用户需要等待较长的时间才能实现页面的分享。

对比文件 1 公开了一种分享网页的方法和系统。对比文件 1 所要解决的技术问题是"如何能够把访问的网页便捷地分享给好友"，用户在当前互联网网页中点击分享按钮，在网页浏览器中打开分享管理网络服务器提供的用户分享管理界面，用户在用户分享管理界面编辑选择一个或多个好友作为分享信息的接收对象，分享管理网络服务器通过网络向接收对象地址发送含有网页地址的分享消息，接收对象在接收到分享消息后，点击分享消息中的网页地址。对比文件 1 的技术方案实现了方便、高效的网页分享。

2. 确定最接近的现有技术

在对现有技术进行分析研究、理解现有技术的实质性内容之后，就要确定

与该发明最接近的现有技术，以便为撰写独立权利要求做好准备。根据上述对现有技术的分析，可以看出，对比文件 1 与该发明的技术领域相同，与客户提供的现有技术相比较，其所解决的技术问题与该发明的技术问题相近。就公开的技术特征数量而言，对比文件 1 公开了向接收终端发送网页地址、接收终端接收并浏览地址，除此之外，对比文件 1 还公开了用户获取接收终端列表，并从中选择一个或多个好友作为分享信息的接收对象。由此可见，在技术领域相同、解决的技术问题相近的前提下，对比文件 1 公开了该发明更多的技术特征，因此可以将对比文件 1 确定为该发明的最接近现有技术。

根据上述对现有技术的分析研究，确定了该发明最接近的现有技术为对比文件 1。下面针对该最接近的现有技术确定该发明所解决的技术问题及解决该技术问题的全部必要技术特征。

三、针对该项要求保护的技术主题，确定其要解决的技术问题以及为解决该技术问题所必须包括的全部必要技术特征

在确定了最接近的现有技术之后，就需要针对该最接近的现有技术确定该发明要解决的技术问题，在此基础上，确定该发明中哪些技术特征是解决这一技术问题的必要技术特征。

1. 确定该发明所解决的技术问题

就本案例来说，客户在最初提供的技术交底书中声称所要解决的技术问题是如何能够在不需要启动第三方即时通信软件的情况下进行信息分享。由于这一技术问题在检索后确定的最接近的现有技术即对比文件 1 中已经解决，因此应当重新确定该发明要解决的技术问题。通过比较该发明与最接近的现有技术，该发明相对于最接近的对比文件 1 主要进行了两个方面的改进。

第一方面的改进在于通过判断链接字符串是否对应本地文件，可以让分享的信息不限于浏览的网页，还可以将智能终端终端本地已经保存的文件进行分享。

第二方面的改进在于通过设置不同的接收和展示方式能够保证接收终端用户不受无关信息的骚扰，而且用户能够自主选择查看接收到的分享页面的时机，避免了因加载数据而造成用户的有限移动数据流量的损失，在方便了页面分享用户进行信息共享的同时，提升了接收用户的体验。

第一方面的改进在于如何发送本地文件，实现本地文件的分享；第二方面的改进涉及如何处理接收数据，避免数据流量损失，提升接收用户的体验。这两方面的改进彼此独立，在实践中应当与客户进行沟通，以确定哪一方面的改

进更为重要。在本案例中，经过与客户的沟通，确定第一方面的改进是该发明的关键，因此，基于第一方面的改进确定该发明所要解决的技术问题为：如何进行本地文件的分享。

2. 为解决技术问题所必须包括的全部必要技术特征

现确定解决"如何进行本地文件的分享"这一技术问题的必要技术特征。

在前面分析中列举出的该发明的全部技术特征中，哪一些应当作为解决上述技术问题的必要技术特征写入独立权利要求中呢？下面逐一进行详细分析。

技术特征①"用户通过点击或触摸功能键来输入页面分享指令"，该步骤是整个页面分享过程的开始，缺少了页面分享指令的触发，整个技术方案将无法实现。因此，该技术特征是解决上述技术问题必不可少的。但是，点击或触摸功能键这两种具体方式来输入页面分享指令，仅仅是获取页面分享指令的优选方式，不应当直接将其作为必要技术特征写入独立权利要求，而应当采用概括这两种具体实现方式的表述方式作为该发明解决上述技术问题的必要技术特征。鉴于技术特征①中用户通过点击或触摸功能键来输入页面分享指令所起的作用都是获取页面分享指令，因此，可将其进行功能限定，限定为一个较上位的技术特征㉒"获取页面分享指令"，作为该发明解决上述技术问题的必要技术特征。

关于技术特征②"访问本地存储的好友列表，从列表中获取各好友的终端标识"、技术特征③"以 WiFi 方式接入互联网，在浏览器中输入用户标识以登录远程服务器，该远程服务器中保存有该用户标识对应的好友终端的终端标识，远程服务器返回对应的终端标识"以及技术特征④"以移动数据网方式接入互联网，利用 GPS 模块获取当前的位置信息，将获取到的位置信息加入到查询请求中发送给远程服务器，远程服务器在接收到该查询请求之后，获取与该位置信息的距离小于阈值范围内的其他已注册的其他用户设备的终端标识，并返回"，这三个技术特征所起的作用是均是确定页面分享对象的终端标识，只有明确了分享的对象才能确定分享的页面往哪发送。可见，进行分享对象的确定对于"如何进行本地文件的分享"这样的技术问题而言也是必不可少的。但是，技术特征②~④均是确定接收终端的终端标识的优选实施方式，不应当将它们作为必要技术特征记载在独立权利要求中，而应当采用概括这三种优选实施方式的表述方式作为该发明解决上述技术问题的必要技术特征。鉴于技术特征②~④所起的作用都是确定接收终端的终端标识，因此，可将其概括为一个较上位的技术特征㉓"确定接收终端的终端标识"。

技术特征⑤"以列表或平铺图标的方式展示获取到的终端标识，用户通过点击或勾选输入选取指令，根据选取指令确定用户所选择的用户设备对应的终端标识"是显示和选择接收终端的终端标识的优选方式，不属于必要技术特征。

技术特征⑥"获取浏览器地址栏中的链接字符串"和技术特征⑨"判断所获取的链接字符串是否对应本地文件，如果链接字符串对应本地文件，则获取与该链接字符串对应的本地文件"的作用在于获取本地文件，要解决技术问题"如何进行本地文件的分享"，必须先获取本地文件，再进行分享，因此，技术特征⑥和技术特征⑨都是解决上述技术问题的必要技术特征。

技术特征⑦"读取浏览器缓存获取处于焦点状态的页面对应的链接字符串"和技术特征⑧"获取当前浏览器打开的多张网页标签中的链接字符串，并通过列表或平铺图标的方式展示该多个链接字符串，用户通过点击勾选，输入终端选取指令，确定至少一个链接字符串"是对如何获取链接字符串的方式进行限定，属于对技术特征⑥的进一步限定，不属于必要技术特征。

技术特征⑩"如果所获取的链接字符串不对应的本地文件，则将获取的链接字符串发送给接收终端"并不涉及本地文件的发送，因此，不属于解决上述技术问题的必要技术特征。

技术特征⑪"如果所获取的链接字符串对应本地文件，则将所述本地文件发送给接收终端"涉及对本地文件的发送，是整个信息分享过程中必不可少的环节。因此，技术特征⑪是解决上述技术问题的必要技术特征。

技术特征⑫"如果所获取的链接字符串有对应的本地文件，获取的链接字符串为多个，将所述本地文件与其他剩余的链接字符串一起发送给所述终端标识对应的接收终端"是对技术特征⑧所述的多个链接字符串情形下发送数据的进一步限定，因此，也不属于必要技术特征。

技术特征⑬"根据链接字符串的协议类型判断链接字符串是否对应本地文件"是对技术特征⑥"获取浏览器地址栏中的链接字符串"的具体限定，因此，不属于必要技术特征。

技术特征⑭~㉑均涉及接收分享信息之后接收终端如何进行处理，并不是解决技术问题"如何进行本地文件的分享"所必需的，因此不是解决上述技术问题的必要技术特征。

综上所述，解决"如何进行本地文件的分享"技术问题的必要技术特征应当包括：

⑥获取浏览器地址栏中的链接字符串。

⑨判断所获取的链接字符串是否对应本地文件，如果链接字符串对应本地文件，则获取与该链接字符串对应的本地文件。

⑪将所述本地文件发送给所述终端标识对应的接收终端。

⑫获取页面分享指令。

⑬确定接收终端的终端标识。

四、撰写独立权利要求

在确定该发明的最接近现有技术、针对该最接近现有技术所要解决的技术问题以及为解决该技术问题所必需包含的必要技术特征之后，就可以开始着手撰写独立权利要求。

完成的独立权利要求 1 如下：

1. 一种页面分享方法，该方法包括：

获取页面分享指令；

确定接收终端的终端标识；

获取浏览器地址栏中的链接字符串；

判断所获取的链接字符串是否对应本地文件，若是，则获取与链接字符串对应的本地文件；

将所述本地文件发送给所述终端标识对应的接收终端。

所撰写的上述独立权利要求满足如下几方面的实质性要求。

（1）所撰写的独立权利要求应当包含解决技术问题的全部必要技术特征。

就这一实质性要求而言，前面在分析确定该发明的必要技术特征时，已作出了具体说明，在此不再作重复描述。

（2）所撰写的独立权利要求不应当写入非必要技术特征，以使该发明得到充分的保护。

在前面分析该发明必要技术特征时，已明显将获取页面分享指令、根据所述页面分享指令，获取相应的终端标识的具体方式确定为附加技术特征，因此在独立权利要求中未写入这些技术特征，使该独立权利要求限定的技术方案具有较宽的保护范围。

（3）应当以说明书为依据，清楚、简要地限定要求专利保护的范围。

对于独立权利要求以说明书为依据这一实质性要求，就本案例而言，所撰写的独立权利要求没有将技术交底书中的技术特征照抄进权利要求，而是相对于客户的技术交底书作出了合理的概括。在专利代理实务中，若技术交底书中所提供的实施方式尚不足以支持申请人所想要求保护的范围时，可以要求申请人进一步补充实施方式，从而在撰写说明书时，在具体实施方式部分给出更多的实施方式来支持所撰写的独立权利要求，从而满足权利要求书以说明书为依据的规定，这些内容也在之前与客户的书面沟通中有所体现。

（4）所撰写的独立权利要求应当满足新颖性和创造性的要求。

在对比文件1的技术方案中，仅仅涉及对网页信息进行分享，将包含网页地址信息的数据发送给接收对象，在发送之前并不会判断所发送的地址信息是否对应本地文件。此外，在对比文件1的技术方案中，接收对象通过浏览器浏览所分享的网页信息，也并不会根据需要选择不同的打开方式，因此，初步判断该申请的技术方案具备新颖性和创造性。

在撰写方法独立权利要求1后，由于该方法独立权利要求中记载的技术方案可以全部以计算机程序来实施，因此，按照《专利审查指南2010》第二部分第九章第5.2节中有关功能模块构架的装置权利要求的撰写要求，可以采用与该方法独立权利要求中记载的各步骤完全对应一致的方式来撰写装置权利要求，完成的产品独立权利要求为：

15. 一种页面分享装置，该装置包括：

指令获取模块，用于获取页面分享指令；

标识确定模块，用于确定接收终端的终端标识；

链接字符串获取模块，用于获取浏览器地址栏中的链接字符串；

判断模块，用于判断链接字符串是否对应本地文件，若是，则获取与链接字符串对应的本地文件；

发送模块，用于本地文件发送给所述终端标识对应的接收终端。

五、撰写从属权利要求

在上述分析的基础上，撰写完独立权利要求之后，从保护的层次以及限定的具体程度等方面考虑哪些技术特征需要写入从属权利要求以及这些从属权利要求的先后排布顺序，在独立权利要求的基础上层层深入，从而形成有层次的保护架构。

撰写的从属权利要求的主题名称仍应当为"页面分享方法"，与独立权利要求的主题名称一致。在这些从属权利要求的引用部分先写明其引用的权利要求的编号，在此后写明主题名称"页面分享方法"，然后在该从属权利要求的限定部分写明对该发明作出进一步限定的附加技术特征，这样撰写的从属权利要求符合《专利法实施细则》第22条第1款有关从属权利要求撰写的格式规定。

在前面理解该发明要求保护主题的实质内容时所列出的技术特征中，技术特征①～⑤、技术特征⑦～⑧、技术特征⑩、技术特征⑫～㉑未写入独立权利要求中，现对这些技术特征进行分析，确定是否将其作为从属权利要求的附加技术特征，以完成从属权利要求的撰写。

如前所述，技术特征①"用户通过点击或触摸功能键来输入页面分享指令"是生成页面分享指令的具体方式，对技术特征②作了进一步限定，可将其写在一项从属权利要求中，作为从属权利要求2。

技术特征②"访问本地存储的好友列表，从列表中获取各好友的终端标识"涉及从本地获取终端标识；技术特征③"以 WiFi 方式接入互联网，在浏览器中输入用户标识以登录远程服务器，该远程服务器中保存有该用户标识对应的好友终端的终端标识，远程服务器返回对应的终端标识"，其涉及使用 WiFi 方式获取接收终端的终端标识；技术特征④"以移动数据网方式接入互联网，利用 GPS 模块获取当前的位置信息，将获取到的位置信息加入到查询请求中发送给远程服务器，远程服务器在接收到该查询请求之后，获取与该位置信息的距离小于阈值范围内的其他已注册的其他用户设备的终端标识，并返回"涉及使用移动数据网方式获取接收终端的终端标识。技术特征②~④均是确定接收终端的终端标识的具体实施方式，属于对独立权利要求1中的技术特征③的进一步限定，三者是并列的关系，可使用"或"的方式将它们写在同一个从属权利要求中，引用独立权利要求1，作为从属权利要求3。

技术特征⑤"以列表或平铺图标的方式展示获取到的终端标识，用户通过点击或勾选输入选取指令，根据选取指令确定用户所选择的用户设备对应的终端标识"是对用户获取终端标识之后，如何选择用户设备对应的终端标识的限定，可作为对权利要求3的限定，写成从属权利要求4。

技术特征⑦"读取浏览器缓存获取处于焦点状态的页面对应的链接字符串"和技术特征⑧"获取当前浏览器打开的多张网页标签中的链接字符串，并通过列表或平铺图标的方式展示该多个链接字符串，用户可通过点击勾选，从而输入终端选取指令，确定至少一个链接字符串"是对如何获取链接字符串的方式进行限定，属于对独立权利要求1中技术特征⑥的进一步限定，两者是并列的关系，可采用"或"结构的表述方式，写成从属权利要求5。

技术特征⑩"如果所获取的链接字符串不对应本地文件，则将获取的链接字符串发送给接收终端"涉及对权利要求1中的技术特征"判断所获取的链接字符串是否对应本地文件"的判断结果为否的情形，可作为对独立权利要求1的进一步限定，写成从属权利要求6。

技术特征⑫"如果所获取的链接字符串有对应的本地文件，获取的链接字符串为多个，将所述本地文件与其他剩余的链接字符串一起发送给所述终端标识对应的接收终端"是对权利要求 5 中所述的多个链接字符串情形下发送数据的进一步限定，因此，可作为权利要求 5 的从属权利要求，写成从属权利要求 7。

技术特征⑬"根据链接字符串的协议类型判断链接字符串是否对应本地文件"是对独立权利要求 1 中的技术特征"获取浏览器地址栏中的链接字符串"的具体限定，可作为权利要求 1 的从属权利要求，写成从属权利要求 8。

技术特征⑭"在消息栏显示与接收到的数据相对应的提示信息"是接收终端接收到数据之后执行的步骤，可作为权利要求 1 的从属权利要求，写成从属权利要求 9。

技术特征⑮"提示信息中包括发送方智能终端设备的标识信息、数据的接收方式以及接收数据的属性信息"是对上述技术特征⑭中的提示信息的进一步限定，可作为权利要求 9 的从属权利要求，写成从属权利要求 10。

技术特征⑯"接收终端用户根据提示信息选择"打开""暂存"或者"忽略"三种操作中的一种"是接收到提示信息后进行的处理，可作为权利要求 10 的从属权利要求，写成从属权利要求 11。

技术特征⑰"接收终端用户选择'忽略'操作时，该提示信息将会被关闭，并不会再显示"、技术特征⑱"接收终端用户选择'暂存'操作时，该提示信息将会被暂时保存在消息栏中，接收终端用户可以通过查看消息栏找到该提示信息，并进行相应的操作"以及技术特征⑲"接收终端用户选择'打开'操作时，触发生成提示信息查看指令，接收终端根据提示信息查看指令启动浏览器，如果接收数据为链接字符串，则调用浏览器的接口函数加载与链接字符串对应的页面，如果接收数据为文件数据，则触发生成文件数据下载指令，待文件数据下载完毕之后，接收终端调用浏览器的接口函数显示接收到的文件数据"是对技术特征⑯所述的三种操作的具体限定，因此，可作为权利要求 11 的从属权利要求，写成权利要求 12。

技术特征⑳"接收终端用户根据发送方智能终端设备的标识信息来判断所接收的数据是否来自陌生用户，如果是，选择'忽略'操作"和技术特征㉑"接收终端用户根据数据的接收方式来获知当前数据是通过 WiFi 或者移动数据网接收的，如果提示信息中指示接收终端当前通过移动数据网接收到分享页面，并且接收到的为文件数据，接收终端用户可以选择'暂存'操作"分别是对选择"忽略"操作和"暂存"操作条件的限定，因而，分别可作为权利要求 12 的从属权利要求，写成权利要求 13 和权利要求 14。

最后完成的从属权利要求如下：

2. 根据权利要求 1 所述的页面分享方法，其特征在于：所述获取页面分享指令的步骤包括：

通过点击或触摸功能键来输入页面分享指令。

3. 根据权利要求 1 所述的页面分享方法，其特征在于：确定接收终端的终端标识的步骤包括：

访问本地存储的好友列表，从列表中获取各好友的终端标识；或者

以 WiFi 方式接入互联网，在浏览器中输入用户标识登录远程服务器，该远程服务器查找与该用户标识对应的会话对象，然后在会话对象中读取已存储的智能终端设备的终端标识，并返回；或者

以移动数据网方式接入互联网，利用 GPS 模块获取当前的位置信息，将获取到的位置信息加入到查询请求中发送给远程服务器，远程服务器在接收到该查询请求之后，获取与该位置信息的距离小于阈值范围内的其他已注册的其他用户设备的终端标识，并返回。

4. 根据权利要求 3 所述的页面分享方法，其特征在于：所述方法还包括：

以列表或平铺图标的方式展示获取到的终端标识，用户通过点击或勾选输入选取指令，根据选取指令确定用户所选择的用户设备对应的终端标识。

5. 根据权利要求 1 所述的页面分享方法，其特征在于：获取浏览器地址栏中的链接字符串的步骤包括：

读取浏览器缓存获取处于焦点状态的页面对应的链接字符串；或者

获取当前浏览器打开的多张网页标签中的链接字符串，并通过列表或平铺图标的方式展示该多个链接字符串，用户可通过点击勾选，从而输入终端选取指令，确定至少一个链接字符串。

6. 根据权利要求 1 所述的页面分享方法，其特征在于：如果所获取的链接字符串不对应本地文件，则将获取的链接字符串发送给所述终端标识对应的接收终端。

7. 根据权利要求 5 所述的页面分享方法，其特征在于：

如果所获取的链接字符串有对应的本地文件，获取的链接字符串为多个，将所述本地文件与其他剩余的链接字符串一起发送给所述终端标识对应的接收终端。

8. 根据权利要求 1 所述的页面分享方法，其特征在于：判断所获取的链接字符串是否对应本地文件的步骤包括：

根据链接字符串的协议类型判断链接字符串是否对应本地文件。

9. 根据权利要求 1 所述的页面分享方法，其特征在于：所述方法还包括

步骤：

接收终端接收数据，并显示提示信息。

10. 根据权利要求9所述的页面分享方法，其特征在于：

在消息栏显示与接收到的数据相对应的提示信息，提示信息中包括智能终端设备的标识信息、数据的接收方式以及接收数据的属性信息。

11. 根据权利要求10所述的页面分享方法，其特征在于：所述方法还包括步骤：

接收终端用户根据提示信息选择"打开""暂存"或者"忽略"三种操作中的一种。

12. 根据权利要求11所述的页面分享方法，其特征在于：所述方法还包括步骤：

接收终端用户选择"忽略"操作时，该提示信息将会被关闭，并不会再显示；

接收终端用户选择"暂存"操作时，该提示信息将会被暂时保存在消息栏中，接收终端用户可以通过查看消息栏找到该提示信息，并进行相应的操作；

接收终端用户选择"打开"操作时，触发生成提示信息查看指令，接收终端根据提示信息查看指令启动浏览器，如果接收数据为链接字符串，则调用浏览器的接口函数加载与链接字符串对应的页面，如果接收数据为文件数据，则触发生成文件数据下载指令，待文件数据下载完毕之后，接收终端调用浏览器的接口函数显示接收到的文件数据。

13. 根据权利要求12所述的页面分享方法，其特征在于：

接收终端用户根据发送终端的标识信息来判断所接收的数据是否来自陌生用户，如果是，选择"忽略"操作。

14. 根据权利要求12所述的页面分享方法，其特征在于：

接收终端用户根据数据的接收方式来获知当前数据是通过 WiFi 或者移动数据网接收的，如果提示信息中指示接收终端当前通过移动数据网接收到分享页面，并且接收到的为文件数据，接收终端用户可以选择"暂存"操作。

第三节　说明书及其摘要的撰写

在完成权利要求的撰写之后，就可以着手撰写说明书的各个组成部分和说明书摘要。以下重点对撰写说明书各个组成部分和说明书摘要时应当注意的问题作出说明，读者可结合附在此后推荐的说明书的具体内容来深加理解。

1. 发明名称

由于该专利申请的权利要求书的主题包括"页面分享方法和装置"，因此发明名称应写成：一种页面分享方法及装置。

2. 技术领域

技术领域部分应当反映其主题名称，也可以包括其直接应用的技术领域，但不要写入区别特征。

该发明涉及移动互联网领域，具体涉及一种页面分享方法和装置。

3. 背景技术

对于本案例来说，通过对现有技术的检索和分析，找到了一份相关的现有技术的文件，因此在背景技术部分应当对该对比文件1的有关内容加以说明。由于该现有技术比较简单，因此，可以只对该份最接近的现有技术的文件作简要说明，给出其出处，并对其主要方案以及客观存在的主要问题进行描述。

4. 发明内容

在说明书这一部分包括三部分的内容，其一是该发明要解决的技术问题，其二是该发明的技术方案，其三是有益技术效果。对该发明专利申请的情况，倾向于采用如下的撰写方式：首先针对上述主题写明该发明要解决的技术问题是提供一种页面分享方法和装置来实现本地文件的分享。其次针对实现页面分享方法技术方案的独立权利要求给出其技术方案，以针对实现页面分享装置技术方案的独立权利要求给出相应的技术方案。最后在此基础上说明所述技术方案所带来的有益技术效果。

5. 附图说明

根据上文的分析，可确定该申请说明书附图1～附图3。其中，图1示出该发明总流程图（根据对技术交底书的分析绘制），主要体现该发明的整体构思，包括页面分享的发送阶段和接收阶段；图2～图3采用客户在技术交底书中提交的原图。

6. 具体实施方式

具体实施方式部分所描述的内容一定要将该发明充分公开，并且支持所撰写的权利要求书中所限定的每一项权利要求技术方案的保护范围。

对于本案例来说，除了根据技术交底书提供的该发明具体技术内容进行描述外，还应当包括在与客户沟通后所补充的必要技术内容，例如，对获取浏览器地址栏中的链接字符串的方式进行的详细描述、补充的其他具体实施方式的技术内容。补充了上述内容和实施方式后，具体实施方式部分已清楚地公开了该发明专利申请要求保护的主题，并且在一定程度上起到了支持权利要求保护范围的作用。

此外，在撰写具体实施方式时，还应当为审查阶段对权利要求书进行修改做好准备，即对审查阶段修改权利要求时可能出现的权利要求的技术方案，也应当在具体实施方式部分给出明确说明。

7. 说明书摘要及摘要附图

说明书摘要部分首先写明该发明专利申请的名称，然后重点对独立权利要求的技术方案的要点作出说明，在此基础上进一步说明其解决的技术问题和有益效果。此外，还应当选择一幅最能代表该发明的附图作为摘要附图，对该发明来说，将说明书的附图 1 作为摘要附图。

第四节　发明专利申请文件的参考文本

按照上面的分析，完成发明专利申请文件的撰写，以下为参考文本。

权利要求书

1. 一种页面分享方法，该方法包括：

获取页面分享指令；

确定接收终端的终端标识；

获取浏览器地址栏中的链接字符串；

判断所获取的链接字符串是否对应本地文件，若是，则获取与链接字符串对应的本地文件；

将所述本地文件发送给所述终端标识对应的接收终端。

2. 根据权利要求1所述的页面分享方法，其特征在于：所述获取页面分享指令的步骤包括：

通过点击或触摸功能键来输入页面分享指令。

3. 根据权利要求1所述的页面分享方法，其特征在于：确定接收终端的终端标识的步骤包括：

访问本地存储的好友列表，从列表中获取各好友的终端标识；或者

以WiFi方式接入互联网，在浏览器中输入用户标识登录远程服务器，该远程服务器查找与该用户标识对应的会话对象，然后在会话对象中读取已存储的智能终端设备的终端标识，并返回；或者

以移动数据网方式接入互联网，利用GPS模块获取当前的位置信息，将获取到的位置信息加入到查询请求中发送给远程服务器，远程服务器在接收到该查询请求之后，获取与该位置信息的距离小于阈值范围内的其他已注册的其他用户设备的终端标识，并返回。

4. 根据权利要求3所述的页面分享方法，其特征在于：所述方法还包括：

以列表或平铺图标的方式展示获取到的终端标识，用户通过点击或勾选输入选取指令，根据选取指令确定用户所选择的用户设备对应的终端标识。

5. 根据权利要求1所述的页面分享方法，其特征在于：获取浏览器地址栏中的链接字符串的步骤包括：

读取浏览器缓存获取处于焦点状态的页面对应的链接字符串；或者

获取当前浏览器打开的多张网页标签中的链接字符串，并通过列表或平铺图标的方式展示该多个链接字符串，用户可通过点击勾选，从而输入终端选取指令，确定至少一个链接字符串。

6. 根据权利要求1所述的页面分享方法，其特征在于：如果所获取的链接字符串不对应本地文件，则将获取的链接字符串发送给所述终端标识对应的接

收终端。

7. 根据权利要求 5 所述的页面分享方法，其特征在于：

如果所获取的链接字符串有对应的本地文件，获取的链接字符串为多个，将所述本地文件与其他剩余的链接字符串一起发送给所述终端标识对应的接收终端。

8. 根据权利要求 1 所述的页面分享方法，其特征在于：判断所获取的链接字符串是否对应本地文件的步骤包括：

根据链接字符串的协议类型判断链接字符串是否对应本地文件。

9. 根据权利要求 1 所述的页面分享方法，其特征在于：所述方法还包括步骤：

接收终端接收数据，并显示提示信息。

10. 根据权利要求 9 所述的页面分享方法，其特征在于：

在消息栏显示与接收到的数据相对应的提示信息，提示信息中包括智能终端设备的标识信息、数据的接收方式以及接收数据的属性信息。

11. 根据权利要求 10 所述的页面分享方法，其特征在于：所述方法还包括步骤：

接收终端用户根据提示信息选择"打开""暂存"或者"忽略"三种操作中的一种。

12. 根据权利要求 11 所述的页面分享方法，其特征在于：所述方法还包括步骤：

接收终端用户选择"忽略"操作时，该提示信息将会被关闭，并不会再显示；

接收终端用户选择"暂存"操作时，该提示信息将会被暂时保存在消息栏中，接收终端用户可以通过查看消息栏找到该提示信息，并进行相应的操作；

接收终端用户选择"打开"操作时，触发生成提示信息查看指令，接收终端根据提示信息查看指令启动浏览器，如果接收数据为链接字符串，则调用浏览器的接口函数加载与链接字符串对应的页面，如果接收数据为文件数据，则触发生成文件数据下载指令，待文件数据下载完毕之后，接收终端调用浏览器的接口函数显示接收到的文件数据。

13. 根据权利要求 12 所述的页面分享方法，其特征在于：

接收终端用户根据发送终端的标识信息来判断所接收的数据是否来自陌生用户，如果是，选择"忽略"操作。

14. 根据权利要求 12 所述的页面分享方法，其特征在于：

接收终端用户根据数据的接收方式来获知当前数据是通过 WiFi 或者移动数据网接收的，如果提示信息中指示接收终端当前通过移动数据网接收到分享页面，并且接收到的为文件数据，接收终端用户可以选择"暂存"操作。

15. 一种页面分享装置，该装置包括：

指令获取模块，用于获取页面分享指令；

标识确定模块，用于确定接收终端的终端标识；

链接字符串获取模块，用于获取浏览器地址栏中的链接字符串；

判断模块，用于判断所获取的链接字符串是否对应本地文件，若是，则获取与链接字符串对应的本地文件；

发送模块，将所述本地文件发送给所述终端标识对应的接收终端。

说 明 书

一种页面分享方法及装置

技术领域

本发明涉及移动互联网技术领域，特别是涉及一种页面分享方法及装置。

背景技术

随着移动互联网技术的发展，越来越多的用户通过智能手机访问互联网并浏览网页。然而，当用户将正在浏览的页面分享给其他用户时，用户可以复制网页链接，通过邮件或其他应用程序，例如，微信、MSN、QQ等即时通信工具，发送给对方，同时，用户也可以登录微博、人人网或者百度贴吧等网站，将网页链接复制下来，通过这些网站提供的在线交流平台，将网页链接分享给其他好友。然而，上述分享网页链接的操作过程都比较复杂，不仅需要启动系统中安装的即时通信工具或者登录第三方网站，而且在启动即时通信工具或者登录第三方网站时，还可能会需要输入认证信息，再通过即时通信工具或者第三方网站将待分享的页面发送至对方。而且，对于内存较小或者配置较低的智能手机而言，启动即时通信工具会占用额外的内存空间，从而降低了智能手机的运行速度。

对比文件1（CN××××××××A）公开了一种分享网页的方法和系统，用户在当前互联网网页中点击分享按钮，在网页浏览器中打开分享管理网络服务器提供的用户分享管理界面，用户在用户分享管理界面编辑选择一个或多个好友作为分享信息的接收对象，分享管理网络服务器通过网络向接收对象地址发送含有网页地址的分享消息，接收对象在接收到分享消息后，点击分享消息中的网页地址。对比文件1的技术方案实现了方便、高效的网页分享。

但是在目前的信息分享中，分享的内容仅限于用户浏览的网页，内容过于单一，如何进行本地文件的分享是本申请将要解决的技术问题。

发明内容

基于此，需要提供一种页面分享方法和装置，能够丰富用户分享的信息内容，给用户更好的接收体验。

本发明的一个方面，提供一种页面分享方法，该方法包括：获取页面分享指令；确定接收终端的终端标识；获取浏览器地址栏中的链接字符串；判断所获取的链接字符串是否对应本地文件，若是，则获取与链接字符串对应的本地文件；将所述本地文件发送给所述终端标识对应的接收终端。

· 257 ·

本发明的另一方面提供一种页面分享装置，该装置包括：指令获取模块，用于获取页面分享指令；标识确定模块，用于确定接收终端的终端标识；链接字符串获取模块，用于获取浏览器地址栏中的链接字符串；判断模块，用于判断所获取的链接字符串是否对应本地文件，若是，则获取与链接字符串对应的本地文件；发送模块，将所述本地文件发送给所述终端标识对应的接收终端。

上述页面分享方法及装置，用户只需要输入页面分享指令，浏览器即可自动获取浏览器地址栏中的链接字符串，并将链接字符串对应的本地保存的文件分享给接收对象，丰富了分享的内容，并且，接收终端用户不受无关信息的骚扰，能够自主选择查看接收到的分享页面的时机，避免了因加载数据而造成用户的有限移动数据流量的损失，进一步提升了接收用户的体验。

附图说明

图 1 是本发明页面分享方法的流程图。

图 2 是本发明页面分享方法中一种展示多个终端标识的示意图。

图 3 是本发明页面分享方法中提示信息的示意图。

具体实施方式

以下将参照附图，通过实施方式详细地描述本发明提供的页面分享方法和装置。在以下实施例中仅以智能手机作为示例进行技术方案的描述，本领域普通技术人员可以理解的是，所描述的技术方案也适用于其他的智能终端设备。

本发明提供的页面分享方法的流程图如图 1 所示。

步骤 S101，获取页面分享指令。

用户可通过点击或触摸智能手机上的功能键来输入页面分享指令。例如，在一个应用场景中，该方法的运行基于智能手机上的浏览器，在浏览器的工具栏中可设置分享按钮，用户可通过点击该按钮输入页面分享指令。

步骤 S102，确定接收终端的终端标识。

在一个实施例中，用户的智能手机可以访问本地存储的好友列表，从列表中获取各好友的终端标识。

在一个实施例中，用户的智能手机可以通过 WiFi 方式接入互联网，从互联网中获取可接收分享信息的接收终端的终端标识。具体而言，用户在智能手机的浏览器中输入用户标识以登录远程服务器，在远程服务器中保存有用户的好友信息，远程服务器根据输入的用户标识获取并向用户返回好友信息，该好友信息包括了对应的终端标识。

在一个实施例中，用户的智能手机还可以通过移动数据网的方式接入网络，并配合用户智能手机中的 GPS 模块来获取当前用户智能手机的准确位置信息。

用户将获取到的位置信息加入到查询请求中发送给网络中的远程服务器，远程服务器在接收到该查询请求之后，可提取该位置信息，并获取与该位置信息的距离小于阈值范围内的其他已注册的终端标识并返回，用户可以登录远程服务器进行阈值的设置。

若获取到的终端标识有多个，可以列表或平铺图标的方式展示该多个终端标识，用户可通过点击勾选，从而输入终端选取指令。在接收到用户输入的终端选取指令后，即可筛选出与用户勾选操作相应的终端标识。接收终端的标识信息可以是终端名称、IP地址、终端的网卡号等。

例如，如图2（a）所示，若用户A希望把当前浏览的页面分享给地理位置上附近的同样在使用智能手机浏览网页的其他用户，则可通过点击手机屏幕上的分享按钮生成页面分享请求，然后获取由远程服务器返回的与用户A在地理位置上距离小于阈值范围内其他已注册终端设备的IP地址。用户A持有的智能手机在接收到返回的IP地址之后，即可以列表的形式展示。还可获取已注册终端设备对应的终端标识，并以终端标识的形式展示附近的已注册的终端设备。如图2（b）所示，用户A可进行多选操作，筛选出其希望分享的三个终端。

步骤S103，获取浏览器地址栏中的链接字符串。

浏览器地址栏中的链接字符串即用户当前在浏览器中浏览的页面对应的链接地址。浏览器在展示页面时，通常将当前页面对应的链接字符串展示在浏览器地址栏中。

在一个实施例中，可通过读取浏览器缓存获取处于焦点状态的页面对应的链接字符串。也就是说，获取到的链接字符串为当前处于焦点状态（在多选项卡或称多标签浏览器中，当前显示设备中展示的选项卡或标签即为处于焦点状态的选项卡或标签，其内的页面也为处于焦点状态）的页面对应的链接字符串。

在一个实施例中，可获取当前浏览器打开的多张网页标签中的链接字符串，并通过可以列表或平铺图标的方式展示该多个链接字符串，用户可通过点击勾选，从而输入终端选取指令。在接收到用户输入的终端选取指令后即可筛选出与用户勾选操作相应的多个链接字符串。

步骤S104，判断链接字符串是否对应本地文件。若是，则执行步骤S105；若否，则跳转执行步骤S106。

步骤S105，获取与链接字符串对应的本地文件，接下来执行步骤S106。

步骤S106，将链接字符串或者对应的本地文件发送给终端标识对应的接收终端。

根据链接字符串的协议类型判断链接字符串是否对应本地文件。若浏览器中展示的页面为本地文档或本地图片，则链接字符串为该本地文档或本地图片在本地的存储路径，且协议类型为："file：///"，即链接字符串以"file：///"为起始字符。若浏览器中展示的页面为网页，则协议类型通常为"http：//"或"https：//"，即以"http：//"或"https：//"作为起始字符。

通常情况下，浏览器不仅可以用于打开网页的页面，也可以打开本地文档的页面或本地的图片。例如，用户可将本地图片拖曳到浏览器中打开，从而在页面中展示该图片；用户也可将 PDF 文档等文件拖曳到浏览器中打开浏览。

可选地，如果获取的链接字符串有多个，可将本地文件与其他剩余的链接字符串一起发送。

步骤 S107，接收终端接收数据，并显示提示信息。

如图 3 所示，提示信息的内容包括发送方智能手机的标识信息、发送时间、数据的接收方式以及接收数据的属性信息，其中，数据的接收方式用于指示当前数据是通过 WiFi 或者移动数据网接收，接收终端用户可以从接收数据的属性信息中获知所接收到的是链接字符串还是文件数据，如果是文件数据，在属性信息中还包括有文件数据的类型、大小。接收终端用户可以针对该提示信息进行"打开""暂存"或者"忽略"三种操作。

步骤 S108，接收终端用户针对提示信息选择"打开""暂存"和"忽略"三种操作中的一种。

当接收终端用户选择"忽略"操作时，该提示信息将会被关闭，并不会再显示，当接收终端用户选择"暂存"操作时，该提示信息将会被暂时保存在通知栏中，接收终端用户可以通过查看通知栏找到该提示信息并进行相应的操作，当接收终端用户选择"打开"操作时，触发生成提示信息查看指令，接收终端根据提示信息查看指令启动浏览器，如果接收数据为链接字符串，则调用浏览器的接口函数加载与链接字符串对应的页面，如果接收数据为文件数据，则触发生成文件数据下载指令，待文件数据下载完毕之后，接收终端调用浏览器的接口函数显示接收到的文件数据。

由于在提示信息中提供了发送方智能手机的标识信息、数据的接收方式以及接收数据的属性信息等内容，接收终端用户可以根据发送方智能手机的标识信息来判断所接收的数据是否来自陌生用户，可以通过选择"忽略"操作关闭并不再显示该提示信息，从而能够屏蔽掉不感兴趣的干扰信息，降低了用户被无关信息骚扰的可能性，提升了用户体验。此外，接收终端用户还可以根据数据的接收方式来获知当前数据是通过 WiFi 或者移动数据网接收的，接收终端用户可以通过选择"暂存"操作，将该提示信息暂时保存在通知栏中，接收终端用户可以同过查看通知栏找到该提示信息并进行相应的操作，通过这种操作方式，接收终端用户能够根据需要选择查看接收到的分享页面的时机，例如，如果提示信息中指示接收终端当前通过移动数据网接收到分享页面，并且接收到的为文件数据，通过移动数据网下载文件数据会消耗接收终端用户的数据流量，接收终端用户可以选择"暂存"操作，待接收终端切换为 WiFi 方式接入互联网后再进行文件数据的下载和浏览，从而节省了用户的数据流量，通过"暂存"的操作方式，改变了接收终端用户的被动浏览方式，接收终端用户可以自主选择查看接收到的分享页面的时机，提升了用户体验。

上述页面分享方法及装置，用户只需要输入页面分享指令，浏览器即可自动获取浏览器地址栏中的链接字符串，并将链接字符串对应的本地保存的文件分享给接收对象，丰富了分享的内容，并且，接收终端用户不受无关信息的骚扰，能够自主选择查看接收到的分享页面的时机，避免了因加载数据而造成用户的有限移动数据流量的损失，进一步提升了接收用户的体验。

本领域普通技术人员可以理解实现上述实施例方法中的全部或部分流程，是可以通过计算机程序来指令相关的硬件来完成，所述的程序可存储于一计算机可读取存储介质中，该程序在执行时，可包括如上述各方法的实施例的流程。其中，所述的存储介质可为磁碟、光盘、只读存储记忆体（Read－Only Memory，ROM）或随机存储记忆体（Random Access Memory，RAM）等。

以上所述实施例仅表达了本发明的几种实施方式，其描述较为具体和详细，但并不能因此而理解为对本发明范围的限制。应当指出的是，对于本领域的普通技术人员来说，在不脱离本发明构思的前提下，还可以作出若干变形和改进，这些都属于本发明的保护范围。因此，本发明的保护范围应以所附权利要求为准。

说明书附图

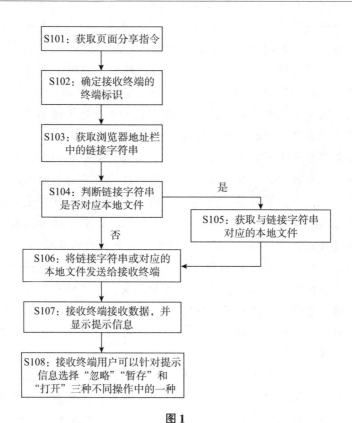

图 1

（a）　　　　　　　　（b）

图 2

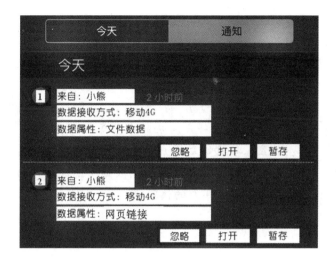

图 3

说明书摘要

一种页面分享方法，包括：获取页面分享指令；确定接收终端的终端标识；获取浏览器地址栏中的链接字符串；判断所获取的链接字符串是否对应本地文件，若是，则获取与链接字符串对应的本地文件；将所述本地文件发送给所述终端标识对应的接收终端。此外，还提供了一种页面分享装置。上述页面分享方法及装置，用户只需要输入页面分享指令，浏览器即可自动获取浏览器地址栏中的链接字符串，并将链接字符串对应的本地保存的文件分享给接收对象，丰富了分享的内容，并且，接收终端用户不受无关信息的骚扰，能够自主选择查看接收到的分享页面的时机，避免了因加载数据而造成用户的有限移动数据流量的损失，进一步提升了接收用户的体验。

摘　要　附　图

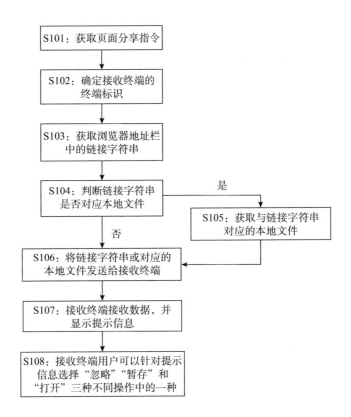

S101：获取页面分享指令

S102：确定接收终端的终端标识

S103：获取浏览器地址栏中的链接字符串

S104：判断链接字符串是否对应本地文件

是

S105：获取与链接字符串对应的本地文件

否

S106：将链接字符串或对应的本地文件发送给接收终端

S107：接收终端接收数据，并显示提示信息

S108：接收终端用户可以针对提示信息选择"忽略""暂存"和"打开"三种不同操作中的一种

第六章

案例Ⅵ：无线通信接收机、接收方法以及双均衡器

　　本案例涉及无线通信接收机、接收方法以及接收机中的双均衡器，主要涉及电路结构，包括电路元件以及其连接关系。设置本案例的目的在于使专利代理人在完成通信装置的电路结构设计时，能够对电路结构的实现形式进行适当概括，从而确定合理的保护范围，同时在撰写独立权利要求时，能够正确筛选和概括各模块，进而获得尽可能大的保护范围。

第一节　技术交底书的分析和挖掘

一、客户提供的技术交底书

　　在现实生活中，当人们乘车或行走时，常常需要拨打或接听电话，在通话过程中，当用户从开阔区域进入高楼密集的商务区域时，容易出现通话质量下降甚至是掉话的情况，这是因为商务区域中存在诸如高楼等的各种障碍物，接收信号中存在经障碍物反射、散射等而到达的多径信号，这些信号构成了干扰，影响了通话的质量。在无线通信环境中，理想情况下，信号从发送机直接到达接收机，但是，实际中，信号在空间中传播时往往还受到各种障碍物的反射、

散射等影响，因此，接收机接收到的信号除了从发送机直接传播过来的信号之外，还包括经由各种障碍物的反射、散射等而传播过来的信号，最终接收的信号为这些信号的叠加。因此，直接传播路径上的码元受到其他传播路径上的码元的干扰，造成码间干扰。通常利用均衡器来消除这样的码间干扰，从而抵消多条路径传播的影响。

均衡器的目的在于从接收机处的叠加信号中估计出直接传播路径上的信号，采用的原理为产生与多径信道相反的特性，由此抵消多径信道的影响，使得输出的信号为直接传播路径上的信号。均衡器的输出分为硬判决值和软判决值两种。硬判决值为发送信号的判决结果，例如，在发送"1"或"－1"的情况下，输出的信号原值大于0时得到的硬判决值为1，小于0时得到的硬判决值为－1，而软判决值为直接输出的信号原值，例如，当直接输出的信号原值为0.4时，得到的软判决值为"0.4"。

如图6－1所示，现有技术中常见的均衡方式要么采用软判决均衡器，要么采用硬判决均衡器，相应的输出分别为软判决值、硬判决值。无论是软判决均衡器，还是硬判决均衡器，均采用估计算法实现，常见的算法分为最大似然估计算法和非最大似然估计算法，由于利用最大似然估计算法实现软判决均衡器复杂度非常高，因此，软判决均衡器都是采用非最大似然估计算法来实现，而硬判决均衡器则可以采用最大似然估计算法来实现。

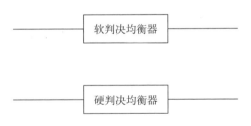

图6－1 现有技术中的均衡方式

需要提供相比于单独使用非最大似然软判决均衡器和最大似然硬判决均衡器而言能够获得更好的数据传输质量的方案。

为此，客户提出了如图6－2所示的接收机结构，并按照图6－3和图6－4从两个方面对其中的均衡模块进行了改进。在图6－2中，接收机中的下变频器将接收到的射频信号下变频到模拟基带信号；A/D变换器对模拟基带信号进行模数变换，进而得到数字基带信号；均衡模块对数字基带信号进行均衡，从而消除多径干扰的影响；将均衡后的信号提供给纠错器进行纠错译码；纠错器对输入到纠错器的值进行解交织或解码等纠错。

图 6-2　该发明的接收机结构

如图 6-3 所示，第一个方面的改进在于通过根据噪声功率估计器调整软判决均衡器输出的软判决值来提高数据传输的质量，通过在噪声较大时将输出的软判决值变小，使得输出的软判决值更加接近信号原值，纠错器得到更佳的均衡结果，纠错效果更好，实现了提高数据传输的质量的效果。对于第一个方面的改进，估计接收信号的噪声可以通过使用训练序列，采用公知技术来实现，另外，利用校正器，噪声功率估计值越大，调整后的软判决值越小，反之则越大。

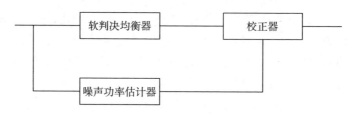

图 6-3　采用校正器的均衡模块的电路图

如图 6-4 所示，第二个方面的改进在于通过同时采用最大似然估计算法实现的硬判决均衡器和非最大似然估计算法实现的软判决均衡器，分别输出硬判决值和软判决值，并且从中选择较佳的判决值，使得纠错器得到更佳的均衡结果，纠错效果更好，由此提高数据传输的质量。

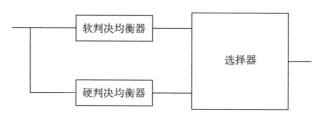

图 6-4　采用双均衡器的均衡模块的电路图

对于第二个方面的改进，可以采用如图 6-4 所示的电路结构来实现。其中包括非最大似然软判决均衡器和最大似然硬判决均衡器，分别输出非最大似然估计得到的软判决值和最大似然估计得到的硬判决值，接着，利用选择器来选择软判决值和硬判决值中的更可靠并且精确的一个值，作为最终的判决值。

选择器的电路结构如图6-5所示，包括：软判决值变换器，将从软判决均衡器收到的软判决值变换为第一硬判决值；比较器，将从硬判决均衡器收到的硬判决值与第一硬判决值进行比较，以判断两者是否一致；判决器，当两者一致时，输出软判决值，以及当两者不一致时，输出从硬判决均衡器收到的硬判决值。

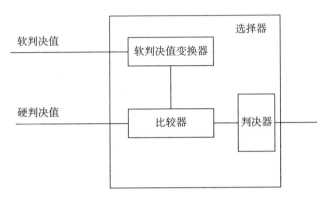

图6-5 选择器的具体电路图

通过第一个方面的改进，可以实现当输出信号中存在噪声时，能够根据噪声大小来控制输出值的大小，使得提供给纠错器的输入更佳，纠错效果更好，从而达到提高数据传输质量的效果；通过第二个方面的改进，可以实现提供可靠并且精确的判决值，使得提供给纠错器的输入更佳，纠错效果更好，从而达到提高数据传输质量的效果。

二、对技术交底书的理解和挖掘

专利代理人在收到客户提供的技术交底书后，应当详细阅读，并针对技术交底书中的问题及时与客户进行沟通。

1. 阅读技术交底书时应当思考的问题

专利代理人在阅读技术交底书时，应当思考如下四个问题。

（1）能否理解该申请技术方案的工作原理或过程？

（2）该申请技术方案与技术交底书中提到的现有技术相比改进之处体现在哪里？

（3）所述改进之处都解决了哪些技术问题、体现在哪几个方面？在存在多个方面的改进时，如何安排和组合这些改进之处？

（4）技术内容是否清楚、完整，能否根据目前的技术交底书撰写申请文件？哪些内容需要与客户进行确认？哪些内容需要与客户作进一步沟通以获得更多的技术信息？哪些地方需要提示申请人提供更多的实施方式和/或实施例？

2. 理解技术交底书

专利代理人在阅读本案例的技术交底书之后，得到如下初步理解。

（1）背景技术

根据客户在技术交底书中的描述，基本上能够确定该申请背景技术的技术方案、存在的问题。但是，从撰写专利申请文件的角度来看，需要尽可能确保从技术角度上分析，能够理解技术上的前因后果关系，使得对背景技术中导致存在所述问题的原因（比如，背景技术中哪个具体技术手段的存在或缺失会导致存在所述问题）等能够有清晰的理解，从而提供对该申请的理解、检索和审查有用的背景技术信息。在本案例中，单独使用非最大似然软判决均衡器和最大似然硬判决均衡器在数据传输质量方面分别存在什么问题？为什么要提出该申请？客户的描述不够多，需要与客户进一步沟通，从而尽可能予以补充。

（2）解决的技术问题和相对于现有技术的改进

该申请要解决的技术问题比较明确，就是对现有技术进行改进，从而提高数据传输质量。

该申请相对于现有技术的改进在于两个方面：一个方面是使用噪声功率估计器来估计接收信号中的噪声功率，利用噪声功率的估计值来调整输出信号，从而提高输出信号的准确性，提高数据传输的质量，在下文中将该改进称作方案1；另一个方面是将原来采用软判决均衡器或者硬判决均衡器来均衡的方式替换为同时使用软判决均衡器和硬判决均衡器、从中选择更佳判决值的方式，由于能够提供更佳的判决值，因此能够提高数据传输的质量，在下文将第二方面的改进成为方案2。图6-6示意性地示出了该申请相对于现有技术的改进之处。

专利代理人通过阅读技术交底书，认识到：该申请的方案1，相比现有技术，添加了根据噪声功率调整输出信号的功能，该功能通过噪声功率估计器和校正器来实现，如客户在技术交底书中所述，噪声功率估计器是利用公知技术实现的（客户并未提出能够达到特别效果的噪声功率估计器，而是选择了通常使用的噪声功率估计器），而且，本领域公知的技术手段是利用估计的噪声功率来调整输出信号的幅度，另外，校正器的实现也是本领域普遍知晓的技术手段，所以，该申请的方案1的主要贡献在于在均衡环节应用根据噪声调整输出信号的功能，而非噪声功率估计器和校正器本身的实现。该申请的方案2，相比现有技术，同时使用软、硬两种判决均衡器，并且通过选择器来选择最佳值，由此来优化输出信号，由于现有技术采用的是单个均衡器，进而也不涉及从多个均衡器的判决值选择最佳的判决值，所使用的两种均衡器均为本领域中常见的均衡器，因此，该申请的方案 2 的主要贡献在于同时使用两种均衡器以及选择器的具体实现。

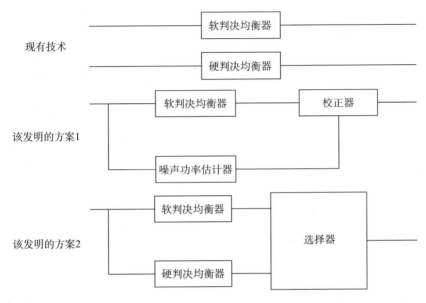

图 6－6　该发明相对于现有技术的改进示意图

（3）需要与客户进一步沟通或确认之处

① 对于现有技术方案中导致数据传输质量不理想的原因，客户描述的并不够多，需要予以补充，以清晰地表述导致存在所产生的问题的原因，从而提供对该申请的理解、检索和审查有用的背景技术信息。

② 在理解该申请相对于现有技术的改进的基础上，需要对涉及技术方案工作原理的内容进行仔细推敲，从而避免因客户的描述不清楚或错误而导致最终撰写出的方案存在诸如不清楚、不完整，或者逻辑上的问题。由于技术交底书仅仅描述了通过比较硬判决均衡器输出的判决值与第一硬判决值并且根据两者是否一致来选择使用软判决值还是硬判决值，而未过多描述为何通过此判决值选择方法选出的软判决值或硬判决值就为更佳值，使得专利代理人在阅读技术交底书之后对于技术手段为何能取得相关技术效果不能明了，因此需要客户予以补充。

③ 考虑获得尽可能大的保护范围和分层次的权利要求，在通信领域描述通信装置或系统的结构时，对于装置或系统中的电路模块，通常尽可能地使用功能模块来描述或限定该电路模块，从完成的功能角度入手来对电路模块进行限

定，从而获得较大的保护范围，当本案例的改进点包括该电路模块的具体结构时，还应该将这样的具体结构撰写成从属权利要求予以保护。具体到本案例，方案 1 包括软判决均衡和噪声校正两部分，这两部分的结构均相对简单，采用软判决均衡器来描述均衡功能，采用噪声功率估计器和校正器来描述噪声校正的功能，它们均为本领域常见的模块，不需要写明各模块的具体结构，使用各模块完成的功能来对各模块进行限定即可；而本案例的方案 2 包括软判决均衡器、硬判决均衡器，以及选择器，其中，软判决均衡器和硬判决均衡器均为本领域中常见的模块，客户也未对这两个模块的具体结构进行改进，使用这两个模块完成的功能来对这两个模块进行限定即可，相反，选择器实现从软判决值和硬判决值中选择最佳值的功能，通过软判决值变换器、比较器，以及判决器来实施，在技术上相对具体，而且涉及该申请的改进之处，应当着重考虑使用功能性限定对这部分进行限定。如果客户能够提供其他实施方式，在后续审查过程中会有更多的修改余地，同时也能进一步增强维权阶段的保护力度。

④ 一般情况下，客户提交的技术交底书中的背景技术为其认为的最接近的现有技术，但也可能会出现该现有技术与实际的最接近的现有技术不符的情况，因此，为了尽可能确保最终提交的技术方案具备新颖性和创造性，专利代理人需要对技术方案进行初步检索，当发现破坏技术方案的新颖性和创造性的对比文件时，应当及时与客户进行沟通，以考虑进一步缩小保护范围。

在本案例中，专利代理人对该申请的方案 1 和方案 2 分别进行了检索，关于方案 1，经检索发现对比文件 1（公开号 CN××××××××A），其公开了一种接收机的结构，如图 6 - 7 所示，其中，接收机包括均衡器、噪声估计器，以及校正器，均衡器输出的软判决值由校正器根据噪声功率估计值来调整，当噪声功率大时，校正器的输出值越小，反之，校正器的输出值越大。

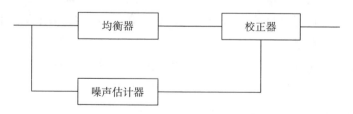

图 6 - 7　对比文件 1 公开的接收机结构

由于对比文件 1 已经公开了按照信号的噪声功率大小来调整均衡器的软判决值输出，由此可知，该申请的方案 1 不具备新颖性。

关于方案 2，经检索发现对比文件 2（公开号 CN××××××××A），其公开了一种接收机结构，如图 6 - 8 所示，其中，接收机包括下变频器、A/D

变换器、软判决均衡器、判决值变换器和纠错器，软判决均衡器输出软判决值
给纠错器，同时，将软判决值提供给判决值变换器，从而得到硬判决值，由此，
当使用纠错器时，选择使用软判决值；当不使用纠错器时，选择使用硬判决值。

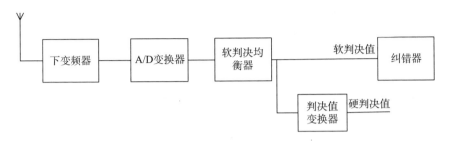

图6－8　对比文件2公开的接收机结构

　　虽然对比文件2能够同时提供软判决值和硬判决值，但是，对比文件2采
用的仍然为单个均衡器，不涉及采用两个不同的均衡器，也不涉及从软判决值
和硬判决值中选择更佳值的方案，同时，该申请方案2的所述改进之处并非本
领域公知常识，因此，初步判断该申请的方案2中的改进之处使得方案2具备
新颖性和创造性，围绕方案2中的改进之处撰写的权利要求相应地也具备新颖
性和创造性。

　　在撰写权利要求时，还应当考虑哪些特征相对重要，当这些相对重要的特
征自身不能够使得整个方案具备新颖性和创造性时，其能否与使得整个方案具
备新颖性和创造性的特征组合。在本案例中，客户提出了方案1和方案2，但是
由于对比文件1的存在导致方案1不具备新颖性，尽管如此，不应该至此完全
抛弃方案1中的重要技术特征，而是应该考虑是否能够将这样的重要技术特征
结合到方案2中，从而得到获得更多或更好效果的方案。由于方案2同样存在
数据传输质量受噪声影响的问题，当对其中的软判决输出值进行校正时，同样
能够在方案2的基础上进一步提高数据传输质量，这提供了方案2能够达到的
技术效果之外更佳的技术效果，因此，可以考虑将方案1中的相关技术特征作
为附加技术特征而撰写从属权利要求。

　　3. 给客户的信函

　　针对以上理解，专利代理人向客户发出信函进行沟通。

尊敬的××先生：

　　很高兴贵方委托我所代为办理有关无线通信接收机的专利申请案，我所对
该案件的编号为××××××××。

　　我所专利代理人认真地研读了贵方的技术交底文件，对本发明有了初步了

解，但仍存在需要与贵方作进一步沟通的内容，具体内容如下。

1. 需要贵方明示或补充的内容

（1）根据技术交底书中的描述，基本上能够确定本申请的背景技术，但从撰写专利申请文件的角度来看，所提供的背景技术内容未清楚地说明单独使用非最大似然软判决均衡器和最大似然硬判决均衡器时在数据传输质量方面存在问题的原因，请贵方进一步予以说明。

（2）技术交底书并未过多描述方案的工作原理，具体地，技术交底书仅仅描述了通过比较硬判决均衡器输出的硬判决值与第一硬判决值并且根据两者是否一致来选择使用软判决值还是硬判决值，而未过多描述为何通过此判决值选择方法选出的硬判决值或软判决值就为更佳值，需要贵方进一步补充与工作原理相关的内容，以期使得人们在阅读相关内容之后对于技术手段为何能取得相关技术效果有足够清晰的理解。

（3）选择器为本发明的改进之一，由多个模块构成，如果直接按照图 6 - 5 中选择器的具体模块来撰写选择器，则得到的保护范围将是有限的，因此，我方考虑应当争取获得较宽的保护范围。因此，如果贵方能够提供其他实施方式，在后续审查过程中会有更多的修改余地，同时也能进一步增强维权阶段的保护力度。

（4）经初步检索，我方发现破坏方案 1 的新颖性的对比文件 1 （公开号 CN ×××××××××A），其公开了一种接收机的结构，其中，接收机包括均衡器、噪声估计器以及校正器，均衡器输出的软判决值由校正器根据噪声功率大小来调整，当噪声功率大时，校正器的输出值越小，反之，校正器的输出值越大，由此可知，对比文件 1 已经公开了本发明方案 1 的技术方案，因此方案 1 不具备新颖性。我方未发现破坏方案 2 的新颖性和创造性的对比文件，但是发现更接近的现有技术文件，即对比文件 2 （公开号 CN ×××××××××A），其公开了由一个软判决均衡器来提供软判决值和硬判决值的方案，建议将其补入背景技术部分。此外，虽然由于方案 1 的改进之处相对于现有技术未作出贡献，而导致不能按照常见的处理方式来将该改进之处作为单独的专利申请予以提交，但是，方案 1 的改进之处可以作为对方案 2 的进一步的改进而与方案 2 结合，以此构造层次性的权利要求，全面保护关键技术特征，关于是否如此撰写权利要求，请贵方予以明示。

（5）虽然贵方在技术交底书中仅仅提出了接收机这一硬件产品，但是，由于这样的接收机主要改进点在于均衡模块上，接收机中的其他部件则是本领域常用的部件，因此可以单独对其中的均衡模块提出保护，撰写相关的产品权利要求，此时为了避免被误认为是由软件构成的模块，权利要求的保护主题最好写成"一种无线通信接收机中的均衡器"，因此需要对均衡模块重新命名，并将其与软判决均衡器和硬判决均衡器明确区分开；同时还可以按照接收机中的信号处理过程来撰写相应的方法权利要求。也就是说，将撰写三套权利要求：一是关于无线通信接收机，二是关于无线通信接收方法，三是关于无线通信接收机中的均衡器。

2. 专利申请类型

该案实质上涉及产品和方法，对于产品，既可以申请实用新型专利，也可以申请发明专利，对于方法，由于不是实用新型保护类型，因此，只能申请发明专利。实用新型专利只进行初步审查，因此授权较快，授权后需要维权时，可请求专利局做专利权评价报告。发明专利需要进行实质审查，审批周期较长，存在因创造性不足而被驳回的风险。

如果贵方希望获得较长的保护期限，同时又希望早日获权以行使专利权，可同时申请实用新型与发明专利。

××专利事务所×××

××××年××月××日

4. 客户的回复

客户针对上述信函作出回答，主要意见如下。

1. 对于单独使用非最大似然软判决均衡器和最大似然硬判决均衡器时在数据传输质量方面存在的问题和原因，我方作如下说明：首先，均衡器克服的是符号间干扰的问题，但是，在接收信号中同时还存在噪声，噪声会影响均衡器输出结果的准确性，进而影响数据传输质量。其次，针对存在纠错器的情形，当采用非最大似然软判决均衡器时，由于没有采用最大似然估计算法，在数据传输质量上与理想的最大似然软判决方法之间存在一定的差距；当采用最大似然硬判决均衡器时，由于提供的仅为硬判决值，在判决精度上与非最大似然软判决均衡器之间存在一定的差距。

因此，在背景技术部分增加以下内容：首先，由于接收信号中同时还存在噪声，噪声会影响均衡器的输出结果的准确性，进而影响数据传输质量。其次，针对存在纠错器的情形，当采用非最大似然软判决均衡器时，由于没有采用最大似然估计算法，在数据传输质量上与理想的最大似然软判决方法之间存在一定的差距；当采用最大似然硬判决均衡器时，由于提供的仅为硬判决值，在判决精度上与非最大似然软判决均衡器之间存在一定的差距。

2. 本发明的方案 1 的工作原理为：因为软判决值的绝对值通常代表置信度，例如，软判决值 0.9 意味着比软判决值 0.4 的可信度更高，而噪声较大时，意味着软判决值受噪声的影响比较大，其并非如此可信，此时相应地调小输出的软判决值，能够更加准确地反映发送信号情况。

本发明的方案 2 的工作原理为：采用非最大似然软判决均衡器得到的软判决值与采用最大似然硬判决均衡器得到的硬判决值相比，存在可靠性较低、但是精确度更高的特点，例如，在发送"1"时得到的硬判决值为"1"的情况下，得到的软判决值则可能为"0.4""-0.1"等，这更能真实地反映接收信号情况，但是，也存在更容易出现误判的情形。选择器的原理在于当软判决值可靠时，使用软判决值，当软判决值不可靠时，说明此时软判决值错误，则应该使用可靠性更高的硬判决值。接下来考虑如何确定软判决值是否可靠，由于最大似然估计得到的硬判决值是最可靠的，基于此，在认为软判决值可靠的情况下，将其变换成第一硬判决值时该第一硬判决值应该与通过最大似然估计实现的硬判决均衡器得到的硬判决值一致，如果不一致，则说明此时的软判决值是不可靠的。

3. 关于选择器的具体结构，如上述第 2 点方案 2 的工作原理，其将软判决值转换成硬判决值后与硬判决器输出的硬判决值进行比较，从中选择更可靠的值。图 6-5 中选择器的具体结构是选择器的实现方式，在易于实现和成本方面具有相当优势，对现有技术作出了创造性贡献，我方不再补充其他具体电路结构。

4. 对于方案 1 中的校正器，虽然现有技术中常见的用于校正信号的校正器有减法器、除法器等，均能达到调节信号大小的目的，但是，考虑本方案中如果使用减法器调节信号大小，之后将无法确保数据判决的质量，因此本方案中只能是采取除法器或乘法器的形式，使得在噪声大时，将信号调小，表示信号的可靠性相对较小。

5. 同意将对比文件 2 补入背景技术部分，同时将方案 1 补入方案 2 中，构成对方案 2 的进一步改进，其中，可以选择对软判决值进行进一步校正。

具体地，在具体实施方式中添加以下内容：

图 6-9 是本发明的另一双均衡器的结构图。相比于图 6-4 中的双均衡器，该双均衡器添加了软判决值调整功能，即按照噪声功率大小来调整输出的软判决值大小，从而减轻噪声对判决结果的影响。实现软判决值调整功能的器件包括噪声功率估计器和校正器。其中，噪声功率估计器用于接收数字基带信号，利用该数字基带信号来估计噪声平均功率，并且输出噪声平均功率值到校正器；

校正器利用噪声平均功率值作为比例因子来调整从软判决均衡器输出的软判决值，并且输出经调整的软判决值到选择器。

在噪声较大时，将输出的软判决值变小，使得输出的软判决值更加接近信号原值，由此对软判决均衡器的输出结果进行校正，实现了提高数据传输质量的效果。对于图6－9中的选择器的结构，可以采用图6－5的具体电路实现方式，在此不再赘述。

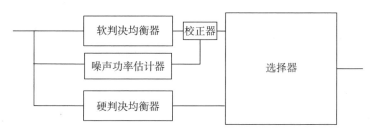

图6－9 本发明的另一种双均衡器的结构

6. 同意撰写三套权利要求，为了明确区分，将包括软判决均衡器、硬判决均衡器的均衡模块命名为双均衡器。

7. 拟同时提交实用新型专利申请和发明专利申请，在实用新型专利申请中要求保护产品，在发明专利申请中要求保护产品和方法。

5. 与客户的后续沟通与确认

至此，在给客户的信函中指出的需要客户明示或补充的内容均已明示或补充，但是，在该申请中，专利代理人还需要依据客户提供的无线通信接收机中的双均衡器的不同实现形式来对无线通信接收机进行概括，由于概括后的内容对权利要求的保护范围至关重要，应该后续继续与客户沟通和确认。具体地，该申请要求保护的其中一种技术主题为无线通信接收机，其中具有双均衡器，且双均衡器中的选择器为该申请的主要改进，因此，在撰写时，重点考虑围绕选择器进行，此时，由于选择器仅有一种实现方式，客户也未提出其他替代方式来实现选择器的功能，因此应该使用选择器的具体内部电路模块来描述选择器，并且由于这些电路模块都是本领域的常用模块，因此可以用功能性的限定来描述电路模块。此处选择器的内部模块包括软判决值变换器、比较器和判决器；软判决值变换器将软判决均衡器输出的软判决值变换为第一硬判决值；比较器将第一硬判决值与硬判决均衡器输出的硬判决值进行比较；以及当比较结果为一致时，判决器选择软判决值作为输出，否则，判决器选择硬判决值作为输出。对于软判决值变换器、比较器和判决器的功能性描述也合理，并没有包含其他不能提高数据传输质量并达到相同技术效果的实施方式。对于"选择器"的描述，专利代理人后续继续与客户沟通，并得到客户确认。

第二节　权利要求书撰写的主要思路

一般来说，在撰写发明和实用新型专利申请的权利要求书时，针对其中一项要求保护的技术主题，可以按照如下思路进行撰写：

（1）理解该项要求保护的技术主题的实质性内容，列出全部技术特征；

（2）分析研究该项要求保护的技术主题的现有技术，确定最接近的现有技术；

（3）针对该项要求保护的技术主题，确定其要解决的技术问题以及为解决该技术问题所必须包括的全部必要技术特征；

（4）撰写独立权利要求；

（5）撰写从属权利要求。

本节将采用上述撰写思路，完成对无线通信接收机、接收方法和双均衡器案例的权利要求书的撰写。

一、理解该项要求保护的技术主题的实质性内容，列出全部技术特征

该申请要求保护的主题应当为无线通信接收机、接收方法和双均衡器。

首先，针对具有选择器的无线通信接收机列出所有相关的技术特征。

① 天线，用于接收射频无线信号。

② 下变频器，用于将射频无线信号变换为基带模拟信号。

③ A/D 变换器，用于将基带模拟信号转换成数字信号。

④ 双均衡器，用于对数字基带信号进行均衡，并输出均衡值。

⑤ 双均衡器包括硬判决均衡器，采用最大似然估计算法来对数字信号进行均衡，输出硬判决值。

⑥ 双均衡器包括软判决均衡器，采用非最大似然估计算法来对数字信号进行均衡，输出软判决值。

⑦ 双均衡器包括选择器，用于从硬判决值和软判决值中选择最佳值，并且输出所选择的最佳值到纠错器。

⑧ 选择器具体包括软判决值变换器、比较器、判决器，以及三者之间的相互连接关系。即软判决值变换器将软判决均衡器输出的软判决值变换为第一硬

判决值；比较器将第一硬判决值与硬判决均衡器输出的硬判决值进行比较；以及当比较结果为一致时，判决器选择软判决值作为最佳值输出，否则，判决器选择硬判决值作为最佳值输出。

⑨ 噪声功率估计器，用于从数字基带信号中估计出噪声功率，并且输出噪声功率估计值到校正器。

⑩ 校正器，用于利用该噪声功率估计值来调整软判决均衡器输出的软判决值的大小，并且将调整后的软判决值输入到选择器。

⑪ 纠错器，用于对从双均衡器输入到纠错器的均衡值进行纠错。

其次，针对相应的无线通信接收方法列出所有相关的技术特征。

⑫ 接收射频无线信号。

⑬ 将射频无线信号变换为模拟基带信号。

⑭ 将模拟基带信号转换成数字基带信号。

⑮ 对数字基带信号进行均衡，并输出均衡值。

对数字基带信号进行均衡，并输出均衡值的步骤具体包括：

⑯ 采用最大似然估计算法来对数字基带信号进行均衡，输出硬判决值。

⑰ 采用非最大似然估计算法来对数字基带信号进行均衡，输出软判决值。

⑱ 从硬判决值和软判决值中选择最佳值，并且输出所选择的最佳值以进行纠错。

⑲ 选择步骤包括：将所述软判决值变换为第一硬判决值；将第一硬判决值与所述硬判决值进行比较；以及当比较结果为一致时，选择软判决值作为最佳值输出，否则，选择硬判决值作为最佳值输出。

⑳ 从数字基带信号中估计出噪声功率估计值。

㉑ 在选择最佳值之前，利用该噪声功率估计值来调整软判决值的大小。

㉒ 对输出的均衡值进行纠错。

最后，对于双均衡器这个技术主题，也列出了所有技术特征。

㉓ 双均衡器，用于无线通信接收机中，对由无线射频信号转换来的数字基带信号进行均衡，并输出均衡值。

㉔ 双均衡器包括硬判决均衡器，采用最大似然估计算法来对数字信号进行均衡，输出硬判决值。

㉕ 双均衡器包括软判决均衡器，采用非最大似然估计算法来对数字信号进行均衡，输出软判决值。

㉖ 双均衡器包括选择器，用于从硬判决值和软判决值中选择最佳值，并且输出所选择的最佳值。

㉗ 选择器具体包括软判决值变换器、比较器和判决器。软判决值变换器将软判决均衡器输出的软判决值变换为第一硬判决值；比较器将第一硬判决值与硬判决均衡器输出的硬判决值进行比较；以及当比较结果为一致时，判决器选择软判决值作为最佳值输出，否则，判决器选择硬判决值作为最佳值输出。

㉘ 噪声功率估计器，用于从数字基带信号中估计出噪声功率，并且输出噪声功率估计值到校正器。

㉙ 校正器，用于利用该噪声功率估计值来调整软判决均衡器输出的软判决值的大小，并且将调整后的软判决值输入到选择器。

二、相对于最接近的现有技术来确定所要解决的技术问题

在理解了要求保护的技术主题的实质内容之后，应当着手分析、研究现有技术，从中确定与该技术主题最接近的现有技术。

通常来说，现有技术包括客户在技术交底书中提供的现有技术，以及为客户检索到的现有技术。就本案例而言，对于该申请的方案1，检索到的对比文件1能够破坏该方案的新颖性，而对于该申请的方案2，经过检索，发现更相关的现有技术，即对比文件2。这两方面的改进从结构上彼此并不相关，但是只有在方案2中单独作出的改进相对于现有技术而言使得该申请的无线通信接收机具有突出的实质性特点和显著的进步，在确定发明相对于最接近的现有技术所要解决的技术问题时，应当基于包括至少一个贡献之处的技术特征来确定。就本案例而言，适合以方案2中的改进来撰写独立权利要求，而以方案1中的改进为附加技术特征撰写成该独立权利要求的从属权利要求。

现有技术包括客户在技术交底书中提及的单独采用软判决均衡器、硬判决均衡器的技术方案，以及专利代理人检索到的对比文件1和2。虽然这些技术方案涉及的技术领域相同，要解决的技术问题、技术效果基本相同，但是，考虑对比文件2公开了诸如下变频器、A/D模块、纠错器等涉及该申请的技术特征，其公开的特征最多，因此，可以选择对比文件2作为最接近的现有技术。

该申请相对于最接近的现有技术的改进在于两个方面。一方面的改进是组合使用软判决均衡器、硬判决均衡器以及选择器来选择出最佳判决值，这在对比文件1和2中均未披露，这种选择最佳判决值的手段能获得更高的数据传输质量；另一方面的改进是使用噪声功率估计器估计出的噪声功率来对软判决值进行校正，这在对比文件1中有所披露。根据上述分析，这两方面的改进从结构上彼此并不相关，但是只有第一个方面的改进相对于现有技术而言使得该申请具有突出的实质性特点和显著的进步，因此，只能针对第一个方面的改进确

定其所解决的技术问题，撰写出发明专利申请。考虑第一个方面的改进达到的技术效果——相对于单独使用软判决均衡器和硬判决均衡器而言提高数据传输质量，因而，其解决了相对于单独使用软判决均衡器和硬判决均衡器而言提高数据传输质量的技术问题。

三、确定解决技术问题的必要技术特征

基于上述分析，专利代理人在撰写权利要求的过程中，可以围绕上述技术问题撰写一组权利要求。

该申请在电路中使用非最大似然软判决均衡器、最大似然硬判决均衡器，以及选择器，使得能够选择软判决值和硬判决值中的最佳值，从而提供最佳的数据给纠错器，提高数据传输质量，并且选择器的实现方式仅有一种。

基于上述分析，可以看出以下三点。

（1）对于无线通信接收机这个技术主题，必须具有均衡功能所涉及的模块，即双均衡器、硬判决均衡器、软判决均衡器、选择器以及选择器的具体结构（对应上述技术特征④、⑤、⑥、⑦和⑧），因此这些技术特征都是完成均衡功能并且提高数据传输质量所必不可少的技术特征，缺少这些技术特征将导致无法解决该申请要解决的技术问题。

同时，为了实现无线通信接收机的接收处理功能，必须用天线（技术特征①）接收无线射频信号，然后使用下变频器（技术特征②）对接收到的信号进行下变频，接着使用 A/D 变换器将模拟信号转换数字基带信号（技术特征③），送入双均衡器进行处理，技术特征①、②、③是数据基带信号进入双均衡器之前的必要处理模块，而均衡之后的数字基带信号的走向，则是送入纠错器中进行纠错译码（技术特征⑪），因此技术特征①、②、③和⑪也是对无线信号进行接收处理所必经的模块，是构成无线通信接收机这个技术主题所必不可少的技术特征，缺少这些技术特征将无法构成完整的接收机，因此，这些技术特征也是解决上述技术问题的必要技术特征。

而噪声功率估计器（技术特征⑨）和校正器（技术特征⑩）实际是该申请的方案 1 的相应模块，其与方案 2 结合，形成了对方案 2 的进一步改进，不采用这两个技术特征的技术方案已经能实现方案 2，也已经能解决该申请的所要解决的技术问题，因此，这两个技术特征并非必要技术特征。

（2）由于无线通信接收方法与无线通信接收机相对应，基于类似的理由，对于无线通信接收方法这个主题，技术特征⑮、⑯、⑰、⑱和⑲都是完成均衡功能并且提高数据传输质量所必不可少的技术特征，缺少这些特征将无法解决

该申请要解决的技术问题；此外，技术特征⑫、⑬、⑭和㉒为构成无线通信接收方法这个主题所必不可少的特征，缺少这些特征将无法形成完整的接收方法。而技术特征⑳和㉑则是非必要技术特征。

（3）技术特征㉓限定了双均衡器这个主题应用的环境及所处理和输出的信号，同时其还必须有均衡功能所涉及的模块，即硬判决均衡器、软判决均衡器和选择器（对应上述技术特征㉔、㉕、㉖和㉗），这些技术特征都是完成均衡功能并且提高数据传输质量所必不可少的技术特征，缺少这些技术特征将无法解决该申请要解决的技术问题。

而技术特征㉘涉及的噪声功率估计器和技术特征㉙中的校正器实际是该申请的方案 1 的相应模块，其与方案 2 结合，形成了对方案 2 的进一步改进，不采用这两个特征的技术方案已经能实现方案 2，也已经能解决该申请的所要解决的技术问题，因此，这两个技术特征并非必要技术特征。

四、撰写独立权利要求

在撰写独立权利要求时，将确定的必要技术特征与最接近现有技术进行对比分析，把其中与最接近的现有技术共有的技术特征写入独立权利要求的前序部分，而将其他必要技术特征作为与最接近的现有技术的区别特征写入独立权利要求的特征部分。

现仍结合本案例加以说明，对于无线通信接收机这个主题，前文所确定的必要技术特征中有关天线、下变频器、A/D 变换器、双均衡器和纠错器是与最接近现有技术——对比文件 2 共有的必要技术特征，将这些技术特征写入独立权利要求的前序部分；而将双均衡器的具体结构：有关软判决均衡器、硬判决均衡器和选择器的技术特征作为该申请与最接近的现有技术对比文件 2 的区别特征，写入独立权利要求的特征部分。按照此方式撰写的独立权利要求，必定满足了《专利法实施细则》第 21 条第 1 款有关独立权利要求撰写的格式规定。

最后，完成的独立权利要求 1 如下：

1. 一种无线通信接收机，包括：天线，用于接收射频无线信号；下变频器，用于将射频无线信号变换成模拟基带信号；A/D 变换器，用于将模拟基带信号变换为数字基带信号；双均衡器，对数字基带信号进行均衡，并输出均衡值；以及纠错器，对从双均衡器输出的均衡值进行纠错；其特征在于，

所述双均衡器包括：

软判决均衡器，采用非最大似然估计算法来对数字基带信号进行软判决，

并且输出软判决值；

硬判决均衡器，采用最大似然估计算法来对数字基带信号进行硬判决，并且输出硬判决值；

选择器，接收硬判决均衡器和软判决均衡器输出的硬判决值和软判决值，从中选择利于数据传输质量的最佳值作为双均衡器输出的均衡值；

所述选择器还包括：

软判决值变换器，将软判决均衡器输出的软判决值变换为第一硬判决值；

比较器，将第一硬判决值与硬判决均衡器输出的硬判决值进行比较；以及

判决器，当比较结果为一致时，选择软判决值作为最佳值输出，否则，选择硬判决值作为最佳值输出。

对于无线通信接收方法，完成的独立权利要求3如下：

3. 一种无线通信接收方法，包括：接收射频无线信号；将射频无线信号变换成模拟基带信号；将模拟基带信号变换为数字基带信号；对数字基带信号进行均衡，并输出均衡值；以及对输出的均衡值进行纠错；其特征在于，

所述对数字基带信号进行均衡，并输出均衡值的步骤包括：

采用非最大似然估计算法来对数字基带信号进行软判决，并且输出软判决值；

采用最大似然估计算法来对数字基带信号进行硬判决，并且输出硬判决值；

接收输出的硬判决值和软判决值，从中选择利于数据传输质量的最佳值作为输出的均衡值；

所述选择利于数据传输质量的最佳值作为输出的均衡值还包括：

将所述输出的软判决值变换为第一硬判决值；

将所述第一硬判决值与所述输出的硬判决值进行比较；以及

当比较结果为一致时，选择软判决值作为最佳值输出，否则，选择硬判决值作为最佳值输出。

双均衡器是用于无线通信接收机中，接收的是数字基带信号，将这些技术特征写入独立权利要求的前序部分，而将有关软判决均衡器、硬判决均衡器和选择器的技术特征作为该申请与最接近的现有技术对比文件2的区别特征，写入独立权利要求的特征部分。按照此方式撰写的独立权利要求，必定满足了《专利法实施细则》第21条第1款有关独立权利要求撰写的格式规定。

对于双均衡器这个主题，完成的独立权利要求5如下：

5. 一种无线通信接收机中的双均衡器，接收由射频无线信号转换来的数字基带信号，其特征在于，所述双均衡器包括：

软判决均衡器，采用非最大似然估计算法来对数字基带信号进行软判决，并且输出软判决值；

硬判决均衡器，采用最大似然估计算法来对数字基带信号进行硬判决，并且输出硬判决值；

选择器，接收硬判决均衡器和软判决均衡器输出的硬判决值和软判决值，从中选择利于数据传输质量的最佳值作为均衡模块输出的均衡值；

所述选择器还包括：

软判决值变换器，将软判决均衡器输出的软判决值变换为第一硬判决值；

比较器，将第一硬判决值与硬判决均衡器输出的硬判决值进行比较；以及

判决器，当比较结果为一致时，选择软判决值作为最佳值输出，否则，选择硬判决值作为最佳值输出。

所撰写的上述独立权利要求满足如下几方面的实质性要求。

（1）所撰写的独立权利要求应当包含解决技术问题的全部必要技术特征。

就这一实质性要求而言，前面在分析确定该申请的必要技术特征时，已作出了具体说明，在此不再作重复描述。

（2）所撰写的独立权利要求不应当写入非必要技术特征，以使该申请得到充分的保护。

前面在分析该申请必要技术特征时，已明显将同样可起到提高数据传输质量的其他部分技术特征（有关"噪声功率估计器""校正器"等技术特征）确定为附加技术特征，因此在独立权利要求中未写入这些技术特征，使该独立权利要求限定的技术方案具有较宽的保护范围。

（3）应当以说明书为依据，清楚、简要地限定要求专利保护的范围。

对于独立权利要求以说明书为依据这一实质性要求，就本案例而言，所撰写的独立权利要求相对于客户的技术交底书作出了合理的概括，同时要求客户进一步补充实施方式，从而在撰写说明书时在具体实施方式部分给出更多的实施方式来支持所撰写的独立权利要求，从而满足权利要求书以说明书为依据的规定。

对于权利要求书清楚简要地限定权利要求的保护范围这一要求，独立权利要求1、3和5的类型、保护范围均清楚，同时上述独立权利要求的表述简要，没有对原因或者理由作不必要的描述，也没有使用商业性宣传用语。

（4）所撰写的独立权利要求应当满足新颖性和创造性的要求。

对比文件1仅仅公开了使用均衡器、校正器，以及噪声功率估计器，其未披露独立权利要求1和5中的技术特征"选择器，接收硬判决均衡器和软判决

均衡器输出的硬判决值和软判决值，从中选择利于数据传输质量的最佳值作为双均衡器输出的均衡值，所述选择器包括：软判决值变换器，将软判决均衡器输出的软判决值变换为第一硬判决值；比较器，将第一硬判决值与硬判决均衡器输出的硬判决值进行比较；以及判决器，当比较结果为一致时，选择软判决值作为输出，否则，选择硬判决值作为输出"，因此，所撰写的独立权利要求 1 和 5 相对于对比文件 1 具备新颖性。虽然对比文件 2 能够同时提供软判决值和硬判决值，但是，对比文件 2 采用的仍然为单个均衡器，不涉及采用两个不同的均衡器，也不涉及从软判决值和硬判决值中选择更佳值的问题，其同样未披露独立权利要求 1 和 5 中的特征"选择器，接收硬判决均衡器和软判决均衡器输出的硬判决值和软判决值，从中选择利于数据传输质量的最佳值作为双均衡器输出的均衡值，所述选择器包括：软判决值变换器，将软判决均衡器输出的软判决值变换为第一硬判决值；比较器，将第一硬判决值与硬判决均衡器输出的硬判决值进行比较；以及判决器，当比较结果为一致时，选择软判决值作为输出，否则，选择硬判决值作为输出"，因此，所撰写的独立权利要求 1 和 5 相对于对比文件 2 具备新颖性。所撰写的独立权利要求 1 和 5 相对于最接近的现有技术——对比文件 2 的区别特征为"硬判决均衡器，采用最大似然估计算法来对数字基带信号进行硬判决，并且输出硬判决值；选择器，接收硬判决均衡器和软判决均衡器输出的硬判决值和软判决值，从中选择利于数据传输质量的最佳值作为均衡模块输出的均衡值，所述选择器包括：软判决值变换器，将软判决均衡器输出的软判决值变换为第一硬判决值；比较器，将第一硬判决值与硬判决均衡器输出的硬判决值进行比较；以及判决器，当比较结果为一致时，选择软判决值作为输出，否则，选择硬判决值作为输出"，因此，其相对于最接近的现有技术而言实际要解决的技术问题是相对于单独使用软判决均衡器和硬判决均衡器而言提高数据传输质量，由于该区别特征也未被对比文件 1 披露，且也非本领域公知常识，因此，所撰写的独立权利要求 1 和 5 相对于现有技术具备创造性。

基于类似的理由，所撰写的独立权利要求 3 相对于现有技术也具备新颖性和创造性。

（5）所撰写的独立权利要求应当满足单一性的要求。

在本案例中，由于在两个方面的改进中，涉及对判决值校正的改进相对于现有技术而言不具备创造性，因此仅围绕涉及双均衡器中的选择器的改进来撰写独立权利要求，即上述独立权利要求 1、3 和 5，也就不存在单一性问题。

五、撰写从属权利要求

为了增加专利申请取得专利权的可能性和批准专利后更有利于维护专利权，应当撰写合理数量的从属权利要求，尤其要将技术交底书中对创造性起作用的那些技术特征写成相应的从属权利要求。

下面结合本案例，具体说明如何撰写合理数量的从属权利要求，以帮助读者更好地理解和把握撰写从属权利要求的总体思路以及如何满足从属权利要求撰写的实质性和形式方面的要求。

首先，撰写的产品从属权利要求的主题名称仍应当为无线通信接收机、无线通信接收机中的双均衡器，所撰写的方法从属权利要求的主题名称仍应为无线通信接收方法，与独立权利要求的主题名称一致。在这些从属权利要求的引用部分先写明其引用的权利要求的编号，在此后写明主题名称"无线通信接收机""无线通信接收机中的均衡器"或"无线通信接收方法"，然后在该从属权利要求的限定部分写明对该申请作出进一步限定的附加技术特征，这样撰写的从属权利要求符合《专利法实施细则》第22条第1款有关从属权利要求撰写的格式规定。

在前面理解该申请要求保护主题的实质内容时所列出的技术特征中，共有两个方面的技术特征（技术特征⑨和⑩、技术特征⑳和㉑，或技术特征㉘和㉙）未写入独立权利要求中，现对这些技术特征进行分析，确定是否将其作为从属权利要求的附加技术特征，以完成从属权利要求的撰写。

由于针对信号调整进一步限定的技术特征（技术特征⑨和⑩、技术特征⑳和㉑，或技术特征㉘和㉙）也能起到增强数据传输质量的作用，因此可以针对这些技术特征来撰写从属权利要求。考虑到这种限定对于产品权利要求1、5和方法权利要求3适用，因此在其引用部分写明权利要求1、3和5的编号，成为从属权利要求2、4和6。

最后完成的从属权利要求如下：

2. 如权利要求1所述的无线通信接收机，其特征在于，所述无线通信接收机还包括：

噪声功率估计器，用于接收所述数字基带信号，利用所述数字基带信号来估计噪声平均功率，并且输出噪声平均功率值到校正器；以及

校正器，用于利用该噪声功率估计值来调整软判决均衡器输出的软判决值的大小，并且将调整后的软判决值输入到选择器。

4. 如权利要求3所述的无线通信接收方法，其特征在于，所述无线通信接

收方法还包括：

接收所述数字基带信号，利用所述数字基带信号来估计噪声平均功率，并且输出噪声平均功率值；以及

在选择最佳值之前，利用该噪声功率估计值来调整软判决后输出的软判决值的大小。

6. 如权利要求5所述无线通信接收机中的双均衡器，其特征在于，所述双均衡器还包括：

噪声功率估计器，用于接收所述数字基带信号，利用所述数字基带信号来估计噪声平均功率，并且输出噪声平均功率值到校正器；以及

校正器，用于利用该噪声功率估计值来调整软判决均衡器输出的软判决值的大小，并且将调整后的软判决值输入到选择器。

第三节 说明书及其摘要的撰写

现针对说明书的各个组成部分具体说明其撰写要求和撰写思路。对于本案，客户拟同时提交发明专利申请和实用新型专利申请，下面将说明两种不同类型专利申请的说明书各个组成部分的撰写。

1. 发明或实用新型的名称

发明或者实用新型的名称应当清楚、简要、全面地反映发明或实用新型要求保护的技术方案的主题名称以及发明的类型，使发明或实用新型名称所描述的技术主题与技术方案相对应。当权利要求书中有多项独立权利要求，且它们所请求保护的技术方案的主题名称不一样，则发明的名称应当反映这些独立权利要求技术方案的主题名称和发明的类型。就本案例来说，对于发明专利申请，由于涉及三组独立权利要求，因而将这三组独立权利要求所涉及的主题名称作为发明名称，即"无线通信接收机、接收方法及双均衡器"。而对于实用新型专利申请，由于不能保护方法权利要求，名称相应地改为"无线通信接收机及双均衡器"。

2. 发明或者实用新型的技术领域

发明或者实用新型的技术领域是指要求保护的技术方案所属或者直接应用的具体技术领域，既不是发明或实用新型所属或者应用的广义或上位技术领域，也不是其相邻技术领域，更不是发明或者实用新型本身，该技术领域往往与发明在国际专利分类表中可能分入的最低位置有关。这部分常用的格式语句是：

"本申请（或本实用新型）涉及一种……特别是涉及一种……"或"本申请（或本实用新型）属于……特别是属于一种……"

对于本案例来说，由于该申请直接应用的具体技术领域是无线通信接收机，因此，对于发明专利申请，该申请的技术领域部分可以撰写为：本发明涉及无线通信领域，特别是涉及一种无线通信接收机、无线通信接收方法，以及无线通信接收机中的均衡器。对于实用新型专利申请，该申请的技术领域部分可以撰写为：本发明涉及无线通信领域，特别是涉及一种无线通信接收机以及无线通信接收机中的均衡器。

3. 发明或者实用新型的背景技术

对于本案例来说，通过对现有技术的检索和分析，一共找到了两份相关的现有技术，分别针对方案 1 和 2。其中对比文件 2 是该申请最接近的现有技术，因此在背景技术部分应当对该对比文件 2 的有关内容加以说明。由于该现有技术比较简单，因此，可以只对该份最接近的现有技术对比文件做简要说明，给出其出处，并对其主要结构以及客观存在的主要问题进行描述。

4. 发明或者实用新型的内容

说明书这一部分应当写明发明或者实用新型所要解决的技术问题、解决其技术问题采用的技术方案，以及发明或者实用新型相对于现有技术所带来的有益效果，这一部分的描述应当与权利要求要求保护的技术方案相适应。

（1）要解决的技术问题

发明或者实用新型所要解决的技术问题，是指发明或者实用新型要解决的现有技术中存在的技术问题。通常针对最接近的现有技术中存在的技术问题并结合所取得的效果提出。这一部分应当采用正面、尽可能简洁的语言客观而有根据地反映发明或者实用新型要解决的技术问题。

按照撰写权利要求时的分析，本案例相对于最接近的现有技术来说，具有相对于单独使用非最大似然软判决均衡器和最大似然硬判决均衡器能够提高数据传输质量的效果。因此，撰写时应当直接、清楚地写明"本发明要解决的技术问题是在于如何在无线通信接收机中提供一种比单独使用非最大似然软判决均衡器或最大似然硬判决均衡器能够获得更好的数据传输质量的方案"，而不应当将其仅写成"如何提供一种无线通信接收方案"。

（2）技术方案

在撰写这一部分时，应当注意层次结构，一般情况下，首先应当写明独立权利要求的技术方案，用语应当与独立权利要求的用语相应或者相同，以发明或者实用新型必要技术特征总和的形式阐明其实质，必要时，说明必要技术特征总和与发明或者实用新型的技术效果之间的关系。然后，另起一段通过对该发明或者实用新型的附加技术特征的描述，反映对其作进一步改进的重要从属权利要求的技术方案。

对于本案例来说，应当先用一个自然段描述独立权利要求的技术方案。然后，另起一段对重要的从属权利要求的附加技术特征（如选择器的具体结构等）加以说明。

（3）有益效果

有益效果是确定发明是否具有"显著的进步"、实用新型是否具有"进步"的重要依据。技术效果与发明或实用新型要解决的技术问题及所采用的技术方案之间具有逻辑对应关系，通过全面、详细、客观地论述该发明或实用新型技术方案的技术特征所带来的有益效果，有助于人们对发明或实用新型的理解，并对要求保护的发明或实用新型起到进一步解释的作用。

在说明有益效果时，不得仅给出断言，应当通过与现有技术进行比较分析的方式说明有益效果。通常可以采用以下方式：分别从独立权利要求的区别特征以及从属权利要求的附加技术特征出发说明所产生的技术效果，这种方式在机械领域和电学领域采用得比较多。

考虑到利于后续修改和对保护的发明或实用新型的解释，在撰写这部分内容时，除了对独立权利要求的技术方案的技术效果进行分析外，还应对重要从属权利要求的技术方案的有益效果加以分析。对于那些不能通过技术方案直接推断出的技术效果，由于不允许在申请日后再补入说明书中，而只能提供审查员作为参考，从而可能造成客户的利益损失，因此，在说明书撰写时，应对这些技术效果进行充分的说明。

在具体描述有益效果时，可以在介绍完所有技术方案后，通过独立的段落分析独立权利要求和从属权利要求技术方案的有益效果。当然，也可以直接将有益效果写在相应技术方案的后面。

对于本案例来说，通过分析独立权利要求与现有技术的区别特征得出其有益效果是：由于软判决值采用非最大似然估计得到，其可靠性不如采用最大似然估计算法的硬判决值，因此，可以利用硬判决值来判断软判决值是否出错，当出错时使用更可靠的硬判决值，使得最终输出的结果尽可能可靠、准确，因此，确保了能够始终得到最佳的传输质量。同时，在描述重要的从属权利要求时，进一步给出了其相应的有益效果，例如，针对从属权利要求的附加技术特征"噪声功率估计器，用于估计数字接收信号中包含的噪声功率；以及校正器，用于利用该噪声功率估计值来调整软判决均衡器输出的软判决值的大小，并且将调整后的软判决值输入到选择器"的有益效果是即使在接收信号中包含的噪声的功率变动的情况下，也能够校正该噪声功率的变动。

5. 附图说明

这部分通常以下述格式句开始："下面结合附图对本发明（或实用新型）的具体实施方式作进一步详细的说明。"在这之后再集中给出各幅附图的图名。

对本案例来说，该专利申请的说明书附图说明应当对使用的各幅附图作出说明。

6. 具体实施方式

实现发明或者实用新型的优选具体实施方式是说明书的重要组成部分，它对于充分公开、理解和实现发明或者实用新型，支持和解释权利要求都极为重要。因此，说明书应当详细描述实现发明或实用新型的优选具体实施方式，必要时应当举例加以说明，有附图的，应当对照附图进行说明。

在这部分至少应当对一个优选的具体实施方式给予足够详细的描述，使所属技术领域的技术人员根据说明书中对该实施方式具体描述的内容就能够实现该发明或实用新型，而不必再做创造性活动或过多的实验。

在撰写具体实施方式时，应当注意描述的逻辑性和条理性，注意前后承接关系，避免出现前后不一致、逻辑不清等情况，以避免造成说明书不能充分公开的缺陷。

尽管《专利审查指南2010》第二部分第二章第3.2.1节指出，在判断权利要求书是否得到说明书的支持时，应当考虑说明书的全部内容，而不是仅限于具体实施方式部分的内容。但从说明书的撰写来看，为支持权利要求，尤其是当采用概括方式表述技术特征的权利要求具有一个较宽的保护范围时，应当在具体实施方式部分给出足够多的实施方式，以与权利要求的保护范围相适应。对于在这一部分描述多个实施方式的情况，如果这些实施方式之间有较大的区别，或者这些实施方式的结构都比较简单，通常可针对这些实施方式分别作出详细描述。如果其中一部分实施方式之间差别不大，则可以只针对其中一种实施方式进行详细的描述，而对另一些实施方式，只重点说明其与这种实施方式的不同之处，对于相同部分可以采用"其他部分与前一种实施方式相同"等类似的语言作简单说明。

下面针对权利要求书中出现概括技术特征的几种主要情况，具体说明如何使说明书所公开的内容满足对权利要求的支持。

本案例发明点在于同时使用软判决值均衡器、硬判决值均衡器以及选择器，其中，使用的两种均衡器为常用的均衡器，而选择器的结构则是由客户提出，因此，为了充分公开体现该发明的技术方案，应当对选择器的具体结构进行详细的说明，与所使用的两种均衡器和选择器连接的接收机的其他部件并不是发明的改进点，不需要对其结构作详细说明。鉴于本案例中各个实施方式的结构比较简单，只需要用文字准确地描述各个实施方式的具体结构，不会造成说明书未充分公开发明以致本领域技术人员无法实现的情况。

可以针对选择器的实施方式作出详细描述。此外，对于某个实施方式的某些相关特征也适用于其他实施方式的，最好也在说明书中给予明确的表示，如在对第二种实施方式进行描述时，明确说明"对与前述图 2 同样的结构附以同一标号并省略其说明"。此外，在具体实施方式中，最好针对与独立权利要求的区别特征和从属权利要求中的附加技术特征所带来的有益效果进行具体说明。

7. 说明书附图

附图的作用在于用图形补充说明书文字部分的描述，使人能够直观、形象化地理解发明或者实用新型的每个技术特征和整体技术方案。

对于说明书附图的绘制，应当满足以下要求：

（1）说明书有几幅附图时，按照"图 1、图 2"的顺序排列；

（2）在同一实施方式的各幅图中，同一组成部分的附图标记应当一致，相同的附图标记应当表示同一组成部分，说明书中未提及的附图标记不得在附图中出现，附图中未出现的附图标记也不得在说明书文字部分中提及；

（3）附图中除了必需的词语（如流程图）外，不应当含有其他注释。

在本案例中，需要描述接收机的整体结构、其中的双均衡器的两种结构，以及利用噪声功率来校正结果的附图，因此该发明说明书中共有四幅附图。

8. 说明书摘要

对于本案例无线通信接收装置，说明书摘要应当重点写明发明名称"无线通信接收机、接收方法及双均衡器"和独立权利要求技术方案的要点"选择器，接收硬判决均衡器和软判决均衡器输出的硬判决值和软判决值，从中选择利于数据传输质量的最佳值，并且输出到纠错器"。鉴于独立权利要求比较简单，因而也可以简要地写入整个独立权利要求的技术方案。由于所写的内容已接近三百个字，不再写入从属权利要求的附加技术特征。此外，摘要中还应反映其要解决的技术问题和主要用途。最后，从附图中选择一幅最能反映该发明内容的说明书图 2 作为摘要附图。

在整个说明书的撰写过程中，要注意说明书的各组成部分内容之间、说明书和权利要求书之间的逻辑对应关系，确保说明书的条理、清晰、结构合理，并且与权利要求书相适应。

第四节 发明专利申请文件的参考文本

按照上述分析，完成权利要求书和说明书及其摘要的撰写。下面给出最后完成的发明专利申请的权利要求书和说明书及其摘要参考文本。如果是实用新型专利，则需要删除权利要求书中方法权利要求的内容（权利要求3~4）和说明书相应的部分，其他部分可以不变。最终确定的文本应是客户审核通过的文本。

权利要求书

1. 一种无线通信接收机，包括：天线，用于接收射频无线信号；下变频器，用于将射频无线信号变换成模拟基带信号；A/D变换器，用于将模拟基带信号变换为数字基带信号；双均衡器，对数字基带信号进行均衡，并输出均衡值；以及纠错器，对从双均衡器输出的均衡值进行纠错；其特征在于，

所述双均衡器包括：

软判决均衡器，采用非最大似然估计算法来对数字基带信号进行软判决，并且输出软判决值；

硬判决均衡器，采用最大似然估计算法来对数字基带信号进行硬判决，并且输出硬判决值；

选择器，接收硬判决均衡器和软判决均衡器输出的硬判决值和软判决值，从中选择利于数据传输质量的最佳值作为双均衡器输出的均衡值；

所述选择器还包括：

软判决值变换器，将软判决均衡器输出的软判决值变换为第一硬判决值；

比较器，将第一硬判决值与硬判决均衡器输出的硬判决值进行比较；以及

判决器，当比较结果为一致时，选择软判决值作为最佳值输出，否则，选择硬判决值作为最佳值输出。

2. 如权利要求1所述的无线通信接收机，其特征在于，所述无线通信接收机还包括：

噪声功率估计器，用于接收所述数字基带信号，利用所述数字基带信号来估计噪声平均功率，并且输出噪声平均功率值到校正器；以及

校正器，用于利用该噪声功率估计值来调整软判决均衡器输出的软判决值的大小，并且将调整后的软判决值输入到选择器。

3. 一种无线通信接收方法，包括：接收射频无线信号；射频无线信号变换成模拟基带信号；将模拟基带信号变换为数字基带信号；对数字基带信号进行均衡，并输出均衡值；以及对输出的均衡值进行纠错；其特征在于，

所述对数字基带信号进行均衡并输出均衡值的步骤包括：

采用非最大似然估计算法来对数字基带信号进行软判决，并且输出软判决值；

采用最大似然估计算法来对数字基带信号进行硬判决，并且输出硬判决值；

接收输出的硬判决值和软判决值，从中选择利于数据传输质量的最佳值作为输出的均衡值；

所述选择利于数据传输质量的最佳值作为输出的均衡值的步骤还包括：

将所述输出的软判决值变换为第一硬判决值；

将所述第一硬判决值与所述输出的硬判决值进行比较；以及

当比较结果为一致时，选择软判决值作为最佳值输出，否则，选择硬判决值作为最佳值输出。

4. 如权利要求3所述的无线通信接收方法，其特征在于，所述无线通信接收方法还包括：

接收所述数字基带信号，利用所述数字基带信号来估计噪声平均功率，并且输出噪声平均功率值；以及

在选择最佳值之前，利用该噪声功率估计值来调整软判决后输出的软判决值的大小。

5. 一种无线通信接收机中的双均衡器，接收由射频无线信号转换来的数字基带信号，其特征在于，所述双均衡器包括：

软判决均衡器，采用非最大似然估计算法来对数字基带信号进行软判决，并且输出软判决值；

硬判决均衡器，采用最大似然估计算法来对数字基带信号进行硬判决，并且输出硬判决值；

选择器，接收硬判决均衡器和软判决均衡器输出的硬判决值和软判决值，从中选择利于数据传输质量的最佳值作为均衡模块输出的均衡值；

所述选择器还包括：

软判决值变换器，将软判决均衡器输出的软判决值变换为第一硬判决值；

比较器，将第一硬判决值与硬判决均衡器输出的硬判决值进行比较；以及

判决器，当比较结果为一致时，选择软判决值作为最佳值输出，否则，选择硬判决值作为最佳值输出。

6. 如权利要求5所述无线通信接收机中的双均衡器，其特征在于，所述双均衡器还包括：

噪声功率估计器，用于接收所述数字基带信号，利用所述数字基带信号来估计噪声平均功率，并且输出噪声平均功率值到校正器；以及

校正器，用于利用该噪声功率估计值来调整软判决均衡器输出的软判决值的大小，并且将调整后的软判决值输入到选择器。

说　明　书

无线通信接收机、接收方法及双均衡器

技术领域

本发明涉及无线通信领域，特别是涉及一种通过选择作为接收信号判决结果的软判决值和硬判决值来提高通信质量的无线通信接收机、无线通信接收方法，以及无线通信接收机中的均衡器。

背景技术

在现实生活中，当人们乘车或行走时，常常需要拨打或接听电话，在通话过程中，当从开阔区域进入高楼密集的商务区域时，容易出现通话质量下降甚至是掉话的情况，这是因为商务区域中存在诸如高楼等的各种障碍物，接收信号中存在经障碍物反射、散射等而到达的信号，这些信号构成了干扰，影响了通话的质量。在无线通信环境中，理想情况下，信号从发送机直接到达接收机，但是，实际中，信号在空间中传播时往往还受到各种障碍物的反射、散射等影响，因此，接收机接收到的信号除了从发送机直接传播过来的信号之外，还包括经由各种障碍物的反射、散射等而传播过来的信号，最终接收的信号为这些信号的叠加。因此，直接传播路径上的码元受到其他传播路径上的码元的干扰，造成码间干扰。通常利用均衡器来消除这样的码间干扰，从而抵消多条路径传播的影响。

均衡器的目的在于从接收机处的叠加信号中估计出直接传播路径上的信号，采用的原理为产生与多径信道相反的特性，由此抵消多径信道的影响，使得输出的信号为直接传播路径上的信号。均衡器的输出分为硬判决值和软判决值两种。硬判决值为发送信号的判决结果，例如，在发送"1"或"－1"的情况下，输出的信号原值大于0时得到的硬判决值为1，小于0时得到的硬判决值为－1，而软判决值为直接输出的信号原值，例如，当直接输出的信号原值为0.4时，得到的软判决值为"0.4"。

在现有技术中常见的均衡方式要么采用软判决均衡器，要么采用硬判决均衡器，相应的输出为软判决值或/和硬判决值。例如，现有技术文献（公开号：×××××）公开了一种接收机结构，其通过一个软判决均衡器同时获得软判决值和硬判决值，其中，硬判决值为将软判决值进行判决值转换后获得的值。无论是软判决均衡器，还是硬判决均衡器，均采用估计算法实现，常见的算法分为最大似然估计算法和非最大似然估计算法，由于利用最大似然估计算法实

现软判决均衡器复杂度非常高，因此，软判决均衡器都是采用非最大似然估计算法来实现，而硬判决均衡器则可以采用最大似然估计算法来实现。

首先，由于接收信号中同时还存在噪声，噪声会影响均衡器的输出结果的准确性，进而影响数据传输质量。其次，针对存在纠错器的情形，当采用非最大似然软判决均衡器时，由于没有采用最大似然估计算法，在数据传输质量上与理想的最大似然软判决方法之间存在一定的差距；当采用最大似然硬判决均衡器时，由于提供的仅为硬判决值，在判决精度上与非最大似然软判决均衡器之间存在一定的差距。

发明内容

本发明要解决的技术问题在于如何在无线通信接收机中提供比单独使用非最大似然软判决均衡器或最大似然硬判决均衡器能够获得更好的数据传输质量的方案。

为解决上述问题，本发明提供了一种无线通信接收机，包括：天线，用于接收射频无线信号；下变频器，用于将射频无线信号变换成模拟基带信号；A/D 变换器，用于将模拟基带信号变换为数字基带信号；双均衡器，对数字基带信号进行均衡，并输出均衡值；以及纠错器，对从双均衡器输出的均衡值进行纠错；其特征在于，所述双均衡器包括：软判决均衡器，采用非最大似然估计算法来对数字基带信号进行软判决，并且输出软判决值；硬判决均衡器，采用最大似然估计算法来对数字基带信号进行硬判决，并且输出硬判决值；选择器，接收硬判决均衡器和软判决均衡器输出的硬判决值和软判决值，从中选择利于数据传输质量的最佳值作为双均衡器输出的均衡值。所述选择器还包括：软判决值变换器，将软判决均衡器输出的软判决值变换为第一硬判决值；比较器，将第一硬判决值与硬判决均衡器输出的硬判决值进行比较；以及判决器，当比较结果为一致时，选择软判决值作为输出，否则，选择硬判决值作为输出。

作为本发明的又一改进，所述无线通信接收机还包括：噪声功率估计器，用于接收所述数字基带信号，利用所述数字基带信号来估计噪声平均功率，并且输出噪声平均功率值到校正器；以及校正器，用于利用该噪声功率估计值来调整软判决均衡器输出的软判决值的大小，并且将调整后的软判决值输入到选择器。

在噪声较大时，将输出的软判决值变小，使得输出的软判决值更加接近信号原值，由此对均衡器的输出结果进行校正，实现了提高数据传输的质量的效果。

本发明还提供了一种无线通信接收方法，包括：接收射频无线信号；射频无线信号变换成模拟基带信号；将模拟基带信号变换为数字基带信号；对数字基带信号进行均衡，并输出均衡值；以及对输出的均衡值进行纠错；其特征在于，所述对数字基带信号进行均衡并输出均衡值的步骤包括：采用非最大似然估计算法来对数字基带信号进行软判决，并且输出软判决值；采用最大似然估计算法来对数字基带信号进行硬判决，并且输出硬判决值；接收输出的硬判决值和软判决值，从中选择利于数据传输质量的最佳值作为输出的均衡值。所述选择利于数据传输质量的最佳值作为输出的均衡值还包括：将所述输出的软判决值变换为第一硬判决值；将所述第一硬判决值与所述输出的硬判决值进行比较；以及当比较结果为一致时，选择软判决值作为最佳值输出，否则，选择硬判决值作为最佳值输出。

作为本发明的又一改进，所述无线通信接收方法还包括：接收所述数字基带信号，利用所述数字基带信号来估计噪声平均功率，并且输出噪声平均功率值；以及在选择最佳值之前，利用该噪声功率估计值来调整软判决后输出的软判决值的大小。

本发明还提供了一种无线通信接收机中的双均衡器，接收由射频无线信号转换来的数字基带信号，其特征在于，所述双均衡器包括：软判决均衡器，采用非最大似然估计算法来对数字基带信号进行软判决，并且输出软判决值；硬判决均衡器，采用最大似然估计算法来对数字基带信号进行硬判决，并且输出硬判决值；选择器，接收硬判决均衡器和软判决均衡器输出的硬判决值和软判决值，从中选择利于数据传输质量的最佳值作为均衡模块输出的均衡值。所述选择器还包括：软判决值变换器，将软判决均衡器输出的软判决值变换为第一硬判决值；比较器，将第一硬判决值与硬判决均衡器输出的硬判决值进行比较；以及判决器，当比较结果为一致时，选择软判决值作为输出，否则，选择硬判决值作为输出。

作为本发明的又一改进，所述无线通信接收机中的双均衡器，还包括：噪声功率估计器，用于接收所述数字基带信号，利用所述数字基带信号来估计噪声平均功率，并且输出噪声平均功率值到校正器；以及校正器，用于利用该噪声功率估计值来调整软判决均衡器输出的软判决值的大小，并且将调整后的软判决值输入到选择器。

由于最大似然硬判决值相对于非最大似然软判决值更可靠，选择器能够通过比较软判决值和硬判决值来确定当前软判决值是否可靠，如果是，则表明软判决值更佳，此时应当使用软判决值，反之，表示软判决值错误，应当使用硬判决值，由此输出给纠错器的判决值总是在可靠的前提下尽可能精确，从而提高了数据传输质量。所述无线通信接收机比单独使用非最大似然软判决均衡器或最大似然硬判决均衡器能够获得更好的数据传输质量。

附图说明

下面结合附图对本发明的具体实施方式作进一步详细的说明，其中：

图 1 是本发明的无线通信接收机的结构图。

图 2 是双均衡器模块的结构示意图。

图 3 是双均衡器中的选择器的结构示意图。

图 4 是本发明的另一双均衡器的结构图。

具体实施方式

图 1 是本发明的无线通信接收机的结构图，其中，无线通信接收机包括：天线，用于接收射频无线信号；下变频器，用于将射频无线信号变换成模拟基带信号；A/D 变换器，用于将模拟基带信号变换为数字基带信号；双均衡器，对数字基带信号进行均衡，并输出均衡值；以及纠错器，对从双均衡器输出的均衡值进行纠错。

图 2 是双均衡器的结构示意图，其中包括非最大似然软判决均衡器和最大似然硬判决均衡器，分别输出非最大似然估计算法得到的软判决值和最大似然估计算法得到的硬判决值，接着，利用选择器来选择软判决值和硬判决值中的更可靠并且精确的一个值，作为最终的判决值。

由于最大似然硬判决值相对于非最大似然软判决值更可靠，选择器能够通过比较软判决值和硬判决值来确定当前软判决值是否可靠，如果是，则表明软判决值更佳，此时应当使用软判决值，反之，表示软判决值错误，应当使用硬判决值，由此输出给纠错器的判决值总是在可靠的前提下尽可能精确，从而提高了数据传输质量。

选择器的结构如图 3 所示，该选择器包括：软判决值变换器，将软判决均衡器输出的软判决值变换为第一硬判决值；比较器，将第一硬判决值与硬判决均衡器输出的硬判决值进行比较；以及判决器，当比较结果为一致时，选择软判决值作为输出，否则，选择硬判决值作为输出。

由于当软判决值正确时，其只是比硬判决值更加精确，所以，硬变换后得到的值应当与硬判决值相同，基于此，来将两者予以比较，进而确定是使用软判决值还是使用硬判决值，从而提供最佳的判决值给纠错器。

图 4 是本发明的另一双均衡器的结构图。对与前述图 2 同样的结构附以同一标号并省略其说明。相比于图 2 中的双均衡器，图 4 的双均衡器添加了软判决值调整功能，按照噪声功率大小来调整输出的软判决值大小，从而减轻噪声

对判决结果的影响。实现软判决值调整功能的器件包括噪声功率估计器和校正器。其中，噪声功率估计器，用于接收数字基带信号，利用该数字基带信号来估计噪声平均功率，并且输出噪声平均功率值到校正器；校正器，利用噪声平均功率值作为比例因子来调整从软判决均衡器输出的软判决值，并且输出经调整的软判决值值到选择器。

在噪声较大时，将输出的软判决值变小，使得输出的软判决值更加接近信号原值，由此对均衡器的输出结果进行校正，实现了提高数据传输的质量的效果。对于图4中的选择器的结构，可以采用图3描述的具体电路实现方式，在此不再赘述。

本发明还提供了一种无线通信接收方法，包括：接收射频无线信号；射频无线信号变换成模拟基带信号；将模拟基带信号变换为数字基带信号；对数字基带信号进行均衡，并输出均衡值；以及对输出的均衡值进行纠错。所述对数字基带信号进行均衡并输出均衡值的步骤包括：采用非最大似然估计来对数字基带信号进行软判决，并且输出软判决值；采用最大似然估计来对数字基带信号进行硬判决，并且输出硬判决值；接收输出的硬判决值和软判决值，从中选择利于数据传输质量的最佳值作为输出的均衡值。所述选择利于数据传输质量的最佳值作为输出的均衡值的步骤还包括：将所述输出的软判决值变换为第一硬判决值；将所述第一硬判决值与所述输出的硬判决值进行比较；以及当比较结果为一致时，选择软判决值作为最佳值输出，否则，选择硬判决值作为最佳值输出。

可选地，本发明的无线通信接收方法还包括：接收所述数字基带信号，利用所述数字基带信号来估计噪声平均功率，并且输出噪声平均功率值；以及在选择最佳值之前，利用该噪声功率估计值来调整软判决后输出的软判决值的大小。

上面结合附图对本发明的实施方式作了详细说明，但是本发明并不限于上述实施方式，在本领域普通技术人员所具备的知识范围内，还可以对其作出种种变化。例如，在上述实施方式中，双均衡器内的各个模块可以形成在同一硬件上，显然，也可以分布于具有相应功能的不同硬件上。

说明书附图

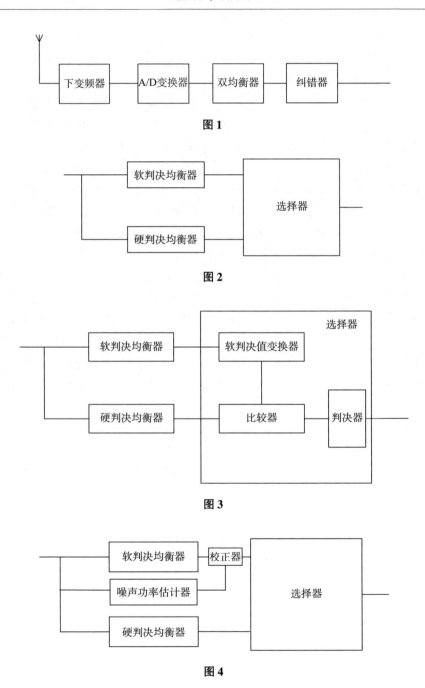

图 1

图 2

图 3

图 4

说明书摘要

本发明公开了一种无线通信接收机、接收方法和双均衡器。无线通信接收机包括双均衡器，其中，双均衡器包括：软判决均衡器，采用非最大似然估计算法来对数字基带信号进行软判决，并且输出软判决值；硬判决均衡器，采用最大似然估计算法来对数字基带信号进行硬判决，并且输出硬判决值；选择器，接收硬判决均衡器和软判决均衡器输出的硬判决值和软判决值，从中选择利于数据传输质量的最佳值，并且输出到纠错器。采用这种结构的无线通信接收机，输入到纠错器的判决值为可靠的情况下尽可能精确的值，因此，相对于单独使用最大似然硬判决均衡器和非最大似然软判决均衡器而言，能够提高数据传输质量。

摘 要 附 图

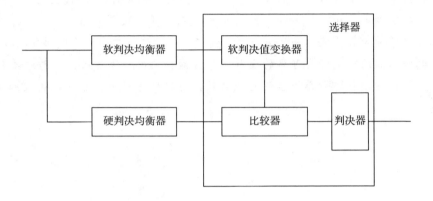

第七章

案例Ⅶ：传输随机接入响应消息的
方法、基站及用户设备

与标准有关的专利在通信和计算机领域有举足轻重的作用。本案例属于标准提案类专利申请文件的撰写示例，设置本案例的目的在于，专利代理人在面对涉及标准相关专利的撰写时，知晓如何逐步引导客户完善、充实技术方案以及如何撰写标准提案类专利申请文件。

第一节　标准相关专利申请文件的撰写特点

一、技术术语的使用

通信标准协议类的申请在撰写时应使用和标准相同的技术术语，不应使用非常规的或自定义的术语，以减少将来向被许可人解释权利要求的必要性。

通信标准协议类的技术交底书的理论性较强。然而，客户作为相关领域的专业人员提交的技术交底书普遍较为简练，缺少对技术术语、公式等专业知识的必要说明，此时需要引导客户补充相关技术内容的描述，以便能够清楚、完整地表达申请的技术方案。

二、技术交底书的完善

技术交底书中的技术方案内容往往不够丰富。由于与通信标准协议相关的专利申请需要在标准协议草案提交之前完成申请，在有限的时间内客户所提供的技术交底书的内容往往比较简略，很难撰写出保护范围比较适当的权利要求，难以最大限度地保护客户的利益。此外，标准提案因融合、妥协发生的修改将导致专利的内容不足以支撑覆盖到标准中新修改的方案。因此，专利代理人在阅读这类技术交底书时，需要尽可能准确、全面地确定出技术交底书中存在的问题和需要补充的内容，通过有限次的书面沟通来补充和完善技术交底书，让客户多提供几种不同的实施方式，尽可能地覆盖标准现在和将来可能的版本，为专利申请文件的撰写以及日后的修改做好充分准备。

三、权利要求的布局

标准相关专利一般都具有潜在的高价值，在撰写标准相关专利的权利要求时，应该全方位、多层次进行布局，为保证专利授权及专利权有效设置关键防御要塞。在阅读技术交底书时，就应该思考能够从哪几方面来保护技术方案，例如，至少可以拟定几组权利要求，以及每组权利要求中独立权利要求和从属权利要求的层次如何规划等。

第二节 客户提供的技术交底书

对于本案例客户拟申请发明专利，其技术方案涉及对现有 3GPP 标准的改进，属于标准提案类申请。客户提供的技术交底书中对发明涉及的技术内容作了如下介绍。

一、相关背景技术

在无线通信系统中，终端需要和网络建立连接，这一过程通常被称为随机接入过程。在 LTE 系统中，以下几种情况通常需要进行随机接入过程：终端初始接入建立无线链接［从 RRC 空闲态（RRC_IDLE）转为连接态（RRC_CON-NECTED）］；在无线链接中断后重新建立链接；在切换时终端需要和目标小区建立上行同步；在终端处于连接态且终端上行不同步时，当上行或者下行数据到达时建立上行同步；在使用基于上行测量进行用户定位时；在物理层上行控制信道（PUCCH）上没有分配专门的调度请求资源时，进行调度请求。

在 LTE 中随机接入过程有竞争和非竞争之分。基于竞争的随机接入过程通常由以下步骤组成：用户设备（UE）在随机接入前导序列集合中随机选取一个随机接入前导序列，并在基站（eNodeB，eNB）预先指定的物理层随机接入信道（PRACH）上发送选择的随机接入前导序列；UE 在物理层下行共享信道（PDSCH）上接收来自基站下发的随机接入响应（RAR）消息；UE 需要根据 RAR 消息中包含的临时小区无线网络临时标识（C – RNTI），在 RAR 消息中指定的物理层上行共享信道（PUSCH）上向 eNB 传送包括 UE 在本小区中的标识的随机接入过程消息，以用于竞争解决；并且 UE 需要接收来自 eNB 发送的竞争解决消息，从而完成随机接入过程。

对于非竞争的随机接入过程，UE 使用基站预先指定的随机接入资源上发送基站预先指定的随机接入前导序列；UE 根据是否接收到与自己所发送的前导序列相对应的 RAR 消息来判断随机接入成功与否。

蜂窝通信系统第三代合作伙伴计划（3rd Generation Partnership Project，3GPP）提出了四种协作多点传输（Coordinated Multi – Point Transmission，CoMP）场景，其中一种场景是在一个包括宏站（Macro Site）和射频拉远单元（Radio Remote Head，RRH）的宏站区域内，每个传输点都共享同一小区标识（ID），该架构也被称为分布式天线系统（Distributed Antenna System，DAS）。

在该 DAS 系统中，在一个小区范围内，eNB 针对在相同物理层随机接入信道 PRACH 时频资源上检测到的同一个物理层随机接入信道 PRACH 前导序列的标识只会反馈一个 RAR。因此，当用户设备的数量增加时，不同用户设备选择到相同的随机接入前导序列的概率增加，导致传输 RAR 时的冲突概率增加，从而降低了随机接入的成功率。

二、该申请的技术方案

为解决上述技术问题，本申请提出一种传输随机接入响应消息的方法。

图 7 – 1 示出了根据本申请实施例的传输随机接入响应消息的方法 100 的示意性流程图。如图 7 – 1 所示，该方法 100 包括：

S110，接收用户设备通过随机接入信道发送的随机接入前导；

S120，根据该随机接入前导，确定该用户设备属于随机接入区域中心组或随机接入区域边缘组；

S130，在确定该用户设备属于该随机接入区域中心组时，确定该用户设备所属的随机接入区域 RAA；

S140，基于该随机接入前导、该随机接入信道的信道资源信息以及该 RAA，向该用户设备发送第一随机接入响应消息。

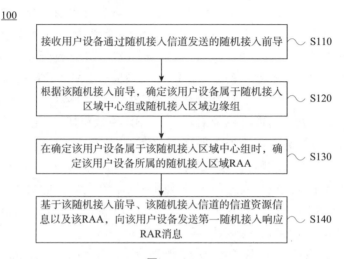

图 7 – 1

基站在接收用户设备通过随机接入信道发送的随机接入前导后，可以根据该随机接入前导，确定该用户设备属于随机接入区域中心组或随机接入区域边缘组；在确定该用户设备属于该随机接入区域中心组时，基站确定该用户设备所属的随机接入区域 RAA，并可以基于该随机接入前导、该随机接入信道的信道资源信息以及该 RAA，向该用户设备发送第一随机接入响应消息。

因此，本申请实施例的传输随机接入响应消息的方法，通过基于随机接入前导和 RAA 传输 RAR 消息，使得对于不同的随机接入区域中基于相同的随机接入前导的随机接入请求，可以传输不同的 RAR 消息，从而能够降低传输 RAR 时的冲突概率，增加随机接入的成功率。

另一方面，本申请的传输随机接入响应消息的方法，能够避免由于增加小区中随机接入前导的数量，而导致基站的检测复杂度增加，以及随机接入响应时间的增加，从而能够增加小区间分配随机接入前导的灵活性，并加快随机接入的响应时间，增加用户体验。

在 S110 中，基站接收用户设备通过随机接入信道发送的随机接入前导（Random Access Preamble，RAP）。该随机接入信道可以包括物理层随机接入信道 PRACH 信道等，该随机接入前导可以包括 LTE 系统中的随机接入信道（RACH）前导序列等。例如，基站接收用户设备通过物理层随机接入信道

PRACH 信道发送的随机接入信道前导序列。

应理解用户设备通过向基站发送随机接入前导，以请求随机接入。还应理解，属于一个随机接入区域的多个用户设备可以重用随机接入信道的时频码资源，用于随机接入前导的发送，即一个随机接入信道可以承载一个随机接入区域的多个用户设备发送的随机接入前导。

在 S120 中，基站根据该随机接入前导，确定该用户设备属于随机接入区域中心组或随机接入区域边缘组。一个小区中所有可用的随机接入前导可以分为两组，分别供随机接入区域中心组和随机接入区域边缘组的用户设备使用。因此，基站可以根据接收到的随机接入前导，或根据随机接入前导的标识，确定发送该随机接入前导的用户设备属于随机接入区域中心组或随机接入区域边缘组。

例如，假设小区中共有 64 个可用的随机接入前导 RAP，并预先配置前 32 个 RAP 供随机接入区域边缘组的 UE 使用，后 32 个 RAP 供随机接入区域中心组的 UE 使用。当基站接收到 UE 发送的属于后 32 个随机接入前导组的 RAP 后，可以确定发送该 RAP 的 UE 属于随机接入区域中心组。反之亦然。

应理解，在属于小区的任意一个随机接入区域中，所有的 UE 可以分成两组，一组属于随机接入区域中心组（简称为"中心组"），另一组属于随机接入区域边缘组（简称为"边缘组"）。属于中心组的用户设备发送的随机接入信道（例如为物理层随机接入信道 PRACH 信道）只能被覆盖该随机接入区域的宏站或 RRH 可靠地收到，其他宏站或 RRH 无法或不能够正确地收到该随机接入信道；而属于边缘组的用户设备发送的随机接入信道可以被一个以上的随机接入区域中的宏站或 RRH 可靠地接收。

在 S130 中，基站在确定该用户设备属于该随机接入区域中心组时，确定该用户设备所属的随机接入区域 RAA。

基站的包括宏站和 RRH 的上行接收点所覆盖的区域，可以被分成若干个随机接入区域（Random Access Area，RAA）。这些随机接入区域应保证尽可能小的重叠覆盖区域。随机接入区域可以按照上行信道的路径损耗进行划分，也可以按照地理位置进行划分。因此，根据随机接入区域的划分规则的不同，基站可以根据上行信道的路径损耗，也可以根据地理位置确定用户设备所属的随机接入区域。当然，随机接入区域也可以根据其他划分规则而形成。

当随机接入区域按照上行信道的路径损耗进行划分时，属于该随机接入区域的用户设备到达覆盖该随机接入区域的宏站或者 RRH 的路径损耗最小。一个随机接入区域可以包括一个或者多个 RRH 的覆盖区域，此时的路径损耗为上行联合接收的路径损耗。如图 7 – 2 所示，整个小区的覆盖范围可以分成三个随机接入区域 RAA0、RAA1 和 RAA2。属于随机接入区域 RAA1 的用户设备到达 RRH1 的路径损耗最小。属于随机接入区域 RAA2 的用户设备到达 RRH2 和 RRH3 的联合路径损耗最小。小区中不属于 RAA1 和 RAA2 的其他区域属于 RAA0。基站可以根据在哪些 RRH 收到 UE 的随机接入序列确定该用户设备所属的随机接入区域。另一方面，由于信道大尺度衰落具有上下行互异性，以此用户设备可以根据在测量来自每个 RRH 或者宏站的下行导频或参考信号（Reference Signal，RS）的路径损耗获得自己所属的随机接入区域。

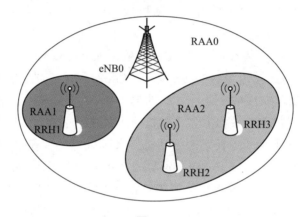

图 7 – 2

当随机接入区域按照地理位置进行划分时，基站可以通过检测用户设备发送的随机接入信道进行定位，从而确定用户设备所属的随机接入区域。例如基站可以通过检测物理层随机接入信道 PRACH 进行定位，由此确定发送随机接入前导序列的用户设备所属的随机接入区域。另外，UE 可以通过自身所带的全球定位系统（Global Positioning System，GPS）信息，获得所属的地理位置，从而确定所属的随机接入区域。

在 S140 中，基站基于该随机接入前导、该随机接入信道的信道资源信息以及该 RAA，向该用户设备发送第一随机接入响应消息。

该信道资源信息包括随机接入信道的时频资源信息，例如物理层随机接入信道 PRACH 信道占用子帧的子帧标识和频带标识等。例如，基站基于随机接入前导的标识、物理层随机接入信道 PRACH 信道的子帧标识和频带标识，以及用户设备所属的 RAA 的标识，向用户设备发送第一随机接入响应消息。从而使得对于不同的随机接入区域中的用户设备，基于相同的随机接入前导发送随机接入请求时，基站可以传输各用户设备的 RAR 消息，因此各用户设备可以根据各自的 RAR 消息进行后续的随机接入过程。

因此，本申请实施例的传输随机接入响应消息的方法，通过基于随机接入前导和 RAA 传输 RAR 消息，使得对于不同的随机接入区域中基于相同的随机接入前导的随机接入请求，可以传输不同的 RAR 消息，从而能够降低传输 RAR 时的冲突概率，增加随机接入的成功率。

在本申请实施例中，如图 7 - 3 所示，根据本申请实施例的传输随机接入响应消息的方法 100 还可以包括以下步骤。

S150，在确定该用户设备属于该随机接入区域边缘组时，基于该随机接入前导以及该信道资源信息，向该用户设备发送第二随机接入响应消息。

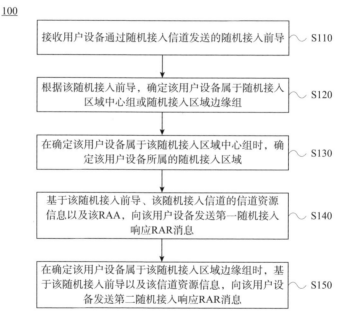

100

接收用户设备通过随机接入信道发送的随机接入前导 —— S110

根据该随机接入前导，确定该用户设备属于随机接入区域中心组或随机接入区域边缘组 —— S120

在确定该用户设备属于该随机接入区域中心组时，确定该用户设备所属的随机接入区域 —— S130

基于该随机接入前导、该随机接入信道的信道资源信息以及该RAA，向该用户设备发送第一随机接入响应RAR消息 —— S140

在确定该用户设备属于该随机接入区域边缘组时，基于该随机接入前导以及该信道资源信息，向该用户设备发送第二随机接入响应RAR消息 —— S150

图 7 - 3

在本申请中，对于属于随机接入区域边缘组的用户设备发送的随机接入前导，基站仅根据该随机接入前导以及传输该随机接入前导的随机接入信道的信道资源信息，向用户设备发送针对随机接入前导的第二 RAR 消息，而不考虑该用户设备所属的随机接入区域，即不论用户设备所属的随机接入区域是否相同，基站仅针对相同的随机接入前导发送一个 RAR 消息。

对于基于竞争的随机接入过程，基站向用户设备发送第一 RAR 消息或第二 RAR 消息之后，还需要接收用户设备根据该 RAR 消息发送的包括该 UE 在本小区中的标识的随机接入过程消息，并根据该随机接入过程消息向用户设备发送竞争解决消息，以完成整个随机接入过程。

基站可以将小区内多个用户设备的第二 RAR 消息承载在同一个媒体接入控制（MAC）协议数据单元（PDU）中，并用该 MAC PDU 的 MAC 子头指示与不同随机接入前导相应的第二 RAR 消息，并通过物理层下行控制信道（PDCCH）向该用户设备发送由随机接入前导以及信道资源信息确定的随机接入无线网络临时标识 RA – RNTI 加扰的 PDCCH 信令，该 PDCCH 信令用于指示该 MAC PDU。

下面将结合图 7 – 4 以 LTE 系统为例，详细描述根据本申请的发送第一随机接入响应消息的方法。

如图 7 – 4 所示，根据本申请的发送第一随机接入响应消息的方法 140 包括：

S141，通过物理层下行共享信道 PDSCH 向该用户设备发送针对该 RAA 的第一媒体接入控制 MAC 协议数据单元 PDU，该第一 MAC PDU 的与该随机接入前导的随机接入前导标识 RAPID 相应的字段承载该第一 RAR 消息。

S142，通过物理层下行控制信道 PDCCH 向该用户设备发送由第一随机接入无线网络临时标识 RA – RNTI 加扰的第一 PDCCH 信令，该第一 PDCCH 信令用于指示该第一 MAC PDU，该第一 RA – RNTI 由该信道资源信息和该 RAA 确定。

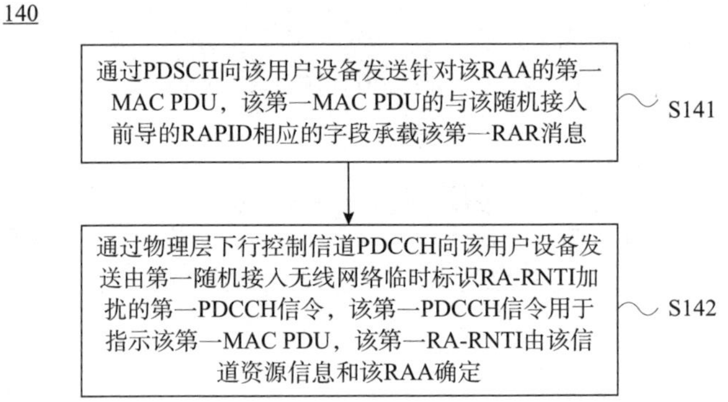

图 7 – 4

在 S141 中，基站可以对于一个随机接入区域中的每个请求随机接入的用户设备发送一个 MAC PDU，以承载相应的第一 RAR 消息；基站也可以针对每个检测到随机接入前导的随机接入区域发送一个 MAC PDU，每个 MAC PDU 承载一个随机接入区域内的至少一个请求随机接入的用户设备的第一 RAR 消息，如图 7 – 5 所示。

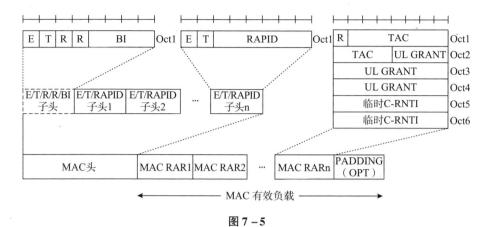

图7-5

注：RAR 表示随机接入响应，RAPID 表示随机接入前导标识。

在图7-5中，一个 MAC PDU 的 MAC 头包括多个与 MAC RAR 字段相应的子头。

在 S142 中，用于加扰第一 PDCCH 信令的第一随机接入无线网络临时标识 RA-RNTI 可以由物理层随机接入信道 PRACH 信道的时频资源信息和与该 MAC PDU 相应的 RAA 确定。可选地，该第一随机接入无线网络临时标识 RA-RNTI 的数值 M 由下列等式（1）确定：

$$M = 1 + T\_ID + 10 \times F\_ID + X \tag{1}$$

其中，T_ID 为该信道资源信息包括的子帧标识的数值，F_ID 为该信道资源信息包括的频带标识的数值，X 为与该 RAA 相关的偏置量。

具体而言，在 LTE 系统中，T_ID 为用户设备发送物理层随机接入信道 PRACH 的第一个子帧的序号，取值范围为 0~9；F_ID 为物理层随机接入信道 PRACH 在子帧中频域上的编号，取值范围为 0~5。

在本申请实施例中，该偏置量 X 由下列等式（2）确定：

$$X = RAA\_ID \times \left[1 + \max (T\_ID) + 10 \times \max (F\_ID) \right] \tag{2}$$

其中，RAA_ID 为该 RAA 的随机接入区域标识（RAAID）的数值。可选地，当用户设备属于随机接入区域边缘组时，RAA_ID = 0。即当用户设备属于随机接入区域边缘组时，加扰 PDCCH 信令的随机接入无线网络临时标识 RA-RNTI 由随机接入前导以及物理层随机接入信道 PRACH 信道的时频资源信息确定。

在本申请实施例中，由于第一随机接入无线网络临时标识 RA-RNTI 新增了偏置量 X，使得第一 RA-RNTI 的取值范围会超出 60（003C），相应的 RNTI 的定义表格需要改为如表7-1所示的形式。

表 7 - 1

Value（hexa - decimal）	RNTI
0000	N/A
0001 - FFF3	RA - RNTI, C - RNTI, Semi - Persistent Scheduling C - RNTI, Temporary C - RNTI, TPC - PUCCH - RNTI and TPC - PUSCH - RNTI
FFF4 - FFFC	Reserved for future use
FFFD	M - RNTI
FFFE	P - RNTI
FFFF	SI - RNTI

　　在本发明实施例中，如图 7 - 6 所示，可选地，根据本发明实施例的发送第一随机接入响应消息的方法 140 包括：

　　S143，基站通过 PDSCH 向该用户设备发送第一 PDU 集合，该第一 PDU 集合包括用于承载 RAR 消息的至少一个 MAC PDU，该至少一个 MAC PDU 中与该 RAA 相应的第二 MAC PDU 的 MAC 头部承载该 RAA 的随机接入区域标识 RAAID，并且该第二 MAC PDU 的与该随机接入前导的随机接入前导标识 RAPID 相应的字段承载该第一 RAR 消息。

　　S144，基站通过 PDCCH 向该用户设备发送由第二 RA - RNTI 加扰的第二 PDCCH 信令，该第二 PDCCH 信令用于指示该第一 PDU 集合，该第二 RA - RNTI 由该信道资源信息确定。

140

```
┌────────────────────────────────────────────────┐
│ 通过物理层下行共享信道向该用户设备发送第一PDU集合，该第一    │
│ PDU集合包括用于承载随机接入响应消息的至少一个MAC PDU，该   │── S143
│ 至少一个MAC PDU中与该随机接入区域相应的第二MAC PDU的MAC   │
│ 头部承载该随机接入区域的RAAID，并且该第二MAC PDU的与该     │
│ 随机接入前导的RAPID相应的字段承载该第一随机接入响应消息      │
└────────────────────────────────────────────────┘
                      │
                      ▼
┌────────────────────────────────────────────────┐
│ 通过物理层下行控制信道向该用户设备发送由第二RA-RNTI加扰的    │
│ 第二物理层下行控制信道信令，该第二PDCCH信令用于指示该       │── S144
│ 第一PDU集合，该第二RA-RNTI由该信道资源信息确定            │
└────────────────────────────────────────────────┘
```

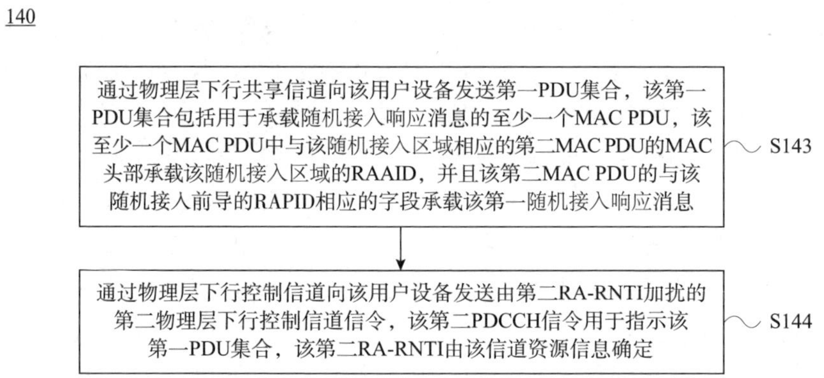

图 7 - 6

　　在 S143 中，基站可以通过 PDSCH 向该用户设备发送第一 PDU 集合，该第一 PDU 集合可以仅包括一个 MAC PDU，该 MAC PDU 承载检测到随机接入前导

（Random Access Preamble，RAP）的一个随机接入区域 RAA 内请求随机接入的用户设备的第一 RAR 消息，该 MAC PDU 的 MAC 头部可以承载用于指示该 RAA 的随机接入区域标识 RAAID。该第一 PDU 集合也可以包括用于承载 RAR 消息的至少一个 MAC PDU，该至少一个 MAC PDU 的数量可以与基站检测到随机接入前导的随机接入区域 RAA 的数量相同，该至少一个 MAC PDU 中与该 RAA 相应的第二 MAC PDU 的 MAC 头部承载该 RAA 的随机接入区域标识 RAAID，并且该第二 MAC PDU 的与该随机接入前导的随机接入前导标识 RAPID 相应的字段承载该第一 RAR 消息。

可选地，如图 7-7（a）所示，基站通过 PDSCH 向用户设备发送的第一 PDU 集合，除了可以包括与检测到 RAP 的 RAA 相应的至少一个 MAC PDU 之外，还可以包括一个 MAC PDU，用于承载各随机接入区域中属于随机接入区域边缘组的用户设备的第二 RAR 消息，并且每个 MAC PDU 的头部都承载相应的 RAA 的 RAAID。可选地，该第一 PDU 集合还可以包括一个字段，用于承载该第一 PDU 集合中 MAC PDU 的数量。

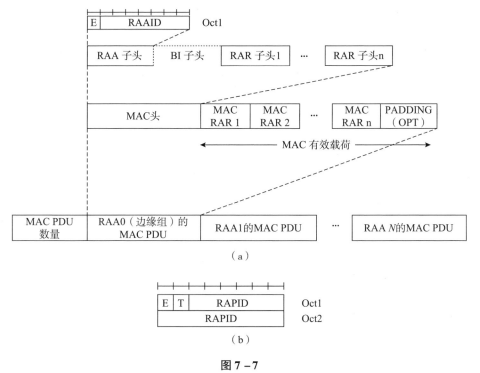

图 7-7

注：RAR 表示随机接入响应。

在本发明中，可选地，当系统配置给随机接入区域中心组的随机接入前导序列的数量大于 64 时，在相应的 MAC PDU 中，每个 RAR 子头的长度应该增加为 16 比特，该 RAR 子头的结构如图 7 - 7（b）所示。在图 7 - 7（b）所示的结构中，该 RAR 子头可以包括扩展域 E、类型域 T 和承载 RAPID 的字段。用于承载第二 RAR 消息的 MAC PDU 的 RAR 子头也可以采用如图 7 - 7（b）所示的结构。

如图 7 - 8 所示，根据本发明实施例的发送第一随机接入响应消息的方法 140 包括：

S145，基站通过 PDSCH 向该用户设备发送包括多个 MAC PDU 的第二 PDU 集合，该多个 MAC PDU 依预置规则排列，且该多个 MAC PDU 中的每一个 MAC PDU 都分别与该用户设备所属小区的一个随机接入区域相应，并且该多个 MAC PDU 包括与该 RAA 相应的第三 MAC PDU，该第三 MAC PDU 的与该随机接入前导的随机接入前导标识 RAPID 相应的字段承载该第一 RAR 消息。

S146，基站通过 PDCCH 向该用户设备发送由第三 RA - RNTI 加扰的第三 PDCCH 信令，该第三 PDCCH 信令用于指示该第二 PDU 集合，该第三 RA - RN-TI 由该信道资源信息确定。

例如，该第二 PDU 集合中的多个 MAC PDU 可以按照相应的 RAA 的序号进行排序，如图 7 - 7（a）所示。由于多个 MAC PDU 依预置规则排列，因此，各 MAC PDU 的头部可以不承载相应的 RAA 的 RAAID。可选地，该第二 PDU 集合除了包括上述多个 MAC PDU 之外，还可以包括一个 MAC PDU，用于承载各随机接入区域中属于随机接入区域边缘组的用户设备的第二 RAR 消息。可选地，该第二 PDU 集合还可以包括一个字段，用于承载该第二 PDU 集合中 MAC PDU 的数量。

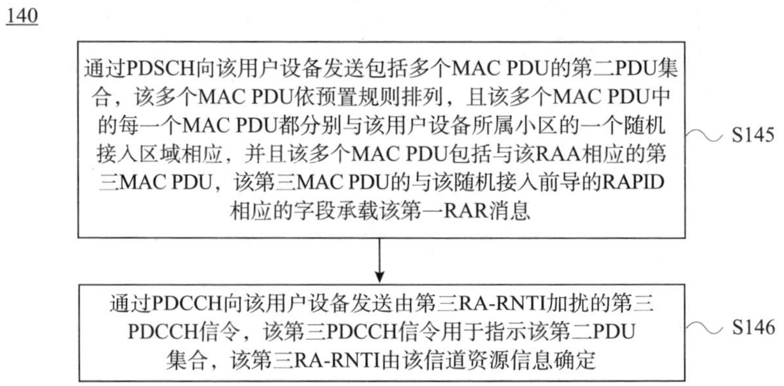

140

```
通过PDSCH向该用户设备发送包括多个MAC PDU的第二PDU集
合，该多个MAC PDU依预置规则排列，且该多个MAC PDU中
的每一个MAC PDU都分别与该用户设备所属小区的一个随机
接入区域相应，并且该多个MAC PDU包括与该RAA相应的第      S145
三MAC PDU，该第三MAC PDU的与该随机接入前导的RAPID
相应的字段承载该第一RAR消息
```

```
通过PDCCH向该用户设备发送由第三RA-RNTI加扰的第三
PDCCH信令，该第三PDCCH信令用于指示该第二PDU          S146
集合，该第三RA-RNTI由该信道资源信息确定
```

图 7 - 8

因此，本发明实施例的传输随机接入响应消息的方法，通过基于随机接入前导和 RAA 传输 RAR 消息，使得对于不同的随机接入区域中基于相同的随机接入前导的随机接入请求，可以传输不同的 RAR 消息，从而能够降低传输 RAR 时的碰撞概率，增加随机接入的成功率。

第三节　对技术交底书的理解和挖掘

专利代理人在收到客户提供的技术交底书后，应当详细阅读，并针对技术交底书存在的问题及时与客户进行沟通，通过多次沟通准确理解客户请求保护的技术方案，并补充完善技术交底书。

一、阅读技术交底书时应当思考的问题

（1）该发明可保护的主题有哪些？

（2）对于该发明的主题进行初步分析，该发明相对于现有技术作出了哪些改进，初步判断其是否具备新颖性和创造性？

（3）有哪些内容需要与客户作进一步沟通？例如，哪些内容需要请客户作出进一步清楚的说明？还需要客户补充哪些技术内容？

二、对技术交底书的初步理解

通过对技术交底书的阅读可知，在本案例中客户提供的技术交底书撰写非常规范。客户首先交代了背景技术，客观地指出了现有技术中存在的缺陷，接下来清楚、完整地描述了该发明的技术方案，并且写明了该发明与现有技术相比所具有的有益效果，同时还给出了必要的附图，使人能够直观、形象地理解该发明。整个技术交底书用词规范、语句清楚、逻辑清晰。

基于对技术交底书的理解，可以得出以下几点意见。

1. 对该发明的理解

在现有的标准协议所定义的随机接入过程中，在一个小区范围内，基站（eNB）针对在相同物理层随机接入信道（PRACH）时频资源上检测到的同一个 PRACH 前导序列的标识只会反馈一个随机接入响应（RAR）。因此，当用户设备（UE）的数量增加时，不同用户设备选择到相同的随机接入前导（RAP）序列的概率增加，导致传输随机接入响应时的冲突概率增加，从而降低了随机接入的成功率。

该申请为解决现有技术中的技术问题，提出了一种新的传输随机接入响应消息的方法。基站在接收用户设备通过随机接入信道发送的随机接入前导后，可以根据该随机接入前导，确定该用户设备属于随机接入区域中心组或随机接入区域边缘组；在确定该用户设备属于该随机接入区域中心组时，基站确定该用户设备所属的随机接入区域 RAA，并可以基于该随机接入前导、该随机接入信道的信道资源信息以及该随机接入区域，向该用户设备发送第一随机接入响应消息。因此，该申请的传输随机接入响应消息的方法，通过基于随机接入前导和随机接入区域传输随机接入响应消息，使得对于不同的随机接入区域中基于相同的随机接入前导的随机接入请求，可以传输不同的随机接入响应消息，从而能够降低传输随机接入响应时的冲突概率，增加随机接入的成功率。

2. 针对技术方案进行补充检索

补充检索的主要目的是获得相似技术，以促使客户进一步补充关键的技术内容。若补充检索时对某个要求保护的技术主题找到破坏其新颖性的对比文件，应当告知客户，并请求客户就该技术主题的内容作出补充或者对该技术主题的内容进行技术调整，以体现该申请与该对比文件的区别，并就两者的区别作出更多的分析，否则在该申请中就要放弃对该主题的专利保护。若补充检索时对某个主题的某个或某些实施方式或实施例找到影响其新颖性或创造性的对比文件，那么就该技术主题来说，应当将这些实施方式或实施例排除在要求专利保护的范围之外，仅针对其他仍具备新颖性和创造性的实施方式或实施例要求专利保护。

在对该申请的技术方案进行补充检索后，并未发现现有的随机接入方案中存在将小区上行覆盖的范围分成若干个随机接入区域，把用户分别按照不同的随机接入区域进行分组，并将用户按照接入中心和接入边缘进行分组的方案。因此，初步判断该申请的技术方案未被现有技术公开，具备新颖性和创造性。

3. 需要补充或说明的内容

通过对技术方案的梳理，发现当前技术交底书中存在以下几点需要补充和说明的内容。

（1）在目前的技术交底书中，仅仅对部分术语进行了解释说明，仍有一部分专业术语未作说明。在撰写专利申请时，重要的术语应提供英文术语（标准中所采用的术语）和解释。因此还需要客户对未进行解释说明的英文缩写补充英文全称和中文含义，并对图 7-5 和图 7-7（a）中 MAC PDU 中的字段、表 7-1 中 RNTI 表格中各字段进行说明或解释。

（2）在技术交底书中，客户从基站的角度详细描述了该发明创造的传输随机接入响应消息的方法，由于随机接入过程是在基站和用户设备两方之间配合完成的，因此，还可以从用户设备的角度来描述该发明的技术方案，从而在权利要求书中从两方的角度全面保护该发明创造。如果客户希望从用户设备侧保护该发明创造的传输随机接入响应消息的方法，需要客户补充相应的实施方式，以便于在此基础上撰写出能够得到说明书支持的权利要求。

（3）撰写权利要求书时应当考虑维权的举证难易。产品权利要求比方法权利要求易于获得保护，对于前者，收集证据和进行特征比对相对容易，但新产品制造方法之外的方法权利要求的保护范围只能延及依照专利方法直接获得的产品（使用专利方法获得的原始产品，而不能延及对原始产品作进一步处理后获得的后续产品），而且进入对方的制造现场收集证据非常困难，进行特征比对也不够直观。因此，撰写时应优先考虑产品权利要求，即使真的没有产品权利要求可写，在撰写方法权利要求时也要充分考虑哪些技术特征易于检测侵权者的蛛丝马迹。

对于本案，在技术交底书提供的主题虽然是传输随机接入响应消息的方法，但在技术方案中还涉及作为通信双方的装置，即基站和用户设备，因此，该发明还可以考虑要求保护相应的产品，如基站和用户设备。而且，在撰写产品权利要求时，还应该从单侧描述，这样在侵权诉讼阶段更利于找到侵权方，举证也相对容易。具体保护哪些主题还需要与客户沟通。

（4）该申请的技术关键点和欲保护点。由于标准相关专利具有高价值，专利代理人在撰写时应该与客户沟通，明确该申请的技术关键点和欲保护点，便于全方位、多层次地布局，以免遗漏重要技术内容。

三、与客户的沟通

针对上述分析结果，专利代理人给客户的信函如下：

尊敬的×××先生：

很高兴贵方委托我所代为办理有关"一种传输随机接入响应消息的方法"的专利申请案件，我所对该案件的编号为×××××××××。

我所专利代理人认真地研读了贵方的技术交底文件，对本申请的发明创造有了初步了解，但仍然需要与贵方作进一步的沟通，具体内容如下。

1. 我方对技术内容的理解

（1）所解决的技术问题

在现有标准协议定义的随机接入过程中，选择相同物理层随机接入信道传输相同随机接入前导的用户设备所接收到的随机接入响应相同，由此产生了传输随机接入响应时的冲突概率增加，从而降低了随机接入的成功率的技术缺陷。本申请的技术方案针对现有标准协议中存在的该技术缺陷提出，所要解决的技术问题是"如何降低在发送随机接入响应时的冲突概率，增加随机接入的成功率"。

（2）对技术方案的理解

本申请为解决现有技术中技术问题，提出了一种新的传输随机接入响应消息的方法。基站在接收用户设备通过随机接入信道发送的随机接入前导后，可以根据该随机接入前导，确定该用户设备属于随机接入区域中心组或随机接入区域边缘组；在确定该用户设备属于该随机接入区域中心组时，基站确定该用户设备所属的随机接入区域，并可以基于该随机接入前导、该随机接入信道的信道资源信息以及该随机接入区域，向该用户设备发送第一随机接入响应消息。因此，本申请的传输随机接入响应消息的方法，通过基于随机接入前导和随机接入区域传输随机接入响应消息，使得对于不同的随机接入区域中基于相同的随机接入前导的随机接入请求，可以传输不同的随机接入响应消息，从而能够降低传输随机接入响应时的冲突概率，增加随机接入的成功率。

以上分析内容是否正确，请贵方确认。

2. 对本申请新颖性和创造性的初判

我方对本申请的技术方案进行了补充检索，并未发现现有的随机接入方案中存在将小区上行覆盖的范围分成若干个随机接入区域，把用户分别按照不同的随机接入区域进行分组，并将用户按照接入中心和接入边缘进行分组的方案。因此，初步判断本申请的技术方案未被现有技术公开，本申请具备新颖性和创造性。

3. 需要请贵方补充和说明的具体内容

①在目前的技术交底书中，仅仅对部分术语进行了解释说明，对部分专业术语并未作说明。因此还需要贵方对未进行解释说明的英文缩写补充英文全称和中文含义，并对图 7－5 和图 7－7（a）中 MAC PDU 中的字段、表 7－1 中 RNTI 表格中各字段进行说明或解释。

②在技术交底书中，贵方从基站的角度详细描述了本发明创造的传输随机接入响应消息的方法，由于随机接入过程是在基站和用户设备两方之间配合完成的，因此，还可以从用户设备的角度来描述本发明的技术方案，从而在权利要求书中从两方的角度全面保护本发明创造。如果贵方希望从用户设备侧保护本发明创造的传输随机接入响应消息的方法，需要贵方补充相应的实施方式，以便于在此基础上撰写出能够得到说明书支持的权利要求。

③在技术交底书提供的主题虽然是传输随机接入响应消息的方法，但在技术方案中中还涉及作为通信双方的装置，即基站和用户设备，因此，本发明还

可以考虑要求保护相应的产品，如基站和用户设备。产品权利要求相对方法权利要求更容易搜集侵权行为的直接证据。在撰写产品权利要求时，还应该从单侧描述，这样在侵权诉讼阶段更利于找到侵权者，举证也相对容易。对于本发明创造所希望保护的主题，请贵方明示。

④本申请的技术关键点和欲保护点。本案涉及标准相关专利，请贵方明确提出本申请的技术关键点和欲保护点，以免遗漏重要内容。

客户针对上述信函作出答复，其主要意见如下。

1. 关于技术内容的理解

来函中对本申请要解决的技术问题以及对技术方案的核心内容概括得准确、恰当。

2. 关于新颖性和创造性

我方认同专利代理人对新颖性和创造性的判断结果，本申请提出了新的传输随机应答响应的方法，能够有效解决现有技术中存在的技术问题，降低在发送随机接入响应时的冲突概率。

3. 关于需要补充和说明的内容

（1）有关技术术语的补充和说明

①补充英文缩写的英文全称和中文含义。

PRACH	Physical Random Access Channel	物理层随机接入信道
LTE	Long Term Evolution	长期演进系统
RRC	Radio Resource Control	无线资源管理
PUCCH	Physical Uplink Control Channel	物理层上行控制信道
PDSCH	Physical Downlink Shared Channel	物理层下行共享信道
RAR	Random Access Response	随机接入响应
UE	User Equipment	用户设备
eNB	eNodeBLTE	基站
RA – RNTI	Random Access Radio Network Temporary Identity	随机接入无线网络临时标识
PDCCH	Physical Downlink Control Channel	物理层下行控制信道
MAC	Medium Access Control	媒体接入控制
PDU	Protocol Data Unit	协议数据单元
RRH	Remote Radio Head	射频拉远头
RAPID	Random Access Preamble ID	随机接入前导标识
RAA	Random Access Area	随机接入区域

②关于图7-5和图7-7（a）中 MAC PDU 中的字段定义。

E：Extention 扩展域，用于指示之后是否还有其他的 MAC 子头（Subheader）。

T：Type 类型域，用于指示该 MAC Subheader 包含的是 BI 还是 RAPID。

R：Reserve 保留域，可以设置成 0。

BI：Backoff Indicator，指示随机接入信道（Random Access Channel，RACH）失败时，进行随机回退的值。

RAPID：Random Access Preamble Identity 随机接入前导标识。

TAC：Timing Advance Command 时序提前量命令，用于通知 UE 上行数据提前多少时间进行发送，以完成上行同步。

UL Grant：UpLink Grant 上行资源分配，用于通知 UE 发送 Msg3 的时频资源，所用调制编码方式等消息。

Temporary C-RNTI：临时小区无线网络临时标识，用于 Msg3 和 Msg4 的信息传递标识。

Padding：补"0"。

③关于表7-1中 RNTI 表格中各字段的定义。

C-RNTI Cell Radio Network Temporary Identity　小区无线网络临时标识

Semi-Persistent Scheduling C-RNTI　半静态调度小区无线网络临时标识

Temporary C-RNTI　临时小区无线网络临时标识

TPC-PUCCH-RNTI　物理层上行控制信道发送功率控制（Transmission Power Control，TPC）RNTI

TPC-PUSCH-RNTI　物理层上行共享信道发送功率控制 RNTI

M-RNTI Multicast RNTI　多播 RNTI

P-RNTI Paging RNTI　寻呼 RNTI

SI-RNTI System Information RNTI　系统信息 RNTI

（2）增加从用户设备的角度描述的传输随机接入应答消息的方法

我方希望能够增加从用户设备的角度对本发明的保护。因此，结合图7-9至图7-14，在技术交底书中增加从用户设备的角度描述根据本发明的传输随机接入应答消息的方法。

图7-9示出了根据本发明另一实施例的传输随机接入应答消息的方法300的示意性流程图。该方法300包括：

S310，确定用户设备属于随机接入区域中心组或随机接入区域边缘组。

S320，在确定该用户设备属于该随机接入区域中心组时，通过随机接入信道向基站发送与该随机接入区域中心组相应的第一随机接入前导。

S330，确定该用户设备所属的随机接入区域 RAA。

S340，基于该第一随机接入前导、该随机接入信道的信道资源信息以及该 RAA，检测该基站发送的第一随机接入响应 RAR 消息。

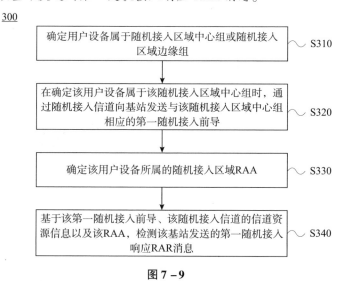

图 7 - 9

在 S310 中，用户设备确定自己属于随机接入区域中心组或随机接入区域边缘组。

在本发明实施例中，用户设备可以根据自己的地理位置，确定自己属于随机接入区域中心组还是属于随机接入区域边缘组。具体而言，如图 7 - 10 所示，如果用户设备落在的中心组（Central Group，CG）区域，则可以认为该用户设备为随机接入区域中心组的用户设备；如果 UE 落在边缘组（Edge Group，EG）区域，则可以认为该用户设备属于随机接入区域边缘组。

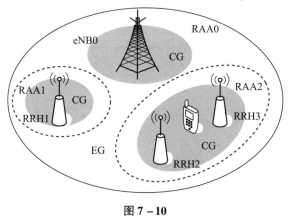

图 7 - 10

可选地，用户设备也可以根据所测量的来自宏站和各 RRH 的路径损耗，确定自己属于随机接入区域中心组还是属于随机接入区域边缘组。具体而言，如图 7-10 所示，如果 UE 通过测量确定来自 RRH2 和 RRH3 的路径损耗远小于来自 eNB0 或 RRH1 的路径损耗，则可以认为该 UE 属于 RAA2 的随机接入区域中心组。在整个小区中，每个随机接入区域都有属于随机接入区域中心组的用户设备；而在整个小区中，可以设置一个或者多个边缘组。

在 S320 中，用户设备在确定自己属于该随机接入区域中心组时，通过随机接入信道向基站发送与该随机接入区域中心组相应的第一随机接入前导。

该随机接入信道可以包括 PRACH 信道等，该随机接入前导可以包括 LTE 系统中的随机接入信道（RACH）前导序列等。例如，假设小区中共有 64 个可用的随机接入前导 RAP，并预先配置前 32 个 RAP 供随机接入区域 边缘组的 UE 使用，后 32 个 RAP 供随机接入区域中心组的 UE 使用。当 UE 确定自己属于随机接入区域中心组时，UE 可以在后 32 个随机接入前导组中选择一个随机接入前导 RAP，并通过随机接入信道向基站发送所选择的 RAP。

在 S330 中，用户设备确定自己所属的随机接入区域 RAA。

随机接入区域可以按照上行信道的路径损耗进行划分，也可以按照地理位置进行划分。因此，用户设备可以通过测量来自每个 RRH 或者宏站的下行导频或参考信号，获得自己所属的随机接入区域；用户设备也可以通过自身所带的 GPS 信息获得所属的地理位置。

在 S340 中，用户设备基于该第一随机接入前导、该随机接入信道的信道资源信息以及该 RAA，检测该基站发送的第一随机接入应答 RAR 消息。

该信道资源信息包括随机接入信道的时频资源信息，例如 PRACH 信道占用子帧的子帧标识和频带标识等。例如，用户设备可以基于随机接入前导的标识、PRACH 信道的子帧标识和频带标识，以及用户设备所属的 RAA 的标识，检测基站发送的第一随机接入应答 RAR 消息。因此不同的随机接入区域中的用户设备，当基于相同的随机接入前导发送随机接入请求时，这些用户设备也可以获取自己的 RAR 消息，从而各用户设备可以根据各自的 RAR 消息进行后续的随机接入过程。

因此，本发明实施例的传输随机接入应答消息的方法，通过基于随机接入前导和 RAA 传输 RAR 消息，使得对于不同的随机接入区域中基于相同的随机接入前导的随机接入请求，可以传输不同的 RAR 消息，从而能够降低传输 RAR 时的碰撞概率，增加随机接入的成功率。

在本发明实施例中，如图 7-11 所示，根据本发明实施例的传输随机接入应答消息的方法 300 还可以包括：

S350，在确定该用户设备属于该随机接入区域边缘组时，通过该随机接入信道向该基站发送与随机接入区域边缘组相应的第二随机接入前导。

S360，基于该第二随机接入前导以及该信道资源信息，检测该基站发送的第二随机接入应答 RAR 消息。

300

| 确定用户设备属于随机接入区域中心组或随机接入区域边缘组 | S310 |

| 在确定该用户设备属于该随机接入区域中心组时，通过随机接入信道向基站发送与该随机接入区域中心组相应的第一随机接入前导 | S320 |

| 确定该用户设备所属的随机接入区域RAA | S330 |

| 基于该第一随机接入前导、该随机接入信道的信道资源信息以及该RAA，检测该基站发送的第一随机接入响应RAR消息 | S340 |

| 在确定该用户设备属于该随机接入区域边缘组时，通过该随机接入信道向该基站发送与该随机接入区域边缘组相应的第二随机接入前导 | S350 |

| 基于该第二随机接入前导以及该信道资源信息，检测该基站发送的第二随机接入响应RAR消息 | S360 |

图 7 – 11

用户设备可以根据第二随机接入前导以及该信道资源信息，确定加扰控制信令的 RA – RNTI，从而解调该控制信令，并可以根据控制信令的指示获取相应的第二 RAR 消息。

对于基于竞争的随机接入过程，用户设备检测基站发送的第一 RAR 消息或第二 RAR 消息之后，还需要根据 RAR 消息中包含的临时 C – RNTI，在 RAR 消息中指定的 PDSCH 上向 eNB 传送包括 UE 在本小区中的标识的随机接入过程消息，以用于竞争解决；并且 UE 需要接收来自 eNB 发送的竞争解决消息，从而完成随机接入过程。

下面将结合图 7 – 12 至图 7 – 14，以 LTE 系统为例，详细描述根据本发明实施例的检测第一随机接入应答 RAR 消息的方法。

图 7－12 示出了根据本发明实施例的检测第一随机接入应答消息的方法 340 的示意性流程图。该方法 340 包括：

S341，接收该基站通过物理层下行共享信道 PDSCH 发送的针对该 RAA 的第一媒体接入控制 MAC 协议数据单元 PDU。

S342，接收该基站通过物理层下行控制信道 PDCCH 发送的由第一随机接入无线网络临时标识 RA－RNTI 加扰的第一 PDCCH 信令，该第一 PDCCH 信令用于指示该第一 MAC PDU。

S343，基于该信道资源信息和该 RAA，确定该第一 RA－RNTI，并检测该第一 PDCCH 信令。

S344，根据该第一 PDCCH 信令以及该随机接入前导的随机接入前导标识 RAPID，检测该第一 MAC PDU 的与该 RAPID 相应的字段所承载的该第一 RAR 消息。

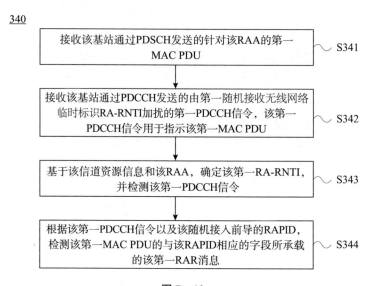

图 7－12

在本发明实施例中，可选地，该第一随机接入无线网络临时标识 RA－RNTI 的数值 M 由下列等式 (3) 确定：

$$M = 1 + T\_ID + 10 \times F\_ID + X \tag{3}$$

其中，T_ID 为该信道资源信息包括的子帧标识的数值，F_ID 为该信道资源信息包括的频带标识的数值，X 为与该 RAA 相关的偏置量。

可选地，该偏置量 X 由下列等式 (4) 确定：

$$X = RAA\_ID \times [1 + \max (T\_ID) + 10 \times \max (F\_ID)] \qquad (4)$$

其中，RAA_ID 为该 RAA 的随机接入区域标识 RAAID 的数值。

因此，本发明实施例的传输随机接入应答消息的方法，通过基于随机接入前导和 RAA 传输 RAR 消息，使得对于不同的随机接入区域中基于相同的随机接入前导的随机接入请求，可以传输不同的 RAR 消息，从而能够降低传输 RAR 时的碰撞概率，增加随机接入的成功率。

图 7 – 13 示出了根据本发明实施例的检测第一随机接入应答消息的方法 340 的另一示意性流程图。该方法 340 包括：

S345，接收该基站通过 PDSCH 发送的第一 PDU 集合，该第一 PDU 集合包括用于承载 RAR 消息的至少一个 MAC PDU。

S346，接收该基站通过 PDCCH 发送的由第二 RA – RNTI 加扰的第二 PD-CCH 信令，该第二 PDCCH 信令用于指示该第一 PDU 集合。

S347，基于该信道资源信息，确定该第二 RA – RNTI，并检测该第二 PD-CCH 信令。

S348，根据该第二 PDCCH 信令和该 RAA 的随机接入区域标识 RAAID，检测该至少一个 MAC PDU 中 MAC 头部承载该 RAAID 的第二 MAC PDU，并根据该随机接入前导的随机接入前导标识 RAPID，检测该第二 MAC PDU 的与该 RAPID 相应的字段所承载的该第一 RAR 消息。

340

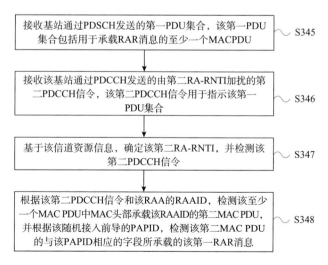

图 7 – 13

在本发明实施例中，可选地，如图7－14所示，该方法340包括：

S349，接收该基站通过PDSCH发送的包括多个MAC PDU的第二PDU集合，该多个MAC PDU依预置规则排列，且该多个MAC PDU中的每一个MAC PDU都分别与该用户设备所属小区的一个随机接入区域相应。

S351，接收该基站通过PDCCH发送的由第三RA－RNTI加扰的第三PDCCH信令，该第三PDCCH信令用于指示该第二PDU集合。

S352，基于该信道资源信息，确定该第三RA－RNTI，并检测该第三PDCCH信令。

S353，根据该第三PDCCH信令、该RAA以及该预置规则，检测该多个MAC PDU中与该RAA相应的第三MAC PDU，并根据该随机接入前导的随机接入前导标识RAPID，检测该第三MAC PDU的与该RAPID相应的字段所承载的该第一RAR消息。

340

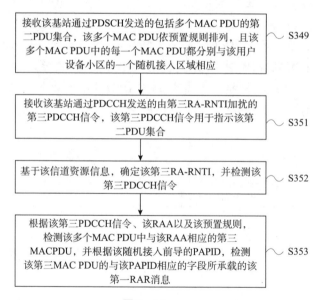

图7－14

在本发明实施例中，相应的MAC PDU的格式可以参考图7－5，相应的PDU集合的格式可以参考图7－7（a），为了简洁，在此不再赘述。应理解，UE侧描述的UE与基站的交互及相关特性、功能等与基站侧的描述相应，为了简洁，在此不再赘述。

还应理解，在本发明的各种实施例中，上述各过程的序号的大小并不意味着执行顺序的先后，各过程的执行顺序应以功能和内在逻辑确定，而不应对本发明实施例的实施过程构成任何限定。

因此，本发明实施例的传输随机接入应答消息的方法，通过基于随机接入前导和 RAA 传输 RAR 消息，使得对于不同的随机接入区域中基于相同的随机接入前导的随机接入请求，可以传输不同的 RAR 消息，从而能够降低传输 RAR 时的碰撞概率，增加随机接入的成功率。

（3）关于产品权利要求

除了方法权利要求，我方还希望保护产品权利要求，按照前述方法实施例中的对应方案，在技术交底书中补充以下有关基站和用户设备的技术方案。

图 7-15 示出了根据本发明实施例的基站 500 的示意性框图。该基站 500 包括：

接收模块 510，用于接收用户设备通过随机接入信道发送的随机接入前导。

第一确定模块 520，用于根据该接收模块 510 接收的该随机接入前导，确定该用户设备属于随机接入区域中心组或随机接入区域边缘组。

第二确定模块 530，用于在该第一确定模块 520 确定该用户设备属于该随机接入区域中心组时，确定该用户设备所属的随机接入区域 RAA。

第一发送模块 540，用于基于该接收模块 510 接收的该随机接入前导、该随机接入信道的信道资源信息以及该第二确定模块 530 确定的该 RAA，向该用户设备发送第一随机接入应答 RAR 消息。

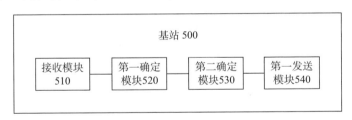

图 7-15

因此，本发明实施例的基站，通过基于随机接入前导和 RAA 传输 RAR 消息，使得对于不同的随机接入区域中基于相同的随机接入前导的随机接入请求，可以传输不同的 RAR 消息，从而能够降低传输 RAR 时的碰撞概率，增加随机接入的成功率。

在本发明实施例中，可选地，如图 7-16 所示，该基站 500 还包括：

第二发送模块 550，用于在该第一确定模块 520 确定该用户设备属于该随机接入区域边缘组时，基于该随机接入前导以及该信道资源信息，向该用户设备发送第二随机接入应答 RAR 消息。

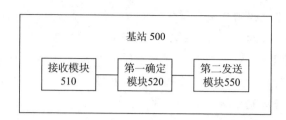

图 7 – 16

可选地，如图 7 – 17 所示，该第一发送模块 540 包括：

第一发送单元 541，用于通过物理层下行共享信道 PDSCH 向该用户设备发送针对该 RAA 的第一媒体接入控制 MAC 协议数据单元 PDU，该第一 MAC PDU 的与该随机接入前导的随机接入前导标识 RAPID 相应的字段承载该第一 RAR 消息。

第二发送单元 542，用于通过物理层下行控制信道 PDCCH 向该用户设备发送由第一随机接入无线网络临时标识 RA – RNTI 加扰的第一 PDCCH 信令，该第一 PDCCH 信令用于指示该第一发送单元 541 发送的该第一 MAC PDU，该第一 RA – RNTI 由该信道资源信息和该 RAA 确定。

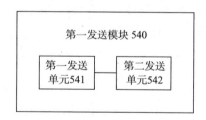

图 7 – 17

在本发明实施例中，该第一随机接入无线网络临时标识 RA – RNTI 的数值 M 由下列等式 (5) 确定：

$$M = 1 + T\_ID + 10 \times F\_ID + X \qquad (5)$$

其中，T_ID 为该信道资源信息包括的子帧标识的数值，F_ID 为该信道资源信息包括的频带标识的数值，X 为与该 RAA 相关的偏置量。

可选地，该偏置量 X 由下列等式 (6) 确定：

$$X = RAA\_ID \times \left[1 + max\ (T\_ID)\ + 10 \times max\ (F\_ID) \right] \qquad (6)$$

其中，RAA_ID 为该 RAA 的随机接入区域标识 RAAID 的数值。

在本发明实施例中，如图 7 – 18 所示，可选地，该第一发送模块 540 包括：

第三发送单元 543，用于通过 PDSCH 向该用户设备发送第一 PDU 集合，该第一 PDU 集合包括用于承载 RAR 消息的至少一个 MAC PDU，该至少一个 MAC PDU 中与该 RAA 相应的第二 MAC PDU 的 MAC 头部承载该 RAA 的随机接入区域标识 RAAID，并且该第二 MAC PDU 的与该随机接入前导的随机接入前导标识 RAPID 相应的字段承载该第一 RAR 消息。

第四发送单元 544，用于通过 PDCCH 向该用户设备发送由第二 RA‑RNTI 加扰的第二 PDCCH 信令，该第二 PDCCH 信令用于指示该第三发送单元 543 发送的该第一 PDU 集合，该第二 RA‑RNTI 由该信道资源信息确定。

图 7‑18

可选地，如图 7‑19 所示，该第一发送模块 540 包括：

第五发送单元 545，用于通过 PDSCH 向该用户设备发送包括多个 MAC PDU 的第二 PDU 集合，该多个 MAC PDU 依预置规则排列，且该多个 MAC PDU 中的每一个 MAC PDU 都分别与该用户设备所属小区的一个随机接入区域相应，并且该多个 MAC PDU 包括与该 RAA 相应的第三 MAC PDU，该第三 MAC PDU 的与该随机接入前导的随机接入前导标识 RAPID 相应的字段承载该第一 RAR 消息。

第六发送单元 546，用于通过 PDCCH 向该用户设备发送由第三 RA‑RNTI 加扰的第三 PDCCH 信令，该第三 PDCCH 信令用于指示该第五发送单元 545 发送的该第二 PDU 集合，该第三 RA‑RNTI 由该信道资源信息确定。

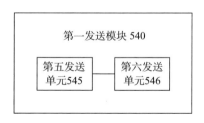

图 7‑19

应理解，根据本发明实施例的基站 500 可对应于根据本发明实施例的传输随机接入响应消息的方法中的基站，并且基站 500 中的各个模块的上述和其他操作和/或功能分别为了实现图 7‑1 至图 7‑14 中的各个方法的相应流程，为了简洁,在此不再赘述。

因此,本发明实施例的基站,通过基于随机接入前导和RAA传输RAR消息,使得对于不同的随机接入区域中基于相同的随机接入前导的随机接入请求,可以传输不同的RAR消息,从而能够降低传输RAR时的碰撞概率,增加随机接入的成功率。

图7-20示出了根据本发明实施例的用户设备700的示意性框图。该用户设备700包括:

第一确定模块710,用于确定该用户设备属于随机接入区域中心组或随机接入区域边缘组。

第一发送模块720,用于在该第一确定模块710确定该用户设备属于该随机接入区域中心组时,通过随机接入信道向基站发送与该随机接入区域中心组相应的第一随机接入前导。

第二确定模块730,用于确定该用户设备所属的随机接入区域RAA。

第一检测模块740,用于基于该第一发送模块720发送的该第一随机接入前导、该随机接入信道的信道资源信息以及该第二确定模块730确定的该RAA,检测该基站发送的第一随机接入应答RAR消息。

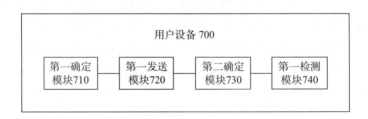

图7-20

因此,本发明实施例的用户设备,通过基于随机接入前导和RAA传输RAR消息,使得对于不同的随机接入区域中基于相同的随机接入前导的随机接入请求,可以传输不同的RAR消息,从而能够降低传输RAR时的碰撞概率,增加随机接入的成功率。

在本发明实施例中,如图7-21所示,可选地,该用户设备700还包括:

第二发送模块750,用于在该第一确定模块710确定该用户设备属于该随机接入区域边缘组时,通过该随机接入信道向该基站发送与该随机接入区域边缘组相应的第二随机接入前导。

第二检测模块760,用于基于该第二发送模块750发送的该第二随机接入前导以及该信道资源信息,检测该基站发送的第二随机接入应答RAR消息。

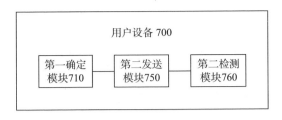

图 7 – 21

可选地，如图 7 – 22 所示，该第一检测模块 740 包括：

第一接收单元 741，用于接收该基站通过物理层下行共享信道 PDSCH 发送的针对该 RAA 的第一媒体接入控制 MAC 协议数据单元 PDU。

第二接收单元 742，用于接收该基站通过物理层下行控制信道 PDCCH 发送的由第一随机接入无线网络临时标识 RA – RNTI 加扰的第一 PDCCH 信令，该第一 PDCCH 信令用于指示该第一接收单元 741 接收的该第一 MAC PDU。

第一检测单元 743，用于基于该信道资源信息和该 RAA，确定该第一 RA – RNTI，并检测该第二接收单元 742 接收的该第一 PDCCH 信令。

第二检测单元 744，用于根据该第一检测单元 743 检测的该第一 PDCCH 信令以及该随机接入前导的随机接入前导标识 RAPID，检测该第一接收单元 741 接收的该第一 MAC PDU 的与该 RAPID 相应的字段所承载的该第一 RAR 消息。

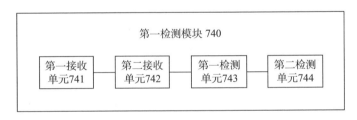

图 7 – 22

在本发明实施例中，可选地，该第一随机接入无线网络临时标识 RA – RNTI 的数值 M 由下列等式（7）确定：

$$M = 1 + T\_ID + 10 \times F\_ID + X \tag{7}$$

其中，T_ID 为该信道资源信息包括的子帧标识的数值，F_ID 为该信道资源信息包括的频带标识的数值，X 为与该 RAA 相关的偏置量。

可选地，该偏置量 X 由下列等式（8）确定：

$$X = RAA\_ID \times [1 + \max(T\_ID) + 10 \times \max(F\_ID)] \tag{8}$$

其中，RAA_ID 为该 RAA 的随机接入区域标识 RAAID 的数值。

可选地，如图 7 - 23 所示，该第一检测模块 740 包括：

第三接收单元 745，用于接收该基站通过 PDSCH 发送的第一 PDU 集合，该第一 PDU 集合包括用于承载 RAR 消息的至少一个 MAC PDU。

第四接收单元 746，用于接收该基站通过 PDCCH 发送的由第二 RA - RNTI 加扰的第二 PDCCH 信令，该第二 PDCCH 信令用于指示该第三接收单元 745 接收的该第一 PDU 集合。

第三检测单元 747，用于基于该信道资源信息，确定该第二 RA - RNTI，并检测该第四接收单元 746 接收的该第二 PDCCH 信令。

第四检测单元 748，用于根据该第三检测单元 747 检测的该第二 PDCCH 信令和该 RAA 的随机接入区域标识 RAAID，检测该第三接收单元 745 接收的该第一 PDU 集合包括的该至少一个 MAC PDU 中 MAC 头部承载该 RAAID 的第二 MAC PDU，并根据该随机接入前导的随机接入前导标识 RAPID，检测该第二 MAC PDU 的与该 RAPID 相应的字段所承载的该第一 RAR 消息。

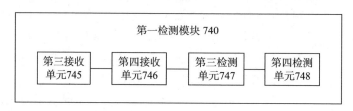

图 7 - 23

可选地，如图 7 - 24 所示，该第一检测模块 740 包括：

第五接收单元 749，用于接收该基站通过 PDSCH 发送的包括多个 MAC PDU 的第二 PDU 集合，该多个 MAC PDU 依预置规则排列，且该多个 MAC PDU 中的每一个 MAC PDU 都分别与该用户设备所属小区的一个随机接入区域相应。

第六接收单元 751，用于接收该基站通过 PDCCH 发送的由第三 RA - RNTI 加扰的第三 PDCCH 信令，该第三 PDCCH 信令用于指示该第五接收单元 749 接收的该第二 PDU 集合。

第五检测单元 752，用于基于该信道资源信息，确定该第三 RA - RNTI，并检测该第六接收单元 751 接收的该第三 PDCCH 信令。

第六检测单元 753，用于根据该第五检测单元 752 检测的该第三 PDCCH 信令、该 RAA 以及该预置规则，检测该第五接收单元 749 接收的该第二 PDU 集合包括的该多个 MAC PDU 中与该 RAA 相应的第三 MAC PDU，并根据该随机接入前导的随机接入前导标识 RAPID，检测该第三 MAC PDU 的与该 RAPID 相应的字段所承载的该第一 RAR 消息。

图 7 – 24

应理解，根据本发明实施例的用户设备 700 可对应于根据本发明实施例的传输随机接入应答消息的方法中的用户设备，并且用户设备 700 中的各个模块的上述和其他操作和/或功能分别为了实现图 7 – 1 至图 7 – 14 中的各个方法的相应流程，为了简洁，在此不再赘述。

因此，本发明实施例的用户设备，通过基于随机接入前导和 RAA 传输 RAR 消息，使得对于不同的随机接入区域中基于相同的随机接入前导的随机接入请求，可以传输不同的 RAR 消息，从而能够降低传输 RAR 时的碰撞概率，增加随机接入的成功率。

本领域普通技术人员可以意识到，结合本文中所公开的实施例描述的各示例的单元及算法步骤，能够以电子硬件、计算机软件或者二者的结合来实现，为了清楚地说明硬件和软件的可互换性，在上述说明中已经按照功能一般性地描述了各实施例的组成及步骤。这些功能究竟以硬件还是软件方式来执行，取决于技术方案的特定应用和设计约束条件。专业技术人员可以对每个特定的应用来使用不同方法来实现所描述的功能，但是这种实现不应认为超出本发明的范围。

在本申请所提供的几个实施例中，应该理解到，所披露的装置和方法，可以通过其他的方式实现。例如，以上所描述的装置实施例仅仅是示意性的，所述单元的划分，仅仅为一种逻辑功能的划分，实际实现时可以有另外的划分方式，例如多个单元或组件可以结合或者可以集成到另一个系统，或一些特征可以忽略，或不执行。另外，所显示或讨论的相互之间的耦合或直接耦合或通信连接可以是通过一些接口、装置或单元的间接耦合或通信连接，也可以是电的、机械的或其他的形式连接。

所述作为分离部件说明的单元可以是或者也可以不是物理上分开的，作为单元显示的部件可以是或者也可以不是物理单元，即可以位于一个地方，或者也可以分布到多个网络单元上。可以根据实际的需要选择其中的部分或者全部单元来实现本发明实施例方案的目的。

另外，在本发明各个实施例中的各功能单元可以集成在一个处理单元中，也可以是各个单元单独的物理存在，也可以是两个或两个以上单元集成在一个单元中。上述集成的单元既可以采用硬件的形式实现，也可以采用软件功能单元的形式实现。

所述集成的单元如果以软件功能单元的形式实现并作为独立的产品销售或在使用时，可以存储在一个计算机可读取存储介质中。基于这样的理解，本发明的技术方案本质上或者说对现有技术作出贡献的部分，或者该技术方案的全部或部分可以以软件产品的形式体现出来，该计算机软件产品存储在一个存储介质中，包括若干指令用以使得一台计算机设备（可以是个人计算机、服务器，或者网络设备等）执行本发明各个实施例所述方法的全部或部分步骤。而前述的存储介质包括：U盘、移动硬盘、只读存储器（Read-Only Memory，ROM）、随机存取存储器（Random Access Memory，RAM）、磁碟或者光盘等各种可以存储程序代码的介质。

（4）本申请欲申请的主题、技术关键点和欲保护点

在以上部分，我方补充了从用户设备的角度描述的随机接入响应传输的方法，以及基站和用户设备的实施方式。基于目前的技术方案，我方欲申请以下主题：随机接入响应传输的方法，针对该主题可以从用户侧和基站侧的角度分别请求保护基站以及用户设备。

本申请的技术关键点和欲保护点在于：

① 将小区上行覆盖的范围分成若干个随机接入区域。

② 把用户分别按照不同的随机接入区域进行分组。

③ 把用户按照接入中心和接入边缘进行分组。

④ 接入中心的用户可以重用随机接入的时频码资源进行前导序列的发送。

⑤ 通过向不同随机接入区域中相同的随机接入请求发送不同的应答实现资源的无竞争复用。

第四节 第一组权利要求的撰写

一般来说，在撰写发明或者实用新型专利申请的权利要求书时，针对其中一项要求保护的技术方案，可以按照如下思路进行撰写：

（1）理解该项要求保护的技术方案的实质性内容，列出全部技术特征；

（2）分析研究该项要求保护的技术方案的现有技术，确定最接近的现有技术；

（3）针对该项要求保护的技术方案，确定其要解决的技术问题以及为解决该技术问题所必须包括的全部必要技术特征；

（4）撰写独立权利要求；

（5）撰写从属权利要求。

下面首先说明从基站的角度描述如何撰写"传输随机接入响应消息的方法"的权利要求书。

一、理解要求保护的技术方案的实质性内容，列出全部技术特征

按照撰写专利申请文件的一般思路，在准备撰写权利要求之前，首先需要理解技术交底书中所要求保护技术方案的实质内容，列出全部技术特征，以及确定这些技术特征在本申请中所起的作用。

在分析要求保护的技术方案时，针对该技术方案涉及多种改进方案（相当于该申请的多个实施方式）的情况，需要通过分析这些改进方案（实施方式）之间的区别和联系来确定它们之间的关系：对于并列的多个实施方式，需要分析它们分别具有哪些相同的技术特征，那些不同的技术特征之间存在什么样的对应关系；对于彼此之间为主从关系的实施方式（以一个实施方式为主），需要分析其他实施方式分别相对该主实施方式作出了哪些改进，这些改进是通过哪些技术特征实现的。此外，对于要求保护的技术方案相对于现有技术作出多方面改进的情况，需要确定这些改进各自采取什么样的技术手段（技术特征）来实现，并明确这几方面改进之间的关系。

在客户提交的技术交底书中，结合图7-1至图7-8从基站的角度详细描述了该发明的传输随机接入应答消息的方法，所包括的技术特征有：

① 接收用户设备通过随机接入信道发送的随机接入前导。（S110）

② 根据所述随机接入前导，确定用户设备属于随机接入区域中心组或随机

接入区域边缘组。（S120）

③ 在确定所述用户设备属于随机接入区域中心组时，确定用户设备所属的随机接入区域。（S130）

④ 基于所述随机接入前导、所述随机接入信道的信道资源信息以及所述随机接入区域，向所述用户设备发送第一随机接入响应消息。（S140）

⑤ 在确定所述用户设备属于所述随机接入区域边缘组时，基于所述随机接入前导以及所述信道资源信息，向所述用户设备发送第二随机接入响应消息。（S150）

⑥ 通过物理层下行共享信道（PDSCH）向所述用户设备发送针对所述随机接入区域的第一媒体接入控制（MAC）协议数据单元（PDU），所述第一 MAC PDU 的与所述随机接入前导的随机接入前导标识（RAPID）相应的字段承载所述第一随机接入响应消息。（S141）

通过物理层下行控制信道（PDCCH）向所述用户设备发送由第一随机接入无线网络临时标识（RA‐RNTI）加扰的 PDCCH 信令，所述第一 PDCCH 信令用于指示所述第一 MAC PDU，所述第一 RA‐RNTI 由所述信道资源信息和所述随机接入区域确定。（S142）

⑦ 所述第一 RA‐RNTI 的数值 M 由下列等式确定：

$$M = 1 + T\_ID + 10 \times F\_ID + X$$

其中，T_ID 为所述信道资源信息包括的子帧标识的数值，F_ID 为所述信道资源信息包括的频带标识的数值，X 为与所述 RAA 相关的偏置量。（S142）

⑧ 所述偏置量 X 由下列等式确定：

$$X = RAA\_ID \times [1 + \max(T\_ID) + 10 \times \max(F\_ID)]$$

其中，RAA_ID 为所述随机接入区域的随机接入区域标识（RAAID）的数值。（S142）

⑨ 通过 PDSCH 向所述用户设备发送第一 PDU 集合，所述第一 PDU 集合包括用于承载随机接入响应消息的至少一个 MAC PDU，所述至少一个 MAC PDU 中与所述随机接入区域相应的第二 MAC PDU 的 MAC 头部承载所述随机接入区域的 RAAID，并且所述第二 MAC PDU 的与所述随机接入前导的 RAPID 相应的字段承载所述第一随机接入响应消息。（S143）

通过 PDCCH 向所述用户设备发送由第二 RA‐RNTI 加扰的第二 PDCCH 信令，所述第二 PDCCH 信令用于指示所述第一 PDU 集合，所述第二 RA‐RNTI 由所述信道资源信息确定。（S144）

⑩ 通过 PDSCH 向所述用户设备发送包括多个 MAC PDU 的第二 PDU 集合，

所述多个 MAC PDU 依预置规则排列，且所述多个 MAC PDU 中的每一个 MAC PDU 都分别与所述用户设备所属小区的一个随机接入区域相应，并且所述多个 MAC PDU 包括与所述随机接入区域相应的第三 MAC PDU，所述第三 MAC PDU 的与所述随机接入前导的 RAPID 相应的字段承载所述第一随机接入响应消息。（S145）

通过 PDCCH 向所述用户设备发送由第三 RA-RNTI 加扰的 PDCCH 信令，所述第三 PDCCH 信令用于指示所述第二 PDU 集合，所述第三 RA-RNTI 由所述信道资源信息确定。（S146）

由此，找出了从基站的角度描述的传输随机接入响应消息的方法所涉及的全部技术特征，在技术交底书该部分中所记载其他技术内容仅是对上述技术特征①~⑩的解释与说明，以及相应的技术效果，均无须在此列出。经过核对，上述列出的技术特征①~⑩涵盖了客户在信函中指出的技术关键点和欲保护点。

二、分析、研究该项要求保护的技术方案的现有技术，确定最接近的现有技术

在理解了要求保护的技术方案的实质内容之后，应当着手分析、研究现有技术，从中确定与该技术方案最接近的现有技术。

1. 分析研究现有技术，理解现有技术的实质性内容

通常来说，现有技术包括客户在技术交底书中提供的现有技术以及专利代理人在补充检索阶段为客户检索到的现有技术。就本案而言，客户在技术交底书中提供了背景技术，经过检索，专利代理人未找到更相关的现有技术，因此从技术交底书中提供的现有技术入手来进行分析。

根据客户在技术交底书中的描述，现有技术中基于竞争的随机接入过程包括如下四个步骤：

步骤1：用户设备在随机接入前导序列集合中随机选取一个随机接入前导序列，并在基站预先指定的 PRACH 上发送选择的随机接入前导序列。

步骤2：用户设备在 PDSCH 上接收来自基站下发的随机接入响应消息。

步骤3：用户设备需要根据随机接入响应消息中包含的临时小区无线网络临时标识（C-RNTI），在随机接入响应消息中指定的物理层上行共享信道（PUSCH）上向 eNB 传送包括用户设备在本小区中的标识的随机接入过程消息，以用于竞争解决。

步骤4：用户设备需要接收来自基站发送的竞争解决消息，从而完成随机接入过程。

在随机接入过程的步骤 1 中，用户设备在随机接入前导序列集合中随机选择随机接入前导序列，将导致出现多个用户设备同时向基站发送相同的随机接入请求。

在随机接入过程的步骤 2 中，基站针对在相同 PRACH 上检测到的相同的 RAPID 只会反馈一个随机接入响应消息，如果这些用户设备所选择的随机接入前导也相同，当用户设备的数量增加时，不同用户选择到相同的随机接入前导序列的概率增加，传输随机接入响应时的碰撞概率增加，降低了随机接入的成功率。

2. 确定最接近的现有技术

在对现有技术进行分析研究、理解现有技术的实质性内容之后，确定与该申请最接近的现有技术，为撰写独立权利要求做好准备。

最接近的现有技术，是指现有技术中与要求保护的发明最密切相关的一个技术方案。按照《专利审查指南 2010》第二部分第四章的规定，最接近的现有技术可以是与要求保护的发明的技术领域相同，所要解决的技术问题、技术效果或者用途最接近和/或公开了发明的技术特征最多的现有技术；或者虽然与要求保护的发明技术领域不同，但能够实现发明的功能，并且公开发明的技术特征最多的现有技术。在确定最接近的现有技术时，应当首先考虑技术领域相同或者相近的现有技术。但是，就撰写专利申请文件而言，在撰写独立权利要求时，可以只考虑技术领域相同的现有技术。

在该申请的技术方案中，最接近的现有技术即申请人在技术交底书中描述的内容。

三、针对该项要求保护的技术方案，确定其要解决的技术问题以及为解决该技术问题所必须包括的全部必要技术特征

在确定了最接近的现有技术之后，需要针对该最接近的现有技术确定该申请要解决的技术问题，在此基础上，确定该申请中哪些技术特征是解决这一技术问题的必要技术特征。

1. 确定该申请所解决的技术问题

就本案例而言，未检索到更相关的现有技术，针对目前掌握的现有技术，该申请技术方案所作出的改进就在于：通过基于随机接入前导和随机接入区域传输随机接入响应消息，使得对于不同的随机接入区域中基于相同的随机接入前导的随机接入请求，可以传输不同的随机接入响应消息，从而能够降低传输随机接入响应时的碰撞概率，增加随机接入的成功率。

所要解决的技术问题确定为"如何降低在发送随机接入响应时的冲突概率，增加随机接入的成功率"。

2. 为解决技术问题所必须包括的全部必要技术特征

在上文列举的技术特征①~⑩中，哪一些技术特征应当作为解决上述技术问题的必要技术特征写入独立权利要求中呢？下面将逐一进行分析。

技术特征①"接收用户设备通过随机接入信道发送的随机接入前导"是启动随机接入过程的步骤，因此，也是实现解决上述技术问题必不可少的一步。可见，技术特征①属于必要技术特征。

关于技术特征②~④，技术特征②"根据所述随机接入前导，确定用户设备属于随机接入区域中心组或随机接入区域边缘组"、技术特征③"在确定所述用户设备属于随机接入区域中心组时，确定用户设备所属的随机接入区域"以及技术特征④"基于所述随机接入前导、所述随机接入信道的信道资源信息以及所述随机接入区域，向所述用户设备发送第一随机接入响应消息"涉及本发明相对于现有技术的改进之处，通过确定用户设备属于随机接入区域中心组还是随机接入区域边缘组，当用户设备属于随机接入区域中心组时，确定它所述的随机接入区域，进而根据所述随机接入前导、所述随机接入信道的信道资源信息以及所述随机接入区域，向所述用户设备发送第一随机接入响应消息，这三个特征是完成向所述用户设备发送第一随机接入响应消息所必不可少的，都是解决该发明所要解决的技术问题的关键步骤，因此，技术特征②~④都属于必要技术特征。

技术特征⑤"在确定所述用户设备属于所述随机接入区域边缘组时，基于所述随机接入前导以及所述信道资源信息，向所述用户设备发送第二随机接入响应消息"涉及用户设备属于所述随机接入区域边缘组的情况，与现有技术中发送随机接入响应消息的方式相同，不是解决该发明的技术问题所必需的，因此，技术特征⑤不属于必要技术特征。

技术特征⑥"通过物理层下行共享信道（PDSCH）向所述用户设备发送针对所述随机接入区域的第一媒体接入控制（MAC）协议数据单元（PDU），所述第一 MAC PDU 的与所述随机接入前导的随机接入前导标识（RAPID）相应的字段承载所述第一随机接入响应消息；通过物理层下行控制信道（PDCCH）向所述用户设备发送由第一随机接入无线网络临时标识（RA – RNTI）加扰的第一 PDCCH 信令，所述第一 PDCCH 信令用于指示所述第一 MAC PDU，所述第一 RA – RNTI 由所述信道资源信息和所述随机接入区域确定"是对技术特征④的进一步限定，属于向用户设备发送第一随机接入响应消息的优选方式，因而不是解决上述技术问题的必要技术特征。

技术特征⑦和⑧是关于如何计算技术特征⑥中 RA – RNTI 的数值的，因此，也不是解决上述技术问题的必要技术特征。

技术特征⑨和⑩与技术特征⑥相似，都是对技术特征④的进一步限定，属于向用户设备发送第一随机接入响应消息的优选方式，因而不是解决上述技术问题的必要技术特征。

综上所述，从基站的角度描述独立权利要求保护的主题"传输随机接入响应消息的方法"所包含的必要技术特征为：

① 接收用户设备通过随机接入信道发送的随机接入前导。

② 根据所述随机接入前导，确定用户设备属于随机接入区域中心组或随机接入区域边缘组。

③ 在确定所述用户设备属于随机接入区域中心组时，确定用户设备所属的随机接入区域。

④ 基于所述随机接入前导、所述随机接入信道的信道资源信息以及所述随机接入区域，向所述用户设备发送第一随机接入响应消息。

剩余的其他技术特征可考虑在从属权利要求中进行分层次撰写。

四、撰写独立权利要求

在确定与该申请最接近的现有技术、针对该最接近的现有技术所要解决的技术问题以及为解决该技术问题所必需的必要技术特征之后，可以开始撰写独立权利要求了。

根据上述确定的必要技术特征，形成了基站侧的"传输随机接入响应消息的方法"的权利要求：

1. 一种传输随机接入响应消息的方法，其特征在于，包括：

接收用户设备通过随机接入信道发送的随机接入前导（RAP）；

根据所述随机接入前导，确定所述用户设备（UE）属于随机接入区域中心组或随机接入区域边缘组；

在确定所述用户设备属于所述随机接入区域中心组时，确定所述用户设备所属的随机接入区域（RAA）；

基于所述随机接入前导、所述随机接入信道的信道资源信息以及所述随机接入区域，向所述用户设备发送第一随机接入响应（RAR）消息。

撰写的独立权利要求应满足如下几方面的实质性要求。

（1）包含解决技术问题的全部必要技术特征。

就这一实质性要求而言，前面在分析确定该申请的必要技术特征时，已作出了具体说明，在此不再作重复描述。

（2）不应当写入非必要技术特征。

前文在分析该申请必要技术特征时，已将与随机接入区域边缘组相关的技术特征确定为附加技术特征，因此在独立权利要求中未写入这些技术特征，使该独立权利要求限定的技术方案具有较宽的保护范围。

（3）应当以说明书为依据，清楚、简要地限定要求专利保护的范围。

若技术交底书中提供的实施方式尚不足以支持客户期望的保护范围，可以要求客户进一步补充实施方式，在撰写说明书时记载更多的实施方式来支持独立权利要求，从而满足权利要求书以说明书为依据的规定。

对于权利要求应清楚、简要地限定保护范围这一要求，在前文分析该申请的必要技术特征时，从权利要求应当清楚地限定要求专利保护范围考虑，已将技术特征①～④确定为必要技术特征，并写入了独立权利要求；而从权利要求应当简要地限定要求专利保护的范围考虑，未将技术特征⑤～⑩作为必要技术特征写入独立权利要求。

（4）满足新颖性和创造性的要求。

独立权利要求中包括技术特征"根据所述随机接入前导，确定所述用户设备属于随机接入区域中心组或随机接入区域边缘组；在确定所述用户设备属于所述随机接入区域中心组时，确定所述用户设备所属的随机接入区域；基于所述随机接入前导、所述随机接入信道的信道资源信息以及所述随机接入区域，向所述用户设备发送第一随机接入响应消息"，这些特征没有出现在现有技术中，因此该独立权利要求具备《专利法》第22条第2款规定的新颖性。而且上述技术特征也不属于本领域技术人员解决"降低在发送随机接入响应时的冲突概率"时的公知常识。因此，该独立权利要求具备《专利法》第22条第3款规定的创造性。

五、撰写从属权利要求

在撰写标准相关专利权利要求时，应该全方位、多层次进行布局，为保证专利授权及专利权有效设置关键防御要塞。由于在提出申请阶段，标准往往处于草案讨论阶段，距离封版以及日后的商用可能还有很长一段时间。因此，从属权利要求的撰写也变得非常重要。应当将发明中各种可能的具体实施方式都写出来，布局在从属权利要求中，为日后将权利要求修改成与标准一致的范围打好基础。

就该申请来说，首先，撰写的从属权利要求的主题名称仍应当为"传输随机接入响应消息的方法"，与独立权利要求的主题名称一致。

在前文理解该申请要求保护主题的实质内容时所列出的技术特征中，共有六个技术特征（技术特征⑤～⑩）未写入独立权利要求中，现对这些技术特征进行分析，确定是否将其作为从属权利要求的附加技术特征。

技术特征⑤"在确定所述用户设备属于所述随机接入区域边缘组时，基于所述随机接入前导以及所述信道资源信息，向所述用户设备发送第二随机接入响应消息"涉及用户设备属于所述随机接入区域边缘组的情况，是对独立权利要求1中的技术特征"确定所述用户设备属于随机接入区域中心组或随机接入区域边缘组"的进一步限定，写可成引用独立权利要求1的从属权利要求2。

技术特征⑥"通过物理层下行共享信道向所述用户设备发送针对所述随机接入区域的第一媒体接入控制MAC协议数据单元PDU，所述第一MAC PDU的与所述随机接入前导的随机接入前导标识相应的字段承载所述第一随机接入响应消息；通过物理层下行控制信道向所述用户设备发送由第一随机接入无线网络临时标识RA－RNTI加扰的第一物理层下行控制信道信令，所述第一物理层下行控制信道信令用于指示所述第一MAC PDU，所述第一RA－RNTI由所述信道资源信息和所述随机接入区域确定"是对权利要求1中技术特征④的进一步限定，属于向用户设备发送第一随机接入响应消息的优选方式，可写成从属权利要求3，引用独立权利要求1。

技术特征⑦是关于如何计算技术特征⑥中RA－RNTI的数值的，因此，应当将其设置成引用权利要求3，作为从属权利要求4。

技术特征⑧涉及技术特征⑦中偏置量X的计算，因此，将其设置为引用权利要求4，作为从属权利要求5。

技术特征⑨和⑩与技术特征⑥相似，都是对技术特征④的进一步限定，属于向用户设备发送第一随机接入响应消息的优选方式，因而可分别写成从属权利要求6和7，引用权利要求1。

最后完成的从属权利要求如下：

2. 根据权利要求1所述的方法，其特征在于，所述方法还包括：

在确定所述用户设备属于所述随机接入区域边缘组时，基于所述随机接入前导以及所述信道资源信息，向所述用户设备发送第二随机接入响应消息。

3. 根据权利要求1所述的方法，其特征在于，所述向所述用户设备发送第一随机接入响应消息，包括：

通过物理层下行共享信道（PDSCH）向所述用户设备发送针对所述随机接入区域的第一媒体接入控制（MAC）协议数据单元（PDU），所述第一MAC PDU的与所述随机接入前导的随机接入前导标识（RAPID）相应的字段承载所述第一随机接入响应消息；

通过物理层下行控制信道（PDCCH）向所述用户设备发送由第一随机接入无线网络临时标识（RA－RNTI）加扰的第一 PDCCH 信令，所述第一 PDCCH 用于指示所述第一 MAC PDU，所述第一 RA－RNTI 由所述信道资源信息和所述随机接入区域确定。

4. 根据权利要求 3 所述的方法，其特征在于，所述第一 RA－RNTI 的数值 M 由下列等式确定：

$$RA-RNTI = 1 + T\_ID + 10 \times F\_ID + X$$

其中，T_ID 是随机接入信道子帧标识的数值，F_ID 是随机接入信道频带标识的数值，X 为与随机接入区域相关的偏置量。

5. 根据权利要求 4 所述的方法，其特征在于，所述偏置量 X 由下列等式确定：

$$X = RAA\_ID \times \left[1 + \max (T\_ID) + 10 \times \max (F\_ID) \right]$$

其中，RAA_ID 为随机接入区域标识（RAAID）的数值。

6. 根据权利要求 1 所述的方法，其特征在于，所述向所述用户设备发送第一随机接入响应消息，包括：

通过 PDSCH 向所述用户设备发送第一 PDU 集合，所述第一 PDU 集合包括用于承载随机接入响应消息的至少一个 MAC PDU，所述至少一个 MAC PDU 中与所述随机接入区域相应的第二 MAC PDU 的 MAC 头部承载所述随机接入区域的 RAAID，并且所述第二 MAC PDU 的与所述随机接入前导的 RAPID 相应的字段承载所述第一随机接入响应消息；

通过 PDCCH 向所述用户设备发送由第二 RA－RNTI 加扰的第二 PDCCH 信令，所述第二 PDCCH 信令用于指示所述第一 PDU 集合，所述第二 RA－RNTI 由所述信道资源信息确定。

7. 根据权利要求 1 所述的方法，其特征在于，所述向所述用户设备发送第一随机接入响应消息，包括：

通过 PDSCH 向所述用户设备发送包括多个 MAC PDU 的第二 PDU 集合，所述多个 MAC PDU 依预置规则排列，且所述多个 MAC PDU 中的每一个 MAC PDU 都分别与所述用户设备所属小区的一个随机接入区域相应，并且所述多个 MAC PDU 包括与所述随机接入区域相应的第三 MAC PDU，所述第三 MAC PDU 的与所述随机接入前导的 RAPID 相应的字段承载所述第一随机接入响应消息；

通过 PDCCH 向所述用户设备发送由第三 RA－RNTI 加扰的第三 PDCCH 信令，所述第三 PDCCH 信令用于指示所述第二 PDU 集合，所述第三 RA－RNTI

由所述信道资源信息确定。

六、与客户的沟通确认

在写好第一组权利要求后，将其发送给客户，请客户确认独立权利要求 1 的范围是否正确、从属权利要求的布局安排是否合理。

客户审阅后表示接受撰写的第一组权利要求，并指出可以基于此撰写其他组的权利要求。

第五节　其他组权利要求的撰写

在前期与客户的沟通过程中，确定了该发明要保护的主题还包括从用户设备的角度描述的传输随机接入响应消息的方法，以及基站和用户设备。接下来撰写这三组权利要求。

一、用户设备侧传输随机接入响应消息的方法

1. 理解要求保护的技术方案的实质性内容，列出全部技术特征

在客户提交的技术交底书中，结合图 7-9 至图 7-14 从用户设备的角度详细描述了该发明的传输随机接入响应消息的方法，所包括的技术特征有：

⑪ 确定用户设备属于随机接入区域中心组或随机接入区域边缘组。

⑫ 在确定所述用户设备属于所述随机接入区域中心组时，通过随机接入信道向基站发送与所述随机接入区域中心组相应的第一随机接入前导。

⑬ 确定所述用户设备所属的随机接入区域。

⑭ 基于所述第一随机接入前导、所述随机接入信道的信道资源信息以及所述随机接入区域，检测所述基站发送的第一随机接入响应消息。

⑮ 在确定所述用户设备属于所述随机接入区域边缘组时，通过所述随机接入信道向所述基站发送与所述随机接入区域边缘组相应的第二随机接入前导。

基于所述第二随机接入前导以及所述信道资源信息，检测所述基站发送的第二随机接入响应消息。

⑯ 接收所述基站通过物理层下行共享信道发送的针对所述随机接入区域的第一 MAC PDU。

接收所述基站通过物理层下行控制信道发送的由第一随机接入无线网络临时标识（RA-RNTI）加扰的第一物理层下行控制信道信令，所述第一物理层

下行控制信道信令用于指示所述第一 MAC PDU。

基于所述信道资源信息和所述随机接入区域，确定所述第一 RA－RNTI，并检测所述第一物理层下行控制信道信令。

根据所述第一物理层下行控制信道信令以及所述随机接入前导的随机接入前导标识，检测所述第一 MAC PDU 的与所述随机接入前导标识相应的字段所承载的所述第一随机接入响应消息。

⑰ 所述第一 RA－RNTI 的数值 M 由下列等式确定：
$$M = 1 + T\_ID + 10 \times F\_ID + X$$
其中，T_ID 为所述信道资源信息包括的子帧标识的数值，F_ID 为所述信道资源信息包括的频带标识的数值，X 为与所述随机接入区域相关的偏置量。

⑱ 所述偏置量 X 由下列等式确定：
$$X = RAA\_ID \times \left[1 + \max\left(T\_ID\right) + 10 \times \max\left(F\_ID\right) \right]$$
其中，RAA_ID 为所述随机接入区域的 RAAID 的数值。

⑲ 接收所述基站通过物理层下行共享信道发送的第一 PDU 集合，所述第一 PDU 集合包括用于承载随机接入响应消息的至少一个 MAC PDU。

接收所述基站通过物理层下行控制信道发送的由第二 RA－RNTI 加扰的第二物理层下行控制信道信令，所述第二物理层下行控制信道信令用于指示所述第一 PDU 集合。

基于所述信道资源信息，确定所述第二 RA－RNTI，并检测所述第二物理层下行控制信道信令。

根据所述第二物理层下行控制信道信令和所述随机接入区域的 RAAID，检测所述至少一个 MAC PDU 中 MAC 头部承载所述 RAAID 的第二 MAC PDU，并根据所述随机接入前导的随机接入前导标识，检测所述第二 MAC PDU 的与所述随机接入前导标识相应的字段所承载的所述第一随机接入响应消息。

⑳ 接收所述基站通过物理层下行共享信道发送的包括多个 MAC PDU 的第二 PDU 集合，所述多个 MAC PDU 依预置规则排列，且所述多个 MAC PDU 中的每一个 MAC PDU 都分别与所述用户设备所属小区的一个随机接入区域相应。

接收所述基站通过物理层下行控制信道发送的由第三 RA－RNTI 加扰的第三物理层下行控制信道信令，所述第三物理层下行控制信道信令用于指示所述第二 PDU 集合。

基于所述信道资源信息，确定所述第三 RA－RNTI，并检测所述第三物理层下行控制信道信令。

根据所述第三物理层下行控制信道信令、所述随机接入区域以及所述预置规则，检测所述多个 MAC PDU 中与所述随机接入区域相应的第三 MAC PDU，并根据所述随机接入前导的随机接入前导标识，检测所述第三 MAC PDU 的与所述随机接入前导标识相应的字段所承载的所述第一随机接入响应消息。

2. 确定最接近的现有技术与发明实际要解决的技术问题

本组权利要求与第一组权利要求属于同一发明构思，结合第一组权利要求的分析可知，最接近的现有技术即客户在技术交底书中描述的内容，该发明所要解决的技术问题为"如何降低在发送随机接入响应时的冲突概率，增加随机接入的成功率"。

3. 撰写独立权利要求

下面将逐一进行分析上文列举的技术特征⑪～⑳，选出应当作为解决上述技术问题的必要技术特征写入独立权利要求。

技术特征⑪"确定用户设备属于随机接入区域中心组或随机接入区域边缘组"是该发明的改进所在，该技术特征是用户设备向基站发送随机接入前导前需要执行的步骤，因为随机接入区域中心组和随机接入区域边缘组所使用的随机接入前导序列不同，因此，用户设备需要先确定自己属于随机接入区域中心组还是随机接入区域边缘组，才能确定所发送的第一随机接入前导，而随机接入前导发送至基站才启动随机接入，因此，技术特征⑪是实现解决上述技术问题必不可少的一步，技术特征⑪属于必要技术特征。

技术特征⑫"在确定所述用户设备属于所述随机接入区域中心组时，通过随机接入信道向基站发送与所述随机接入区域中心组相应的第一随机接入前导"涉及第一随机接入前导的发送，如前所述，随机接入前导的发送是启动随机接入的第一步，因此，技术特征⑫也是实现解决上述技术问题必不可少的一步，属于必要技术特征。

技术特征⑬"确定所述用户设备所属的随机接入区域"以及技术特征⑭"基于所述第一随机接入前导、所述随机接入信道的信道资源信息以及所述随机接入区域，检测所述基站发送的第一随机接入响应消息"也是该发明相对于现有技术的改进之处，随机接入区域中心组和随机接入区域边缘组的用户设备所接收到的随机接入响应消息不同，通过确定用户设备属于随机接入区域中心组还是随机接入区域边缘组，当用户设备属于随机接入区域中心组时，确定它所述的随机接入区域，进而根据所述随机接入前导、所述随机接入信道的信道资源信息以及所述随机接入区域，检测所述基站发送的第一随机接入响应消息，这两个技术特征是完成向所述用户设备传输第一随机接入响应消息所必不可少的，都是解决该发明所要解决的技术问题的关键步骤，因此，技术特征⑬和⑭

都属于必要技术特征。

技术特征⑮"在确定所述用户设备属于所述随机接入区域边缘组时，通过所述随机接入信道向所述基站发送与所述随机接入区域边缘组相应的第二随机接入前导；基于所述第二随机接入前导以及所述信道资源信息，检测所述基站发送的第二随机接入响应消息"，涉及用户设备属于所述随机接入区域边缘组的情况，与现有技术中用户设备检测随机接入响应消息的方式相同，不是解决该发明的技术问题所必需的，因此，技术特征⑮不属于必要技术特征。

技术特征⑯、技术特征⑲和技术特征⑳都是对技术特征⑭的进一步限定，属于检测所述基站发送的第一随机接入响应消息的优选方式，因而不是解决上述技术问题的必要技术特征。

技术特征⑰和⑱是关于如何计算技术特征⑯中 RA－RNTI 的数值的，因此，也不是解决上述技术问题的必要技术特征。

综上所述，从用户设备的角度描述独立权利要求保护的主题"传输随机接入响应消息的方法"所包含的必要技术特征为：

⑪ 确定用户设备属于随机接入区域中心组或随机接入区域边缘组。

⑫ 在确定所述用户设备属于所述随机接入区域中心组时，通过随机接入信道向基站发送与所述随机接入区域中心组相应的第一随机接入前导。

⑬ 确定所述用户设备所属的随机接入区域。

⑭ 基于所述第一随机接入前导、所述随机接入信道的信道资源信息以及所述随机接入区域，检测所述基站发送的第一随机接入响应消息。

根据上述确定的必要技术特征，形成了用户设备侧的"传输随机接入响应消息的方法"的权利要求：

8. 一种传输随机接入响应消息的方法，其特征在于，包括：

确定用户设备（UE）属于随机接入区域中心组或随机接入区域边缘组；

在确定所述用户设备属于所述随机接入区域中心组时，通过随机接入信道向基站发送与所述随机接入区域中心组相应的第一随机接入前导（RAP）；

确定所述用户设备所属的随机接入区域（RAA）；

基于所述第一随机接入前导、所述随机接入信道的信道资源信息以及所述随机接入区域，检测所述基站发送的第一随机接入响应（RAR）消息。

剩余的其他技术特征可考虑在从属权利要求中进行分层次撰写。

4. **撰写从属权利要求**

在前文理解该申请要求保护主题的实质内容时所列出的技术特征中，共有六个技术特征（技术特征⑮~⑳）未写入独立权利要求中。

经过分析可以发现技术特征⑮~⑳分别对应于技术特征⑤~⑩，参照对技术特征⑤~⑩的分析，可以撰写出独立权利要求8的从属权利要求9~14。

9. 根据权利要求8所述的方法，其特征在于，所述方法还包括：

在确定所述用户设备属于所述随机接入区域边缘组时，通过所述随机接入信道向所述基站发送与所述随机接入区域边缘组相应的第二随机接入前导；

基于所述第二随机接入前导以及所述信道资源信息，检测所述基站发送的第二随机接入响应消息。

10. 根据权利要求8所述的方法，其特征在于，所述检测所述基站发送的第一随机接入响应消息，包括：

接收所述基站通过物理层下行共享信道（PDSCH）发送的针对所述随机接入区域的第一媒体接入控制（MAC）协议数据单元（PDU）；

接收所述基站通过物理层下行控制信道（PDCCH）发送的由第一随机接入无线网络临时标识（RA-RNTI）加扰的第一PDCCH信令，所述第一PDCCH信令用于指示所述第一MAC PDU；

基于所述信道资源信息和所述随机接入区域，确定所述第一RA-RNTI，并检测所述第一PDCCH信令；

根据所述第一PDCCH信令以及所述随机接入前导的随机接入前导标识（RAPID），检测所述第一MAC PDU的与所述RAPID相应的字段所承载的所述第一随机接入响应消息。

11. 根据权利要求10所述的方法，其特征在于，所述第一RA-RNTI的数值M由下列等式确定：

$$M = 1 + T\_ID + 10 \times F\_ID + X$$

其中，T_ID为所述信道资源信息包括的子帧标识的数值，F_ID为所述信道资源信息包括的频带标识的数值，X为与所述随机接入区域相关的偏置量。

12. 根据权利要求11所述的方法，其特征在于，所述偏置量X由下列等式确定：

$$X = RAA\_ID \times [1 + \max(T\_ID) + 10 \times \max(F\_ID)]$$

其中，RAA_ID为所述随机接入区域的RAAID的数值。

13. 根据权利要求8所述的方法，其特征在于，所述检测所述基站发送的第一随机接入响应消息，包括：

接收所述基站通过PDSCH发送的第一PDU集合，所述第一PDU集合包括用于承载随机接入响应消息的至少一个MAC PDU；

接收所述基站通过 PDSCH 发送的由第二 RA - RNTI 加扰的第二 PDCCH 信令，所述第二 PDCCH 信令用于指示所述第一 PDU 集合；

基于所述信道资源信息，确定所述第二 RA - RNTI，并检测所述第二 PD-CCH 信令；

根据所述第二 PDCCH 信令和所述随机接入区域的 RAAID，检测所述至少一个 MAC PDU 中 MAC 头部承载所述 RAAID 的第二 MAC PDU，并根据所述随机接入前导的 RAPID，检测所述第二 MAC PDU 的与所述 PAPID 相应的字段所承载的所述第一随机接入响应消息。

14. 根据权利要求 8 所述的方法，其特征在于，所述检测所述基站发送的第一随机接入响应消息，包括：

接收所述基站通过 PDSCH 发送的包括多个 MAC PDU 的第二 PDU 集合，所述多个 MAC PDU 依预置规则排列，且所述多个 MAC PDU 中的每一个 MAC PDU 都分别与所述用户设备所属小区的一个随机接入区域相应；

接收所述基站通过 PDCCH 发送的由第三 RA - RNTI 加扰的第三 PDCCH 信令，所述第三 PDCCH 信令用于指示所述第二 PDU 集合；

基于所述信道资源信息，确定所述第三 RA - RNTI，并检测所述第三 PD-CCH 信令；

根据所述第三 PDCCH 信令、所述随机接入区域以及所述预置规则，检测所述多个 MAC PDU 中与所述随机接入区域相应的第三 MAC PDU，并根据所述随机接入前导的 RAPID，检测所述第三 MAC PDU 的与所述 RAPID 相应的字段所承载的所述第一随机接入响应消息。

二、基站和用户设备

在客户提交的技术交底书中，结合图 7 - 15 至图 7 - 24 描述了该发明的基站和用户设备。

通过阅读和研究该部分内容可知，客户按照与方法一一对应的方式分别描述了基站和用户设备。基于前述方法权利要求 1 ~ 14 的撰写方式，我们可以得出以下有关基站和用户设备的权利要求。

与基站侧的传输随机接入响应消息方法对应的装置权利要求可以写成如下的形式：

15. 一种基站，其特征在于，包括：

接收模块，用于接收用户设备（UE）通过随机接入信道发送的随机接入前导（RAP）；

第一确定模块，用于根据所述接收模块接收的所述随机接入前导，确定所述用户设备属于随机接入区域中心组或随机接入区域边缘组；

第二确定模块，用于在所述第一确定模块确定所述用户设备属于所述随机接入区域中心组时，确定所述用户设备所属的随机接入区域（RAA）；

第一发送模块，用于基于所述接收模块接收的所述随机接入前导、所述随机接入信道的信道资源信息以及所述第二确定模块确定的所述随机接入区域，向所述用户设备发送第一随机接入响应（RAR）消息。

与用户设备侧的传输随机接入响应消息方法对应的装置权利要求可以写成如下的形式：

22. 一种用户设备，其特征在于，包括：

第一确定模块，用于确定所述用户设备（UE）属于随机接入区域中心组或随机接入区域边缘组；

第一发送模块，用于在所述第一确定模块确定所述用户设备属于所述随机接入区域中心组时，通过随机接入信道向基站发送与所述随机接入区域中心组相应的第一随机接入前导RAP；

第二确定模块，用于确定所述用户设备所属的随机接入区域（RAA）；

第一检测模块，用于基于所述第一发送模块发送的所述第一随机接入前导、所述随机接入信道的信道资源信息以及所述第二确定模块确定的所述随机接入区域，检测所述基站发送的第一随机接入响应（RAR）消息。

上述两个独立权利要求 15 和 22 分别与方法独立权利要求 1 和 8 完全对应一致，它们的从属权利要求也可以采用与方法从属权利要求完全对应一致的方式撰写。装置从属权利要求 16～21、23～28 请参见本章给出的权利要求书参考文本。

第六节　说明书及其摘要的撰写

完成权利要求的撰写之后，就可着手撰写说明书的各个组成部分和说明书摘要。以下重点说明撰写说明书各个组成部分和说明书摘要应当注意的问题，读者可结合所附说明书实例加深理解。

1. 发明名称

该申请的权利要求书的主题为"一种传输随机接入响应消息的方法、基站和用户设备"，因此发明名称应写成："传输随机接入响应消息的方法、基站和用户设备。"

2. 技术领域

技术领域部分应当是要求保护的发技术方案所属或者直接应用的具体技术领域，而不是上位或者相邻的技术领域，也不是发明本身，不要写入区别特征。建议写成："本申请涉及通信领域，尤其涉及通信领域中随机接入响应消息的传输。"

3. 背景技术

背景技术部分简单介绍发明的基本情况。这部分通常介绍与该申请实施例有关的现有技术和背景。然而，不应在背景技术部分讨论发明或发明的任何实施例，这样做会在法律上"承认"背景技术部分描述的主题为"现有技术"，且权利要求会被认为是针对这些现有技术。此外，在描述现有技术时，避免提及发明本身不能解决的问题。

4. 发明内容

发明内容部分应写明发明的目的。该目的应该是宽泛、非具体的。要确保各独立权利要求的主题都能够实现这个目的。在发明内容部分，一个独立的权利要求应被称为"（本申请的）一个方面"。对发明内容的撰写参考如下：

本申请实施例提供了一种传输随机接入响应消息的方法、基站和用户设备，能够降低传输随机接入响应时的冲突概率，增加随机接入的成功率。

一方面，本申请实施例提供了一种传输随机接入响应消息的方法，该方法包括：接收用户设备通过随机接入信道发送的随机接入前导；根据该随机接入前导，确定该用户设备属于随机接入区域中心组或随机接入区域边缘组；在确定该用户设备属于该随机接入区域中心组时，确定该用户设备所属的随机接入区域；基于该随机接入前导、该随机接入信道的信道资源信息以及该随机接入区域，向该用户设备发送第一随机接入响应消息。

5. 附图说明

附图说明部分应该包括对每个附图作极其简短的介绍。附图的内容应反映权利要求书中包含的该申请的每一个技术特征。不同类型的权利要求可用不同类型的附图支持。例如，结构组成图支持产品权利要求，流程图支持方法权利要求。"附图说明""具体实施方式"和"权利要求书"部分之间使用一致的术语和附图标记。

在"附图说明"部分中，每个附图应该只用一句话来描述。这一句话应当是用来说明附图的类型，而不是附图描绘的发明主题的实质。专利申请中的所有附图都需在本部分列出，而且每一个附图说明都应该表述为"本申请的一个实施例"，而不是"本申请"本身。对附图说明的撰写方式参考如下：

为了更清楚地说明本申请实施例的技术方案，下面将对本申请实施例中所需要使用的附图作简单的介绍，显而易见地，下面所描述的附图仅仅是本申请的一些实施例，对于本领域普通技术人员来讲，在不付出创造性劳动的前提下，还可以根据这些附图获得其他的附图。

图 1 是根据本申请实施例的传输随机接入响应消息的方法的示意性流程图。

图 2 是根据本申请实施例的随机接入区域的示意图。

6. 具体实施方式

具体实施方式部分应包含关于该申请各实施例和其实现方式的充分细节，使得本领域普通技术人员能够实现和使用该申请。具体实施方式部分通常对照一个或多个相关该申请附图展开。作为通用规则，为了避免对权利要求带来不必要的限定，在说明时应特别明确是"实施例"而不是该申请本身。

7. 说明书摘要

说明书摘要部分首先写明该申请专利申请的名称，其次重点对独立权利要求的技术方案的要点作出说明，在此基础上进一步说明其解决的技术问题和有益效果。此外，还应当选择一幅最能代表该发明的附图作为摘要附图，对该发明来说，将说明书的图 1 作为摘要附图。

第七节　权利要求书和说明书的参考文本

至此，完成权利要求书和说明书的撰写，下面给出权利要求书和说明书的参考文本。

权利要求书

1. 一种传输随机接入响应消息的方法，其特征在于，包括：

接收用户设备通过随机接入信道发送的随机接入前导（RAP）；

根据所述随机接入前导，确定所述用户设备（UE）属于随机接入区域中心组或随机接入区域边缘组；

在确定所述用户设备属于所述随机接入区域中心组时，确定所述用户设备所属的随机接入区域（RAA）；

基于所述随机接入前导、所述随机接入信道的信道资源信息以及所述随机接入区域，向所述用户设备发送第一随机接入响应（RAR）消息。

2. 根据权利要求1所述的方法，其特征在于，所述方法还包括：

在确定所述用户设备属于所述随机接入区域边缘组时，基于所述随机接入前导以及所述信道资源信息，向所述用户设备发送第二随机接入响应消息。

3. 根据权利要求1所述的方法，其特征在于，所述向所述用户设备发送第一随机接入响应消息，包括：

通过物理层下行共享信道（PDSCH）向所述用户设备发送针对所述随机接入前导的第一媒体接入控制（MAC）协议数据单元（PDU），所述第一 MAC PDU 的与所述随机接入前导的随机接入前导标识（RAPID）相应的字段承载所述第一随机接入响应消息；

通过物理层下行控制信道（PDCCH）向所述用户设备发送由第一随机接入无线网络临时标识（RA－RNTI）加扰的第一 PDCCH 信令，所述第一 PDCCH 信令用于指示所述第一 MAC PDU，所述第一 RA－RNTI 由所述信道资源信息和所述随机接入区域确定。

4. 根据权利要求3所述的方法，其特征在于，所述第一 RA－RNTI 的数值 M 由下列等式确定：

$$M = 1 + T\_ID + 10 \times F\_ID + X$$

其中，T_ID 为所述信道资源信息包括的子帧标识的数值，F_ID 为所述信道资源信息包括的频带标识的数值，X 为与所述随机接入区域相关的偏置量。

5. 根据权利要求4所述的方法，其特征在于，所述偏置量 X 由下列等式确定：

$$X = RAA\_ID \times [1 + \max(T\_ID) + 10 \times \max(F\_ID)]$$

其中，RAA_ID 为所述随机接入区域的随机接入区域标识（RAAID）的数值。

6. 根据权利要求 1 所述的方法，其特征在于，所述向所述用户设备发送第一随机接入响应消息，包括：

通过 PDSCH 向所述用户设备发送第一 PDU 集合，所述第一 PDU 集合包括用于承载随机接入响应消息的至少一个 MAC PDU，所述至少一个 MAC PDU 中与所述随机接入区域相应的第二 MAC PDU 的 MAC 头部承载所述随机接入区域的 RAAID，并且所述第二 MAC PDU 的与所述随机接入前导的 RAPID 相应的字段承载所述第一随机接入响应消息；

通过 PDCCH 向所述用户设备发送由第二 RA – RNTI 加扰的第二 PDCCH 信令，所述第二 PDCCH 信令用于指示所述第一 PDU 集合，所述第二 RA – RNTI 由所述信道资源信息确定。

7. 根据权利要求 1 所述的方法，其特征在于，所述向所述用户设备发送第一随机接入响应消息，包括：

通过 PDSCH 向所述用户设备发送包括多个 MAC PDU 的第二 PDU 集合，所述多个 MAC PDU 依预置规则排列，且所述多个 MAC PDU 中的每一个 MAC PDU 都分别与所述用户设备所属小区的一个随机接入区域相应，并且所述多个 MAC PDU 包括与所述随机接入区域相应的第三 MAC PDU，所述第三 MAC PDU 的与所述随机接入前导的 RAPID 相应的字段承载所述第一随机接入响应消息；

通过 PDCCH 向所述用户设备发送由第三 RA – RNTI 加扰的第三 PDCCH 信令，所述第三 PDCCH 信令用于指示所述第二 PDU 集合，所述第三 RA – RNTI 由所述信道资源信息确定。

8. 一种传输随机接入响应消息的方法，其特征在于，包括：
确定用户设备（UE）属于随机接入区域中心组或随机接入区域边缘组；
在确定所述用户设备属于所述随机接入区域中心组时，通过随机接入信道向基站发送与所述随机接入区域中心组相应的第一随机接入前导（RAP）；
确定所述用户设备所属的随机接入区域（RAA）；
基于所述第一随机接入前导、所述随机接入信道的信道资源信息以及所述随机接入区域，检测所述基站发送的第一随机接入响应（RAR）消息。

9. 根据权利要求 8 所述的方法，其特征在于，所述方法还包括：
在确定所述用户设备属于所述随机接入区域边缘组时，通过所述随机接入信道向所述基站发送与所述随机接入区域边缘组相应的第二随机接入前导；
基于所述第二随机接入前导以及所述信道资源信息，检测所述基站发送的第二随机接入响应消息。

10. 根据权利要求 8 所述的方法，其特征在于，所述检测所述基站发送的第一随机接入响应消息，包括：

接收所述基站通过物理层下行共享信道（PDSCH）发送的针对所述随机接入区域的第一媒体接入控制（MAC）协议数据单元（PDU）；

接收所述基站通过物理层下行控制信道（PDCCH）发送的由第一随机接入无线网络临时标识（RA－RNTI）加扰的第一 PDCCH 信令，所述第一 PDCCH 信令用于指示所述第一 MAC PDU；

基于所述信道资源信息和所述随机接入区域，确定所述第一 RA－RNTI，并检测所述第一 PDCCH 信令；

根据所述第一 PDCCH 信令以及所述随机接入前导的随机接入前导标识（RAPID），检测所述第一 MAC PDU 的与所述 PARID 相应的字段所承载的所述第一随机接入响应消息。

11. 根据权利要求 10 所述的方法，其特征在于，所述第一 RA－RNTI 的数值 M 由下列等式确定：

$$M = 1 + T\_ID + 10 \times F\_ID + X$$

其中，T_ID 为所述信道资源信息包括的子帧标识的数值，F_ID 为所述信道资源信息包括的频带标识的数值，X 为与所述随机接入区域相关的偏置量。

12. 根据权利要求 11 所述的方法，其特征在于，所述偏置量 X 由下列等式确定：

$$X = RAA\_ID \times \left[1 + \max\left(T\_ID\right) + 10 \times \max\left(F\_ID\right) \right]$$

其中，RAA_ID 为所述随机接入区域的 RAAID 的数值。

13. 根据权利要求 8 所述的方法，其特征在于，所述检测所述基站发送的第一随机接入响应消息，包括：

接收所述基站通过 PDSCH 发送的第一 PDU 集合，所述第一 PDU 集合包括用于承载随机接入响应消息的至少一个 MAC PDU；

接收所述基站通过 PDCCH 发送的由第二 RA－RNTI 加扰的第二 PDCCH 信令，所述第二 PDCCH 信令用于指示所述第一 PDU 集合；

基于所述信道资源信息，确定所述第二 RA－RNTI，并检测所述第二 PDCCH 信令；

根据所述第二 PDCCH 信令和所述随机接入区域的 RAAID，检测所述至少一个 MAC PDU 中 MAC 头部承载所述 RAAID 的第二 MAC PDU，并根据所述随机接入前导的 RAPID，检测所述第二 MAC PDU 的与所述 RAPID 相应的字段所承载的所述第一随机接入响应消息。

14. 根据权利要求 8 所述的方法，其特征在于，所述检测所述基站发送的第一随机接入响应消息，包括：

接收所述基站通过 PDSCH 发送的包括多个 MAC PDU 的第二 PDU 集合，所述多个 MAC PDU 依预置规则排列，且所述多个 MAC PDU 中的每一个 MAC PDU 都分别与所述用户设备所属小区的一个随机接入区域相应；

接收所述基站通过 PDCCH 发送的由第三 RA - RNTI 加扰的第三 PDCCH 信令，所述第三 PDCCH 信令用于指示所述第二 PDU 集合；

基于所述信道资源信息，确定所述第三 RA - RNTI，并检测所述第三 PD-CCH 信令；

根据所述第三 PDCCH 信令、所述随机接入区域以及所述预置规则，检测所述多个 MAC PDU 中与所述随机接入区域相应的第三 MAC PDU，并根据所述随机接入前导的 RAPID，检测所述第三 MAC PDU 的与所述 RAPID 相应的字段所承载的所述第一随机接入响应消息。

15. 一种基站，其特征在于，包括：

接收模块，用于接收用户设备（UE）通过随机接入信道发送的随机接入前导（RAP）；

第一确定模块，用于根据所述接收模块接收的所述随机接入前导，确定所述用户设备属于随机接入区域中心组或随机接入区域边缘组；

第二确定模块，用于在所述第一确定模块确定所述用户设备属于所述随机接入区域中心组时，确定所述用户设备所属的随机接入区域（RAA）；

第一发送模块，用于基于所述接收模块接收的所述随机接入前导、所述随机接入信道的信道资源信息以及所述第二确定模块确定的所述随机接入区域，向所述用户设备发送第一随机接入响应（RAR）消息。

16. 根据权利要求 15 所述的基站，其特征在于，所述基站还包括：

第二发送模块，用于在所述第一确定模块确定所述用户设备属于所述随机接入区域边缘组时，基于所述随机接入前导以及所述信道资源信息，向所述用户设备发送第二随机接入响应消息。

17. 根据权利要求 15 所述的基站，其特征在于，所述第一发送模块包括：

第一发送单元，用于通过物理层下行共享信道（PDSCH）向所述用户设备发送针对所述随机接入区域的第一媒体接入控制（MAC）协议数据单元（PDU），所述第一 MAC PDU 的与所述随机接入前导的随机接入前导标识（RAPID）相应的字段承载所述第一随机接入响应消息；

第二发送单元，用于通过物理层下行控制信道（PDCCH）向所述用户设备发送由第一随机接入无线网络临时标识（RA - RNTI）加扰的第一 PDCCH

信令，所述第一 PDCCH 信令用于指示所述第一发送单元发送的所述第一 MAC PDU，所述第一 RA – RNTI 由所述信道资源信息和所述随机接入区域确定。

18. 根据权利要求 17 所述的基站，其特征在于，所述第一 RA – RNTI 的数值 M 由下列等式确定：

$$M = 1 + T\_ID + 10 \times F\_ID + X$$

其中，T_ID 为所述信道资源信息包括的子帧标识的数值，F_ID 为所述信道资源信息包括的频带标识的数值，X 为与所述随机接入区域相关的偏置量。

19. 根据权利要求 18 所述的基站，其特征在于，所述偏置量 X 由下列等式确定：

$$X = RAA\_ID \times [1 + \max(T\_ID) + 10 \times \max(F\_ID)]$$

其中，RAA_ID 为所述随机接入区域的 RAAID 的数值。

20. 根据权利要求 15 所述的基站，其特征在于，所述第一发送模块包括：

第三发送单元，用于通过 PDSCH 向所述用户设备发送第一 PDU 集合，所述第一 PDU 集合包括用于承载随机接入响应消息的至少一个 MAC PDU，所述至少一个 MAC PDU 中与所述随机接入区域相应的第二 MAC PDU 的 MAC 头部承载所述随机接入区域的 RAAID，并且所述第二 MAC PDU 的与所述随机接入前导的 RAPID 相应的字段承载所述第一随机接入响应消息；

第四发送单元，用于通过 PDCCH 向所述用户设备发送由第二 RA – RNTI 加扰的第二 PDCCH 信令，所述第二 PDCCH 信令用于指示所述第三发送单元发送的所述第一 PDU 集合，所述第二 RA – RNTI 由所述信道资源信息确定。

21. 根据权利要求 15 所述的基站，其特征在于，所述第一发送模块包括：

第五发送单元，用于通过 PDSCH 向所述用户设备发送包括多个 MAC PDU 的第二 PDU 集合，所述多个 MAC PDU 依预置规则排列，且所述多个 MAC PDU 中的每一个 MAC PDU 都分别与所述用户设备所属小区的一个随机接入区域相应，并且所述多个 MAC PDU 包括与所述随机接入区域相应的第三 MAC PDU，所述第三 MAC PDU 的与所述随机接入前导的 RAPID 相应的字段承载所述第一随机接入响应消息；

第六发送单元，用于通过 PDCCH 向所述用户设备发送由第三 RA – RNTI 加扰的第三 PDCCH 信令，所述第三 PDCCH 信令用于指示所述第五发送单元发送的所述第二 PDU 集合，所述第三 RA – RNTI 由所述信道资源信息确定。

22. 一种用户设备，其特征在于，包括：

第一确定模块，用于确定所述用户设备（UE）属于随机接入区域中心组或随机接入区域边缘组；

第一发送模块，用于在所述第一确定模块确定所述用户设备属于所述随机接入区域中心组时，通过随机接入信道向基站发送与所述随机接入区域中心组相应的第一随机接入前导；

第二确定模块，用于确定所述用户设备所属的随机接入区域（RAA）；

第一检测模块，用于基于所述第一发送模块发送的所述第一随机接入前导、所述随机接入信道的信道资源信息以及所述第二确定模块确定的所述随机接入区域，检测所述基站发送的第一随机接入响应（RAR）消息。

23. 根据权利要求 22 所述的用户设备，其特征在于，所述用户设备还包括：

第二发送模块，用于在所述第一确定模块确定所述用户设备属于所述随机接入区域边缘组时，通过所述随机接入信道向所述基站发送与所述随机接入区域边缘组相应的第二随机接入前导；

第二检测模块，用于基于所述第二发送模块发送的所述第二随机接入前导以及所述信道资源信息，检测所述基站发送的第二随机接入响应消息。

24. 根据权利要求 22 所述的用户设备，其特征在于，所述第一检测模块包括：

第一接收单元，用于接收所述基站通过物理层下行共享信道（PDSCH）发送的针对所述随机接入区域的第一媒体接入控制（MAC）协议数据单元（PDU）；

第二接收单元，用于接收所述基站通过物理层下行控制信道（PDCCH）发送的由第一随机接入无线网络临时标识（RA－RNTI）加扰的第一 PDCCH 信令，所述第一 PDCCH 信令用于指示所述第一接收单元接收的所述第一MAC PDU；

第一检测单元，用于基于所述信道资源信息和所述随机接入区域，确定所述第一 RA－RNTI，并检测所述第二接收单元接收的所述第一 PDCCH 信令；

第二检测单元，用于根据所述第一检测单元检测的所述第一 PDCCH 信令以及所述随机接入前导的随机接入前导标识（RAPID），检测所述第一接收单元接收的所述第一 MAC PDU 的与所述 RAPID 相应的字段所承载的所述第一随机接入响应消息。

25. 根据权利要求 24 所述的用户设备，其特征在于，所述第一 RA－RNTI 的数值 M 由下列等式确定：

$$M = 1 + T\_ID + 10 \times F\_ID + X$$

其中，T_ID 为所述信道资源信息包括的子帧标识的数值，F_ID 为所述信道资源信息包括的频带标识的数值，X 为与所述随机接入区域相关的偏置量。

26. 根据权利要求 25 所述的用户设备，其特征在于，所述偏置量 X 由下列等式确定：

$$X = RAA\_ID \times \left[1 + \max\left(T\_ID\right) + 10 \times \max\left(F\_ID\right) \right]$$

其中，RAA_ID 为所述随机接入区域的 RAAID 的数值。

27. 根据权利要求 22 所述的用户设备，其特征在于，所述第一检测模块包括：

第三接收单元，用于接收所述基站通过 PDSCH 发送的第一 PDU 集合，所述第一 PDU 集合包括用于承载随机接入响应消息的至少一个 MAC PDU；

第四接收单元，用于接收所述基站通过 PDCCH 发送的由第二 RA - RNTI 加扰的第二 PDCCH 信令，所述第二 PDCCH 信令用于指示所述第三接收单元接收的所述第一 PDU 集合；

第三检测单元，用于基于所述信道资源信息，确定所述第二 RA - RNTI，并检测所述第四接收单元接收的所述第二 PDCCH 信令；

第四检测单元，用于根据所述第三检测单元检测的所述第二 PDCCH 信令和所述随机接入区域的 RAAID，检测所述第三接收单元接收的所述第一 PDU 集合包括的所述至少一个 MAC PDU 中 MAC 头部承载所述 RAAID 的第二 MAC PDU，并根据所述随机接入前导的 RAPID，检测所述第二 MAC PDU 的与所述 RAPID 相应的字段所承载的所述第一随机接入响应消息。

28. 根据权利要求 22 所述的用户设备，其特征在于，所述第一检测模块包括：

第五接收单元，用于接收所述基站通过 PDSCH 发送的包括多个 MAC PDU 的第二 PDU 集合，所述多个 MAC PDU 依预置规则排列，且所述多个 MAC PDU 中的每一个 MAC PDU 都分别与所述用户设备所属小区的一个随机接入区域；

第六接收单元，用于接收所述基站通过 PDCCH 发送的由第三 RA - RNTI 加扰的第三 PDCCH 信令，所述第三 PDCCH 信令用于指示所述第五接收单元接收的所述第二 PDU 集合；

第五检测单元，用于基于所述信道资源信息，确定所述第三 RA - RNTI，并检测所述第六接收单元接收的所述第三 PDCCH 信令；

第六检测单元，用于根据所述第五检测单元检测的所述第三 PDCCH 信令、所述随机接入区域以及所述预置规则，检测所述第五接收单元接收的所述第二 PDU 集合包括的所述多个 MAC PDU 中与所述随机接入区域相应的第三 MAC PDU，并根据所述随机接入前导的 RAPID，检测所述第三 MAC PDU 的与所述 RAPID 相应的字段所承载的所述第一随机接入响应消息。

说　明　书

传输随机接入响应消息的方法、基站和用户设备

技术领域

本申请涉及通信领域，尤其涉及通信领域中传输随机接入响应消息的方法、基站和用户设备。

背景技术

在无线通信系统中，终端需要和网络建立连接，这一过程通常被称为随机接入（Random Access）过程。在长期演进（Long Term Evolution，LTE）系统中，以下几种情况通常需要进行随机接入过程：终端初始接入建立无线链接 [从无线资源控制（Radio Resource Control，RRC）空闲态（RRC_IDLE）转为连接态（RRC_CONNECTED）]；在无线链接中断后重新建立链接；在切换时终端需要和目标小区建立上行同步；在终端处于连接态且终端上行不同步时，当上行或者下行数据到达时建立上行同步；在使用基于上行测量进行用户定位时；在物理层上行控制信道（Physical Uplink Control Channel，PUCCH）上没有分配专门的调度请求资源时，进行调度请求。

在 LTE 中随机接入过程有竞争和非竞争之分。基于竞争的随机接入过程通常由以下步骤组成：用户设备（User Equipment，UE）在随机接入前导序列集合中随机选取一个随机接入前导序列，并在基站（eNodeB）预先指定的随机接入资源 [物理层随机接入信道（Physical Random Access Channel，PRACH）] 上发送选择的随机接入前导序列；用户设备在物理层下行共享信道（Physical Downlink Shared Channel，PDSCH）上接收来自基站下发的随机接入响应（Random Access Response，RAR）消息；用户设备需要根据随机接入响应消息中包含的临时小区无线网络临时标识（Cell – Radio Network Temporary Identity，C – RNTI），在随机接入响应消息中指定的物理层上行共享信道（Physical Uplink Shared Channel，PDSCH）上向基站传送包括用户设备在本小区中的标识的随机接入过程消息，以用于竞争解决；并且用户设备需要接收来自基站发送的竞争解决消息，从而完成随机接入过程。

对于非竞争的随机接入过程，用户设备使用基站预先指定的随机接入资源上发送基站预先指定的随机接入前导序列；用户设备根据是否接收到与自己所发送的前导序列相对应的随机接入响应消息来判断随机接入成功与否。

蜂窝通信系统第三代合作伙伴计划（3rd Generation Partnership Project，

3GPP）提出了四种协作多点传输（Coordinated Multi‑Point Transmission，CoMP）场景，其中一种场景是在一个包括宏站（Macro Site）和射频拉远头（Radio Remote Head，RRH）的宏站区域内，每个传输点都共享同一小区标识（ID），该架构也被称为分布式天线系统（Distributed Antenna System，DAS）。

在该分布式天线系统系统中，在一个小区范围内，基站针对在相同 PRACH 时频资源上检测到的同一个 PRACH 前导序列的标识只会反馈一个随机接入响应。因此，当用户设备的数量增加时，不同用户设备选择到相同的随机接入前导序列的概率增加，导致传输随机接入响应时的冲突概率增加，从而降低了随机接入的成功率。

发明内容

本申请实施例提供了一种传输随机接入响应消息的方法、基站和用户设备，能够降低传输随机接入响应时的冲突概率，增加随机接入的成功率。

一方面，本申请实施例提供了一种传输随机接入响应消息的方法，该方法包括：接收用户设备通过随机接入信道（RACH）发送的随机接入前导（Radom Access Preamble，RAP）；根据该随机接入前导，确定该用户设备属于随机接入区域中心组或随机接入区域边缘组；在确定该用户设备属于该随机接入区域中心组时，确定该用户设备所属的随机接入区域（Radom Access Area，RAA）；基于该随机接入前导、该随机接入信道的信道资源信息以及该随机接入区域，向该用户设备发送第一随机接入响应消息。

另一方面，本申请实施例提供了一种传输随机接入响应消息的方法，该方法包括：确定用户设备属于随机接入区域中心组或随机接入区域边缘组；在确定该用户设备属于该随机接入区域中心组时，通过随机接入信道向基站发送与该随机接入区域中心组相应的第一随机接入前导；确定该用户设备所属的随机接入区域；基于该第一随机接入前导、该随机接入信道的信道资源信息以及该随机接入区域，检测该基站发送的第一随机接入响应消息。

再一方面，本申请实施例提供了一种基站，该基站包括：接收模块，用于接收用户设备通过随机接入信道发送的随机接入前导；第一确定模块，用于根据该接收模块接收的该随机接入前导，确定该用户设备属于随机接入区域中心组或随机接入区域边缘组；第二确定模块，用于在该第一确定模块确定该用户设备属于该随机接入区域中心组时，确定该用户设备所属的随机接入区域；第一发送模块，用于基于该接收模块接收的该随机接入前导、该随机接入信道的信道资源信息以及该第二确定模块确定的该随机接入区域，向该用户设备发送第一随机接入响应消息。

再一方面，本申请实施例提供了一种用户设备，该用户设备包括：第一确定模块，用于确定该用户设备属于随机接入区域中心组或随机接入区域边缘组；第一发送模块，用于在该第一确定模块确定该用户设备属于该随机接入区域中心组时，通过随机接入信道向基站发送与该随机接入区域中心组相应的第一随机接入前导；第二确定模块，用于确定该用户设备所属的随机接入区域；第一检测模块，用于基于该第一发送模块发送的该第一随机接入前导、该随机接入信道的信道资源信息以及该第二确定模块确定的该随机接入区域，检测该基站发送的第一随机接入响应消息。

基于上述技术方案，本申请实施例的传输随机接入响应消息的方法、基站和用户设备，通过基于随机接入前导和随机接入区域传输随机接入响应消息，使得对于不同的随机接入区域中基于相同的随机接入前导的随机接入请求，可以传输不同的随机接入响应消息，从而能够降低传输随机接入响应时的冲突概率，增加随机接入的成功率。

附图说明

为了更清楚地说明本申请实施例的技术方案，下面将对本申请实施例中所需要使用的附图作简单的介绍，显而易见地，下面所描述的附图仅仅是本申请的一些实施例，对于本领域普通技术人员来讲，在不付出创造性劳动的前提下，还可以根据这些附图获得其他的附图。

图1是根据本申请实施例的传输随机接入响应消息的方法的示意性流程图。

图2是根据本申请实施例的随机接入区域的示意图。

图3是根据本申请实施例的传输随机接入响应消息的方法的另一示意性流程图。

图4是根据本申请实施例的发送第一随机接入响应消息的方法的示意性流程图。

图5是根据本申请实施例的随机接入区域中心组和随机接入区域边缘组的示意图。

图6是根据本申请实施例的基站的示意性框图。

图7是根据本申请实施例的第一发送模块的示意性框图。

图8是根据本申请实施例的用户设备的示意性框图。

图9是根据本申请实施例的第一检测模块的示意性框图。

具体实施方式

下面将结合本申请实施例中的附图，对本申请实施例中的技术方案进行清楚、完整的描述，显然，所描述的实施例是本申请的一部分实施例，而不是全部实施例。基于本申请中的实施例，本领域普通技术人员在没有作出创造性劳动的前提下所获得的所有其他实施例，都应属于本申请保护的范围。

应理解，本申请实施例的技术方案可以应用于各种通信系统，例如：全球移动通信（Global System of Mobile communication，GSM）系统、码分多址（Code Division Multiple Access，CDMA）系统、宽带码分多址（Wideband Code Division Multiple Access，WCDMA）系统、通用分组无线业务（General Packet Radio Service，GPRS）、LTE 系统、LTE 频分双工（Frequency Division Duplex，FDD）系统、LTE 时分双工（Time Division Duplex，TDD）、通用移动通信系统（Universal Mobile Telecommunication System，UMTS）、全球互联微波接入（Worldwide Interoperability for Microwave Access，WiMAX）通信系统等。

还应理解，在本申请实施例中，用户设备可称之为终端（Terminal）、移动台（Mobile Station，MS）、移动终端（Mobile Terminal）等，该用户设备可以经无线接入网（Radio Access Network，RAN）与一个或多个核心网进行通信，例如，用户设备可以是移动电话（或称为"蜂窝"电话）、具有移动终端的计算机等，用户设备还可以是便携式、袖珍式、手持式、计算机内置的或者车载的移动装置，它们与无线接入网交换语音和/或数据。

在本申请实施例中，基站可以是 GSM 或 CDMA 中的基站（Base Transceiver Station，BTS），也可以是 WCDMA 中的基站（NodeB），还可以是 LTE 中的演进型基站（Evolutional NodeB），本申请并不限定，但为描述方便，下述实施例将以用户设备和基站为例进行说明。

图1示出了根据本申请实施例的传输随机接入响应消息的方法 100 的示意性流程图。如图1所示，该方法 100 包括：

S110，接收用户设备通过随机接入信道发送的随机接入前导。

S120，根据该随机接入前导，确定该用户设备属于随机接入区域中心组或随机接入区域边缘组。

S130，在确定该用户设备属于该随机接入区域中心组时，确定该用户设备所属的随机接入区域。

S140，基于该随机接入前导、该随机接入信道的信道资源信息以及该随机接入区域，向该用户设备发送第一随机接入响应消息。

基站在接收用户设备通过随机接入信道发送的随机接入前导后，可以根据该随机接入前导，确定该用户设备属于随机接入区域中心组或随机接入区域边缘组；在确定该用户设备属于该随机接入区域中心组时，基站确定该用户设备所属的随机接入区域，并可以基于该随机接入前导、该随机接入信道的信道资源信息以及该随机接入区域，向该用户设备发送第一随机接入响应消息。

因此，本申请实施例的传输随机接入响应消息的方法，通过基于随机接入前导和随机接入区域传输随机接入响应消息，使得对于不同的随机接入区域中基于相同的随机接入前导的随机接入请求，可以传输不同的随机接入响应消息，从而能够降低传输随机接入响应时的冲突概率，增加随机接入的成功率。

另一方面，本申请实施例的传输随机接入响应消息的方法，能够避免由于增加小区中随机接入前导的数量，而导致基站的检测复杂度增加，以及随机接入响应时间的增加，从而能够增加小区间分配随机接入前导的灵活性，并加快随机接入的响应时间，增加用户体验。

在 S110 中，基站接收用户设备通过随机接入信道发送的随机接入前导。该随机接入信道可以包括 PRACH 等，该随机接入前导可以包括 LTE 系统中的随机接入信道前导序列等。例如，基站接收用户设备通过 PRACH 发送的随机接入信道前导序列。

应理解，用户设备通过向基站发送随机接入前导，以请求随机接入。还应理解，属于一个随机接入区域的多个用户设备可以重用随机接入信道的时频码资源，用于随机接入前导的发送。即一个随机接入信道可以承载一个随机接入区域的多个用户设备发送的随机接入前导。

在 S120 中，基站根据该随机接入前导，确定该用户设备属于随机接入区域中心组或随机接入区域边缘组。一个小区中所有可用的随机接入前导可以分为两组，分别供随机接入区域中心组和随机接入区域边缘组的用户设备使用。因此，基站可以根据接收到的随机接入前导，或根据随机接入前导标识（RAP-ID），前导发送该随机接入前导属于随机接入区域中心组或随机接入区域边缘组。

例如，假设小区中共有 64 个可用的随机接入前导，并预先配置前 32 个随机接入前导供边缘组的用户设备使用，后 32 个随机接入前导供随机接入区域中心组的用户设备使用。当基站接收到用户设备发送的属于后 32 个随机接入前导组的随机接入前导后，可以确定发送该随机接入前导的用户设备属于随机接入区域中心组。反之亦然。

应理解，在属于小区的任意一个随机接入区域中，所有的用户设备可以分成两组，一组属于随机接入区域中心组，另一组属于随机接入区域边缘组。属于随机接入区域中心组的用户设备发送的随机接入信道（例如为 PRACH）只能被覆盖该随机接入区域的宏站或射频拉远头可靠地收到，其他宏站或射频拉远头无法或不能够正确地收到该随机接入信道；而属于边缘组的用户设备发送的随机接入信道可以被一个以上的随机接入区域中的宏站或射频拉远头可靠地接收。

在 S130 中，基站在确定该用户设备属于该随机接入区域中心组时，确定该用户设备所属的随机接入区域。

基站的包括宏站和射频拉远头的上行接收点所覆盖的区域，可以被分成若干个随机接入区域。这些随机接入区域应保证尽可能小的重叠覆盖区域。随机接入区域可以按照上行信道的路径损耗进行划分，也可以按照地理位置进行划分。因此，根据随机接入区域的划分规则的不同，基站可以根据上行信道的路径损耗，也可以根据地理位置确定用户设备所属的随机接入区域。当然，随机接入区域也可以根据其他划分规则而形成，本申请实施例并不以此为限。

当随机接入区域按照上行信道的路径损耗进行划分时，属于该随机接入区域的用户设备到达覆盖该随机接入区域的宏站或者射频拉远头的路径损耗最小。一个随机接入区域可以包括一个或者多个射频拉远头的覆盖区域，此时的路径损耗为上行联合接收的路径损耗。如图 2 所示，整个小区的覆盖范围可以分成三个随机接入区域 RAA0、RAA1 和 RAA。属于 RAA1 的用户设备到达 RRH1 的路径损耗最小。属于 RAA2 的用户设备到达 RRH2 和 RRH3 的联合路径损耗最小。小区中不属于 RAA1 和 RAA2 的其他区域属于 RAA0。基站可以根据在哪些射频拉远头收到用户设备的随机接入序列确定该用户设备所属的随机接入区域。另一方面，由于信道大尺度衰落具有上下行互异性，以此用户设备可以根据在测量来自每个射频拉远头或者宏站的下行导频或参考信号（Reference Signal，RS）的路径损耗获得自己所属的随机接入区域。

当随机接入区域按照地理位置进行划分时，基站可以通过检测用户设备发送的随机接入信道进行定位，从而确定用户设备所属的随机接入区域。例如基站可以通过检测 PRACH 进行定位，由此确定发送随机接入前导序列的用户设备所属的随机接入区域。另一方面，用户设备可以通过自身所带的全球定位系统（Global Positioning System，GPS）信息，获得所属的地理位置，从而确定所属的随机接入区域。

在 S140 中，基站基于该随机接入前导、该随机接入信道的信道资源信息以及该随机接入区域，向该用户设备发送第一随机接入响应消息。

该信道资源信息包括随机接入信道的时频资源信息，例如 PRACH 占用子帧的子帧标识和频带标识等。例如，基站基于随机接入前导的标识、PRACH 的子帧标识和频带标识，以及用户设备所属的随机接入区域的标识，向用户设备发送第一随机接入响应消息。因此，当不同的随机接入区域中的用户设备，基于相同的随机接入前导发送随机接入请求时，基站可以传输各用户设备的随机接入响应消息，从而各用户设备可以根据各自的随机接入响应消息进行后续的随机接入过程。

因此，本申请实施例的传输随机接入响应消息的方法，通过基于随机接入前导和随机接入区域传输随机接入响应消息，使得对于不同的随机接入区域中基于相同的随机接入前导的随机接入请求，可以传输不同的随机接入响应消息，从而能够降低传输随机接入响应时的冲突概率，增加随机接入的成功率。

在本申请实施例中，如图3所示，根据本申请实施例的传输随机接入响应消息的方法100还可以包括：

S150，在确定该用户设备属于该随机接入区域边缘组时，基于该随机接入前导以及该信道资源信息，向该用户设备发送第二随机接入响应消息。

在本申请实施例中，对于属于随机接入区域边缘组的用户设备发送的随机接入前导，基站仅根据该随机接入前导以及传输该随机接入前导的随机接入信道的信道资源信息，向用户设备发送针对随机接入前导的第二随机接入响应消息，而不考虑该用户设备所属的随机接入区域。即不论用户设备所属的随机接入区域是否相同，基站仅针对相同的随机接入前导发送一个随机接入响应消息。

应理解，对于基于竞争的随机接入过程，基站向用户设备发送第一随机接入响应消息或第二随机接入响应消息之后，还需要接收用户设备根据该随机接入响应消息发送的包括该用户设备在本小区中的标识的随机接入过程消息，并根据该随机接入过程消息向用户设备发送竞争解决消息，以完成整个随机接入过程。

应理解，基站可以将小区内多个用户设备的第二随机接入响应消息承载在同一个媒体接入控制（Medium Access Control，MAC）协议数据单元（Protocol Data Unit，PDU）中，并用该 MAC PDU 的 MAC 子头指示与不同随机接入前导相应的第二随机接入响应消息，并通过物理层下行控制信道（Physical Downlink Control Channel，PDCCH）向该用户设备发送由随机接入前导以及信道资源信息确定的随机接入无线网络临时标识（RA－RNTI）加扰的 PDCCH 信令，该 PD-CCH 信令用于指示该 MAC PDU。

下面将结合图4以 LTE 系统为例，详细描述根据本申请实施例的发送第一随机接入响应消息的方法。

如图4所示，可选地，根据本申请实施例的发送第一随机接入响应消息的方法 140 包括：

S141，通过 PDSCH 向该用户设备发送针对该随机接入区域的第一 MAC

PDU，该第一 MAC PDU 的与该随机接入前导的 RAPID 相应的字段承载该第一随机接入响应消息。

S142，通过 PDCCH 向该用户设备发送由第一 RA – RNTI 加扰的第一 PD-CCH 信令，该第一 PDCCH 信令用于指示该第一 MAC PDU，该第一 RA – RNTI 由该信道资源信息和该随机接入区域确定。

在 S141 中，基站可以对于一个随机接入区域中的每个请求随机接入的用户设备发送一个 MAC PDU，以承载相应的第一随机接入响应消息；基站也可以针对每个检测到随机接入前导的随机接入区域发送一个 MAC PDU，每个 MAC PDU 承载一个随机接入区域内的至少一个请求随机接入的用户设备的第一随机接入区域消息，如图 5 所示。

在图 5 中，一个 MAC PDU 的 MAC 头包括多个与 MAC RAR 字段相应的子头。在 MAC PDU 的 MAC 子头中，E 表示扩展域（Extention），用于指示该字段之后是否还有其他的 MAC 子头；T 表示类型域（Type），用于指示该 MAC 子头包含的是回退指示（Backoff Indicator，BI）还是 RAPID；R 表示保留域（Reserve），可以设置为 0；BI 指示随机接入信道失败时，进行随机回退的值；RAPID 表示 RAPID 的值。在 MAC PDU 的 MAC RAR 字段中，TAC 表示时序提前量命令（Timing Advance Command），用于通知用户设备上行数据提前多少时间进行发送，以完成上行同步；UL GRANT 表示上行资源分配（UpLink Grant，UL Grant），用于通知用户设备发送 Msg3 的时频资源、所用的调制编码方式等信息；临时 C – RNTI 表示临时小区无线网络临时标识，用于 Msg3 和 Msg4 的信息传递标识。在 MAC PDU 的 PADDING 字段中，该字段可以设置为 0。

在 S142 中，用于加扰第一 PDCCH 信令的第一 RA – RNTI 可以由 PRACH 的时频资源信息和与该 MAC PDU 相应的随机接入区域确定。可选地，该第一 RA – RNTI的数值 M 由下列等式（1）确定：

$$M = 1 + T\_ID + 10 \times F\_ID + X \tag{1}$$

其中，T_ID 为该信道资源信息包括的子帧标识的数值，F_ID 为该信道资源信息包括的频带标识的数值，X 为与该 RAA 相关的偏置量。

具体而言，在 LTE 系统中，T_ID 为用户设备发送 PRACH 的第一个子帧的序号，取值范围为 0 ~ 9；F_ID 为 PRACH 在子帧中频域上的编号，取值范围为 0 ~ 5。

在本申请实施例中，可选地，该偏置量 X 由下列等式（2）确定：

$$X = RAA\_ID \times [1 + \max (T\_ID) + 10 \times \max (F\_ID)] \tag{2}$$

其中，RAA_ID 为该随机接入区域的随机接入区域标识（RAAID）的数值。可选地，当用户设备属于随机接入区域边缘组时，RAA_ID=0。即当用户设备属于随机接入区域边缘组时，加扰 PDCCH 信令的 RA-RNTI 由随机接入前导以及 PRACH 的时频资源信息确定。

在本申请实施例中，由于第一 RA-RNTI 新增了偏置量 X，使得第一 RA-RNTI 的取值范围会超出 60（003C），相应的 RNTI 的定义表格需要改为如表1所示的形式。

表1

Value（hexa-decimal）	RNTI
0000	N/A
0001-FFF3	RA-RNTI, C-RNTI, Semi-Persistent Scheduling C-RNTI, Temporary C-RNTI, TPC-PUCCH-RNTI and TPC-PUSCH-RNTI
FFF4-FFFC	Reserved for future use
FFFD	M-RNTI
FFFE	P-RNTI
FFFF	SI-RNTI

在表1中，C-RNTI 表示小区无线网络临时标识（Cell-Radio Network Temporary Identity）；Semi-Persistent Scheduling C-RNTI 表示半静态调度小区无线网络临时标识；TPC-PUCCH-RNTI 表示物理层上行控制信道发送功率控制（Transmission Power Control, TPC）RNTI；TPC-PUSCH-RNTI 表示物理层上行数据信道发送功率控制 RNTI；M-RNTI 表示多播 RNTI（Multicast RNTI）；P-RNTI 表示寻呼 RNTI（Paging RNTI）；SI-RNTI 表示系统信息 RNTI（System Information RNTI）。

在本发明实施例中，如图6所示，可选地，根据本发明实施例的发送第一随机接入响应消息的方法 140 包括：

S143，基站通过 PDSCH 向该用户设备发送第一 PDU 集合，该第一 PDU 集合包括用于承载随机接入响应消息的至少一个 MAC PDU，该至少一个 MAC PDU 中与该 RAA 相应的第二 MAC PDU 的 MAC 头部承载该 RAA 的 RAAID，并且该第二 MAC PDU 的与该随机接入前导的 RAPID 相应的字段承载该第一随机接入响应消息。

S144，基站通过 PDCCH 向该用户设备发送由第二 RA-RNTI 加扰的第二 PDCCH 信令，该第二 PDCCH 信令用于指示该第一 PDU 集合，该第二 RA-RNTI 由该信道资源信息确定。

在 S143 中，基站可以通过 PDSCH 向该用户设备发送第一 PDU 集合，该第一 PDU 集合可以仅包括一个 MAC PDU，该 MAC PDU 承载检测到随机接入前导的一个随机接入区域内请求随机接入的用户设备的第一随机接入响应消息，该 MAC PDU 的 MAC 头部可以承载用于指示该随机接入区域的 RAAID；该第一 PDU 集合也可以包括用于承载随机接入响应消息的至少一个 MAC PDU，该至少一个 MAC PDU 的数量可以与基站检测到随机接入前导的随机接入区域的数量相同，该至少一个 MAC PDU 中与该随机接入区域相应的第二 MAC PDU 的 MAC 头部承载该随机接入区域的 RAAID，并且该第二 MAC PDU 的与该随机接入前导的 RAPID 相应的字段承载该第一随机接入响应消息。

可选地，如图 7A 所示，基站通过 PDSCH 向用户设备发送的第一 PDU 集合，除了可以包括与检测到随机接入前导的随机接入区域相应的至少一个 MAC PDU 之外，还可以包括一个 MAC PDU，用于承载各随机接入区域中属于随机接入区域边缘组的用户设备的第二随机接入响应消息，并且每个 MAC PDU 的头部都承载相应的随机接入区域的 RAAID。可选地，该第一 PDU 集合还可以包括一个字段，用于承载该第一 PDU 集合中 MAC PDU 的数量。

在本发明实施例中，可选地，当系统配置给随机接入区域中心组的随机接入前导序列的数量大于 64 时，在相应的 MAC PDU 中，每个随机接入响应子头的长度应该增加为 16 比特，该随机接入响应子头的结构如图 7B 所示。在图 7B 所示的结构中，该随机接入响应子头可以包括扩展域 E、类型域 T 和承载 RAP-ID 的字段。应理解，用于承载第二随机接入响应消息的 MAC PDU 的随机接入响应子头也可以采用如图 7B 所示的结构，但本发明实施例并不限于此。

在本发明实施例中，如图 8 所示，可选地，根据本发明实施例的发送第一随机接入响应消息的方法 140 包括：

S145，基站通过 PDSCH 向该用户设备发送包括多个 MAC PDU 的第二 PDU 集合，该多个 MAC PDU 依预置规则排列，且该多个 MAC PDU 中的每一个 MAC PDU 都分别与该用户设备所属小区的一个随机接入区域相应，并且该多个 MAC PDU 包括与该随机接入区域相应的第三 MAC PDU，该第三 MAC PDU 的与该随机接入前导的 RAPID 相应的字段承载该第一随机接入响应消息。

S146，基站通过 PDCCH 向该用户设备发送由第三 RA－RNTI 加扰的第三 PDCCH 信令，该第三 PDCCH 信令用于指示该第二 PDU 集合，该第三 RA－RN-TI 由该信道资源信息确定。

例如，该第二 PDU 集合中的多个 MAC PDU 可以按照相应的随机接入区域的序号进行排序，如图 7A 所示。由于多个 MAC PDU 依预置规则排列，因此，各 MAC PDU 的头部可以不承载相应的随机接入区域的 RAAID。可选地，该第二 PDU 集合除了包括上述多个 MAC PDU 之外，还可以包括一个 MAC PDU，用于承载各随机接入区域中属于随机接入区域边缘组的用户设备的第二随机接入响应消息。可选地，该第二 PDU 集合还可以包括一个字段，用于承载该第二 PDU 集合中 MAC PDU 的数量。

因此，本发明实施例的传输随机接入响应消息的方法，通过基于随机接入前导和随机接入区域传输随机接入响应消息，使得对于不同的随机接入区域中基于相同的随机接入前导的随机接入请求，可以传输不同的随机接入响应消息，从而能够降低传输随机接入响应时的碰撞概率，增加随机接入的成功率。

上文中结合图 1～图 8，从基站的角度详细描述了根据本发明实施例的传输随机接入响应消息的方法，下面将结合图 9～图 14，从用户设备的角度描述根据本发明实施例的传输随机接入响应消息的方法。

图 9 示出了根据本发明另一实施例的传输随机接入响应消息的方法 300 的示意性流程图。如图 9 所示，该方法 300 包括：

S310，确定用户设备属于随机接入区域中心组或随机接入区域边缘组。

S320，在确定该用户设备属于该随机接入区域中心组时，通过随机接入信道向基站发送与该随机接入区域中心组相应的第一随机接入前导。

S330，确定该用户设备所属的随机接入区域。

S340，基于该第一随机接入前导、该随机接入信道的信道资源信息以及该随机接入区域，检测该基站发送的第一随机接入响应消息。

在 S310 中，用户设备确定自己属于随机接入区域中心组或随机接入区域边缘组。

在本发明实施例中，用户设备可以根据自己的地理位置，确定自己属于随机接入区域中心组还是属于随机接入区域边缘组。具体而言，如图 10 所示，如果用户设备落在的中心组区域，则可以认为该用户设备为随机接入区域中心组的用户设备；如果用户设备落在边缘组区域，则可以认为该用户设备属于随机接入区域边缘组。

可选地，用户设备也可以根据所测量的来自宏站和各射频拉远头的路径损耗，确定自己属于随机接入区域中心组还是属于随机接入区域边缘组。具体而言，如图 10 所示，如果用户设备通过测量确定来自 RRH2 和 RRH3 的路径损耗远小于来自基站或 RRH1 的路径损耗，则可以认为该用户设备属于 RAA2 的随机接入区域中心组。在整个小区中，每个随机接入区域都有属于随机接入区域中心组的用户设备；而在整个小区中，可以设置一个或者多个边缘组。

在 S320 中，用户设备在确定自己属于该随机接入区域中心组时，通过随机接入信道向基站发送与该随机接入区域中心组相应的第一随机接入前导。

该随机接入信道可以包括 PRACH 等，该随机接入前导可以包括 LTE 系统中的随机接入信道前导序列等。例如，假设小区中共有 64 个可用的随机接入前导，并预先配置前 32 个随机接入前导供边缘组的用户设备使用，后 32 个随机接入前导供中心组的用户设备使用。当用户设备确定自己属于随机接入区域中心组时，用户设备可以在后 32 个随机接入前导组中选择一个随机接入前导，并通过随机接入信道向基站发送所选择的随机接入前导。

在 S330 中，用户设备确定自己所属的随机接入区域。

随机接入区域可以按照上行信道的路径损耗进行划分，也可以按照地理位置进行划分。因此，用户设备可以通过测量来自每个射频拉远头或者宏站的下行导频或参考信号，获得自己所属的随机接入区域；用户设备也可以通过自身所带的 GPS 信息获得所属的地理位置。

在 S340 中，用户设备基于该第一随机接入前导、该随机接入信道的信道资源信息以及该随机接入区域，检测该基站发送的第一随机接入响应消息。

该信道资源信息例如包括随机接入信道的时频资源信息，例如 PRACH 占用子帧的子帧标识和频带标识等。例如，用户设备可以基于 RAPID、物理层随机接入信道的子帧标识和频带标识以及用户设备所属的随机接入区域的标识，检测基站发送的第一随机接入响应消息。因此，当不同的随机接入区域中的用户设备，基于相同的随机接入前导发送随机接入请求时，这些用户设备也可以获取自己的随机接入响应消息，从而各用户设备可以根据各自的随机接入响应消息进行后续的随机接入过程。

因此，本发明实施例的传输随机接入响应消息的方法，通过基于随机接入前导和随机接入区域传输随机接入响应消息，使得对于不同的随机接入区域中基于相同的随机接入前导的随机接入请求，可以传输不同的随机接入响应消息，从而能够降低传输随机接入响应时的碰撞概率，增加随机接入的成功率。

在本发明实施例中，如图 11 所示，根据本发明实施例的传输随机接入响应消息的方法 300 还可以包括：

S350，在确定该用户设备属于该随机接入区域边缘组时，通过该随机接入信道向该基站发送与该随机接入区域边缘组相应的第二随机接入前导。

S360，基于该第二随机接入前导以及该信道资源信息，检测该基站发送的第二随机接入响应消息。

应理解，用户设备可以根据第二随机接入前导以及该信道资源信息，确定加扰控制信令的 RA－RNTI，从而解调该控制信令，并可以根据控制信令的指示获取相应的第二随机接入响应消息。

应理解，对于基于竞争的随机接入过程，用户设备检测基站发送的第一随机接入响应消息或第二随机接入响应消息之后，还需要根据随机接入响应消息中包含的临时 C – RNTI，在随机接入响应消息中指定的 PDSCH 上向基站传送包括用户设备在本小区中的标识的随机接入过程消息，以用于竞争解决；并且用户设备需要接收来自基站发送的竞争解决消息，从而完成随机接入过程。

下面将结合图 12 ~ 图 14，以 LTE 系统为例，详细描述根据本发明实施例的检测第一随机接入响应消息的方法。

图 12 示出了根据本发明实施例的检测第一随机接入响应消息的方法 340 的示意性流程图。如图 12 所示，该方法 340 包括：

S341，接收该基站通过 PDSCH 发送的针对该 RAA 的第一 MAC PDU。

S342，接收该基站通过 PDCCH 发送的由第一 RA – RNTI 加扰的第一 PD-CCH 信令，该第一 PDCCH 信令用于指示该第一 MAC PDU。

S343，基于该信道资源信息和该 RAA，确定该第一 RA – RNTI，并检测该第一 PDCCH 信令。

S344，根据该第一 PDCCH 信令以及该随机接入前导的 RAPID，检测该第一 MAC PDU 的与该 RAPID 相应的字段所承载的该第一随机接入响应消息。

在本发明实施例中，可选地，该第一 RA – RNTI 的数值 M 由下列等式（3）确定：

$$M = 1 + T\_ID + 10 \times F\_ID + X \tag{3}$$

其中，T_ID 为该信道资源信息包括的子帧标识的数值，F_ID 为该信道资源信息包括的频带标识的数值，X 为与该随机接入区域相关的偏置量。

可选地，该偏置量 X 由下列等式（4）确定：

$$X = RAA\_ID \times \left[1 + \max \left(T\_ID \right) + 10 \times \max \left(F\_ID \right) \right] \tag{4}$$

其中，RAA_ID 为该随机接入区域的 RAAID 的数值。

因此，本发明实施例的传输随机接入响应消息的方法，通过基于随机接入前导和随机接入区域传输随机接入响应消息，使得对于不同的随机接入区域中基于相同的随机接入前导的随机接入请求，可以传输不同的随机接入响应消息，从而能够降低传输随机接入响应时的碰撞概率，增加随机接入的成功率。

图 13 示出了根据本发明实施例的检测第一随机接入响应消息的方法 340 的另一示意性流程图。如图 13 所示，可选地，该方法 340 包括：

S345，接收该基站通过 PDSCH 发送的第一 PDU 集合，该第一 PDU 集合包括用于承载随机接入响应消息的至少一个 MAC PDU。

S346，接收该基站通过 PDCCH 发送的由第二 RA－RNTI 加扰的第二 PD-CCH 信令，该第二 PDCCH 信令用于指示该第一 PDU 集合。

S347，基于该信道资源信息，确定该第二 RA－RNTI，并检测该第二 PD-CCH 信令；

S348，根据该第二 PDCCH 信令和该随机接入区域的 RAAID，检测该至少一个 MAC PDU 中 MAC 头部承载该 RAAID 的第二 MAC PDU，并根据该随机接入前导的 RAPID，检测该第二 MAC PDU 的与该 RAPID 相应的字段所承载的该第一随机接入响应消息。

在本发明实施例中，可选地，如图 14 所示，该方法 340 包括：

S349，接收该基站通过 PDSCH 发送的包括多个 MAC PDU 的第二 PDU 集合，该多个 MAC PDU 依预置规则排列，且该多个 MAC PDU 中的每一个 MAC PDU 都分别与该用户设备所属小区的一个随机接入区域相应。

S351，接收该基站通过 PDCCH 发送的由第三 RA－RNTI 加扰的第三 PD-CCH 信令，该第三 PDCCH 信令用于指示该第二 PDU 集合。

S352，基于该信道资源信息，确定该第三 RA－RNTI，并检测该第三 PD-CCH 信令。

S353，根据该第三 PDCCH 信令、该 RAA 以及该预置规则，检测该多个 MAC PDU 中与该 RAA 相应的第三 MAC PDU，并根据该随机接入前导的 RAP-ID，检测该第三 MAC PDU 的与该 RAPID 相应的字段所承载的该第一随机接入响应消息。

在本发明实施例中，相应的 MAC PDU 的格式可以参考图 5，相应的 PDU 集合的格式可以参考图 7A，为了简洁，在此不再赘述。应理解，用户设备侧描述的用户设备与基站的交互及相关特性、功能等与基站侧的描述相应，为了简洁，在此不再赘述。

还应理解，在本发明的各种实施例中，上述各过程序号的大小并不意味着执行顺序的先后，各过程的执行顺序应以其功能和内在逻辑确定，而不应对本发明实施例的实施过程构成任何限定。

因此，本发明实施例的传输随机接入响应消息的方法，通过基于随机接入前导和随机接入区域传输随机接入响应消息，使得对于不同的随机接入区域中基于相同的随机接入前导的随机接入请求，可以传输不同的随机接入响应消息，从而能够降低传输随机接入响应时的碰撞概率，增加随机接入的成功率。

上文中结合图 1～图 14，详细描述了根据本发明实施例的传输随机接入响应消息的方法，下面将结合图 15～图 24，详细描述根据本发明实施例的基站和用户设备。

图 15 示出了根据本发明实施例的基站 500 的示意性框图。如图 15 所示，该基站 500 包括：

接收模块 510，用于接收用户设备通过随机接入信道发送的随机接入前导；

第一确定模块 520，用于根据该接收模块 510 接收的该随机接入前导，确定该用户设备属于随机接入区域中心组或随机接入区域边缘组。

第二确定模块 530，用于在该第一确定模块 520 确定该用户设备属于该随机接入区域中心组时，确定该用户设备所属的随机接入区域。

第一发送模块 540，用于基于该接收模块 510 接收的该随机接入前导、该随机接入信道的信道资源信息以及该第二确定模块 530 确定的该随机接入区域，向该用户设备发送第一随机接入响应消息。

因此，本发明实施例的基站，通过基于随机接入前导和随机接入区域传输随机接入响应消息，使得对于不同的随机接入区域中基于相同的随机接入前导的随机接入请求，可以传输不同的随机接入响应消息，从而能够降低传输随机接入响应时的碰撞概率，增加随机接入的成功率。

在本发明实施例中，可选地，如图 16 所示，该基站 500 还包括：

第二发送模块 550，用于在该第一确定模块 520 确定该用户设备属于该随机接入区域边缘组时，基于该随机接入前导以及该信道资源信息，向该用户设备发送第二随机接入响应消息。

可选地，如图 17 所示，该第一发送模块 540 包括：

第一发送单元 541，用于通过 PDSCH 向该用户设备发送针对该 RAA 的第一 MAC PDU，该第一 MAC PDU 的与该随机接入前导的 RAPID 相应的字段承载该第一随机接入响应消息；

第二发送单元 542，用于通过 PDCCH 向该用户设备发送由第一 RA-RNTI 加扰的第一 PDCCH 信令，该第一 PDCCH 信令用于指示该第一发送单元 541 发送的该第一 MAC PDU，该第一 RA-RNTI 由该信道资源信息和该 RAA 确定。

在本发明实施例中，该第一 RA-RNTI 的数值 M 由下列等式（5）确定：

$$M = 1 + T\_ID + 10 \times F\_ID + X \tag{5}$$

其中，T_ID 为该信道资源信息包括的子帧标识的数值，F_ID 为该信道资源信息包括的频带标识的数值，X 为与该随机接入区域相关的偏置量。

可选地，该偏置量 X 由下列等式（6）确定：

$$X = RAA\_ID \times [1 + max(T\_ID) + 10 \times max(F\_ID)] \tag{6}$$

其中，RAA_ID 为该随机接入区域的 RAAID 的数值。

在本发明实施例中，如图 18 所示，可选地，该第一发送模块 540 包括：

第三发送单元 543，用于通过 PDSCH 向该用户设备发送第一 PDU 集合，该第一 PDU 集合包括用于承载随机接入响应消息的至少一个 MAC PDU，该至少一个 MAC PDU 中与该载随机接入区域相应的第二 MAC PDU 的 MAC 头部承载该载随机接入区域的 RAAID，并且该第二 MAC PDU 的与该随机接入前导的 RAPID 相应的字段承载该第一载随机接入响应消息。

第四发送单元 544，用于通过 PDCCH 向该用户设备发送由第二 RA－RNTI 加扰的第二 PDCCH 信令，该第二 PDCCH 信令用于指示该第三发送单元 543 发送的该第一 PDU 集合，该第二 RA－RNTI 由该信道资源信息确定。

可选地，如图 19 所示，该第一发送模块 540 包括：

第五发送单元 545，用于通过 PDSCH 向该用户设备发送包括多个 MAC PDU 的第二 PDU 集合，该多个 MAC PDU 依预置规则排列，且该多个 MAC PDU 中的每一个 MAC PDU 都分别与该用户设备所属小区的一个随机接入区域相应，并且该多个 MAC PDU 包括与该随机接入区域相应的第三 MAC PDU，该第三 MAC PDU 的与该随机接入前导的 RAPID 相应的字段承载该第一随机接入响应消息。

第六发送单元 546，用于通过 PDCCH 向该用户设备发送由第三 RA－RNTI 加扰的第三 PDCCH 信令，该第三 PDCCH 信令用于指示该第五发送单元 545 发送的该第二 PDU 集合，该第三 RA－RNTI 由该信道资源信息确定。

应理解，根据本发明实施例的基站 500 可对应于根据本发明实施例的传输随机接入响应消息的方法中的基站，并且基站 500 中的各个模块的上述和其他操作和/或功能分别为了实现图 1～图 14 中的各个方法的相应流程，为了简洁，在此不再赘述。

因此，本发明实施例的基站，通过基于随机接入前导和随机接入区域传输随机接入响应消息，使得对于不同的随机接入区域中基于相同的随机接入前导的随机接入请求，可以传输不同的随机接入响应消息，从而能够降低传输随机接入响应时的碰撞概率，增加随机接入的成功率。

图 20 示出了根据本发明实施例的用户设备 700 的示意性框图。如图 20 所示，该用户设备 700 包括：

第一确定模块 710，用于确定该用户设备属于随机接入区域中心组或随机接入区域边缘组。

第一发送模块 720，用于在该第一确定模块 710 确定该用户设备属于该随机接入区域中心组时，通过随机接入信道向基站发送与该随机接入区域中心组相应的第一随机接入前导。

第二确定模块 730,用于确定该用户设备所属的随机接入区域。

第一检测模块 740,用于基于该第一发送模块 720 发送的该第一随机接入前导、该随机接入信道的信道资源信息以及该第二确定模块 730 确定的该随机接入区域,检测该基站发送的第一随机接入响应消息。

因此,本发明实施例的用户设备,通过基于随机接入前导和随机接入区域传输随机接入响应消息,使得对于不同的随机接入区域中基于相同的随机接入前导的随机接入请求,可以传输不同的随机接入响应消息,从而能够降低传输随机接入响应时的碰撞概率,增加随机接入的成功率。

在本发明实施例中,如图 21 所示,可选地,该用户设备 700 还包括:

第二发送模块 750,用于在该第一确定模块 710 确定该用户设备属于该随机接入区域边缘组时,通过该随机接入信道向该基站发送与该随机接入区域边缘组相应的第二随机接入前导。

第二检测模块 760,用于基于该第二发送模块 750 发送的该第二随机接入前导以及该信道资源信息,检测该基站发送的第二随机接入响应消息。

可选地,如图 22 所示,该第一检测模块 740 包括:

第一接收单元 741,用于接收该基站通过 PDSCH 发送的针对该随机接入区域的第一 MAC PDU。

第二接收单元 742,用于接收该基站通过 PDCCH 发送的由第一 RA – RNTI 加扰的第一 PDCCH 信令,该第一 PDCCH 信令用于指示该第一接收单元 741 接收的该第一 MAC PDU。

第一检测单元 743,用于基于该信道资源信息和该随机接入区域,确定该第一 RA – RNTI,并检测该第二接收单元 742 接收的该第一 PDCCH 信令。

第二检测单元 744,用于根据该第一检测单元 743 检测的该第一 PDCCH 信令以及该随机接入前导的 RAPID,检测该第一接收单元 741 接收的该第一 MAC PDU 的与该 RAPID 相应的字段所承载的该第一随机接入响应消息。

在本发明实施例中,可选地,该第一 RA – RNTI 的数值 M 由下列等式 (7) 确定:

$$M = 1 + T\_ID + 10 \times F\_ID + X \tag{7}$$

其中,T_ID 为该信道资源信息包括的子帧标识的数值,F_ID 为该信道资源信息包括的频带标识的数值,X 为与该随机接入区域相关的偏置量。

可选地,该偏置量 X 由下列等式 (8) 确定:

$$X = RAA\_ID \times [1 + \max(T\_ID) + 10 \times \max(F\_ID)] \tag{8}$$

其中,RAA_ID 为该随机接入区域的 RAAID 的数值。

可选地，如图 23 所示，该第一检测模块 740 包括：

第三接收单元 745，用于接收该基站通过 PDSCH 发送的第一 PDU 集合，该第一 PDU 集合包括用于承载随机接入响应消息的至少一个 MAC PDU。

第四接收单元 746，用于接收该基站通过 PDCCH 发送的由第二 RA－RNTI 加扰的第二 PDCCH 信令，该第二 PDCCH 信令用于指示该第三接收单元 745 接收的该第一 PDU 集合。

第三检测单元 747，用于基于该信道资源信息，确定该第二 RA－RNTI，并检测该第四接收单元 746 接收的该第二 PDCCH 信令。

第四检测单元 748，用于根据该第三检测单元 747 检测的该第二 PDCCH 信令和该随机接入区域的 RAAID，检测该第三接收单元 745 接收的该第一 PDU 集合包括的该至少一个 MAC PDU 中 MAC 头部承载该 RAAID 的第二 MAC PDU，并根据该随机接入前导的 RAPID，检测该第二 MAC PDU 的与该 RAPID 相应的字段所承载的该第一随机接入响应消息。

可选地，如图 24 所示，该第一检测模块 740 包括：

第五接收单元 749，用于接收该基站通过 PDSCH 发送的包括多个 MAC PDU 的第二 PDU 集合，该多个 MAC PDU 依预置规则排列，且该多个 MAC PDU 中的每一个 MAC PDU 都分别与该用户设备所属小区的一个随机接入区域相应。

第六接收单元 751，用于接收该基站通过 PDCCH 发送的由第三 RA－RNTI 加扰的第三 PDCCH 信令，该第三 PDCCH 信令用于指示该第五接收单元 749 接收的该第二 PDU 集合；第五检测单元 752，用于基于该信道资源信息，确定该第三 RA－RNTI，并检测该第六接收单元 751 接收的该第三 PDCCH 信令。

第六检测单元 753，用于根据该第五检测单元 752 检测的该第三 PDCCH 信令、该随机接入区域以及该预置规则，检测该第五接收单元 749 接收的该第二 PDU 集合包括的该多个 MAC PDU 中与该随机接入区域相应的第三 MAC PDU，并根据该随机接入前导的 RAPID，检测该第三 MAC PDU 的与该 RAPID 相应的字段所承载的该第一随机接入响应消息。

应理解，根据本发明实施例的用户设备 700 可对应于根据本发明实施例的传输随机接入响应消息的方法中的用户设备，并且用户设备 700 中的各个模块的上述和其他操作和/或功能分别为了实现图 1～图 14 中的各个方法的相应流程，为了简洁，在此不再赘述。

因此，本发明实施例的用户设备，通过基于随机接入前导和随机接入区域传输随机接入响应消息，使得对于不同的随机接入区域中基于相同的随机接入前导的随机接入请求，可以传输不同的随机接入响应消息，从而能够降低传输随机接入响应时的碰撞概率，增加随机接入的成功率。

本领域普通技术人员可以意识到，结合本文中所公开的实施例描述的各示例的单元及算法步骤，能够以电子硬件、计算机软件或者二者的结合来实现，为了清楚地说明硬件和软件的可互换性，在上述说明中已经按照功能一般性地描述了各实施例的组成及步骤。这些功能究竟以硬件还是软件方式来执行，取决于技术方案的特定应用和设计约束条件。专业技术人员可以对每个特定的应用来使用不同方法来实现所描述的功能，但是这种实现不应认为超出本发明的范围。

所属技术领域的技术人员可以清楚地了解到，为了描述的方便和简洁，上述描述的系统、装置和单元的具体工作过程，可以参考前述方法实施例中的对应过程，在此不再赘述。

在本申请所提供的几个实施例中，应该理解到，所揭露的系统、装置和方法，可以通过其他的方式实现。例如，以上所描述的装置实施例仅仅是示意性的，例如，所述单元的划分，仅仅为一种逻辑功能划分，实际实现时可以有另外的划分方式，例如，多个单元或组件可以结合或者可以集成到另一个系统，或一些特征可以忽略，或不执行。另外，所显示或讨论的相互之间的耦合或直接耦合或通信连接可以是通过一些接口、装置或单元的间接耦合或通信连接，也可以是电的，机械的或其他的形式连接。

所述作为分离部件说明的单元可以是或者也可以不是物理上分开的，作为单元显示的部件可以是或者也可以不是物理单元，即可以位于一个地方，或者也可以分布到多个网络单元上。可以根据实际的需要选择其中的部分或者全部单元来实现本发明实施例方案的目的。

另外，在本发明各个实施例中的各功能单元可以集成在一个处理单元中，也可以是各个单元单独物理存在，也可以是两个或两个以上单元集成在一个单元中。上述集成的单元既可以采用硬件的形式实现，也可以采用软件功能单元的形式实现。

所述集成的单元如果以软件功能单元的形式实现并作为独立的产品销售或使用，可以存储在一个计算机可读取存储介质中。基于这样的理解，本发明的技术方案本质上或者说对现有技术作出贡献的部分，或者该技术方案的全部或部分可以以软件产品的形式体现出来，该计算机软件产品存储在一个存储介质中，包括若干指令用以使得一台计算机设备（可以是个人计算机、服务器或者网络设备等）执行本发明各个实施例所述方法的全部或部分步骤。而前述的存储介质包括：U盘、移动硬盘、只读存储器（Read–Only Memory，ROM）、随机存取存储器（Random Access Memory，RAM）、磁碟或者光盘等各种可以存储程序代码的介质。

以上所述，仅为本发明的具体实施方式，但本发明的保护范围并不局限于此，任何熟悉本技术领域的技术人员在本发明揭露的技术范围内，可轻易想到各种等效的修改或替换，这些修改或替换都应涵盖在本发明的保护范围之内。因此，本发明的保护范围应以权利要求的保护范围为准。

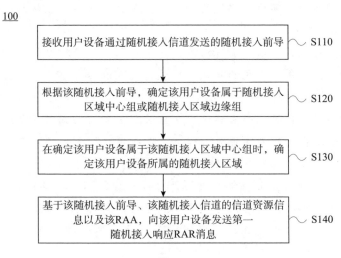

图1

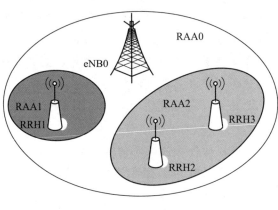

图2

100

接收用户设备通过随机接入信道发送的随机接入前导 —— S110

根据该随机接入前导，确定该用户设备属于随机接入区域中心组或随机接入区域边缘组 —— S120

在确定该用户设备属于该随机接入区域中心组时，确定该用户设备所属的随机接入区域 —— S130

基于该随机接入前导、该随机接入信道的信道资源信息以及该随机接入区域，向该用户设备发送第一随机接入响应RAR消息 —— S140

在确定该用户设备属于该随机接入区域边缘组时，基于该随机接入前导以及该信道资源信息，向该用户设备发送第二随机接入响应消息 —— S150

图 3

140

通过PDSCH道向该用户设备发送针对该随机接入区域的第一MAC PDU，该第一MAC PDU的与该随机接入前导的RAPID相应的字段承载该第一随机接入响应消息 —— S141

通过PDCCH向该用户设备发送由第一RA-RNTI加扰的第一PDCCH信令，该第一PDCCH信令用于指示该第一MAC PDU，该第一RA-RNTI由该信道资源信息和该随机接入区域确定 —— S142

图 4

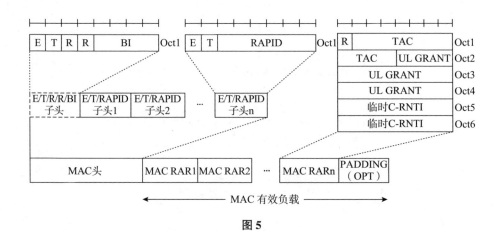

图5

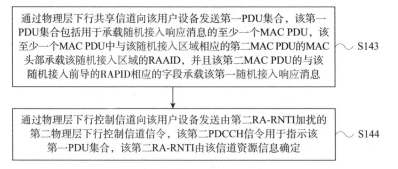

图6

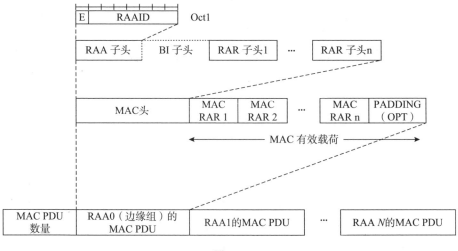

图7A

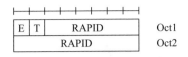

图 7B

140

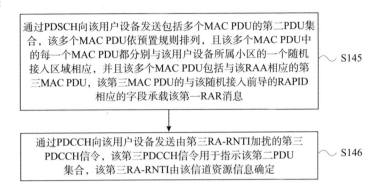

| 通过PDSCH向该用户设备发送包括多个MAC PDU的第二PDU集合，该多个MAC PDU依预置规则排列，且该多个MAC PDU中的每一个MAC PDU都分别与该用户设备所属小区的一个随机接入区域相应，并且该多个MAC PDU包括与该RAA相应的第三MAC PDU，该第三MAC PDU的与随机接入前导的RAPID相应的字段承载该第一RAR消息 | S145 |
| 通过PDCCH向该用户设备发送由第三RA-RNTI加扰的第三PDCCH信令，该第三PDCCH信令用于指示该第二PDU集合，该第三RA-RNTI由该信道资源信息确定 | S146 |

图 8

300

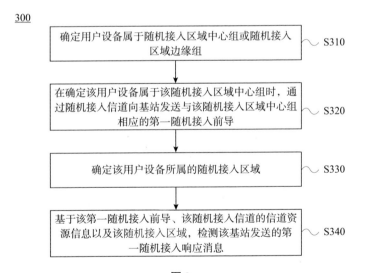

确定用户设备属于随机接入区域中心组或随机接入区域边缘组	S310
在确定该用户设备属于该随机接入区域中心组时，通过随机接入信道向基站发送与该随机接入区域中心组相应的第一随机接入前导	S320
确定该用户设备所属的随机接入区域	S330
基于该第一随机接入前导、该随机接入信道的信道资源信息以及该随机接入区域，检测该基站发送的第一随机接入响应消息	S340

图 9

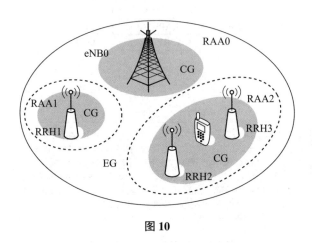

图 10

300

确定用户设备属于随机接入区域中心组或随机接入
区域边缘组 — S310

在确定该用户设备属于该随机接入区域中心组时，通
过随机接入信道向基站发送与该随机接入区域中心组
相应的第一随机接入前导 — S320

确定该用户设备所属的随机接入区域 — S330

基于该第一随机接入前导、该随机接入信道的信道资
源信息以及该随机接入区域，检测该基站发送的第一
随机接入响应消息 — S340

在确定该用户设备属于该随机接入区域边缘组时，通
过该随机接入信道向该基站发送与该随机接入区域边
缘组相应的第二随机接入前导 — S350

基于该第二随机接入前导以及该信道资源信息，检测
该基站发送的第二随机接入响应消息 — S360

图 11

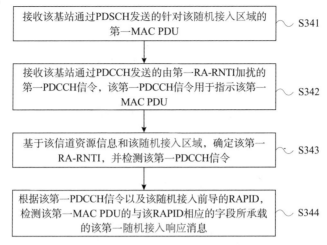

340

接收该基站通过PDSCH发送的针对该随机接入区域的
第一MAC PDU —— S341

接收该基站通过PDCCH发送的由第一RA-RNTI加扰的
第一PDCCH信令，该第一PDCCH信令用于指示该第一
MAC PDU —— S342

基于该信道资源信息和该随机接入区域，确定该第一
RA-RNTI，并检测该第一PDCCH信令 —— S343

根据该第一PDCCH信令以及该随机接入前导的RAPID，
检测该第一MAC PDU的与该RAPID相应的字段所承载
的该第一随机接入响应消息 —— S344

图 12

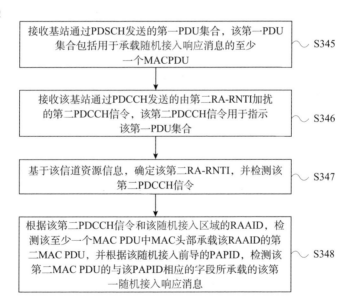

340

接收基站通过PDSCH发送的第一PDU集合，该第一PDU
集合包括用于承载随机接入响应消息的至少
一个MACPDU —— S345

接收该基站通过PDCCH发送的由第二RA-RNTI加扰
的第二PDCCH信令，该第二PDCCH信令用于指示
该第一PDU集合 —— S346

基于该信道资源信息，确定该第二RA-RNTI，并检测该
第二PDCCH信令 —— S347

根据该第二PDCCH信令和该随机接入区域的RAAID，检
测该至少一个MAC PDU中MAC头部承载该RAAID的第
二MAC PDU，并根据该随机接入前导的PAPID，检测
第二MAC PDU的与该PAPID相应的字段所承载的该第
一随机接入响应消息 —— S348

图 13

<u>340</u>

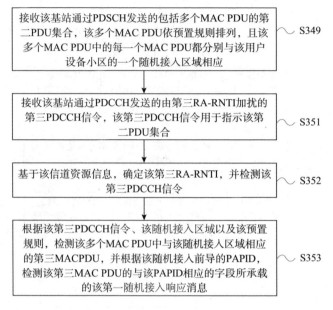

接收该基站通过PDSCH发送的包括多个MAC PDU的第二PDU集合，该多个MAC PDU依预置规则排列，且该多个MAC PDU中的每一个MAC PDU都分别与该用户设备小区的一个随机接入区域相应 〜 S349

接收该基站通过PDCCH发送的由第三RA-RNTI加扰的第三PDCCH信令，该第三PDCCH信令用于指示该第二PDU集合 〜 S351

基于该信道资源信息，确定该第三RA-RNTI，并检测该第三PDCCH信令 〜 S352

根据该第三PDCCH信令、该随机接入区域以及该预置规则，检测该多个MAC PDU中与该随机接入区域相应的第三MACPDU，并根据该随机接入前导的PAPID，检测该第三MAC PDU的与该PAPID相应的字段所承载的该第一随机接入响应消息 〜 S353

图 14

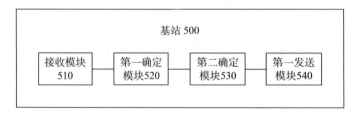

图 15

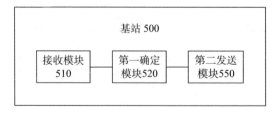

图 16

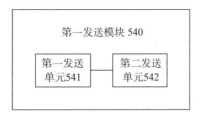

图 17

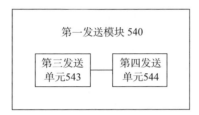

图 18

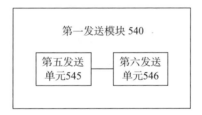

图 19

图 20

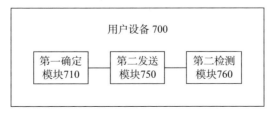

图 21

图 22

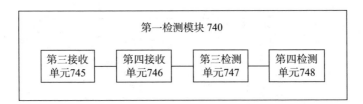

图 23

图 24

参考文献

[1] 中华人民共和国国家知识产权局. 专利审查指南 2010 [M]. 北京：知识产权出版社, 2010.

[2] 李超, 吴观乐. 专利代理实务分册 [M]. 3 版. 北京：知识产权出版社, 2016.

[3] 李超. 专利申请代理实务：电学分册 [M]. 北京：知识产权出版社, 2013.

[4] 尹新天. 中国专利法详解：缩编版 [M]. 2 版. 北京：知识产权出版社, 2012.